电池管理系统
等效电路模型

[美]格雷戈里·L. 普勒特 著

李 锐 余佳玲 雷 雨 张颖超 邓 浩 等译

国防工業出版社

·北京·

著作权合同登记　图字：军 - 2020 - 054 号

图书在版编目（CIP）数据

电池管理系统. 等效电路模型 /（美）格雷戈里 · L.
普勒特著；李锐等译. — 北京：国防工业出版社，
2024. 9. — ISBN 978 - 7 - 118 - 13494 - 0

Ⅰ. TM912

中国国家版本馆 CIP 数据核字第 2024041SU2 号

Battery Management Systems Volume Ⅱ: Equivalent - Circuit Methods
ISBN 13: 978 - 1 - 63081 - 027 - 6

※

国防工业出版社出版发行
（北京市海淀区紫竹院南路 23 号　邮政编码 100048）
三河市天利华印刷装订有限公司印刷
新华书店经售
*
开本 710 × 1000　1/16　插页 4　印张 $20\frac{1}{4}$　字数 359 千字
2024 年 9 月第 1 版第 1 次印刷　印数 1—2000 册　定价 128.00 元

国防书店：(010)88540777　书店传真：(010)88540776
发行业务：(010)88540717　发行传真：(010)88540762

本书翻译组名单

李　锐　余佳玲　雷　雨　张颖超
邓　浩　刘　凡　王梓灿　白太勋
沈怡君　金丽萍　曹均灿　龙　胜
黄廷帆　刘　娟

译者前言

本书是《电池管理系统》丛书的第二卷，第一卷重点内容是电池建模，特别是从电化学反应原理与材料特性出发建立了锂离子电池的电化学模型。电化学模型能从数学上很好地描述电池充放电反应过程中的电特性与化学特性，但由于计算比较复杂，且需要确定的参数较多，在实际应用中存在诸多不便。为解决工程应用中的电池模型问题，作者在本书中以等效电路模型为重点，实现了基于等效电路模型的电池状态评估，既包含了电池剩余容量状态估计，也包含了电池健康状态估计。更为可贵的是，作者从工程实现出发，对应用中的电池管理系统架构、对外通信接口、电池管理系统绝缘检测、电池容量及健康状态的估计方法、电池均衡管理策略及其实现、电池功率估计方法等一一进行了细致入微的分析介绍。如果说丛书的第一卷是一本锂离子电池及电池建模的学术著作的话，本书则是在电池模型基础上的电池管理系统工程指南，读者既可以在本书中看到当前电动汽车电池管理中的重点与难点，更可以欣赏到作者从第一性原理出发所进行的工程化探索及具体的技术手段，这是一本在电池管理领域不可多得的好书。

李锐

2024 年 1 月于重庆林园

序　言

本书是电池管理系统三部曲的第二卷。第一卷着重于推导描述电池内部工作和外部特性的数学模型,第二卷重点应用等效电路模型解决电池管理和控制中的问题,第三卷则展示如何应用基于机理的模型解决电池管理和控制中的问题,以获得更好地结果。本丛书不是一套百科全书,它只是描述当前的最佳实践,并辅以丰富的背景原理知识。

本卷的内容组织如下。

第 1 章介绍电池管理系统的要求,包括测量、控制、保护、状态估计、健康估计以及通信。

第 2 章回顾锂离子电池的等效电路模型,并展示了如何使用它们来模拟电池组对输入激励的响应。

第 3 章研究电池状态估计,非线性卡尔曼滤波方法给出了较准确的估计值及其误差范围,使得在计算电池组能量和功率时可以放心地使用该估计值。

第 4 章研究健康状态估计,电池内阻的估计方法很简单,但是电池总容量的估计比较困难,基于总体最小二乘法的回归算法能够得到最佳的无偏结果。

第 5 章讨论电池均衡,介绍导致不均衡的原因、均衡器设计必须解决的问题以及一些用于电池组均衡的电路。

第 6 章探讨施加端电压约束时的功率极限计算,即将第 1 章中的简单方法推广到完备的电池等效电路模型中。

最后,第 7 章揭示基于电压的功率极限估计的根本缺陷,并介绍可以与等效电路模型一起使用的基于机理的方法,以作出更好的极限估计。

本书的目标读者主要是电气或机械相关专业的本科生。读者不需要熟悉掌握本丛书第一卷中的所有概念,就可以理解本卷的主要内容。不过,通过研读第一卷可以加深对电池管理的理解,并有助于理解本卷第 2 章、第 4 章、第 7 章中一些特别难懂的概念。

本书的内容已经在科罗拉多大学科罗拉多斯普林斯分校的 ECE5720 课程《电池管理系统》中多次教授给不同专业背景的学生。课堂讲稿和课堂视频参见 http://mocha - java. uccs. edu/ECE5720/index. html。课程视频中解释本书相关概念的方式有时会有些区别,这些不同角度的观点可能会对读者有新的启发。

我非常感谢我的同事和学生们,多年来,他们一直支持和帮助我理解及完善本书提出的理论与方法。首先，我要感谢 CP 公司（Compact Power Incorporated）（现在的 LGCPI）的创始人兼首席执行官 Daniel Rivers 博士，是他让我第一次了解到电池管理这个领域。没有他的支持和鼓励，我永远不会学习电池管理，这本书也就不会存在。我还要感谢 Saeed Siavoshani 博士几年前邀请我担任 SAE（美国汽车工程师学会）混合动力车辆学会的讲师。本书的大部分内容最初就是在该学会发表的，它们后来被扩展为《电池管理系统》课程，现在又以书籍形式进行出版。在我的学生中，我特别感谢 Lukas Aldrich 先生和 Kirk Stetzel 先生对本书内容的建议和对示例的帮助，感谢 Alfred Randall 先生和 Roger Perkins 先生在第 7 章介绍的电池降阶退化模型方面所做的工作。我的同事兼挚友 M. Scott Trimboli 博士也是本书的重要推动者，正如他在第一卷中所做的那样。

本书难免会有疏漏之处，欢迎读者提出批评和斧正意见。

目　录

第1章　电池管理系统要求

本书研究电池组管理,包括硬件电路和软件程序两部分。硬件电路部分包含电池电压、电流和温度的测量电路,以及各种保护电路。软件程序部分负责监控和管理电池组。

虽然本书同时关注硬件和软件两方面,但是将大部分精力放在了软件方法算法上,这些算法利用测量数据估计和判断电池组当前的运行状态,并预测其近期的性能极限。此外,尽管本书讨论的大多数方法可以适用于由任意化学电源组成的电池组,但是重点关注其在锂离子电池组上的应用。

通过梳理相关文献发现,在电池管理的各个方面存在许多不同的方法。本书将首先简要介绍一些简单方法来引入关键概念,然后重点研究那些复杂却更精确、稳健性更强的方法。可是,我们也意识到,实现更复杂的算法需要更强大的运算能力,从而导致花费更大,因此,这些算法更适合应用于关键任务或大规模电池组中。

本书讨论的方法和算法通常由电池管理系统(Battery Management System, BMS)实现①。BMS 是一个嵌入式系统。例如,图 1-1 为科罗拉多大学科罗拉多斯普林斯分校开发的 BMS 原型机的电力部分。

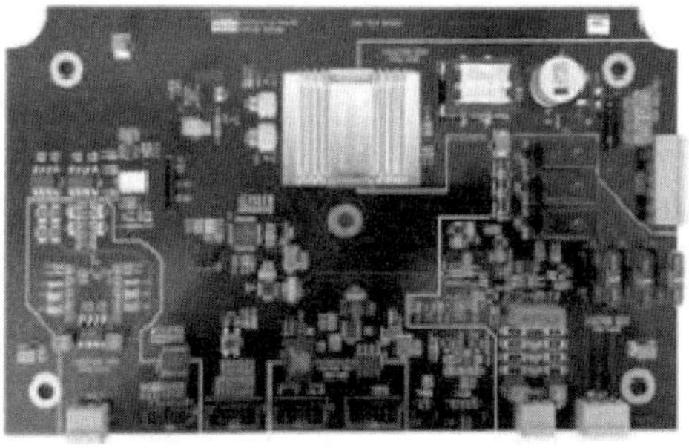

图 1-1　BMS 示例

① IEEE 1491 标准将电池监测系统(Battery Monitoring System)定义为:"测量、存储、报告电池组运行参数的永久安装系统。"

电池管理系统的主要目的包括以下几方面。

第一,保护电池供电系统操作人员的安全,这也是最重要的。BMS 必须能够检测不安全的操作并及时作出响应。这可能需要 BMS 断开电池组与负载的连接,并通过显示或警报声提醒操作人员等。

第二,保护电池组在滥用或故障情况下不受损坏。这可能需要软件控制下的主动干预,或者能够检测故障并将故障部分与电池组其余部分以及负载相隔离的专用电子设备。

第三,在正常工作情况下延长电池组寿命。一方面,BMS 与负载控制器协同合作,对电池组功率进行动态限制,以确保电池组不会过充或过放;另一方面,BMS 控制热管理系统,确保电池组保持在其设计的工作温度范围内。

第四,保持电池组处于能够满足其功能设计要求的状态。例如,保证电池组在任意时刻的放电功率不超过其额定放电功率,充电功率不超过其额定充电功率。

由于先进的电池管理技术会涉及成本问题,因此,并不是所有的应用场景都包含全部功能。既然电池管理系统成本增加了电池组的购买价格,那么,电池管理算法必须能够提供相应的实际价值。一个很好的经验法则是"如果你记不起上次更换电池的时间,那么,你的电池就足够便宜了。"也就是说,在电视遥控器之类的设备中更换廉价电池在经济上是可以接受的,那么,花更多的钱买一个先进的遥控器来更有效地使用电池可能是不划算的。然而,关键任务和大规模电池组应用通常代表着大项投资,因此需要更好的电池管理。如果你被要求提前更换昂贵的电池,或者由于管理不善导致电池故障而无法完成任务,那么,你会记住这件事很长一段时间。另一个角度是考虑与电池组故障代价有关的电池组成本。电视遥控器的电池故障产生的代价不高,然而,关键任务或大规模电池组应用的电池故障代价可能非常高。因此,尽管本书讨论的方法是通用的,但是本书的研究重点是高价值电池组相关的先进管理和控制方法。

一大类重要的应用是包含电驱动系统的车辆,这些车辆应用包括以下子类。

混合动力汽车(Hybrid - Electric Vehicle,HEV),它由一个电动机和至少一个其他来源(如汽油发动机)提供动力。电池组只储存少量能量,当车辆加速时,电池 - 电动机组合主要用于功率提升;当车辆减速时,电池 - 电动机组合用于能量接收。这使得汽油发动机能够高效地工作在相对恒定的转速和扭矩下,从而让车辆达到与小型发动机相同的总体峰值性能要求。混合动力汽车的纯电动行驶距离为零,不会插上电源给电池充电,只在汽油发动机有额外动力时才给电池充电。HEV 的代表车型是丰田公司的 Prius,如图 1 - 2(a)所示。

插电式混合动力汽车(Plug - in Hybrid - Electric Vehicle,PHEV)与 HEV 类似,但电池容量和电动机功率稍大一些。在某些工作条件,如低速行驶在住宅区或城市道路时,PHEV 可以工作在纯电动模式下。因此,PHEV 有一定的纯电动行驶距离,通常为 10～20mile①。PHEV 也可以接入电网,为电池充电。随后,车辆首先在电量消耗模式下运行,此时,大部分牵引功率来自电池,而不是汽油发动机;当电池电量消耗到允许的最低水平时,车辆将切换到电量维持模式,此时,运行方式与 HEV 相同。PHEV 的代表车型是福特公司的 C－MAX Energi,如图 1－2(b)所示。

增程式电动汽车(Extended－Range Electric Vehicle,E－REV)与 PHEV 类似,但电池容量和电动机功率更大一些。只要电池的功率足够,E－REV 几乎可以一直工作在纯电动模式下。E－REV 的纯电动行驶距离也更长,通常为 35mile 或更多。与 PHEV 一样,它们也可以接入电源为电池充电,并在电量消耗和电量维持模式下工作。由于许多上班族一天的行驶里程不会超过 35mile,很少会超过车辆的纯电动行驶距离,因此,E－REV 对于他们来说本质上就是一辆电动汽车。但是如果他们驾驶的距离超过电池能量能单独提供的范围,"增加的里程"将由汽油发动机提供。E－REV 的代表车型是雪佛兰公司的 Volt,如图1－2(c)所示。

电动汽车(Electric Vehicle,EV),也称为电池电动汽车(Battery－Electric Vehicle,BEV)。对于这些车辆,电池－电动机组合是动力的唯一来源,没有汽油发动机。因此,EV 的设计比其他混合动力汽车都要简单得多,但其续航里程受电池储存的可用能量限制。那么,电池的能量大小就成为车辆经济性优化设计的关键因素。一些商业 EV 的最大行驶里程小于 100mile,而有一些却大于 300mile。EV 的代表车型是特斯拉公司的 Model S,如图 1－2(d)所示。

(a)HEV　(b)PHEV

(c)E－REV　(d)EV

图 1－2　包含电驱动系统的车辆

① 英里,1mile≈1.61km。

上述车型使用的电池组都具有大规模、高电压和大电流等特点,但在设计上有一些区别,我们将在必要时详细说明。然而,这些电池系统的共性比差异更有意义,因此,当区别不重要时,我们将装有电驱动系统的车辆统称为 *x*EV。由于 *x*EV 代表了一类需要大型电池组的重要应用,因此,本书中的许多算法示例都立足于 *x*EV 应用。

然而,我们也注意到还有一些其他需求不断增大的、重要的大型电池组应用领域,其中包括支持和补充电网的应用。例如,当太阳能或风力发电超过需求时,大型电池组可以用于电能存储;当主要发电能源不足时,储存的能量可以向电网供电。电池组可以作为电网备份,在电网停电期间向负载供电。例如,大型移动电网后备系统可以安装在拖车上,然后,在紧急情况或电网维护期间暂时提供电力。大型电池组在调频中的应用也越来越常见,此时,电池组是小规模的储能设备,利用短时盈余为电池组充电,当电力不足时,又反过来为电网提供短时电能。

从表面看,这些应用之间是非常不同的,它们也确实对电池管理系统有不同的设计要求。然而,它们的算法需求是相同的,这也是本书的关注重点。因此,本书的大部分内容适合各种不同电池组的控制设计者。

1.1 电池包拓扑

电功率的计算式为电流乘以电压:$p = iv$。因此,大功率电池包必须能够提供大电流或高电压,抑或两者兼具。为了满足电池包最大功率的设计要求,工程师必须考虑电池包的拓扑结构、电压范围和峰值电流。

对于某一具体化学体系的单体电池来说,其电压范围是固定的。因此,对于高电压的应用场合,必须将多个单体电池串联使用。此时,电池包总电压是所有单体电池电压之和。假设电池包的拓扑连接为 N_s 个单体电池串联,且所有电池电压相等,那么,$v_{电池包} = N_s \times v_{单体电池}$。

由于单体电池的结构限制了其所能维持的最大电流,因此,对于大电流的应用场合,必须将多个单体电池并联使用。此时,电池包的总电流是流经各并联单体电池电流的总和。假设电池包的拓扑连接为 N_p 个单体电池并联,且流经单体电池的电流相等,那么,$i_{电池包} = N_p \times i_{单体电池}$。

对于采用多少单体电池并联和串联实现电池包的最大功率设计要求,一般是由经济和安全因素决定的。为了安全,由多个单体电池组成的电池模组,其最大电压通常小于50V①。此外,由于目前高压工作下的电子元件非常昂贵,因此,电池包的总电压通常小于600V。在此电压范围内,为满足电力需求并降低电池包内部线路和连接负载线路的有功功率损耗(计算为 $i^2_{电池包} \times R$),更高的电压往往优于更大的电流,这也使得可以使用较小线径和较低电阻率的连接线。

电池包设计通常是模块化的。也就是说,首先设计和优化只包含一小组单体电池的电池模组,然后将多个电池模组串联和/或并联,以实现电池包的总体设计目标。这允许在许多不同的应用场景重复使用相同的模组设计,从而使非重复性工程(Non - Recurring Engineering,NRE)费用最低。

电池模组可以由任意数量的单体电池串联和并联而成,其中的权衡问题将在第2章讨论。本节只说明图1-3所示的两种极端情况。并联电池模组(Parallel - Cell - Module,PCM)首先将多个单体电池并联成模组,然后将多个模组串联起来制成电池包。图1-3(a)所示的电池包由300个单体电池组成,首先将每3个单体电池并联成1个PCM,然后再将100个PCM串联起来制成电池包。串联电池模组(Series - Cell - Module,SCM)是先将多个单体电池串联成模组,然后将模组并联起来制成电池包。图1-3(b)所示的电池包同样由300个单体电池组成,首先将每100个单体电池串联成1个SCM,然后再将3个SCM并联起来制成电池包②。

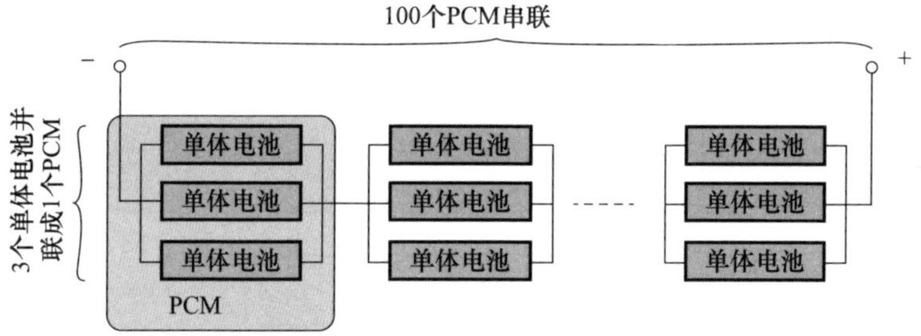

(a)PCM

① 人们对于安全和危险直流电压范围的认识是发展变化的。2012年版的《NFPA 70E:工作场所电气安全标准》将直流电击危险限制为直流50V,但其数值在2015版中被提高到了直流100V。尽管如此,许多设计师仍然坚持50V的限制,以将风险降到最低。

② 如果所有单体电池都是相同的,那么,这两种电池包提供相同的能量、功率等。然而,如果单体电池之间存在差异,那么,这两种电池包可能将以完全不同的方式运行。本书将在第2章研究如何仿真具有不同拓扑的电池包时,继续探讨这一问题。

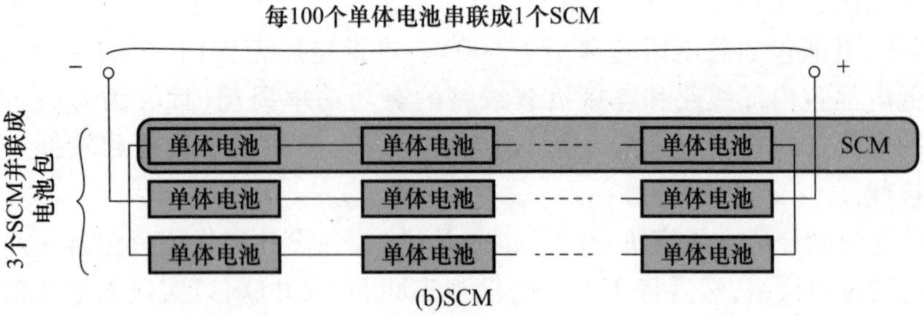

图 1-3 两种典型电池包拓扑

我们可以采用上述任意一种方式设计电池包和电池管理系统。然而,最常见的是采取介于这两种极端之间的结构。例如,3P6S 模组包含 18 个单体电池,首先每 3 个单体电池并联成 1 个 PCM,然后 6 个 PCM 串联。那么,该模组的功率和能量都大约是单体电池的 18 倍(我们稍后会发现,这种说法并不准确)。

1.2 BMS 设计要求

BMS 与电池包中的所有主要组件相连,如图 1-4 所示。其中包括含有所有单体电池的电池堆、测量和控制模块,以及部分热管理系统。

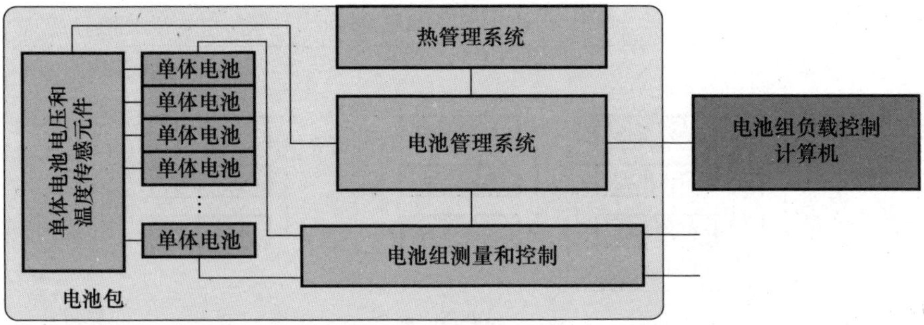

图 1-4 电池包组成

这些电子元件可以是集成在一起的,也可以是分布在电池包中具有不同功能的独立元件。例如,图中绘制的单体电池电压和温度传感元件与电池组测量和控制、电池组整体监控管理相分离,但都在电池包的范围内。在 xEV 中,电池组负载控制计算机是整车控制器,而其他应用需要接入相应的控制器。

无论是从拓扑结构还是电池应用来看,BMS 的功能需求都可以分为五大类。

(1)测量和高压控制。BMS 必须能够测量单体电池电压、模组温度和电池包电流。此外,它还必须进行绝缘检测,以及控制接触器和热管理系统。

(2)保护。它必须包括硬件和软件保护,以确保电池供电系统操作员和电池本身不受过充、过放、过流、短路和极端温度的影响。

(3)交互。BMS 必须定期与上级应用程序通信,报告可用能量、功率以及电池包的其他状态。此外,它必须在非易失存储器中记录异常错误或滥用事件,以便技术人员进行诊断。

(4)性能管理。它必须能够估计电池包中所有单体电池的荷电状态(State of Charge,SOC),计算电池包的可用能量和功率极限,并均衡电池包中的各单体电池。

(5)诊断。最后,它必须能够估计健康状态(State of Health,SOH),包括检测滥用,并且需要估计各单体电池和电池包的寿命状态(State of Life,SOL)。

本章只会简单概述这五类需求,后续章节将详细介绍其中的性能管理和诊断。尤其是第 3 章 ~ 第 7 章将更深入地研究 SOC 估计、SOH 估计、均衡和功率极限估计。

在继续本章的剩余部分时,章节标题将引用上述需求编号。例如,所有以"要求 1"开头的章节标题都与测量和高压控制有关。

1.3　要求 1a. 电池包测量:电压

在包含锂离子单体电池的电池包中,所有单体电池的电压都必须测量[①]。单体电池端电压可以用于衡量电池包中各电池之间的均衡情况,是大多数 SOC 和 SOH 估计算法的关键输入。

电池电压超出限制也是一些严重寿命和安全问题的标志。例如,对锂离子电池过度充电会引发不必要的内部化学副反应,使电池退化。过度放电会加速引起电池短路的一系列反应发生。在极端情况下,任何一种电压超限都可能导致热失控,此时,副反应或短路产生的热量通过自然正反馈加速失效机制,最终导致电池起火或爆炸。由于第 5 章介绍的导致不均衡的各种原因,我们不能假设所有单体电池都自动具有相同的电压,因此,必须测量锂离子电池包中的所有电压。

① 对于并联的各单体电池来说,各个端电压相同,因此并联电池之间的电压不可区分。所以,更准确的说法是"所有并联电池组的电压都必须测量"。

一些芯片厂家通过设计集成电路(Integrated Circuit,IC)“芯片组”帮助 BMS 电路设计人员测量各电池电压①。这些芯片的价格都很低,基本没有通用处理能力。正如在车辆应用中面临的一样,它们能够执行高精度、高共模抑制的模拟电压测量任务,并且能够在高电磁干扰(Electromagnetic Interference,EMI)、高温和高振动环境下快速响应。虽然单个 IC 就可以测量出串联的多个单体电池电压,但是出于冗余容错考虑通常将两个 IC 并联使用。

一种常用 IC 是由美国凌力尔特公司设计的 LTC6803,其功能框图如图 1－5 所示。单个 LTC6803 可以监测模组中最多 12 个串联单体电池的电压,通过内部的模拟多路复用器将各单体电池与 12 位 Delta－Sigma 模数转换器相连,一个“读取”命令就可以快速地对所有 12 个电压进行顺序测量。它最多支持 10 个 IC 进行菊式链接,从而监测电池包中最多 120 个单体电池,并在设计中内置电气隔离通信。此外,它支持内部(慢)或外部(快)耗散型均衡电路和每个模组最多 4 个温度测量(除了内部 IC 核心温度外)。它可以由电池模组本身供电,也可以由外部电源供电。

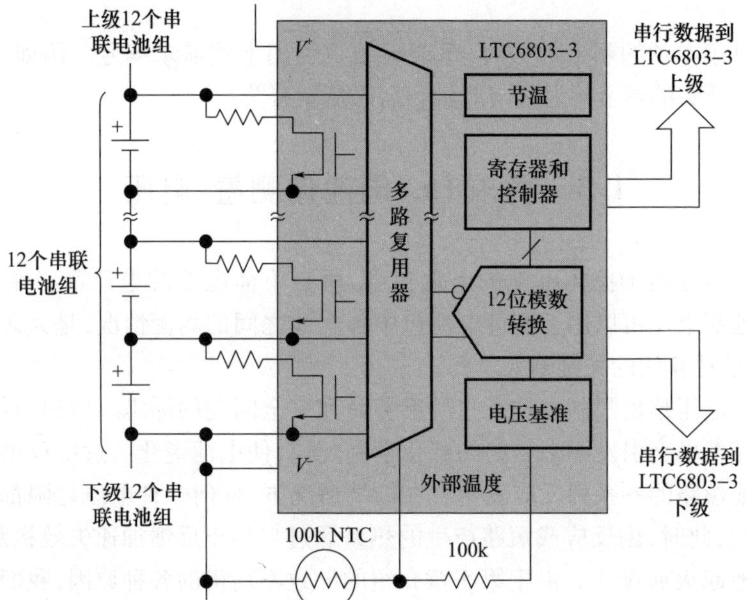

图 1－5 电池电压测量 IC 示例

① 参考文献:Andrea, D. , Battery Management Systems for Large Lithium Ion Battery Packs, Artech House,2010。

在为BMS电路设计选择电压监测IC时,需要将其规格与电池包设计要求进行比较,包括:每个IC可以监测多少个单体电池;最多可以监测多少个单体电池;IC支持被动均衡还是主动均衡;测量分辨率和精度是多少;它能支持多少个温度测量;当多个IC堆叠使用时,需要多少根连线才能实现IC间的相互通信;芯片集的可用性以及平均成本是多少。

1.4　要求1b. 电池包测量:温度

锂离子电池的动态特性与温度强相关,如低温将引起电池内阻增大、化学过程减慢。因此,知道电池温度才能预测电池性能。此外,退化机制也与温度有关。一般来说,高温会加速退化过程,而在低温条件下给电池充电也可能引起由于镀锂导致的过早失效。所以,BMS必须能够感知温度,从而控制热管理系统,使电池温度维持在安全范围内。

理想情况下,我们需要测量每个单体电池的内部温度。然而,电池在大规模生产时并没有内置温度传感器,我们只能测量电池的外部温度。另外,每多配置一个传感器都会增加费用,因此我们希望尽量减少所需的传感器数目。通过构建精确的电池包热模型,我们可以实现只在每个模组内的一个或多个电池外部放置温度传感器的情况下,估计出所有单体电池的内部温度。通常,这么做就足够了。

但是如何测量温度呢?为了能够以电子手段测量,首先必须将其表示为一个电压信号,然后通过模数转换电路测量该电压。温度测量主要有两种方法。

第一种方法是使用热电偶。热电偶由两种相互接触的不同金属组成,类似于一个微型电池。当热电偶的温度与测量电路的参考温度不同时,会产生一个非常小的电压,该值取决于温差的大小。热电偶电压可以被放大并测量,然后可由该测量值计算温度。使用热电偶面临的问题是,参考温度必须是已知或者可测量的,这使得该方法更适合于实验室测试,而不适合BMS产品设计。

第二种方法是使用热敏电阻,该方法更适合于商业应用。众所周知,所有电阻的阻值都会随温度的变化而改变,通常,普通电阻会将此种变化设计为最小,但是热敏电阻的设计是最大化该改变量,从而更好地估计温度变化。负温度系数(Negative Temperature Coefficient,NTC)热敏电阻的阻值与温度成反比,正温度系数(Positive Temperature Coefficient,PTC)热敏电阻的阻值与温度成正比。所以,如果能够测得热敏电阻的阻值,就能推断出温度。

为了测量电阻，可以采用如图 1-6 所示的分压器电路。其中，R_1 的阻值随温度的变化不大，而 $R_{热敏}$ 的阻值随温度显著变化。总电流的计算式为

$$i=\frac{v}{R_1+R_{热敏}}$$

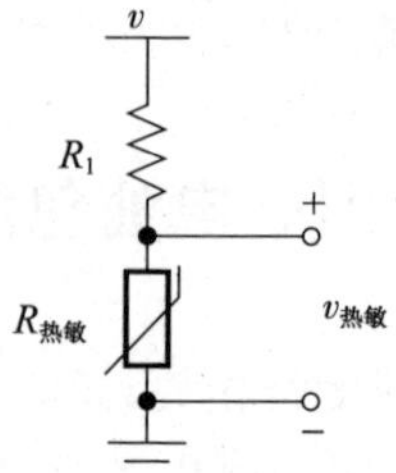

图 1-6　分压器电路

然后，注意到测量的电压是 $v_{热敏}=iR_{热敏}$ 或者 $v_{热敏}=\frac{R_{热敏}}{R_1+R_{热敏}}v$。

R_1 的选值遵循两个原则：一是要限制通过测量电路的功率损耗；二是能够为 $v_{热敏}$ 提供合适的测量范围。

如果已知电路设计参数并测量出 $v_{热敏}$，则可以根据式(1.1)计算出热敏电阻阻值：

$$R_{热敏}=\frac{v_{热敏}}{v-v_{热敏}}R_1 \tag{1.1}$$

热敏电阻分度表给出了热敏电阻阻值与温度的对应关系。例如，典型关系式为

$$R_{热敏}=R_0\exp\left(\beta\left(\frac{1}{273.15+T}-\frac{1}{273.15+T_0}\right)\right) \tag{1.2}$$

式中：R_0 表示参考温度 T_0 时的标称电阻；T 表示温度测量值，通过加上 273.15 将其从摄氏温度转换为开尔文温度；β 是热敏电阻的材料常数 B。图 1-7(a)绘制了 NTC 热敏电阻阻值随温度的变化，其在 $T_0=25℃$ 下的 $R_0=100\text{k}\Omega$，$\beta=4282$。

如果将该热敏电阻放置在 $v=5\text{V}$，$R_1=100\text{k}\Omega$ 的分压器电路中，那么，可以测量出热敏电阻电压与温度的函数关系如图 1.7(b)所示。然后，可以根据式(1.1)计算热敏电阻阻值，根据式(1.2)计算该阻值对应的温度。为了实现在嵌入式 BMS 中的高效计算，电压测量值与温度的全部对应关系可以预先计算并存储在查找表中，示例结果如图 1-7(c)所示。

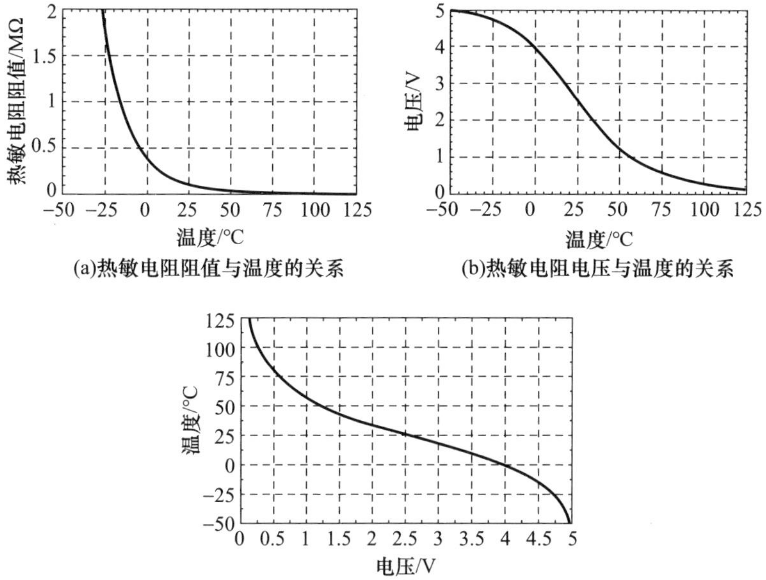

(a)热敏电阻阻值与温度的关系　(b)热敏电阻电压与温度的关系

(c)电压–温度查找表

图1－7　热敏电阻应用示例

1.5　要求1c. 电池包测量:电流

BMS必须测量电池包电流。一方面,这是为了检测并记录滥用情况,以确保安全;另一方面,电流也是大多数SOC和SOH估计算法的关键输入。有两种基本电子元件可以用于电流检测电路:电流分流器和霍尔效应传感器。

电流分流器是与电池包串联的低阻值(如0.1mΩ)高精度电阻,通常置于负极。分流电阻$R_{分流}$上的电压降$v_{分流}$由标准模数转换器测量,电流计算式为$i = v_{分流}/R_{分流}$。为避免由焦耳热$i^2R_{分流}$造成的功耗损耗较大,分流电阻的阻值通常很小,那么,分流器上的电压降也会很小。因此,通常在测量前放大该电压,并相应调整电流的计算。

图1－8(a)为电流分流器的实物图,图1－8(b)为使用电流分流器进行电流检测的框图。仔细观察电流分流器可以发现,其具有4个接线端。该装置顶部的大接线端与电池包主电流流经线路相连,一端接电池包负极,另一端接电池包负极输出端。然后,电池包总电流流经分流器中心的平行板,该平行板构成校准电阻。由于两个较小螺旋端子间的电阻已经进行精确校准,因此,检测端与小

接线端相连①。

(a)电流分流器实物图

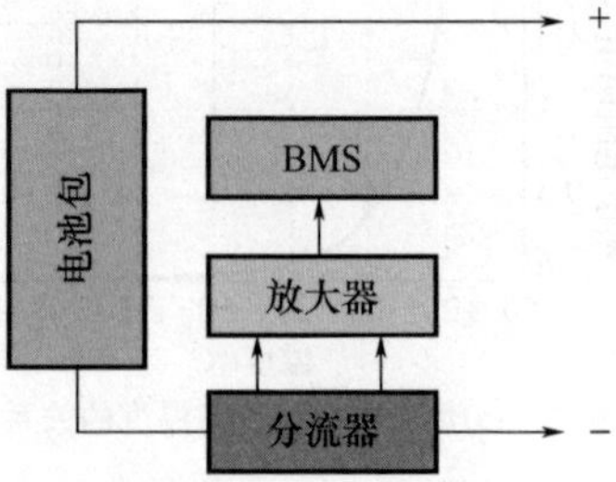

(b)电流分流器测量框图

图 1-8 电流分流器使用示例

相对于霍尔效应传感器,电流分流器的主要优点是在零电流时没有偏移。对于根据流入和流出电池包的电流积分来更新 SOC 估计的库仑计数法来说,这一点是至关重要的。但是,放大和测量电路依然可能引入偏移,仍然需要对每个测量值进行校准。

使用电流分流器的缺点:一是它们通常必须与 BMS 主电路电气隔离,如在汽车应用中 BMS 通过外部 12V 电源供电,其必须与高压电池隔离;二是放大与隔离电路增加了设计复杂性;三是电流分流器的阻值会随温度发生变化,应该测量温度和校准电阻;四是电流分流器本身会导致一些能量损失,其产生的热量必须通过热管理系统散失。

如果将线圈缠绕在初级载流导体上,那么,导体产生的电磁场将在该线圈中感应出次级电流,霍尔效应传感器就是通过测量感应电流推断初级电流的。图 1-9(a)为霍尔效应传感器的实物图,图 1-9(b)为使用霍尔效应传感器进行电流测量的框图。电池包载流导线穿过传感器中心的椭圆形洞孔,传感器与高压电池包之间没有直接的电气连接。这带来了明显优势,霍尔效应传感器自动与高压电池电气隔离,不再需要特殊的隔离电路。

霍尔效应传感器基于电磁原理存在固有磁滞,可以设计反馈信号调节电路来补偿这种磁滞,一些传感器已经预先封装了这样的电路。即便如此,霍尔效应传感器在电流为零时也会有一些测量偏移,且该偏移会随时间和温度发生变化。即使可以通过测量 BMS 程序初始化过程中(此时接触器尚未闭合,电流为零)的电流初始测量值,对电流实测值进行软件"归零"(将当前电流测量值减去初始

① 这种结构叫做开尔文连接,采用四线电压测量。由于电压测量元件上的电流基本为零,因此较小端子上电阻产生的电压降可以忽略不计,电流可以按照前文所述计算。如果误将电压检测线与较大螺旋端相连,电池包大电流将流经大螺旋端之间未校准的电阻,将显著降低电流计算精度。

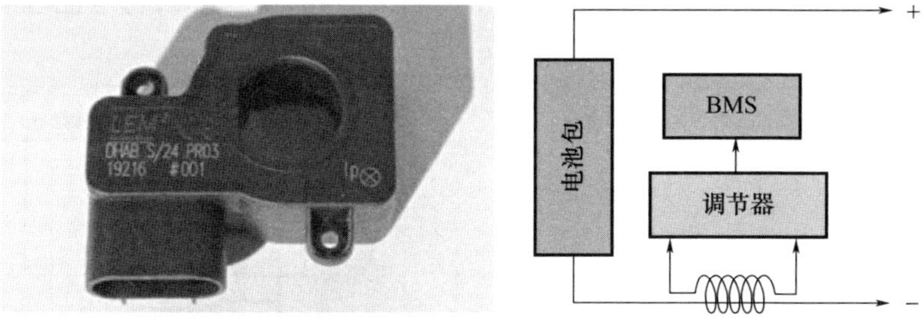

(a)霍尔效应传感器实物图　(b)霍尔效应传感器测量框图

图1-9　霍尔效应传感器使用示例

测量值),但是此特殊的校准无法对随时间和温度变化的漂移进行校正。由于零漂对 BMS 算法将造成严重影响,因此需要对测量值进行修正。例如,如果 BMS 确定此时的电流为零,那么,这些时间点的漂移就可以"归零"。该方法已经在一些 HEV 中得到应用。

1.6　要求 1d. 电池包测量:高压接触器控制

出于安全考虑,高压电池包应该被设计成与金属机壳电气隔离。如果有人将一只手接触机壳,另一只手接触电池包的任意一端,电气隔离应该保证他/她绝对安全。一旦发生隔离故障或接地故障,安全就将难以得到保证,本书将在 1.7 节中研究如何发现这些故障。

出于类似的安全考虑,电池包在不使用时,其内部的高压母线应该与负载完全断开。这就需要两个有大电流关断能力接触器,且电池包中的接触器都是常开设备。当 BMS 因某种原因断电时,接触器两端也断电,电池包与负载断开连接。

电池负载通常是容性的。例如,在车辆应用中,电机驱动电路需要大电容对由电源切换到电机驱动线圈所引起的瞬态变化进行滤波。这就对电池包与其负载的连接时序提出了很高要求。假设容性负载处于放电状态,如果两个接触器同时关闭,将瞬间产生巨大的尖峰电流,可能会导致接触器触头熔焊或熔断器熔断。

因此,还将使用第三个预充电接触器。整个启动过程如图 1-10 所示。在图 1-10(a)中,电池包与负载断开,所有接触器均打开,粗线表明电能路径仅从电池包向外延伸至接触器内部①。然后,负极接触器首先被激活,如图 1-10(b)

① 图1-10 还表明熔断器通常安装在电池包中间。当熔断器由于某些原因发生熔断时,那么,维修技术人员面临的最大电压最多只为电池包总电压的1/2。

所示,新增的粗线表明正在激活的低压控制信号路径。此时,将电池包的“-”与负载的“-”相连。

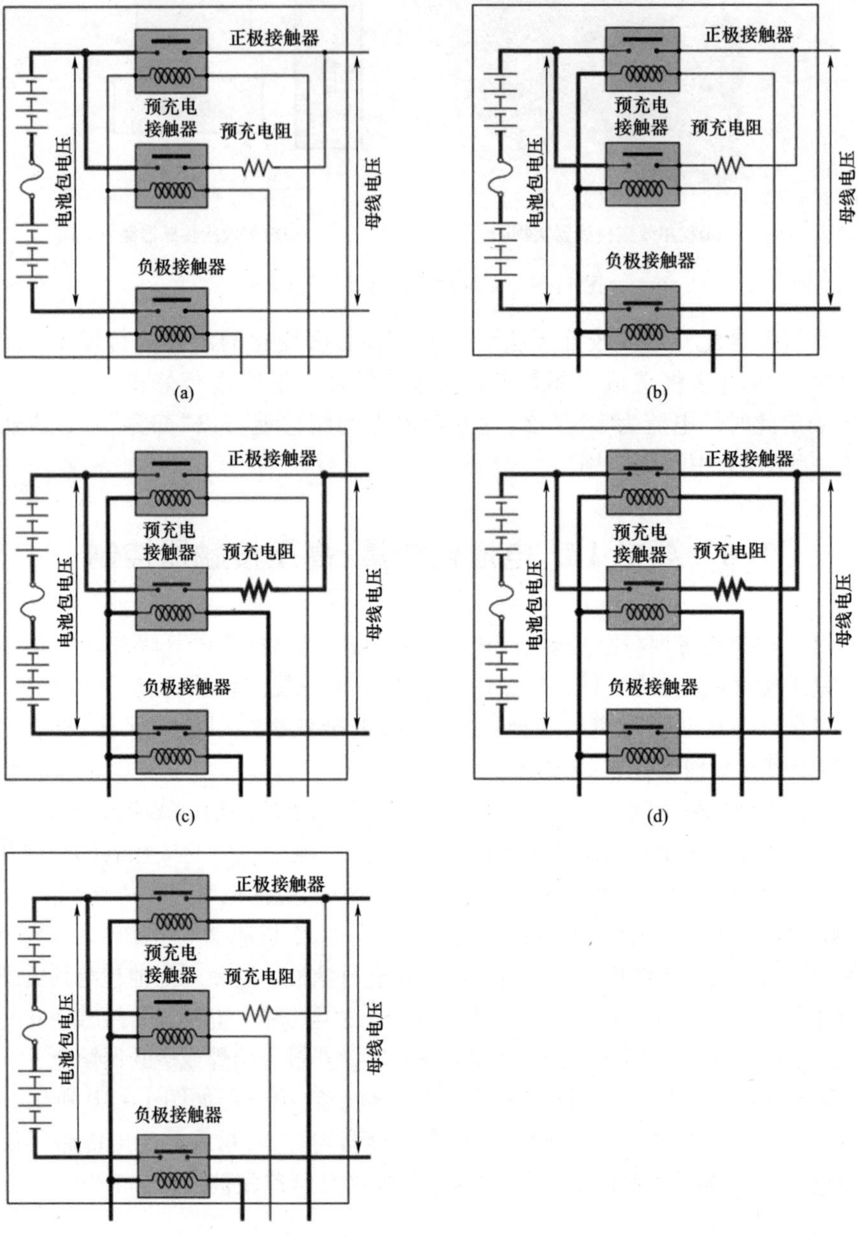

图 1-10 电池包与负载连接的启动时序

接下来，激活预充电接触器，如图 1－10(c)所示。利用预充电电阻限制电流，从而使电池包以可控且安全的速度向容性负载充电。通常需要检测预充电电阻的温度，如果温度过高，说明负载可能出现短路故障，那么将中止启动，断开电池包与负载的连接。同样，还将检测母线和电池包的电压。如果在指定的时间间隔后，这两个电压不收敛到同一邻域内，说明负载可能发生短路故障，那么也将断开电池包与负载的连接①。

假设总线电压与电池包电压已经“足够快地”“足够接近”了，那么 BMS 闭合正极接触器，如图 1－10(d)所示。此时，电池包的“＋”与负载的“＋”相连，负载通过低阻路径直接与电池包相连。然后，断开预充电接触器，如图 1－10(e)所示。

断开电池包的操作时序并不那么严格固定。由于容性负载和电池包的电压已经达到平衡，接触器熔焊的危险并没有那么严重。因此，只要负载的电感很小，简单地断开主接触器可能就已经足够了；否则，在完全断开电池包之前，需先反向使用启动过程，以排出电感能量。

1.7　要求 1e. 绝缘检测

在标准汽车应用中，12V 铅酸蓄电池的负极直接与车架或底盘相连，只有正极才需要单独的电线将能量分配给整个车辆，这节省了在电线上的花费。同时，12V 的电压等级不太可能会对人体造成伤害，这也就不存在显著的安全风险。

然而，如果有人触碰高电压的电池包两端，则可能造成伤害甚至导致死亡。因此，电池包设计者必须非常小心地将这种可能性降到最低。所有的电线都应该是完全绝缘的，高压电池的任一端点都不与高度暴露的车辆底盘相连。这就大大提高了安全性。

但是如果车辆由于事故、振动或者其他磨损，损坏了高压线路上的绝缘层时，电池包的某个接线端就可能会通过低阻路径接触到车辆底盘，引发安全隐患，因此 BMS 必须能够发现它并警告车辆操作者有危险。

基于同一时间触碰电池包任一端和机壳是安全的这一假设，美国联邦机动车运输安全管理局规定了一套绝缘损耗检测的流程②。标准规定：当机壳与电池组的正极或负极直接短路，如果电流小于 2mA，则认为绝缘良好。

① 测量电池包和母线电压需要高阻抗分压器和隔离电路。母线电压也可以根据电池包电压、电流进行推断，当电池包电流接近零时，可以推断出母线电压接近电池包电压。

② 这在联邦机动车安全标准 FMVSS 305 和汽车工程师协会标准 SAE J1766 里都有记录。

我们可以根据图 1－11 推导检测过程。由于电池包不应该以任何方式连接到机壳，因此，电路中的 R_1 和 R_2 都应该是无穷大。然而，当绝缘已经出现损坏时，R_1 或 R_2 会小于无穷大，我们将 R_1、R_2 中较小的电阻称为绝缘电阻 R_i。根据安全规范，R_i 必须满足 $R_i > v_b/0.002\text{A}$ 或 $R_i > 500v_b$，其中 v_b 是电池电压。

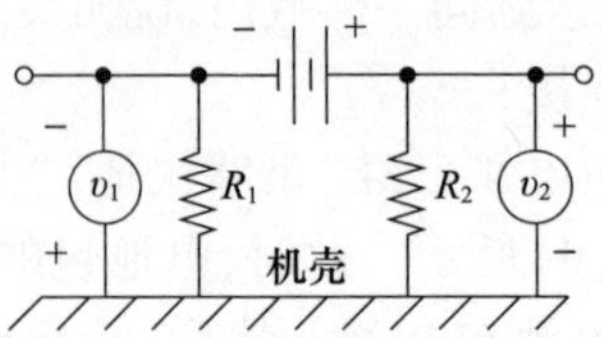

图 1－11　绝缘检测的第一步

为了能够检测电池包与机壳之间的绝缘是否足够，BMS 必须能够以某种方式确定 R_i。我们使用高阻抗模数测量电路测量 v_1 和 v_2，其自身阻抗大于 10MΩ[①]。虽然接入这些测量传感器打破了严格的电气隔离，但传感器的高阻抗确保它自身的电流极限不会超过 2mA。

重新绘制图 1－11，可以看到 R_1 和 R_2 构成电池包总电压的分压器，如图 1－12所示。由于希望确定两个电阻中较小的阻值，当 $v_2 > v_1$，则求解 R_1；否则，求解 R_2。还要注意，根据基尔霍夫电流定律，通过两电阻的电流必然是相等的。因此，$v_1/R_1 = v_2/R_2$，下一小节我们将会用到这个公式。

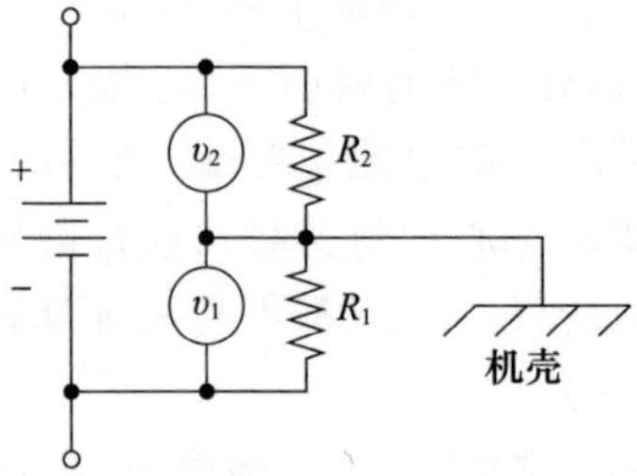

图 1－12　绝缘检测第一步的重绘

1.7.1　负极侧绝缘故障：求解 R_1

如果电池包负极侧有故障，则 $v_2 > v_1$。因此，如果测得 $v_2 > v_1$，就需要求解 R_1，然后检查其是否足够大，足以避免绝缘故障。

① 注意电压表的极性，v_1 和 v_2 都是正的。

为了求解 R_1,通过晶体管开关在电池正极和机壳之间接入一个阻值已知的大电阻 R_0,如图 1-13 所示。这么做再次打破了严格的电气隔离,但是不用担心 R_0 是否"足够大",$R_0 \gg 500 v_b$。

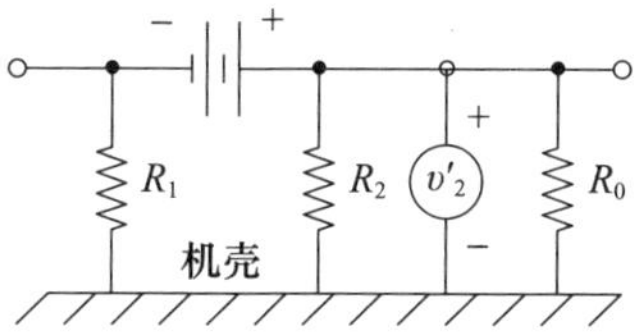

图 1-13　绝缘测量的第二步(负极侧故障)

现在开始测量 v_2'。根据基尔霍夫电流定律,流经 R_0 和 R_2 的电流之和一定等于流经 R_1 的电流,因此有

$$\frac{v_b - v_2'}{R_1} = \frac{v_2'}{R_2} + \frac{v_2'}{R_0}$$

代入 $v_b = v_1 + v_2$ 和 $R_2 = R_1(v_2/v_1)$,得到

$$\frac{(v_1 + v_2) - v_2'}{R_1} = \frac{v_2'}{R_2} + \frac{v_2'}{R_0} = \frac{v_2'(v_1/v_2)}{R_1} + \frac{v_2'}{R_0}$$

最后,求解 R_1:

$$\frac{(v_1 + v_2) - v_2' - v_2'(v_1/v_2)}{R_1} = \frac{v_2'}{R_0}$$

$$R_1 = \frac{R_0}{v_2'}(v_1 + v_2 - v_2' - v_2'(v_1/v_2))$$

$$R_1 = \frac{R_0}{v_2'}\left(1 + \frac{v_1}{v_2}\right)(v_2 - v_2') \qquad (1.3)$$

小结:如果 $v_2 > v_1$,则在电池负极侧可能存在绝缘故障。然后,测量 v_2',根据式(1.3)由 v_1、v_2 和 v_2' 计算出 $R_i = R_1$。如果 $R_i > 500 v_b$,则认为绝缘良好。

1.7.2　正极侧绝缘故障:求解 R_2

如果 $v_1 > v_2$,整个求解过程类似,唯一的区别在于现在求解 $R_i = R_2$。通过晶体管开关在电池负极和机壳之间接入一个阻值已知的大电阻 R_0,如图 1-14 所示,然后测量 v_1'。

再一次,根据基尔霍夫电流定律:

$$\frac{v_b - v_1'}{R_2} = \frac{v_1'}{R_1} + \frac{v_1'}{R_0}$$

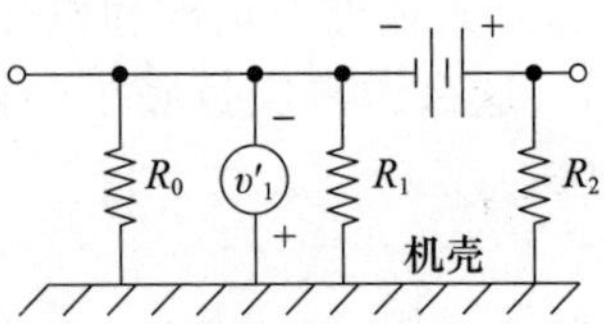

图 1-14 绝缘测量的第二步(正极侧故障)

代入 $v_b = v_1 + v_2$ 和 $R_1 = R_2(v_1/v_2)$,得到

$$\frac{v_1 + v_2 - v_1'}{R_2} = \frac{v_1'(v_2/v_1)}{R_2} + \frac{v_1'}{R_0}$$

$$\frac{v_1 + v_2 - v_1' - v_1'(v_2/v_1)}{R_2} = \frac{v_1'}{R_0}$$

最后,求解 R_2:

$$R_2 = \frac{R_0}{v_1'}(v_1 + v_2 - v_1' - v_1'(v_2/v_1))$$

$$R_2 = \frac{R_0}{v_1'}\left(1 + \frac{v_2}{v_1}\right)(v_1 - v_1') \tag{1.4}$$

小结:如果在电池正极侧存在绝缘故障,测量 v_1、v_2 和 v_1',然后根据式(1.4)计算出 $R_i = R_2$。如果 $R_i > 500v_b$,则认为绝缘良好。

进行容错设计和内置测试电路是明智的。当需要绝缘检测时,可以在不改变已有电路设计下,测试电路功能。只需要简单激活晶体管开关,就可以同时在电池两端和机壳之间接入电阻 R_0。然后,测量 v_1' 和 v_2',在一定误差范围内它们都应该等于 $v_b/2$。

1.8 要求 1f. 热控制

虽然本书不会详细讨论热管理和控制策略,但它们对于 BMS 设计来说却非常重要,其解决了一些重要的电池包寿命和安全问题①。

一般来说,锂离子电池保持在 10~40℃温度范围内,使用寿命最长②。一些

① 关于电池包热需求的详细讨论可以参考文献:Santhanagopolan, S., Smith, K., Neubauer, J., Kim, G-H, Keyser, M., and Pesaran, A., Design and Analysis of Large Lithium-Ion Battery Systems, Artech House, 2015。

② 一个很好的经验法则是:"如果在某一温度下你觉得很舒服,那么,电池组在该温度下也很'舒服'。"

由温度效应加速的退化机制将在第4章进行定性讨论。

正如在本丛书第一卷中看到的,单体电池的产热模型是很复杂的。然而,不可逆热和焦耳热项往往占主导地位,特别是在短时间输入看似随机的电流时,因此,产热可以粗略地近似计算为 i^2R,其中 i 为单体电池电流,R 为热电阻。所以,当电池包流入或流出大电流时,产热量高。

对于 EV 来说,为了具有合适的续航里程,通常采用大容量电池包。虽然电池包总电流大,但是每节单体电池的充放电倍率小,内部生热也低,采用风冷可能就足够了。

然而,对于 HEV 来说,充放电倍率大,应该采用液冷。对于 xEV 应用,为了确定热管理系统的合适尺寸和类型,在设计阶段需要进行热电耦合仿真和电池包工作分析。

虽然具有冷却电池功能的热管理系统是常见的,甚至是普遍的,但是很少会加热电池。即使车辆在相当低的环境温度下启动,i^2R 的自加热很快会使电池包达到合理的工作温度。对于一些可插电汽车,确实可以在接入电网时,用电网供电来加热过冷的电池包。但在没有接入电网时,使用电池包自身的电能来加热电池,会消耗电池的可用能量,减少续航里程,因此并没有必要这样做。

1.9 要求2. 保护

回顾1.2节列举的 BMS 设计要求,现在已经完成了对要求1:测量和高压控制的讨论。本节将简要讨论要求2:保护。

任何形式的能量储存都有潜在危险。当能量以不受控制的方式释放时,就会产生灾难性的后果。由于长期的经验积累,我们已经慢慢熟悉了与油车相关的风险,并且非常了解如何将危害可能性和程度最小化。

但是,我们仍在学习摸索如何控制与能量存储在大容量电池包有关的风险。BMS 的电子电路和软件部分共同构成整体的风险管理策略。它们必须提供监视和控制功能,以保护单体电池免受超限工作条件带来的损害,同时保护用户免受电池故障带来的危害,这将面临巨大挑战。例如,当某个单体电池出现内部短路,会在微秒内带来数百安培的电流增长,此时,保护电路隔离故障的动作必须非常迅速,否则该单体电池可能会出现热失控,最终,导致电池包发生燃烧或爆炸。大容量电池包的安全管理领域仍处于快速发展中,使用电子元件如熔断器的传统方法往往响应太慢,目前急需对新器件和新方法进行研究①。

在电池包中,保护必须设法解决下列不良事件或条件:充电或放电过程中的过电流、短路、过压或欠压、环境温度过高或内部过热、绝缘损坏和滥用。如果条件允许,还应该施加冗余保护。

以图 1-15 为例,图中绘制了以电流和温度作为输入变量的电池包保护设计机制。右上角阴影部分对应电池制造商指定的电池最可能受到永久性损伤的工作区域,虽然其他工作区域都是安全的,但是通常需要留有一定的设计冗余。因此,保护设计将电池的工作条件限制到更小的安全区域,对应图中左下角阴影部分。安全装置将单体电池约束到安全区域,留出用白色表示的安全边界。可以发现,只有当两个保护系统都失效时,电池才会从安全工作区域到故障区域,这种冗余设计提供了稳健性保护方案。

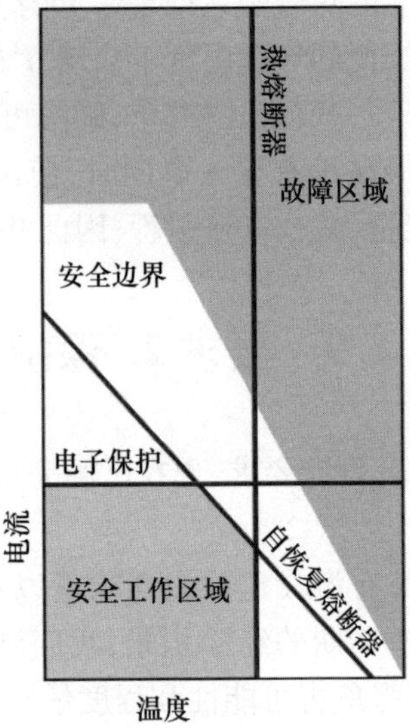

图 1-15 电流/温度保护设计

图 1-16 描绘输入变量为电压和温度的保护设计机制草案。在某些情况下,离开安全工作区域到故障区域只越过了一条边界。为了完善该设计,还应该

① 当某一单体电池出现热失控时,可能就没有办法阻止了。例如,电池材料杂质引起的单体电池内部短路,打开主接触器可能也无法停止该事件。但是,电池包设计应该能将热失控限制在单体电池内部,而不会蔓延至其他电池,同时能够释放其产生的所有气体。通过物理隔离各个单体电池的目标是可以实现的,巧妙的熔断器方法可参考文献:Kim, G-H, Smith, K, Ireland, J, and Pesaran, A., "Fail-safe design for large capacity lithium-ion battery systems," Journal of Power Sources, 210, 2012, pp. 243-253。

添加其他保护元件。

图1-16　电压/温度保护设计

保护装置包括热熔断器(当温度超过某一限制时,打开该接触器)、普通熔断器(当大电流持续一定时间后切断电气连接,但对于某些类型的故障来说,切换速度不够快)和电子故障检测设备。对于电子保护,BMS 持续检测电压、电流和温度,当检测到故障时,则采取设计指定的操作。从图1-16可以发现,电池包充电时,插入式充电器可以独立地监控电池包电压。当检测到电压过高时,将自动停止充电。同样,负载控制器也可以监控电压并在电压越界时,停止使用电池包[①]。

1.10　要求3a. 充电器控制

BMS 要求3考虑电池管理系统和电池包供电负载之间的通信接口。在 *x*EV 中负载是车辆本身,其通过车载控制计算机(充当图1-4中电池负载控制计算

① 故障检测和处理方法不是本书的讨论重点,详细内容可参考文献:Weicker, P., A Systems Approach to Lithium-Ion Battery Management, Artech House, 2014 和 Santhanagopolan, S., Smith, K., Neubauer, J., Kim, G-H, Keyser, M., and Pesaran, A., Design and Analysis of Large Lithium-Ion Battery Systems, Artech House, 2015。

机的角色)进行管理。

考虑的第一个通信接口是电池包充电器。xEV 的电池包可以通过两种方式充电。所有 xEV 电池包都会经历随机充电,此时,充电在不可预知的模式下进行,如通过制动能量回收进行能量恢复。BMS 通过不断计算车辆目前运行的充电功率限制,控制允许的随机充电最大值,这将在第 6 章中进一步讨论。此外,EV、PHEV 和 E - REV 有插电模式,可以支持插电式充电,此时,充电功率由电网提供,将实施更精准的充电协议控制。通常,施加幅值逐渐减小的多阶段恒功率充电,直到电池包被认为已经充满。第 5 章研究的电池包均衡也经常应用于插电式充电中。

目前,电池包的充电速度主要取决于电池本身,而不是为充电器供电的公用电网。例如,根据空气动力学等,小型乘用车的能量利用率在 200 ~ 300(W · h)/mile。对于 300mile 的行驶里程,电池包的可用能量必须在 60 ~ 90kW · h。如果目标是在 3min 内(这大概也就是给油箱加满所需要的时间)完成对电池包的充电,公用电网将需要连续提供 1. 8MW 的功率。虽然当前批量化生产的电池无法承受如此快的充电速度,但家用电网也不能提供如此大的充电功率。

反过来思考这个问题,大多数住宅墙体插座能够提供 110V 电压 15A 电流,约 1. 5kW。以这个速度充电,需要 40 ~ 60h 才能充满,显然这是不能接受的。然而,升级的家用供电设备能够提供 220V 电压、30A 电流、6. 6kW,这也是炉子或电动干衣机的典型电源插座。以这个速度充电,需要 10 ~ 15h 才能充满。对于日常驾驶来说,这实际上是一个不错的折中方案,因为车辆电池很少被完全用尽,且通常有一整夜来充电。所谓的快速充电,只有在超过车辆续航里程的长途旅行时才需要,虽然停车 10min 或 15min 给汽车电池包充电的时间比消费者习惯的等待时间长了,但是如果不是经常性的,该等待仍然在合理范围内。

1. 11 要求 3b. CAN 总线通信

讨论的第二个主题是通信协议。虽然不同的应用可能会使用不同的协议,但是汽车应用通常使用控制器局域网络(Controller Area Network,CAN)协议,其几乎专门用于车辆信息传递。CAN 能够在非常恶劣的电气噪声干扰下,提供稳定通信。

CAN 具有电气规范和数据包协议。CAN 包含两根差分的串行总线,可将智能传感器和执行器组成网络。信息传递有两种速率:高优先级的信息以更高的波特率发送,而低优先级的信息以较低的速率发送。[①] 高速传递的信息用于关键性操作,如发动机管理、车辆稳定性和运动控制,而低速传递的信息用于照明、窗户、后视镜调整的简单切换和控制以及仪表显示等。

通信协议定义了总线上设备的寻址方法、传输速度和优先级设置、传输序列、错误检测与处理以及控制信号。如图1-17所示的数据帧,在总线上按顺序传送。在该帧中,有一个1位的帧起始(Start of Frame,SOF)标志;一个11位或29位的帧ID;一个1位的远程传输请求(Remote Transmit Request,RTR)标志,指示这是数据帧还是远程帧;一个6位控制段;一个最多传输8个字节的数据段;一个用于传输错误检测的16位循环冗余校验(Cyclical Redundancy Check,CRC);一个2位确认(acknowledgment,ACK)字段;一个7位帧结束(End of Frame,EOF)标志[②]。

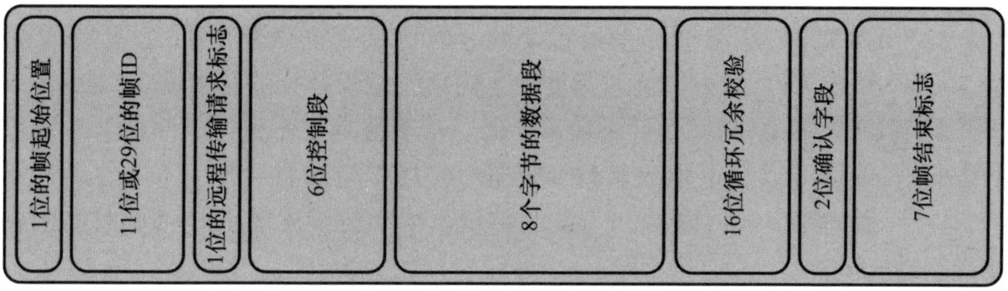

图1-17 CAN 2.0数据帧

1.12 要求3c. 日志功能

讨论的第三个子要求是提供日志功能以及访问这些数据的方法。为了检修和诊断,BMS必须储存非典型和滥用事件的日志。这个日志应该包括滥用类型(如超限的电压、电流或温度)以及滥用持续时间和程度的记录。至少,车辆技术人员应该能够读取此日志,以用于车辆诊断、检修和事故后分析。

BMS还需要存储持续诊断信息,如历经的充放电循环次数、每一个驾驶周期结束后电池包状态和各单体电池的SOH(电池模型参数值)等。这些数据存

① 译者注:译者认为,同一个CAN网络中所有单元的通信速度必须一致,不同的网络之间通信速度可以不同。高速应指发送周期短,数据更新快。

② 幸运地是,许多汽车微控制器已经内置CAN通信硬件,负责处理协议相关细节,让BMS设计师可以自由地设计符合应用要求的信息和响应。

储在非易失性芯片如闪存中。

1.13 要求 4a. 荷电状态估计

回到 1.2 节,BMS 设计要求 4 与性能管理有关。本章只简单介绍 SOC、能量和功率估计,相关问题将在第 3 章和第 6 章中做进一步讨论。

1.13.1 需要估计什么以及为什么需要估计

对于不同应用场景的电池包,其性能管理优先级也不同。为了可靠地运行,*x*EV 需要持续更新 2 个电池基本状态的估计值:电池包中还有多少能量可用,短期可以输出多大的功率。

对于 EV 来说,能量估计是最重要的。能量是表征做功的能力,是一个总量,以 W · h 或 kW · h 为单位。能量是车辆续航里程计算的基本输入。

对于 HEV 来说,功率估计是最重要的。功率就是在不超过电池或电气设备的限制下,能量可以从电池包转移到车轮(或从车轮转移到电池包)的最大速率,是一个瞬时量 $p = iv$,以 W 或 kW 为单位。功率告诉驾驶者是否可以加速或接受制动充电。

对于 E – REV/PHEV 来说,能量和功率估计都很重要。能量估计用于在电量消耗模式下计算剩余续航里程,功率极限估计用于在电量维持模式下平衡发动机和电动机的需求。

理想情况下,我们希望能够直接测量可用能量和功率,然后将这些值报告给车载计算机。然而,并不存在这样的传感器。① 我们必须使用更基本的量作为输入,以计算可用的能量和功率。

为了能够计算能量,我们必须(至少)知道当前时刻所有单体电池的荷电状态 $z_k^{(i)}$ 和总容量 $Q_k^{(i)}$,下标 k 表示当前的时间索引,上标(i)表示电池组中的第 i 个电池。为了计算功率,我们必须(至少)知道所有单体电池的荷电状态和内阻 $R_k^{(i)}$。如图 1 – 18 右侧所示。

然而,这些参数也不能直接测量,也必须进行估计。这一估计过程的可用输入包括所有单体电池的电压 $v_k^{(i)}$、温度 $T_k^{(i)}$ 以及电池组的电流 i_k。

在第 3 章和第 4 章中,我们将看到有好的和差的方法来从这些可测量的量

---

① 对于汽油车,存在近似的能量传感器。油箱里的浮标可以测量出剩余燃料,其正比于可用能量。可惜的是,电池没有这样的“电荷浮标”。

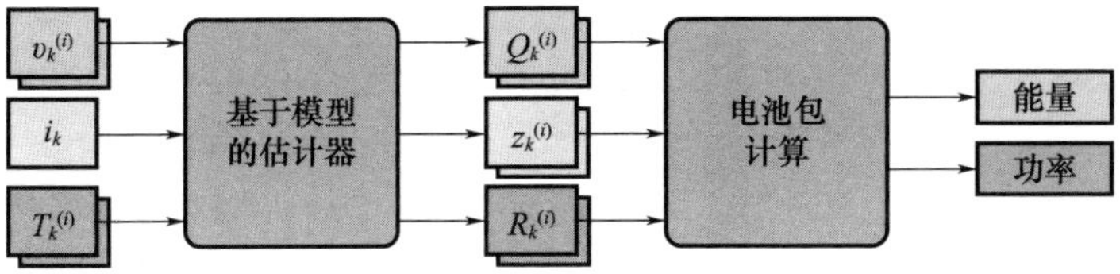

图 1－18　可用能量和功率估计的数据流程图

中估计出状态和参数值。差的方法通常更容易理解,更容易编写成代码完成验证,但得到的结果不那么准确,因此付出的代价可能是非常昂贵的。例如,当你踩下油门试图超越一辆卡车,差的电池控制算法向车辆表明电池的可用功率足够,那么车辆将依赖电池组启动加速。但是如果功率估计不准确,在加速过程中发现某一电池电压或电流已经超过极限值,将会立即采取某种纠正措施。这时系统可能会突然减少电池组的允许功率,导致用户认为驾驶性能差,最后你肯定没有超过那辆卡车,甚至可能引发严重交通事故。当然为保护驾乘人员安全,也可能会允许电池组过充或过放,但这样会造成电池组提前性能衰减。大多数情况下,电池组会超安全标准设计,以补偿荷电状态、能量和功率估计的不确定性。

差的电池控制算法造成的这 3 种结果都是以牺牲成本、电池组重量和/或体积为代价的。本书的基本前提是投资好的电池管理与控制算法及其相关技术,这样做可以减少电池组尺寸,降低投入产出比。出于这个原因,本书的关注重点是那些可用的最好算法,尽管其中一些相当复杂。

1.13.2　什么是真正的 SOC

本书将在第 3 章详细讨论 SOC 估计,在深入开展研究之前,直观认识 SOC 及其估计对透彻理解后续内容很有帮助。

关于 SOC 概念,在本丛书第一卷中的等效电路模型和机理模型部分已经探讨过。从物理上说,给电池充电会使锂从正极固体颗粒移动到负极颗粒中,而放电则相反。从电化学上说,单体电池 SOC 与负极固体颗粒中的平均锂浓度呈正相关,与正极固体颗粒中的平均锂浓度呈负相关。

为简单起见,只考虑负极,并将当前时刻 k 的平均锂浓度化学计量定义为平均锂浓度与电极材料最大锂浓度的比值,即 $\theta_k = c_{s,\text{avg},k}/c_{s,\max}$。基于电池厂家的设计限制,该化学计量保持在固定值 $\theta_{0\%}$ 和 $\theta_{100\%}$ 之间,如图 1－19 所示。因此,电池 SOC 的计算式为 $z_k = (\theta_k - \theta_{0\%})/(\theta_{100\%} - \theta_{0\%})$。

由于不能直接测量 θ_k 或 $c_{s,\text{avg},k}$,因此,好奇不可测量的 SOC 与可测量的电池电压之间是否存在耦合关系,是否可以通过测量电压推断 SOC。然而,仔细研究

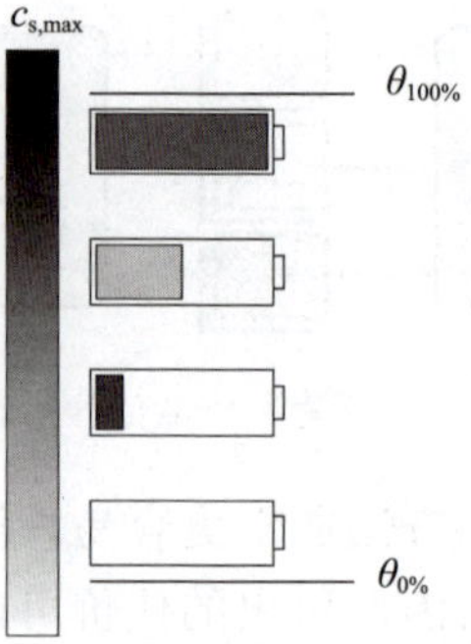

图 1－19 负极平均锂浓度和电池 SOC 的关系

可以发现电池电压取决于温度和电极颗粒表面锂浓度，但 SOC 取决于颗粒平均锂浓度。表面浓度和平均浓度一般是不一样的。此外，改变温度会改变电池电压，但不会改变平均浓度，因此不会改变 SOC；电池静置会改变电压，但不会改变平均浓度，因此不会改变 SOC；电池的使用历史改变了稳态表面浓度与平均浓度（滞回效应），这使得仅通过电压确定 SOC 是不准确的。

SOC 的改变只源于电池上流过的电流，这可能是由外电路的充放电引起的，也可能是由内部的自放电引起的。然而，电压的变化有这些原因，还有很多其他原因。因此，电压可以作为 SOC 的间接指示，而不是 SOC 的直接测量。

那么，通过测量电流来推断 SOC 又如何呢？从第一卷中我们知道，第 i 个单体电池在时刻 k 的 SOC 与它的初始值和单体电池电流 i_k 有关：

$$z_k^{(i)} = z_0^{(i)} - \sum_{j=0}^{i-1} \frac{1}{Q_k^{(j)}} \eta_k^{(j)} i_k \tag{1.5}$$①

其中，电池电流在放电时为正，充电时为负；$\eta_k^{(j)}$ 是电池库仑效率，通常很接近但略小于 1；$Q_k^{(j)}$ 是以库仑为单位的电池总容量②。通过上述关系式估计 SOC 的方法被称为安时积分法。虽然式（1.5）是正确的，但读者将在第 3 章看到基于安时积分的 SOC 估计有严重的局限性。

本节的最后一个问题是如何定义“电池组 SOC”。考虑图 1－20，它绘制了一个由 2 节单体电池串联而成的电池组，底端电池的 SOC 为 100%，顶端电池的

---

① 译者注：译者认为，该式应为 $z_k^{(i)} = z_0^{(i)} - \sum_{j=0}^{k-1} \frac{1}{Q_j^{(i)}} \eta_j^{(i)} i_j$。

② 注意，总容量 $Q_k^{(j)}$ 是关于介于 $\theta_{0\%}$ 和 $\theta_{100\%}$ 之间电极结构中可嵌锂位置数量的度量。它不是温度、速率等的函数，我们将在第 4 章中作进一步讨论。

SOC 为 0%。

由于我们无法在不过放顶端电池的情况下让电池组放电，因此，可以将“电池组 SOC”定义为 0%。然而，0% 意味着可以给电池组充电，但实际上并不能在不过充底端电池的情况下给电池组充电。因此，定义其为 0% 是没有意义的。

可以将“电池组 SOC”定义为 100%，因为我们无法在不过充底端电池的情况下充电。然而，100% 意味着可以让电池组放电，但实际上并不能在不过放顶端电池的情况下放电。因此，定义其为 100% 也是没有意义的。

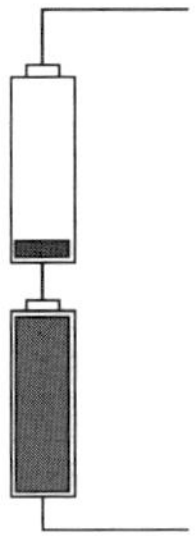

图 1－20　电池组 SOC 示例

或者，可以将“电池组 SOC”定义为两者的平均值 50%。然而，这可能是最糟糕的，因为这意味着我们可以对电池组进行充放电。所有这些定义都有所欠缺的原因很简单，“电池组 SOC”是一个没有物理意义的术语，不应使用。

当然，这个例子比较极端，但它展现了电池均衡的必要性，相关内容将在第 5 章进行探讨。这也让我们思考为什么我们很想知道“电池组 SOC”。一个可能的原因是 HEV 中的 SOC 设定点控制，如果电池组均匀性很好，那么，所有单体电池 SOC 的平均值就能作为很好的参考，此时应该称为“电池组平均 SOC”而不是“电池组 SOC”。另一个可能的原因是“电池组 SOC”可以作为仪表盘的输入，然而，驾驶者真正关心的不是 SOC，而是可用能量，因此应该用总能量指标取代。

1.14　要求 4b. 能量估计

1.14.1　单体电池总能量估计

单体电池总能量计算式为

$$e_k^{(i)} = Q_k^{(i)} \int_{z_{\min}}^{z_k^{(i)}} \mathrm{OCV}(\xi)\,\mathrm{d}\xi$$

其中，OCV(·)是单体电池开路电压(Open Circuit Voltage,OCV)关于 SOC 的函数。例如，图 1-21 绘制了 6 种不同体系锂离子电池的 OCV-SOC 关系曲线。积分计算 OCV 曲线下最小允许 SOC 和当前单体电池 SOC 之间的面积。如果 $Q_k^{(i)}$ 的单位为 A · h，那么 $e_k^{(i)}$ 的单位为 W · h。

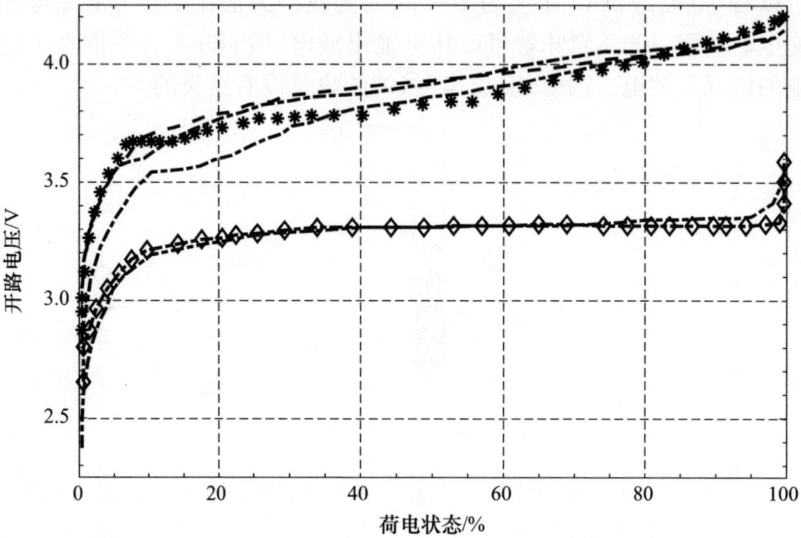

图 1-21　6 种单体电池的 OCV-SOC 关系

对于不同的积分上限可以进行积分预计算，并将其存储在查找表中，以便实时高效地执行。如果精度要求不高，可以将单体电池的能量近似为

$$e_k^{(i)} \approx Q_k^{(i)} v_{\mathrm{nom}} (z_k^{(i)} - z_{\min}) \tag{1.6}$$

式中：v_{nom}是单体电池的额定电压。

单体电池总能量不是放电率的函数，也不与温度强相关。值得注意的是，OCV-SOC 关系会随着温度变化而发生微小变化。然而，我们也不可能在高倍率、低温条件下获得电池的所有能量，否则会超过电池设计电压限制，所以我们也需要估算功率。

1.14.2　电池组总能量估计

为了计算电池组总能量，必须考虑到电池组内单体电池可能有不同的 SOC 和总容量。假设图 1-22 所示情景，那么，在其中第一个单体电池达到 SOC 设计下限 $z_{\min}$之前，电池组放出电量的计算式为

$$Q_k^{\mathrm{dis}} = \min_i (Q_k^{(i)} (z_k^{(i)} - z_{\min}))$$

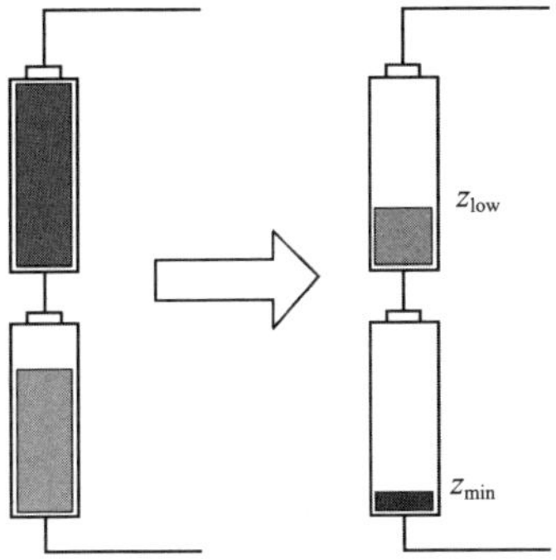

图 1－22　电池组总能量计算示例

如果 Q_k^{dis} 为只有一个单体电池到达 SOC 设计下限时电池组放出的安时数，那么，其他单体电池 SOC 的通用表达式为

$$z_{low,k}^{(i)} = z_k^{(i)} - \frac{Q_k^{dis}}{Q_k^{(i)}}$$

然后，可以根据各单体电池释放的能量之和，计算出电池组释放的总能量：

$$e_{pack,k} = \sum_i Q_k^{(i)} \int_{z_{low,k}^{(i)}}^{z_k^{(i)}} OCV(\xi)\, d\xi$$

同样，可以将 OCV 的积分存储在查找表中，以实现实时计算。

1.15　要求 4c. 功率估计

1.15.1　单体电池功率估计

大功率充放电会加速电池衰退，导致电池组提前失效。因此，计算功率限制是为了在不会导致电池组提前退化的前提下，给出接下来的 ΔT 内电池组能提供的最大功率。为给电池电压施加设计限制，本节简要介绍一种简单的功率估计方法，称为混合脉冲功率性能测试（Hybrid Pulse Power Characterization，HPPC）方法。在第 6 章和第 7 章中，我们将讨论更先进的方法。

这里，假设如图 1－23 所示的单体电池简化等效电路模型。对于这个模型，有

$$v_k^{(i)} = OCV(z_k^{(i)}) - i_k R_k^{(i)}$$

或

$$i_k = \frac{OCV(z_k^{(i)}) - v_k^{(i)}}{R_k^{(i)}}$$

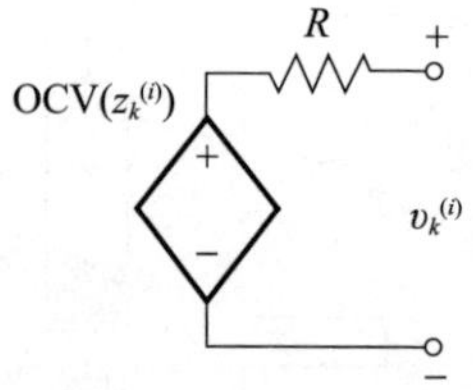

图 1-23 单体电池简化等效电路模型

为了计算功率估计值，首先假设只需要将端电压保持在 $v_{\min}$ 和 $v_{\max}$ 之间。然后，通过将电池端电压钳位至 $v_{\min}$ 计算放电功率：

$$p_{\text{dis},k}^{(i)} = v_k^{(i)} i_k = v_{\min} \frac{\text{OCV}(z_k^{(i)}) - v_{\min}}{R_k^{(i)}}$$

为了使上述预测合理，$R_k^{(i)}$ 的值不应该只等于改进等效电路模型中的瞬时电阻 R_0，电压降 $i_k R_k^{(i)}$ 应该代表总的电压降。如果施加恒定电流脉冲，将在 ΔTs 后观察到该电压降。进行如图 1-24 所示的实验室电池测试，电池静置 10s 后施加恒流放电脉冲 $\Delta T = 10$s，然后电池静置 10s 让电压恢复，再施加恒流充电脉冲 ΔT。将静置电压减去恒流放电时的最小电压记为 ΔV_{dis}，静置电压减去恒流充电时的最大电压记为 ΔV_{chg}。然后，计算有效放电和充电电阻：

$$R_{\text{dis},\Delta T}^{(i)} = \left| \frac{\Delta v_{\text{dis}}^{(i)}}{i_{\text{dis}}} \right|, R_{\text{chg},\Delta T}^{(i)} = \left| \frac{\Delta v_{\text{chg}}^{(i)}}{i_{\text{chg}}} \right|$$

为了计算电池放电功率，令 $R_k^{(i)} = R_{\text{dis},\Delta T}^{(i)}$，钳位 $v_k^{(i)} = v_{\min}$，则

$$p_{\text{dis}}^{(i)} = v_{\min} \frac{\text{OCV}(z_k^{(i)}) - v_{\min}}{R_{\text{dis},\Delta T}^{(i)}} \tag{1.7}$$

同样，为计算电池充电功率，令 $R_k^{(i)} = R_{\text{chg},\Delta T}^{(i)}$，钳位 $v_k^{(i)} = v_{\max}$，则

$$p_{\text{chg}}^{(i)} = v_{\max} \frac{\text{OCV}(z_k^{(i)}) - v_{\max}}{R_{\text{chg},\Delta T}^{(i)}} \tag{1.8}$$

注意：充电功率为负值。

由于使用简化电池模型并假设电池在放电前是静置的，因此，采用上述方法得到的功率估计值是非常粗略的。所以，通常会用小于 1 的常数乘法因子降低估计值，从而得到更保守的估计。如果在多个电池 SOC 和温度预设点下进行脉冲测试，那么，可以进一步提高预测精度，此时，不同工作条件对应不同的 $R_{\text{dis},\Delta T}^{(i)}$ 和 $R_{\text{chg},\Delta T}^{(i)}$。

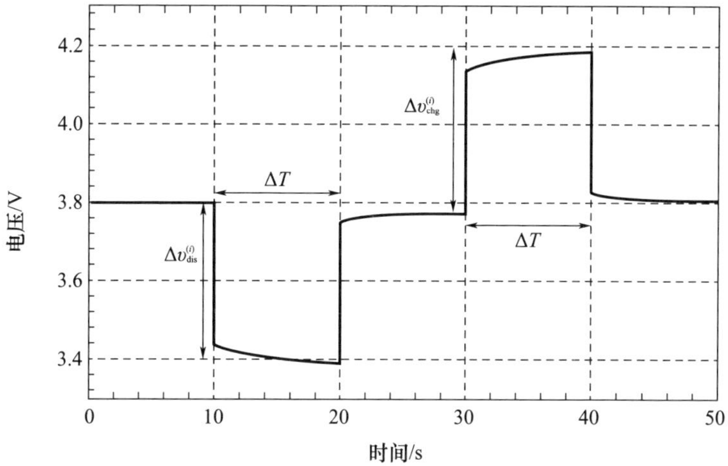

图 1 - 24　实验室测试确定充放电电阻

1.15.2　电池组功率估计

如果电池组由多个单体电池串联而成,那么,电池组功率为单体电池最小绝对功率乘以串联单体电池数:

$$p_{\text{dis}} = N_{\text{s}} \min_{i} p_{\text{dis}}^{(i)}$$

$$p_{\text{chg}} = N_{\text{s}} \max_{i} p_{\text{chg}}^{(i)}$$

注意:由于充电功率为负,因此,在计算电池组充电功率时,必须使用“max”而不是“min”。

1.16　要求 5. 诊断

电池管理系统的第 5 个要求,诊断并报告电池组的 SOH。SOH 估计通常是指电池全寿命周期内,对电池模型内部参数的估计和跟踪,SOH 在某种程度上是对这些参数值变化的度量。虽然 SOH 没有统一定义,但通常是估计两个可测量的老化指标:当前的电池总容量和串联电阻。在电池组的使用寿命中,容量一般会下降 20% ~30% ,电阻一般会增加 50% ~100% 。容量变化又称容量衰减,电阻变化又称功率衰减,电阻是功率计算式中的一个重要因子。因此,电池组运行中的 $Q_k^{(i)}$ 和 $R_k^{(i)}$ 估计值,将反映电池组的寿命状态。我们将在第 4 章详细讨论 SOH 估计。

1.17 本章小结及工作展望

本书剩余部分将重点关注:如何通过原始的电压-电流-温度测量值估计电池内部状态,以及如何控制电池运行参数以在寿命和性能之间达到最佳平衡。内容组织如下。

由于后续的所有讨论都需要更详细地了解电池组是如何工作以及如何用数学方法来表示,因此,第2章将回顾第一卷中单体电池模型的相关内容,并分析如何使用它们来仿真电池组。

第3章将介绍如何使用这些模型以及电压-电流-温度测量数据估计所有单体电池的内部状态。我们特别关注SOC估计,将简要介绍一些简单但精度较差的估计方法,重点介绍那些使用非线性卡尔曼滤波,兼顾鲁棒性和计算效率的估计方法。

第4章将研究如何估计电池组SOH,主要根据电池组中所有单体电池的电阻增加和容量减少来判断,发现电阻估计方法简单直接,但在估计总容量时必须谨慎处理。

第5章将讨论电池均衡的必要性,介绍实现均衡的几种不同方法。

第6章将研究以电池电压为主要限制因素时的可用功率估计方法,首先介绍简单常见的静态算法,然后探索更精确的动态算法。

第7章将讨论基于电压的功率限制计算的基本问题,并对更高级的功率限制计算提出了一些想法,进一步探讨将在本丛书第三卷中进行。

在继续之前,需要说明本书讨论的大多数电池组状态估计和控制方法都由*x*EV相关公司拥有专利。即使是文献中的常见方法也是如此,大多数都是由公司自己研发的。这一事实强烈地促使研究人员研究与那些专利完全不同的方法,以便可以自由应用或者申请专利。但是,这也意味着,如果没有相关专利的许可,读者不能将这些方法用于商业用途。

第2章　电池组建模

2.1　单体电池建模

电池管理系统的一个重要功能是计算一系列基本量的估计值，包括 SOC、SOH、可用功率和可用能量。目前的最优估计方法是建立计算简单、准确度高的，关于单体电池动态输入/输出（电流/电压）的数学方程组或模型集。当然，未来的应用还需要深入了解电池内部的电化学动态变化，如通过理解和控制内部退化机制预测与最小化电池老化。

可以使用两种截然不同的模型进行估计，两者从不同尺度描述锂离子电池的运行。

等效电路模型（Equivalent Circuit Model，ECM）：ECM 通过提出一个模拟电池行为的电路，来表示锂离子电池的运行。利用实验室测试采集的电池数据优化电路元件参数，使模型的电流/电压行为与实际电池相匹配。由于 ECM 相当于是从电池收集的数据到包含电子电路元件的模型结构的经验拟合，因此，它与其他类型的曲线拟合具有相同的特征。例如，对模型创建数据进行插值时，或当电池工作在与用于拟合参数值的电流工况相似的条件时，ECM 能够给出良好预测。另一方面，ECM 往往不能很好地进行模型外推。也就是说，当电池的实际工况与实验室测试场景非常不同时，其预测结果不一定可信。ECM 只能预测输入/输出（电流/电压）行为，不能预测电池内部的电化学状态。但是，ECM 可以产生快速、鲁棒性强的仿真。

机理模型（Physics Based Model，PBM）：PBM 从描述电池内部电化学变量对输入电流激励的响应出发，推导出描述电池运行的方程组。然后，可以根据这些内部电化学变量计算电池电压。PBM 可以在各种工作条件下进行预测，也可以预测电池的内部电化学状态（这对预测老化非常有用）。然而，这些模型通常由多个耦合的偏微分方程（Partial Differential Equation，PDE）组成，因此仿真速度较慢，可能还具有鲁棒性和收敛性方面的问题。

本丛书第一卷深入研究了这两种模型。同时，还介绍了如何计算与 ECM 具有相似复杂度的降阶 PBM,该模型结合了上述两种模型的优点。

到目前为止,我们只讨论了锂离子单体电池的建模与仿真,没有考虑由多个单体电池串并联而成的电池组仿真。作为学习管理电池组的前提,了解电池组的工作过程很重要,它与单体电池独立工作是不同的。由于电池组会对其所连接的负载作出响应,因此也需要了解电池组负载是如何工作的。

本章研究仿真电池组和 EV 负载的方法。在讨论这些主题之前,首先回顾 ECM 和 PBM。本书的大部分研究基于 ECM 展开,然而,在第 7 章研究最优功率极限估计时,会使用 PBM 中的一些概念。

2.2 建模方法 1:基于经验

锂离子电池的输入/输出(电流/电压)行为看起来很简单,通常可以用等效电路很好地近似。也就是说,一种由电压源、电阻、电容等组成的电子电路,可以用于预测锂离子电池行为。虽然电池内部不包含这些电子元件,但电池对输入电流激励的电压响应与电路模型对相同输入电流产生的电压响应相似。由于大多数控制系统工程师对电路设计比电化学更熟悉,因此,商用电池组实时控制算法几乎完全采用等效电路模型作为基础。

以描述单体电池行为的增强型自校正(Enhanced Self - Correcting, ESC)等效电路模型为例,如图 2 - 1 所示。其中,依赖于 SOC 的单体电池开路电压被绘制为受控电压源,hyst 是非线性滞回元件,R_0 是单体电池的欧姆内阻。用 1 个 RC 对模拟扩散电压,当然也可以额外增加 RC 对提高模型的精确度。由于该模型包含了一些滞回电压的描述,因此,为区别于以前的模型,该模型结构称为增强型。又由于在静置或恒定电流输入条件下,模型电压将收敛到校正值,因此,该模型也称为自校正。即使模型的暂态行为是不精确的,但在经过一段时间后,也可以依赖模型产生合理的电压预测。

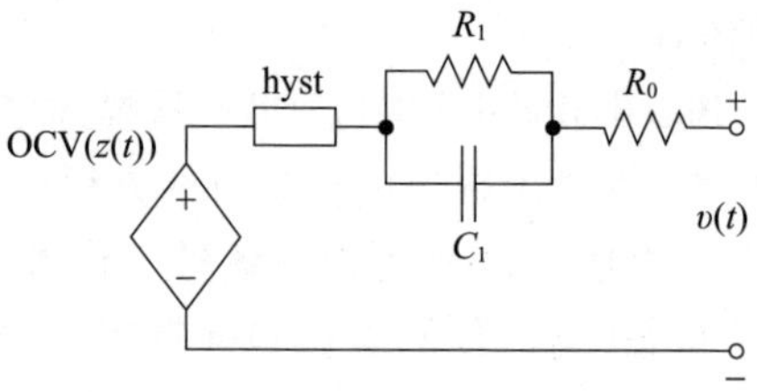

图 2 - 1 增强型自校正电路模型

在这个模型中，常数 R_0、R_1 和 C_1 等称为参数。这些参数所描述的电路元件整体考虑扩散过程的物理性质，并不单独描述某一物理特性。因此，不能使用分离特定物理性质的实验室测试方法测量常数值，通常是在创建模型时使用优化程序调整 R_0、R_1 和 C_1 的值，使模型预测尽可能与单体电池测试数据一致，这个过程称为系统辨识。优化后的参数值通常是 SOC 和温度的函数。

ESC 模型方程包括以下几项①。

（1）荷电状态。离散时刻 k 时的荷电状态表示为 z_k，电池荷电状态随时间变化，计算式为

$$z_{k+1} = z_k - \eta_k i_k \Delta t / Q \tag{2.1}$$

式中：η_k 是时刻 k 的无单位库仑效率；i_k 是时刻 k 的输入电流；Δt 是采样周期；Q 是单体电池的总容量。SOC 是无单位的，如果 i_k 以 A 为单位，Δt 以 s 为单位，那么，Q 必须用 A · s 表示。如果 Δt 以 h 为单位，那么，Q 必须用 A · h 表示。

（2）扩散电阻电流，模拟单体电池内部的缓慢扩散过程。在离散时刻 k，通过 RC 网络中电阻 R_1 的电流表示为 $i_{R_1,k}$，计算式为

$$i_{R_1,k+1} = \exp\left(\frac{-\Delta t}{R_1 C_1}\right) i_{R_1,k} + \left(1 - \exp\left(\frac{-\Delta t}{R_1 C_1}\right)\right) i_k \tag{2.2}$$

（3）滞回电压。一个简单的滞回模型给出了在离散时刻 k 的滞回电压 h_k，计算式为

$$h_{k+1} = \exp\left(-\left|\frac{\eta_k i_k \gamma \Delta t}{Q}\right|\right) h_k + \left(\exp\left(-\left|\frac{\eta_k i_k \gamma \Delta t}{Q}\right|\right) - 1\right) \operatorname{sgn}(i_k) \tag{2.3}$$

其中，无单位常数 γ 调节滞回状态随电池 SOC 变化的速度。如果输入为正，则 sgn(·)为 1；如果输入为负，则 sgn(·)为 −1；其余情况为 0。采样周期和总容量必须具有与式(2.1)中相同的单位。注意：式(2.3)并不能描述所观测到的全部滞回行为，但它是已知简单模型中的最佳。

可以通过添加一个描述电流符号变化时滞回电压的瞬时变化项②扩展式(2.3)，扩展后的模型将能够描述滞回电压随电池 SOC 的缓慢变化。为此，必须定义一个状态，该状态存储非零电流的前一个符号：

$$s_k = \begin{cases} \operatorname{sgn}(i_k), & |i_k| > 0 \\ s_{k-1}, & \text{其他} \end{cases}$$

上述增强型自校正模型可通过串联多个 RC 对进行扩展，此时式(2.2)应改

① 这些方程的推导已在第一卷中详细介绍。

② 本书使用的模型并不总是包含该项，但是如果该项对于需要建模的特定单体电池来说很重要，那么可以添加。

写为向量形式①：

$$
\boldsymbol{i}_{R,k+1}=\underbrace{\begin{bmatrix}\exp\left(\frac{-\Delta t}{R_1C_1}\right) & 0 & \cdots \\ 0 & \exp\left(\frac{-\Delta t}{R_2C_2}\right) & \\ \vdots & & \ddots\end{bmatrix}}_{\boldsymbol{A}_{\mathrm{RC}}}\boldsymbol{i}_{R,k}+\underbrace{\begin{bmatrix}\left(1-\exp\left(\frac{-\Delta t}{R_1C_1}\right)\right) \\ \left(1-\exp\left(\frac{-\Delta t}{R_2C_2}\right)\right) \\ \vdots\end{bmatrix}}_{\boldsymbol{B}_{\mathrm{RC}}}i_k
$$

如果同时定义 $A_{H_k}=\exp\left(-\left|\frac{\eta_k i_k\gamma\Delta t}{Q}\right|\right)$，则可以将上述所有关系式组合成矩阵－向量关系式：

$$
\begin{bmatrix}z_{k+1} \\ \boldsymbol{i}_{R,k+1} \\ h_{k+1}\end{bmatrix}=\underbrace{\begin{bmatrix}1 & 0 & 0 \\ 0 & \boldsymbol{A}_{\mathrm{RC}} & 0 \\ 0 & 0 & A_{H_k}\end{bmatrix}}_{\boldsymbol{A}(i_k)}\begin{bmatrix}z_k \\ \boldsymbol{i}_{R,k} \\ h_k\end{bmatrix}+\underbrace{\begin{bmatrix}-\frac{\eta_k\Delta t}{Q}i_k \\ \boldsymbol{B}_{\mathrm{RC}}i_k \\ (A_{H_k}-1)\,\mathrm{sgn}(i_k)\end{bmatrix}}_{\boldsymbol{fn}(i_k)}
$$

如果定义 $\boldsymbol{x}_k=\begin{bmatrix}z_k \\ \boldsymbol{i}_{R_k} \\ h_k\end{bmatrix}$，则可以进一步压缩符号，此时，有

$$
\boldsymbol{x}_{k+1}=\boldsymbol{A}(i_k)\boldsymbol{x}_k+\boldsymbol{fn}(i_k) \tag{2.4}
$$

式(2.4)为 ESC 状态方程，描述了所有的动态效应。

ESC 输出方程计算离散时刻 k 的电压为

$$
v_k=\mathrm{OCV}(z_k)+Mh_k+M_0s_k-\sum_i R_i i_{R_i,k}-R_0 i_k \tag{2.5}
$$

式中：$\mathrm{OCV}(z_k)$ 表示关于 SOC 的函数 OCV；M 是该温度下的最大近似滞回电压的绝对值；M_0 是瞬时滞回电压；R_0 是电池的欧姆内阻。

定义 $\boldsymbol{C}=[0\quad -R_1\quad -R_2\quad \cdots\quad M]$，$D=-R_0$，可以得到

$$
v_k=\mathrm{OCV}(z_k)+M_0s_k+\boldsymbol{C}\boldsymbol{x}_k+Di_k
$$

因此，可以得出结论，ESC 模型看起来像，但不完全等同于一个线性状态空间系统：

$$
\begin{aligned}\boldsymbol{x}_{k+1}&=\boldsymbol{A}_k\boldsymbol{x}_k+\boldsymbol{B}_k i_k \\ \boldsymbol{y}_k&=\boldsymbol{C}_k\boldsymbol{x}_k+\boldsymbol{D}_k i_k\end{aligned}
$$

---

① 在本书中，粗体小写字符表示可能是向量的量，粗体大写字符表示可能是矩阵的量。

$\boldsymbol{A}_k$ 和 $\boldsymbol{B}_k$ 对 i_k 的依赖性以及电压对 OCV 和瞬时滞回项的依赖性使得方程组具有非线性。不过,这种非线性状态空间形式可以应用控制系统相关概念进行处理,我们将在后续章节中介绍。

图 2-2 绘制了 ESC 单体电池模型的参数辨识过程,包含两种不同的实验室测试。OCV 测试首先对电池进行完全充电,使电池在主测试开始之前达到 100% SOC;然后对电池进行缓慢放电,再缓慢充电。粗略地说,OCV 是每个 SOC 下放电电压和充电电压的平均值。

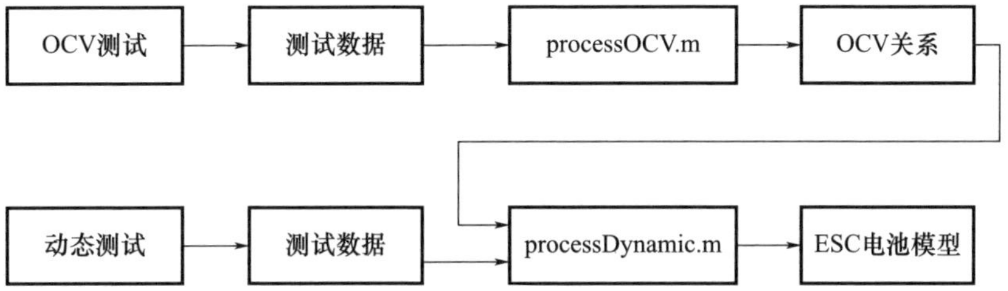

图 2-2　ESC 单体电池模型的参数辨识过程

动态测试使用电流随时间变化的动态工况来测试单体电池,该工况与实际应用中预期的电流曲线相似。调整模型的未知参数,使模型的电压预测值尽可能接近该输入激励下的实际电压测量值。在本丛书第一卷中,提供了实现 OCV 处理和动态参数拟合的 MATLAB ® 代码①。大家可以从 http://mocha - java. uccs. edu/BMS1/CH2/ESCtoolbox. zip 下载。

图 2-3 绘制了单体电池对输入电流激励响应的仿真过程。首先加载模型参数并设置初始状态值 z_0、h_0 和 $i_{R,0}$。然后,`simCell.m` 迭代计算模型方程式(2.4)、式(2.5),并生成单体电池预测电压向量。

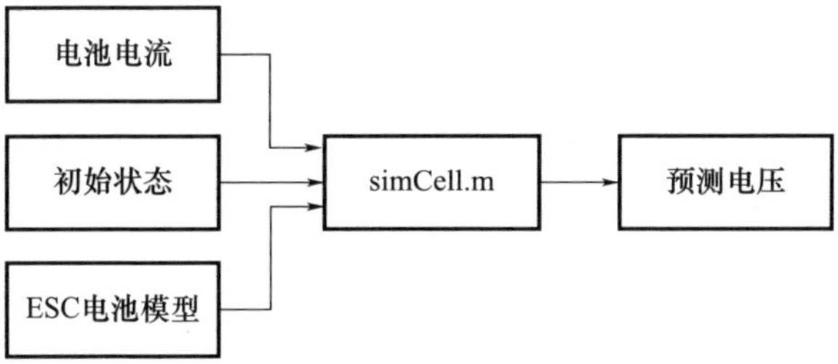

图 2-3　ESC 单体电池模型仿真过程

① MATLAB 是 The MathWorks 的注册商标。从现在起,该产品将简称为 MATLAB。

2.3 建模方法2:基于机理

从描述电池内部发生的电化学过程的基本原理出发推导方程组,可以得到一种完全不同的电池模型①。这类模型使用耦合偏微分方程组描述单体电池的内部过程。

图2-4绘制了单体电池的主要组成,以下内部电化学变量需要注意②。

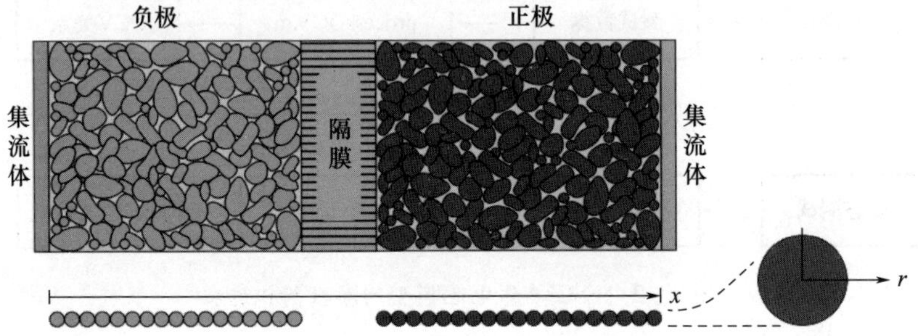

图2-4 单体电池横截面图③

(1)锂在固体活性材料中的浓度 $c_s(x,r,t)$,特别是固体-电解液边界处固体电极表面的锂浓度 $c_{s,e}(x,t)$。

(2)固体电极中的电势 $\varphi_s(x,t)$。

(3)固体和电解液之间的通量密度 $j(x,t)$,表征锂移动的标准化速率。仅在负极或正极中的 x 位置定义电极变量 $c_{s,e}(x,t)$、$\varphi_s(x,t)$ 和 $j(x,t)$。由于隔膜区域中不存在固体活性物质,因此不在隔膜区域定义它们。

(4)锂在电解液中 x 位置的浓度 $c_e(x,t)$。

(5)电解液中的电势 $\varphi_e(x,t)$。由于电解液渗透到了电极和隔膜的所有区域,因此在横跨电池的所有 x 位置定义电池尺度变量 $c_e(x,t)$ 和 $\varphi_e(x,t)$。

可以通过求解4个耦合的连续介质尺度偏微分方程、一个代数方程及其边

---

① 机理模型是第一卷的主要关注点,本书只回顾主要结论,但请读者回到第一卷,以全面理解这些方程的起源和所有术语的真正含义。

② 本节给出的方程组针对于连续介质尺度模型,该模型使用底层微尺度模型的体积平均描述空间位置的邻域行为。这里假设电池为简化的一维几何结构,其中所有电极固体颗粒都是球形的。

③ 参考文献:Stetzel, K., Aldrich, L., Trimboli, M. S., and Plett, G., "Electrochemical State and Internal Variables Estimation using a Reduced-Order Physics-Based Model of a Lithium-Ion Cell and an Extended Kalman Filter," Journal of Power Sources, 278, 2015, pp. 490-505。

界条件，得到这 5 个时变的电化学变量值。为了确定球对称固体电极颗粒中的锂浓度，求解模型的径向扩散方程：

$$\frac{\partial}{\partial t}c_s = \frac{D_s}{r^2}\frac{\partial}{\partial r}\left(r^2\frac{\partial c_s}{\partial r}\right)$$

式中：D_s 是固体扩散系数。利用固体电势 φ_s 描述固体活性物质颗粒中的电荷守恒①：

$$\nabla\cdot(\sigma_{\mathrm{eff}}\nabla\varphi_s) = a_s Fj$$

式中：σ_{eff}是多孔电极中电极材料的有效电导率；a_s 是电极活性材料的比表面积。利用下式描述电解液中锂的质量守恒：

$$\frac{\partial(\varepsilon_e c_e)}{\partial t} = \nabla\cdot(D_{e,\mathrm{eff}}\nabla c_e) + a_s(1-t_+^0)j$$

式中：ε_e 是电极的孔隙率；$D_{e,\mathrm{eff}}$是电解液的有效扩散系数；t_+^0 是正电荷锂离子相对于电解液中溶剂的迁移数。利用下式描述电解液中的电荷守恒：

$$\nabla\cdot(\kappa_{\mathrm{eff}}\nabla\varphi_e + \kappa_{D,\mathrm{eff}}\nabla\ln c_e) + a_s Fj = 0$$

式中：κ_{eff}是电解液的离子电导率；$\kappa_{D,\mathrm{eff}}$是离子电导率乘以转换因子。最后，利用巴特勒 - 福尔默方程计算颗粒表面的反应速率：

$$j = k_0 c_e^{1-\alpha}(c_{s,\max} - c_{s,e})^{1-\alpha}c_{s,e}^{\alpha}\left\{\exp\left(\frac{(1-\alpha)F}{RT}\eta\right) - \exp\left(-\frac{\alpha F}{RT}\eta\right)\right\}$$

式中：$\eta = (\varphi_s - \varphi_e) - U_{\mathrm{ocp}}(c_{s,e}) - FR_{\mathrm{film}}j$；$k_0$ 是反应速率常数；α 是非对称电荷转移系数。电池电压由两个集流体位置的固体电势差计算得到。

可以通过在任意时间、空间点上的仿真求解这些方程，从而确定 5 个耦合电化学变量的值。然而，这些仿真会占用大量的处理器资源，并且经验表明，一些偏微分方程仿真器很难收敛到一致的解，特别是当电池输入电流有很大的突变时。

因此，我们希望找到一种方法，能够基于偏微分方程组建立计算简单、鲁棒性强的离散时间降阶模型（Reduced Order Model，ROM）。为了达到这一目的，在第一卷中做了两个基本假设②。

（1）线性假设。利用泰勒级数线性化非线性方程组。

（2）假设反应电流 $j(x,t)$ 不是电解液浓度 $c_e(x,t)$ 的函数。

这使得我们可以根据线性化方程组建立拉普拉斯传递函数。然后，使用离

---

① ∇· 表示散度运算，描述了离开被建模空间点的量的净通量率。同样，这个符号在第一卷中有详细描述。

② 我们在仿真中发现，第二个假设比较恰当。虽然第一个假设不太准确，但非线性修正有助于改善线性预测。

散时间实现算法(Discrete - time Realization Algorithm,DRA)创建离散时间状态空间模型。创建 ROM 的过程如图 2 - 5 所示。首先将偏微分方程组线性化,然后进行数学处理创建我们感兴趣变量的传递函数,这些变量包含单体电池的物理常数。这些常数值可通过实验室测试和系统辨识获得,然后代入传递函数中。DRA 对传递函数进行操作,生成线性离散状态空间模型。DRA 的步骤包括:①将频率响应转换为脉冲响应;②将脉冲响应转换为阶跃响应;③将阶跃响应转换为离散时间单位脉冲响应;④将这些单位脉冲响应转换为最终的降阶状态空间模型形式。整个过程是自动进行的,只涉及普通的信号处理和线性代数步骤。不需要非线性优化或曲线拟合步骤。

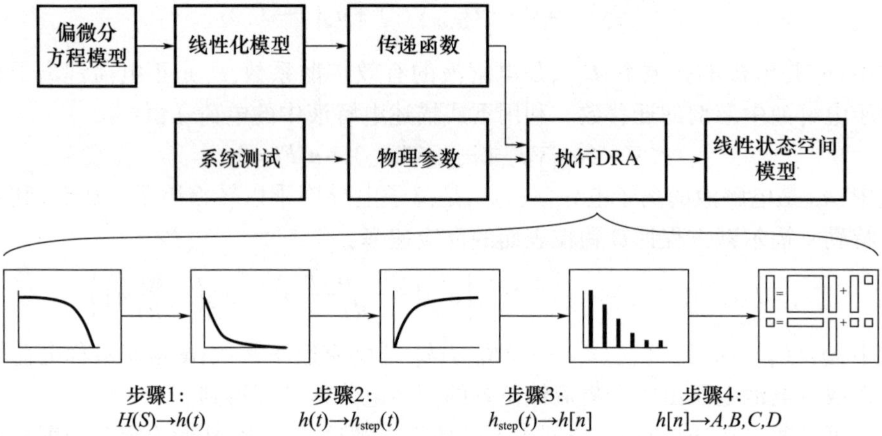

图 2 - 5 创建 ROM 的过程

ROM 只能创建一次。但由于它仅定义在单个温度和荷电状态线性化设定点附近,因此,在实际使用中必须将多个 ROM 融合在一起,以便在整个电池的运行工况内准确地表征电池行为。在应用中使用 ROM 的过程如图 2 - 6 所示。与 ECM 一样,基本输入是单体电池输入电流、初始状态和模型结构。然而,基于机理的 ROM 仿真还有一些额外的步骤。将当前温度/SOC 工作点附近的 4 个 ROM 融合成一个时变状态空间模型。每个仿真时间步迭代一次模型,产生电池内部电化学变量的线性化预测。对这些变量进行非线性校正,得到电池电化学变量和电池电压的高保真度预测值。然后,重复该过程,直到处理完输入电流工况中的所有值。

电池管理与控制算法需要待管理电池的 ECM 或 PBM。本书主要介绍基于 ECM 的电池管理方法,第 7 章将介绍使用 PBM 的一些潜在优势。本丛书第三卷聚焦使用机理模型进行电池管理与控制,将具体呈现这种做法的优势。

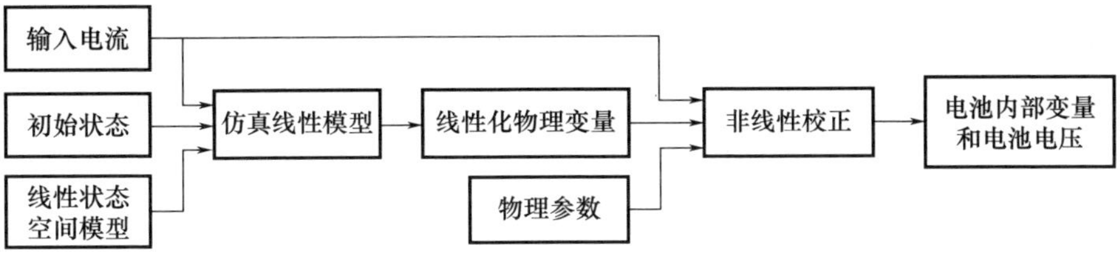

图2-6　ROM的仿真流程

2.4　仿真EV

在电池组设计过程中，能够仿真电池组的运行是很重要的。这有助于在对电子和机械设计进行大量投资之前，确保电池组能够满足所有性能要求。

仿真电池组还需要有准确的电池组负载模型。大型电池组可应用于多种场景，本节以 xEV 对电池的要求作为示例。

为了预测 xEV 的电池需求，必须在多个实际工作场景中仿真车辆，以确定功率或电流与时间的关系。HEV 仿真非常复杂，需要对内燃机、多级变速器和混合控制算法精确建模才能获得有用的仿真结果①。纯电动汽车、工作在电量消耗模式下的 PHEV 或 E-REV 仿真比较简单，不需要仿真内燃机。此外，它们只使用固定比率传输，不存在动力混合。因此，本节以此类仿真为例，介绍确定电池组负载数据曲线的方法。

要仿真电动汽车，需要做两件事：精确描述车辆本身及其需要完成的任务。车辆描述包括动态仿真所需的所有要素，包括单体电池特性、电池模组特性、电池组特性、电机和逆变器（电机驱动电力电子设备）特性、传动系统特性等。车辆任务特性由驾驶循环曲线描述，它是期望车速与时间的函数或表格。

图2-7绘制了4种常见的驾驶循环曲线。城市道路循环工况（Urban Dynamometer Driving Schedule，UDDS）是城市驾驶的典型代表，由美国环境保护署（Environmental Protection Agency，EPA）制定，最初用于内燃机汽车的测功机试验，以确定城市驾驶的燃油效率，现在也被用于 EV 领域的城市驾驶电效率测量。同样，高速公路燃油效率测试（Highway Fuel - Efficiency Test，HW - FET）最初的目的是测量高速公路上的燃油效率，现在也被用来衡量电动汽车在高速公

① 美国国家可再生能源实验室开发了一个开源的 MATLAB/Simulink HEV 仿真器 ADVISOR，可以从 http://sourceforge.net/projects/adv-vehicle-sim/files/ADVISOR/下载。

路驾驶中的表现。还有很多其他的驾驶循环曲线——你只需要一个可以记录速度和时间的 GPS 接收器，就可以为特定的应用场景创建定制的驾驶循环曲线。例如，纽约市循环曲线（New York City cycle，NYCC）代表纽约市的公共汽车或出租车驾驶工况；US06 驾驶循环曲线是高速公路和城市驾驶混合工况的代表，由美国国家可再生能源实验室在 6 号高速公路上记录。①

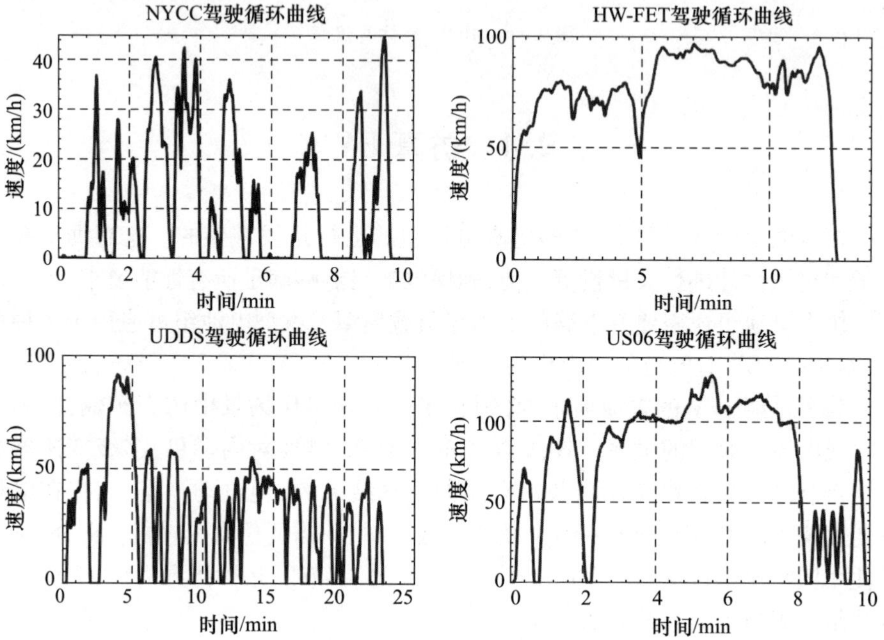

图 2-7　常见驾驶循环曲线

所有的驾驶循环曲线都是根据图 2-8 所示的流程，使用相同的基本方程进行仿真的。该方法是在采样的基础上，首先根据期望的速度曲线计算所需的加速度，然后计算所需的力，再计算所需的电机扭矩和功率值。由于受到车辆电机规格的限制，实际可实现的扭矩和功率可能比期望值小，因此，根据限制计算出实际扭矩，并由此获得力、加速度和速度（这并不总是与期望的速度相匹配）。

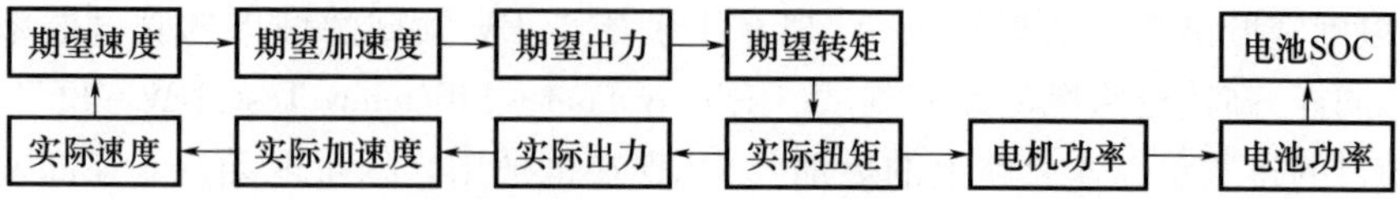

图 2-8　仿真策略

① 这些驾驶循环曲线都可以从 http://mocha-java.uccs.edu/BMS2/CH2/EVsim.zip 下载。

电池组可以与电机和传动系统联合仿真，以施加其在性能实现上的限制。然而，本书通过假设电池组总是能够向负载提供所需的功率简化分析。因此，根据电机功率计算电池功率，然后更新电池组平均 SOC。在驾驶循环曲线运行过程中，电池组的平均 SOC 会消耗一定量，然后，可根据这些数据推算出车辆的预计行驶里程。

2.5　车辆动力学方程

构建 EV 仿真器的第一步是详细推导 EV 动力学方程①。首先计算车辆的期望加速度：

$$\text{期望加速度}[\mathrm{m\cdot s^{-2}}]=(\text{期望速度}[\mathrm{m\cdot s^{-1}}]-\text{实际速度}[\mathrm{m\cdot s^{-1}}])/(\Delta t[\mathrm{s}]) \tag{2.6}$$

式中：Δt 是驾驶循环曲线的采样周期。然后，计算电机必须在路面上产生的净期望加速力：

$$\text{期望加速力}[\mathrm{N}]=\text{等效质量}[\mathrm{kg}]\times\text{期望加速度}[\mathrm{m\cdot s^{-2}}] \tag{2.7}$$

式中：等效质量为汽车最大质量和转动惯量平移等效质量之和，即

$$\text{等效质量}[\mathrm{kg}]=\text{汽车最大质量}[\mathrm{kg}]+\text{转动等效质量}[\mathrm{kg}] \tag{2.8}$$

$$\begin{aligned}\text{转动等效质量}[\mathrm{kg}]=(&(\text{电机惯量}[\mathrm{kg\cdot m^2}]+\text{变速箱惯量}[\mathrm{kg\cdot m^2}])\times N^2\\&+\text{车轮数}\times\text{车轮惯量}[\mathrm{kg\cdot m^2}])/(\text{车轮半径}[\mathrm{m}])^2\end{aligned} \tag{2.9}$$

式中：N = 电机转速/车轮转速，这里假设车辆采用固定的变速箱比；变速箱的惯量是在变速箱的电机侧测量，而不是在输出侧。此外，为了得到最精确的结果，假定车轮半径为滚轮半径；也就是说，它考虑了轮胎因负荷而产生的轻微变形。

除了电机产生的力之外，车辆还受到其他各种力的作用。空气阻力建模为

$$\begin{aligned}\text{空气阻力}[\mathrm{N}]=&\frac{1}{2}(\text{空气密度}\,\rho[\mathrm{kg\cdot m^{-3}}])\times(\text{迎风面积}[\mathrm{m^2}])\\&\times(\text{空气阻力系数}\,C_d[\text{无单位}])\times(\text{相对速度}[\mathrm{m\cdot s^{-1}}])^2\end{aligned} \tag{2.10}$$

式中：迎风面积是车辆行驶方向的等效面积。滚动阻力建模为动摩擦力：

$$\text{滚动阻力}[\mathrm{N}]=(\text{滚动阻力系数}\,C_r[\text{无单位}])\times(\text{汽车最大质量}[\mathrm{kg}])$$

① 车辆建模方程参考文献：T. Gillespie, "Fundamentals of Vehicle Dynamics," Society of Automotive Engineers Inc, 1992。

$$\times (\text{重力加速度}[9.81\text{m}\cdot\text{s}^{-2}]) \quad (2.11)$$

由于路面坡度,重力可能帮助或阻碍行驶,坡道阻力被建模为

$$\text{坡道阻力}[\text{N}] = (\text{汽车最大质量}[\text{kg}]) \times (\text{重力加速度}[9.81\text{m}\cdot\text{s}^{-2}]) \times \sin(\text{坡度角}[\text{rad}]) \quad (2.12)$$

式中:坡度角是路面的当前或平均坡度;正角表示上坡;负角代表下坡。最后,对可能存在的来自制动拖滞的恒摩擦力进行建模:

$$\text{制动阻力}[\text{N}] = \text{用户输入的恒路力}$$

现在,可以计算电机上的期望转矩,以实现某一时间步的加速:

$$\text{电机期望转矩}[\text{N}\cdot\text{m}] = (\text{期望加速力}[\text{N}] + \text{空气阻力}[\text{N}] + \text{滚动阻力}[\text{N}] + \text{坡道阻力}[\text{N}] + \text{制动阻力}[\text{N}] \times \text{车轮半径}[\text{m}] / N[\text{无单位}] \quad (2.13)$$

这就完成了图 2-8 中所示的前馈步骤。

车辆电机可能无法产生所期望的扭矩。因此,在仿真中必须考虑电机极限。这里假设车辆使用交流感应电机,其扭矩与速度的运行特性可以用图 2-9 中绘制的关系曲线表示。

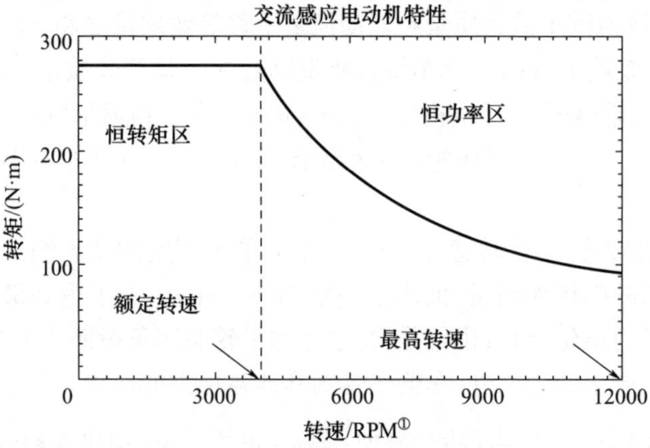

图 2-9 典型交流感应电机的运行特性

在低速时,电机可以提供额定最大扭矩以下的任意扭矩。在高于电机额定转速的情况下,扭矩是有限的,但电机能够提供恒定的最大功率(功率是扭矩和转速的乘积)。在所有情况下,电机转速都必须保持在最大转速以下。

在仿真中,必须将期望扭矩与由电机前一时刻转速计算得到的电机最大可

① RPM, Revolutions Per Minute, 即转每分钟。

用扭矩进行比较。当期望正扭矩(加速)时,如果前一时刻电机实际转速小于额定转速,则最大可用扭矩为额定最大可用扭矩;否则,计算最大可用扭矩为

(额定最大可用扭矩[N·m])×(额定转速[RPM])/(前一时刻实际转速[RPM])

当期望负扭矩(减速)时,扭矩需求在摩擦制动器(假设无限强大)和电机之间分配。在再生制动中,从电机中回收的能量以一定比例储存至电池中①。无符号意义上的可用于再生的电机最大扭矩计算式为"再生比例"乘以额定最大可用扭矩。最后,电机的实际扭矩是期望扭矩与最大可用扭矩之间的无符号意义上的较小值。

现在电机的实际扭矩已经确定,可以计算出实际加速力、实际加速度和实际速度。从实际加速力开始:

$$\begin{aligned}\text{实际加速力}[\mathrm{N}] = {} & \text{电机实际扭矩}[\mathrm{N\cdot m}]\times N[\text{无单位}]/\text{车轮半径}[\mathrm{m}] \\ & -\text{空气阻力}[\mathrm{N}]-\text{滚动阻力}[\mathrm{N}]-\text{坡道阻力}[\mathrm{N}] \\ & -\text{制动阻力}[\mathrm{N}]\end{aligned} \tag{2.14}$$

$$\text{实际加速度}[\mathrm{m\cdot s^{-2}}]=\text{实际加速力}[\mathrm{N}]/\text{等效质量}[\mathrm{kg}] \tag{2.15}$$

上式计算的实际加速度可能会导致电机以高于其最大转速的角速度旋转。因此,我们不能以下式简单地计算实际速度:

$$\begin{aligned}\text{实际速度}[\mathrm{m\cdot s^{-1}}] = {} & \text{前一时刻实际速度}[\mathrm{m\cdot s^{-1}}] \\ & +\text{实际加速度}[\mathrm{m\cdot s^{-2}}]\times\Delta t[\mathrm{s}]\end{aligned}$$

必须先计算电机转速,然后限制这个转速,接着再计算实际的车速:

$$\begin{aligned}\text{测试速度}[\mathrm{m\cdot s^{-1}}] = {} & \text{前一时刻实际速度}[\mathrm{m\cdot s^{-1}}] \\ & +\text{实际加速度}[\mathrm{m\cdot s^{-2}}]\times\Delta t[\mathrm{s}]\end{aligned} \tag{2.16}$$

$$\begin{aligned}\text{电机转速}[\mathrm{RPM}] = {} & \text{测试速度}[\mathrm{m\cdot s^{-1}}]\times N[\text{无单位}]\times 60[\mathrm{s\cdot min^{-1}}] \\ & /(2\pi\times\text{车轮半径}[\mathrm{m}])\end{aligned} \tag{2.17}$$

电机转速受电机最大额定转速限制,因此实际车速计算为

$$\begin{aligned}\text{实际速度}[\mathrm{m\cdot s^{-1}}] = {} & \text{受限制的电机转速}[\mathrm{RPM}]\times 2\pi\times\text{车轮半径}[\mathrm{m}] \\ & /(60[\mathrm{s\cdot min^{-1}}]\times N[\text{无单位}])\end{aligned} \tag{2.18}$$

现在已经完成了图 2-8 中从期望速度到实际速度的计算全过程描述。

到目前为止,所建立的方程组表示了车辆是否能够按照特定的汽车驾驶曲线提供所需的加速度,并假定在每一时间步都有足够的电池功率满足电机需求。

为了能够根据电池容量确定车辆续航里程,电池组必须与车辆进行联合仿

① 再生制动是用电机代替摩擦制动器作为制动系统的一部分来回收能量的过程。回收的能量被储存在电池组中。再生制动发生的时间和大小是不可预测的,这也是 BMS 设计的一个挑战,可以通过对负载施加充电功率限制来处理,如第 6 章所述。

真。在仿真开始时,将电池状态初始化为完全充满电。当仿真过程中,车辆从电池组中吸取能量,降低了电池组剩余能量水平。假设在某一时刻,车辆需求导致电池组中某一单体电池的 SOC 或电压下降至最小设计阈值以下时,则认为该车辆所行驶的距离为它的最大续航里程。

为了同时仿真电池组,首先计算电机所需的瞬时功率:

$$\text{电机功率}[\mathrm{kW}] = 2\pi[\mathrm{rad}\cdot \mathrm{r}^{-1}] \times \left(\frac{\text{电机转速}[\mathrm{RPM}] + \text{前一时刻电机转速}[\mathrm{RPM}]}{2}\right) \times \text{电机最大转矩}[\mathrm{N}\cdot\mathrm{m}]/(60[\mathrm{s}\cdot\mathrm{min}^{-1}] \times 1000[\mathrm{W}\cdot\mathrm{kW}^{-1}]) \tag{2.19}$$

如果电机所需功率为正,则电池功率计算为

$$\text{电池功率}[\mathrm{kW}] = \text{其他功率}[\mathrm{kW}] + \text{电机功率}[\mathrm{kW}]/\text{传动效率}[\text{无单位}] \tag{2.20}$$

其中,其他功率表示车辆其他系统的持续电力消耗,如空调、信息娱乐系统等。如果电机功率为负,则电池功率计算为

$$\text{电池功率}[\mathrm{kW}] = \text{其他功率}[\mathrm{kW}] + \text{电机功率}[\mathrm{kW}] \times \text{传动效率}[\text{无单位}] \tag{2.21}$$

我们已经研究过如何建立精确的电池模型,但这里只将电池简单地假设成一个恒定的电压源,就足以用于一阶近似。因此,有

$$\text{电池电流}[\mathrm{A}] = \text{电池功率}[\mathrm{kW}] \times 1000[\mathrm{W}\cdot\mathrm{kW}^{-1}]/\text{电池额定电压}[\mathrm{V}] \tag{2.22}$$

电池 SOC 更新为

$$\text{电池 SOC}[\%] = \text{前一时刻电池 SOC}[\%] - \text{电池电流}[\mathrm{A}] \times \Delta t[\mathrm{s}] /(3600[\mathrm{s}\cdot\mathrm{h}^{-1}] \times \text{电池容量}[\mathrm{A}\cdot\mathrm{h}]) \times 100\% \tag{2.23}$$

最后,从驾驶循环计算中推算出行驶里程:

$$\text{行驶里程}[\mathrm{mile}]^{①} = \text{仿真驾驶循环的总距离}[\mathrm{mile}] \times (\text{最大额定电池 SOC}[\%] - \text{最小额定电池 SOC}[\%]) /(\text{初始 SOC}[\%] - \text{循环结束 SOC}[\%])$$

上述方程假设车辆重复相同的驾驶循环曲线,直到电池组能量耗尽。如果这种重复在现实中难以实现,那么,应该使用更长的驾驶循环曲线作为输入,此时,驾驶曲线的速度与时间数据更代表预期的车辆操作环境。

通过以不同的驾驶循环曲线作为输入进行仿真,我们可以了解在这些不同

① mile,英里,1mile≈1.61km。

场景下车辆的最大续航里程。如前所述，读者还可以通过实际行驶特定路线并记录GPS数据定制驾驶曲线，因此这种仿真机制通用性强。

2.6　EV仿真代码

虽然可以用任意计算机语言编写EV仿真器，但为了便于说明，本节将提供实现这些模型方程的MATLAB代码。代码分为两个函数：setupSimVehicle.m描述如何设置车辆和驾驶循环参数值，simVehicle.m执行刚刚推导出的用于实现仿真的方程组。下面将分别描述这两个函数[①]。

2.6.1　setupSimVehicle.m

setupSimVehicle.m函数定义了单体电池、电池模组、电池包，以及电机、车轮、传动系统的参数。这些参数值被存储在多个结构体中，共同进行车辆描述，会在后续仿真车辆时使用。本示例代码中的取值基于第一代通用汽车公司的Chevy Volt上市之前，公众对其在纯电量消耗模式下运行的粗略描述。这些参数值合理但肯定不准确，并没有在这款车辆上进行验证。

由于setupSimVehicle.m函数比较长，因此对其进行逐节介绍。为了在MATLAB中重现该代码，读者需要将各个部分重新组合成一个函数，并将其保存到setupSimVehicle.m文件中。

该文件首先定义该函数以及包含要仿真的驾驶循环曲线数据的文件列表：

```
function results = setupSimVehicle
files = {'nycc.txt','udds.txt','us06.txt','hwfet.txt'};
```

接下来，通过setupCell函数（稍后定义）初始化结构体cell：

```
% 创建 Chevy Volt:
% 创建 cell:容量[Ah],质量[g],(vmax,vnom,vmin)[V]
cell = setupCell(15,450,4.2,3.8,3.0);
```

在本例中，定义单体电池容量为15A·h，质量为450g，最大工作电压为4.2V，额定电压为3.8V，最小工作电压3.0V。

接下来，根据这个单体电池定义电池模组：

```
% 创建 module:并联单体电池数,串联单体电池数,模组质量增量与单体
% 电池总质量之比
```

---

① 代码可从http://mocha-java.uccs.edu/BMS2/CH2/EVsim.zip获得。

```
module = setupModule(3,8,0.08,cell);
```

在本例中,模组由24个单体电池通过3并8串构成。模组质量等于单体电池总质量再加8%的封装、电路等附加质量。模组使用已经定义的结构体cell描述的单体电池。

接下来,根据这个模组定义电池包:

```
% 创建 pack:串联电池模组数,电池包质量增量与电池模组总质量之比,
% (电池包完全充电时的单体电池 SOC,电池包完全放电时的单体电池
% SOC)[%],电池包能量效率
pack = setupPack(12,0.1,75,25,0.96,module);
```

在本例中,电池包由12个模组串联而成。电池包质量等于所有模组质量之和再加10%的封装、电路、冷却等附加质量。电池包设计允许单体电池SOC在"完全充电"时为75%,"完全放电"(即从电量消耗模式切换到电量维持模式)时为25%。该电池包的能量效率为96%,电池包由结构体module定义的模组构成。

定义完电池包之后,将注意力转向传动系统的其他方面。接下来,创建包含电机参数的结构体:

```
% 创建 motor:最大扭矩 Lmax [Nm],(额定转速,最大转速) [RPM],
% 电机效率,惯量 [kg m2]
motor = setupMotor(275,4000,12000,0.95,0.2);
```

该电机提供最大扭矩275N·m,额定转速为4000RPM,最大转速为12000RPM。电机效率为95%,惯量为0.2kg·m^2。

接下来,创建包含车轮信息的结构体:

```
% 创建 wheel:半径[m],惯量[kg m2],滚动摩擦系数
wheel = setupWheel(0.35,8,0.0111);
```

该车轮的滚动半径为0.35m,惯量为8kg·m^2,滚动摩擦系数C_r=0.0111。

drivetrain 结合了来自电池包、电机和车轮的信息:

```
% 创建 drivetrain:逆变器效率,再生转矩率,齿轮比,齿轮惯量,齿轮效率
drivetrain = setupDrivetrain(0.94,0.9,12,0.05,0.97,...
                 pack,motor,wheel);
```

另外,指定逆变器效率为94%,再生转矩率为90%,固定齿轮比为12:1,齿轮惯量为0.05kg·m^2,齿轮效率为97%。

最后,创建描述整个车辆的结构体:

```
% 创建 vehicle:车轮数量,道路力[N],Cd,迎风面积[m2],质量[kg],
% 载荷[kg],其他功率 overhead power[W]
vehicle = setupVehicle(4,0,0.22,1.84,1425,...
```

```
                75,200,drivetrain);
```

车辆有4个车轮，恒定的道路力（制动阻力）为0N，风阻系数 $C_d = 0.22$，迎风面积为 $1.84m^2$，总重量为1425kg，额定载重量为75kg，其他功率为200W。

车辆创建完成后，我们仿真了4个驾驶循环曲线，并显示部分结果：

```
fprintf('\n\nStarting sims... \n');
for theCycle = 1:length(files),
  cycle = dlmread(files{theCycle},'\t',2,0);
  results = simVehicle(vehicle,cycle,0.3);
  range = (vehicle.drivetrain.pack.socFull - ...
             vehicle.drivetrain.pack.socEmpty) /...
           (vehicle.drivetrain.pack.socFull - ...
             results.batterySOC(end)) * ...
             results.distance(end);
  fprintf('Cycle = % s,range = % 6.1f[ km]\n',...
             files{theCycle},range);
end
```

首先，每个驾驶循环曲线数据都从以制表符分隔的文本文件中读取，该文本文件第一列是时间，单位为s，第二列是期望速度，单位为mile/h。然后，调用simVehicle.m函数仿真车辆，保持恒定的0.3%道路坡度不变。最后，根据仿真结果推算车辆的续航里程。

文件setupSimVehicle.m没有结束，它还包含组成单体电池、电池模组、电池包等结构体的若干函数，这些函数嵌套在主函数setupSimVehicle中。在继续讨论simVehicle.m之前，简要介绍这些内容。首先，函数setupCell根据它的输入参数创建结构体cell：

```
function cell = setupCell(capacity,mass,vmax,vnom,vmin)
  cell.capacity = capacity; % Ah
  cell.mass = mass; % g
  cell.vmax = vmax; % V
  cell.vnom = vnom; % V
  cell.vmin = vmin; % V
  cell.energy = vnom * capacity; % Wh
  cell.specificEnergy = 1000 * cell.capacity * ...
                        cell.vnom/ cell.mass; % Wh/kg
end
```

这些操作中的前段只是将输入值复制到相应的结构体字段中，后段是关于单体电池额定能量和比能量的简单计算。

类似地，setupModule 是一个嵌套函数，定义了结构体 module 的各字段：

```
function module = setupModule(numParallel,...
numSeries,overhead,cell)
  module.numParallel = numParallel;
  module.numSeries = numSeries;
  module.overhead = overhead;
  module.cell = cell;
  module.numCells = numParallel * numSeries;
  module.capacity = numParallel * cell.capacity;
  module.mass = module.numCells * cell.mass/...
                (1 - overhead)/1000; % kg
  module.energy = module.numCells * cell.energy/1000;
                  % kWh
  module.specificEnergy = 1000 * module.energy /...
                          module.mass; % Wh/kg
end
```

除了直接将输入变量分配到输出结构体中各自的字段外，该函数还计算了每个电池模组的总单体电池数、以安培小时计算的电池模组总容量、电池模组质量、额定能量和比能量。

使用嵌套在 setupSimVehicle 函数中的以下函数，以类似的方式定义 pack、motor、wheel、drivetrain 和 vehicle 结构体。setupPack 函数计算电池包中总单体电池数、电池包质量、总能量容量、比能量和电池包电压范围等辅助变量：

```
function pack = setupPack(numSeries,overhead,...
                socFull,socEmpty,efficiency,module)
  pack.numSeries = numSeries;
  pack.overhead = overhead;
  pack.module = module;
  pack.socFull = socFull;
  pack.socEmpty = socEmpty; % 无单位
  pack.efficiency = efficiency;
  % 无单位,捕获 I* I* R
  pack.numCells = module.numCells * numSeries;
  pack.mass = module.mass * numSeries * ...
              1/(1 - overhead); % kg
  pack.energy = module.energy * numSeries; % kWh
```

```
  pack.specificEnergy = 1000 *  pack.energy / pack.mass;
  % Wh/kg
  pack.vmax = numSeries* module.numSeries* ...
              module.cell.vmax;
  pack.vnom = numSeries* module.numSeries* ...
              module.cell.vnom;
  pack.vmin = numSeries* module.numSeries* ...
              module.cell.vmin;
end
```

setupMotor 函数设置 motor 结构体中的输出字段,计算电机的最大功率。setupWheel 函数仅设置 wheel 结构体中的输出字段:

```
function motor =setupMotor(Lmax,RPMrated,RPMmax,...
                efficiency,inertia)
  motor.Lmax = Lmax; % N-m
  motor.RPMrated = RPMrated;
  motor.RPMmax = RPMmax;
  motor.efficiency = efficiency;
  motor.inertia = inertia; % kg-m2
  motor.maxPower = 2* pi* Lmax* RPMrated/60000; % kW
end

function wheel = setupWheel(radius,inertia,rollCoef)
  wheel.radius = radius; % m
  wheel.inertia = inertia; % km-m2
  wheel.rollCoef = rollCoef;
end
```

setupDrivetrain 函数将数据存储在 drivetrain 结构体的字段中,包括传动系统效率的计算:

```
function drivetrain = setupDrivetrain(...
         inverterEfficiency,regenTorque,gearRatio,...
         gearInertia,gearEfficiency,pack,motor,wheel)
  drivetrain.inverterEfficiency = inverterEfficiency;
  % 再生转矩是用于给电池充电的制动功率的比例分数;例如,0.9 表示
  % 90% 的制动功率为电池充电,10% 为摩擦刹车中的热量损失
  drivetrain.regenTorque = regenTorque;
  drivetrain.pack = pack;
  drivetrain.motor = motor;
```

```
    drivetrain.wheel = wheel;
    drivetrain.gearRatio = gearRatio;
    drivetrain.gearInertia = gearInertia;
    % kg-m2,电机侧测量
    drivetrain.gearEfficiency = gearEfficiency;
  drivetrain。efficiency = pack.efficiency * ...
             inverterEfficiency * motor.efficiency...
             * gearEfficiency;
  end
```

最后,setupVehicle 创建包含所有传动系统数据的 vehicle 结构体,包括一些需要计算的质量变量——包括通过式(2.9)计算的转动质量和通过式(2.8)计算的车辆等效质量——以及车辆的最大速度:

```
  function vehicle = setupVehicle(wheels,roadForce,...
             Cd,A,mass,payload,overheadPwr,drivetrain)
    vehicle.drivetrain = drivetrain;
    vehicle.wheels = wheels; % 车轮数量
    vehicle.roadForce = roadForce; % N
    vehicle.Cd = Cd; % 风阻系数
    vehicle.A = A; % 迎风面积,m2
    vehicle.mass = mass; % kg
    vehicle.payload = payload; % kg
    vehicle.overheadPwr = overheadPwr; % W
    vehicle.curbMass = mass + drivetrain.pack.mass;
    vehicle.maxMass = vehicle.curbMass + payload;
    vehicle.rotMass = ((drivetrain.motor.inertia + ...
                drivetrain.gearInertia) * ...
                drivetrain.gearRatio^2 + ...
                drivetrain.wheel.inertia* wheels)/...
                drivetrain.wheel.radius^2;
    vehicle.equivMass = vehicle.maxMass +...
                   vehicle.rotMass;
    vehicle.maxSpeed = 2 * pi * drivetrain.wheel.radius ...
                  * drivetrain.motor.RPMmax * 60 / ...
                  (1000 * drivetrain.gearRatio); % km/h
    end
  end
```

注意:最后的 end 关闭 setupSimVehicle 函数。所有其他函数都定义为嵌套在这个函数中。

2.6.2　simVehicle.m

仿真车辆方程组在 simVehicle.m 函数中实现,该函数仿真驾驶循环曲线,并返回包含全面仿真结果的结构体 results。

函数以此开始:

```
% results = simVehicle(vehicle,cycle,grade)
%  -仿真由 vehicle 定义的车辆,可能使用 setupSimVehicle.m 创建
%  -cycle 为 Nx2 矩阵,其中第一列是时间,单位是 s,第二列是期望
% 速度,单位是 mile/h
%  -grade 是以百分比表示的道路坡度——可以是恒定不变的,也可以是
% 随时间变化的
function results = simVehicle(vehicle,cycle,grade)
  rho = 1.225; % 空气密度,kg/m3
  results.vehicle = vehicle;
  results.cycle = cycle; % 时间/s,期望速度/mph
  results.time = cycle(:,1); %  s
  results.desSpeedKPH =cycle(:,2)* 1.609344; % 转换为 km/h
  results.desSpeed = min(vehicle.maxSpeed,...
                results.desSpeedKPH* 1000/3600); %  m/s
```

首先定义海平面空气密度,然后将函数输入变量复制到 results 数据结构体中。

如果输入道路坡度是标量,则该标量将在仿真中的所有时间点中复制;否则,向量输入 grade 定义了在驾驶循环中每个时间点的道路坡度。在这两种情况下,grade 都需要从百分比转换成弧度角:

```
if isscalar(grade),
  results.grade = repmat(atan(grade/100),...
                    size(results.time)); %  rad
else
  results.grade = atan(grade/100); %  rad
end
```

接下来,预分配 results 结构体中的字段并将其设置为 0。这样做是为了在仿真开始之前预留内存,这样 MATLAB 就不会在仿真循环中不断增长向量:

```
% 为 results 结构体的字段预先分配存储空间
zeroInit = zeros(size(results.desSpeed));
```

```
results.desAccel = zeroInit; % m/s2
results.desAccelForce = zeroInit; % N
results.aeroForce = zeroInit; % N
results.rollGradeForce = zeroInit; % N
results.demandTorque = zeroInit; % N-m
results.maxTorque = zeroInit; % N-m
results.limitRegen = zeroInit; % N-m
results.limitTorque = zeroInit; % N-m
results.motorTorque = zeroInit; % N-m
results.demandPower = zeroInit; % kW
results.limitPower = zeroInit; % kW
results.batteryDemand = zeroInit; % kW
results.current = zeroInit; % A
results.batterySOC = zeroInit; % 0..100
results.actualAccelForce = zeroInit; % N
results.actualAccel = zeroInit; % m/s2
results.motorSpeed = zeroInit; % RPM
results.actualSpeed = zeroInit; % m/s
results.actualSpeedKPH = zeroInit; % km/h
results.distance = zeroInit; % km
```

现在,开始执行主仿真循环。在仿真开始前,将一些定义为前一时刻状态的变量初始化,然后对2.5节的方程组进行求解,并存储结果供后续分析:

```
prevSpeed = 0; prevMotorSpeed = 0; prevDistance = 0;
prevSOC = vehicle.drivetrain.pack.socFull;
prevTime = 2* results.time(1) - results.time(2);
for k = 1:length(results.desSpeed),
  results.desAccel(k) = (results.desSpeed(k) -...
            prevSpeed)/ (results.time(k) - prevTime);
  results.desAccelForce(k) = vehicle.equivMass * ...
                             results.desAccel(k);
  results.aeroForce(k) = 0.5 * rho * vehicle.Cd * ...
                           vehicle.A * prevSpeed^2;
  results.rollGradeForce(k) = vehicle.maxMass * ...
                      9.81 * sin(results.grade(k));
  if abs(prevSpeed) > 0,
    results.rollGradeForce(k) =...
          results.rollGradeForce(k) +...
```

```
                vehicle.drivetrain.wheel.rollCoef * ...
                vehicle.maxMass *  9.81;
  end
  results.demandTorque(k) = (results.desAccelForce(k)...
                    + results.aeroForce(k) + ...
                    results.rollGradeForce(k) +...
                    vehicle.roadForce) * ...
                    vehicle.drivetrain.wheel.radius / ...
                    vehicle.drivetrain.gearRatio;
```

在本段中，通过式(2.6)计算期望加速度，利用式(2.7)计算期望加速力，利用式(2.10)计算空气阻力，利用式(2.12)计算坡道阻力，利用式(2.11)计算滚动阻力，利用式(2.13)计算总期望转矩。

根据电机特性，总期望转矩是有限制的：

```
if prevMotorSpeed < vehicle.drivetrain.motor.RPMrated,
  results.maxTorque(k) =vehicle.drivetrain.motor.Lmax;
else
  results.maxTorque(k) = ...
               vehicle.drivetrain.motor.Lmax *
               vehicle.drivetrain.motor.RPMrated /...
               prevMotorSpeed;
end
results.limitRegen(k) = min(results.maxTorque(k),...
                 vehicle.drivetrain.regenTorque * ...
                 vehicle.drivetrain.motor.Lmax);
results.limitTorque(k) =min (results.demandTorque(k)...
                         ,results.maxTorque(k));
if results.limitTorque(k) > 0,
  results.motorTorque(k) = results.limitTorque(k);
else
  results.motorTorque(k) =max( -results.limitRegen(k)...
                        ,results.limitTorque(k));
end
```

现在可以通过式(2.14)计算实际的加速力，通过式(2.15)计算实际的加速度，通过式(2.16)和式(2.17)计算实际的电机转速，通过式(2.18)计算实际车速：

```
results.actualAccelForce(k) =results.limitTorque(k)...
```

```
            * vehicle.drivetrain.gearRatio /...
        vehicle.drivetrain.wheel.radius - ...
        results.aeroForce(k) - ...
        results.rollGradeForce(k) - ...
        vehicle.roadForce;
results.actualAccel(k) = results.actualAccelForce(k)...
                        / vehicle.equivMass;
results.motorSpeed(k) =...
        min(vehicle.drivetrain.motor.RPMmax,...
        vehicle.drivetrain.gearRatio * ...
        (prevSpeed + results.actualAccel(k) * ...
        (results.time(k) - prevTime)) * 60 /...
        (2* pi* vehicle.drivetrain.wheel.radius));
results.actualSpeed(k) = results.motorSpeed(k) * ...
        2* pi* vehicle.drivetrain.wheel.radius /...
        (60 * vehicle.drivetrain.gearRatio);
results.actualSpeedKPH(k) = results.actualSpeed(k) ...
                        * 3600/1000;
results.distance(k) = prevDistance + ...
                    results.actualSpeedKPH(k)/3600;
```

此时,经历这个驾驶循环的总行驶距离已被计算出来。

接下来,通过式(2.19)计算所需的电机功率。然后,通过式(2.20)或式(2.21)转换为所需的电池功率,分别用于放电和再生。接着通过式(2.22)转换为电池电流,然后通过式(2.23)转换为电池包平均 SOC 的变化量。最后,一些中间结果被保存到变量中,以备下一次迭代:

```
if results.limitTorque(k) > 0,
  results.motorPower(k) = results.limitTorque(k);
else
  results.motorPower(k) = ...
            max(results.limitTorque(k),...
            - results.limitRegen(k));
end % 在下一行之前 motorPower = = 电机转矩
results.motorPower(k) = results.motorPower(k) * 2* ...
 pi/60000* (prevMotorSpeed + results.motorSpeed(k))/2;
results.limitPower(k) =...
    max( - vehicle.drivetrain.motor.maxPower,...
```

```
        min(vehicle.drivetrain.motor.maxPower,...
        results.motorPower(k)));
   results.batteryDemand(k) = vehicle.overheadPwr/1000;
   if results.limitPower(k) > 0,
      results.batteryDemand(k) = ...
   results.batteryDemand(k) ...
                    + results.limitPower(k)/...
                    vehicle.drivetrain.efficiency;
   else
     results.batteryDemand(k) = ...
      results.batteryDemand(k) + results.limitPower(k)...
     * vehicle.drivetrain.efficiency;
   end
   results.current (k) = results.batteryDemand(k) ...
                  * 1000/vehicle.drivetrain.pack.vnom;
   results.batterySOC(k) = prevSOC - results.current(k)...
        * (results.time(k) - prevTime) / ...
        (36* vehicle.drivetrain.pack.module.capacity);
     prevTime = results.time(k);
     prevSpeed = results.actualSpeed(k);
     prevMotorSpeed = results.motorSpeed(k);
     prevSOC = results.batterySOC(k);
     prevDistance = results.distance(k);
   end
```

当仿真遍历所有输入数据时，results 结构体返回给调用程序以进行进一步的分析和显示。

2.7 EV 仿真结果

通过读取存储在 results 结构体中的数据，该仿真器能够可视化和分析车辆性能。部分仿真结果显示在图 2-10 中。

图 2-10(a)为 US06 驾驶循环曲线中所需电池包功率与时间的关系，使用仿真代码中的默认参数。图 2-10(b)为所需电池包电流。需要注意的是，该曲线是根据功率需求，并假设额定电压恒定的条件下计算出来的，如果使用更精确的电池模型(如本章前面介绍的 ESC 模型)，可以得到更精确的结果。图 2-10(c)

为所需电机功率的直方图,这类信息在为电动汽车应用选择电机和确定电机的冷却要求时非常有用。最后,图 2-10(d)为 US06 驾驶循环曲线中电机扭矩与转速工作点的散点图。可以看出,只有一个点落在以黑线表示的电机转矩边界上,因此可以得出结论,该电机适合这种应用。

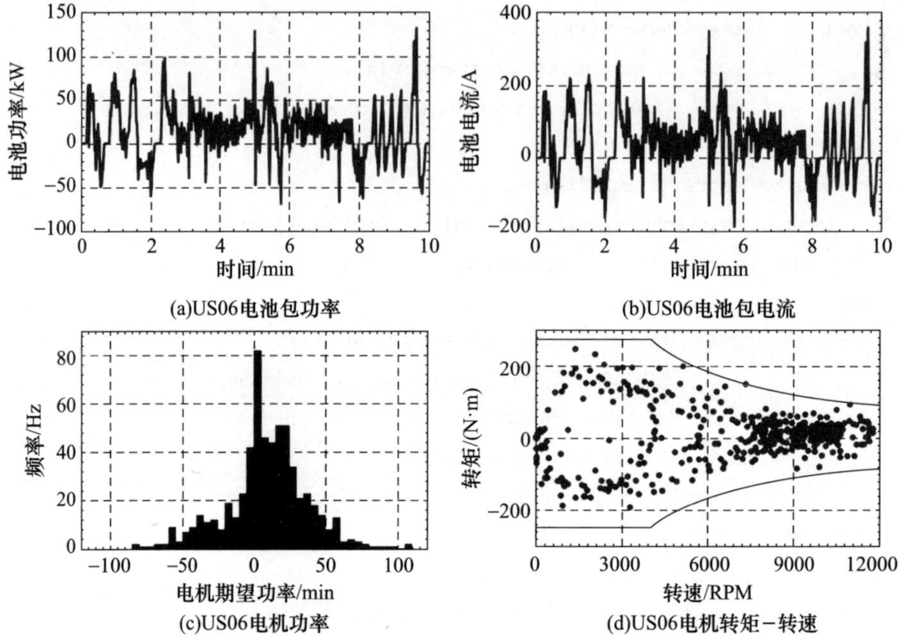

(a)US06电池包功率 (b)US06电池包电流

(c)US06电机功率 (d)US06电机转矩−转速

图 2-10 EV 模拟器计算结果示例

这只是介绍如何仿真电池包负载的一个示例。事实上,在本丛书第一卷中,基于 UDDS 驾驶循环曲线计算电流与时间的关系也是使用的这种方式,这样做可以便捷地在实验室对单体电池进行实验,并演示模型性能的仿真结果。

对于其他不同于 EV 的电池应用,则同样需要测量实际的电池需求与时间之间的关系,以及为该应用开发一个仿真器,用于预测电池功率需求与时间之间的关系,以能够仿真电池包在这些条件下的性能。

2.8 仿真恒功率和恒电压

目前,我们已经完成了电池包负载的仿真示例讨论,现在回到电池包仿真这个任务上。最终这将涉及多个相互连接的单体电池仿真。由于建立的电池模型输入都包含电池电流,因此,我们已经知道如何仿真单体电池对输入电流曲线的电压响应。然而,EV 仿真器示例已经证明,所需的电池功率也可以作为单体电池的模型输入。另外,还有一些应用要求单体电池电压为输入,电池电流为输出。

幸运的是,ESC 单体电池模型不需要进行结构更改和任何额外计算就可以轻松适应这两种新场景。我们将在接下来的两个小节中看到它们的实现方式。

2.8.1 恒功率仿真

为了解如何仿真输入为功率、输出为电压的单体电池,首先重写 ESC 模型的式(2.4)和式(2.5):

$$\boldsymbol{x}_k = \boldsymbol{A}(i_{k-1})\boldsymbol{x}_{k-1} + \boldsymbol{fn}(i_{k-1}) \tag{2.24}$$

$$v_k = \underbrace{\mathrm{OCV}(\boldsymbol{x}_k) + \text{滞回}(\boldsymbol{x}_k) - \text{扩散}(\boldsymbol{x}_k)}_{\text{不是瞬态电流的函数}} - R_0 i_k \tag{2.25}$$

仔细观察式(2.24)可以发现,当前状态 $\boldsymbol{x}_k$ 不是当前输入电流 i_k 的函数,而是之前所有输入电流值 i_{k-1}、i_{k-2}等的函数。因此,电压方程式(2.25)中所有基于当前状态的项,同样与输入电流的当前瞬时值无关。在电压计算式中,只有欧姆压降 $-R_0 i_k$ 这一项与当前电流有关。

因此,可以说在任何时刻,电池电压包括一个不依赖于当前电池电流的"固定"部分和一个依赖于当前电池电流的"可变"部分 $-R_0 i_k$。当然,固定部分会随着状态的变化而在不同时刻发生变化,但是对于任意给定的采样时间点它确实是固定的,它不是当前输入电流的函数。为了简化符号,令固定部分为 $v_{\mathrm{f},k}$,所以有 $v_k = v_{\mathrm{f},k} - R_0 i_k$。

我们的目标是单体电池在其两端提供设定的功率,可以根据所需功率计算所需输入电流。由于功率等于端电压与电池电流的乘积,因此可以得到

$$p_k = v_k i_k = (v_{\mathrm{f},k} - R_0 i_k) i_k$$

重新排列上式:

$$R_0 i_k^2 - v_{\mathrm{f},k} i_k + p_k = 0$$

可在每个采样时间点求解该二次方程,以确定满足功率需求的单体电池输入电流值:

$$i_k = \frac{v_{\mathrm{f},k} \pm \sqrt{v_{\mathrm{f},k}^2 - 4R_0 p_k}}{2R_0}$$

根式前的符号应该如何选择呢?这两种选择都可以得到电池模型仿真所需的功率,但其中一种会导致电池电压为负。由于电池电压必须为正,因此根式的符号必须是负的。

总之,为了获得所需功率与时间的关系,可以使用现有的 ESC 单体电池模

型,输入等于施加的电池电流。在每一时间步中,只需计算所需的单体电池输入电流:

$$i_k = \frac{v_{f,k} - \sqrt{v_{f,k}^2 - 4R_0 p_k}}{2R_0}$$

然后,更新模型的状态方程和输出方程(为下一时间步更新 $v_{f,k}$ 做准备),并在每个时间采样点重复该过程。

2.8.2 恒压仿真

在此背景下,恒压仿真非常简单。每一时间步,必须确定满足下式的 i_k:

$$v_k = v_{f,k} - R_0 i_k$$

因此,有

$$i_k = \frac{v_{f,k} - v_k}{R_0}$$

2.8.3 需要恒流、恒功率和恒压的示例

既然已经知道了如何在输入为所需功率的情况下仿真电池,那么,现在可以重新访问 EV 仿真器,并在其中加入更精确的电池模型,以获得更高保真度的结果(我们把这一过程留给读者作为练习)。另一个需要恒定功率和恒定电压的应用场景是在电池充电过程中。

单体电池有两种常见的充电方法。

(1)恒流/恒压(Constant - Current/Constant - Voltage,CC/CV),对电池施加恒定的充电电流,直到电池达到预设的最大电压;然后保持电池的端电压为最大值,直到充电电流变得非常小。

(2)恒功率/恒压(Constant - power/constant - voltage,CP/CV),对电池施加恒定的充电功率,直到电池达到预设的最大电压;然后保持电池的端电压为最大值,直到充电功率(或电流)变得非常小。

CC/CV 模式常用于单体电池的实验室测试,但是 CP/CV 更常用于 *x*EV 充电器①。根据我们现在对恒流、恒功率和恒压仿真的了解,这两种方法都可以进行仿真。

我们将用一个示例说明该仿真过程,此时将电池从 50% SOC 充电到 100%

---

① 在给电池组充电时,常舍弃恒压部分,多采用多阶段恒流或恒功率方法,输入功率逐渐降低,直到电池组达到期望的荷电状态。

SOC(对应于4.15V的静置电压)。代码首先从数据文件中加载ESC单体电池模型,提取模型参数,并为结果初始化存储空间。①

```
% ------------------------------------------------------------------------
% simCharge:仿真单体电池的 CC/CV 和 CP/CV 充电
% ------------------------------------------------------------------------
clear all; close all; clc;
load cellModel; % 创建内含单体电池参数值的结构体 model
% 获取 ESC 模型参数
maxtime = 3001; T = 25; % 仿真运行时间,温度
q = getParamESC('QParam',T,model); % 总容量
rc = exp(-1./abs(getParamESC('RCParam',T,model)));
% 时间常数
r = (getParamESC('RParam',T,model)); % 扩散电阻
m = getParamESC('MParam',T,model); % 最大滞回电压
g = getParamESC('GParam',T,model); % 滞回率 gamma
r0 = getParamESC('R0Param',T,model); % 串联电阻
maxV = 4.15; % 单体电池最大电压为 4.15 V
% 初始化仿真存储空间和状态变量
storez = zeros([maxtime 1]); % 为 SOC 开辟内存
storev = zeros([maxtime 1]); % 为电压开辟内存
storei = zeros([maxtime 1]); % 为电流开辟内存
storep = zeros([maxtime 1]); % 为功率开辟内存
z = 0.5; irc = 0; h = -1; % 初始 SOC 为 50%,静置
```

首先仿真CC/CV充电过程。代码通过循环迭代maxtime次,在每个时间步中更新状态和电压预测值。每次迭代计算单体电池电流以实现恒定电压,但限制电流最大绝对值为9A,以执行CC/CV操作。

```
% 首先,仿真 CC/CV
CC = 9; % 恒流阶段的电流绝对值为 9 A
for k = 1:maxtime,
  v = OCVfromSOCtemp(z,T,model) + m* h - r* irc; % 固定电压
  ik = (v - maxV)/r0; % 计算测试 ik 以达到 maxV
  ik = max(-CC,ik);   % 但 ik 不能超过 CC
  z = z - (1/3600)* ik/q; % 更新电池 SOC
```

① 这个代码段使用ESC模型工具箱中的辅助函数getParamESC.m,该函数可在网页http://mocha-java.uccs.edu/BMS1/CH2/ESCtoolbox.zip下载。

```
    irc = rc* irc + (1 - rc)* ik; % 更新 RC 中电阻电流
    fac = exp( - abs(g.* ik)./(3600* q));
    h = fac.* h + (fac - 1).* sign(ik); % 更新滞回电压
    storez(k) = z; % 为画图存储 SOC
    storev(k) = v - ik* r0;
    storei(k) = ik; % 为画图存储电流值
    storep(k) = ik* storev(k);
  end %  for k
  time = 0:maxtime -1;
  figure(1); clf; plot(time,100* storez); hold on
  figure(2); clf; plot(time,storev); hold on
  figure(3); clf; plot(time,storei); hold on
  figure(4); clf; plot(time,storep); hold on
```

接下来，仿真 CP/CV 充电过程。代码非常相似，只不过在每次迭代中首先计算维持恒功率所需的电压，如果该电压超过设计电压，则计算实现恒压所需的电流。

```
  % 现在，仿真 CP/CV
  z = 0.5; irc = 0; h =  -1; % 初始 SOC 为 50% ，静置
  CP = 35; % 恒功率阶段的功率上限为 30W
  for k = 1:maxtime,
    v = OCVfromSOCtemp(z,T,model) + m* h - r* irc; % 固定电压
    % 首先尝试 CP
    ik = (v - sqrt(v^2 - 4* r0* ( - CP)))/(2* r0);
    if v - ik* r0 > maxV,% 电压超过设计范围
      ik = (v - maxV)/r0; % 进入 CV 阶段
    end
    z = z - (1/3600)*  ik/q; % 更新单体电池 SOC
    irc = rc* irc + (1 - rc)* ik; % 更新 RC 中电阻电流
    fac = exp( - abs(g.* ik)./(3600* q));
    h = fac.* h + (fac - 1).* sign(ik); % 更新滞回电压
    storez(k) = z; % 为画图存储 SOC
    storev(k) = v - ik* r0;
    storei(k) = ik; % 为画图存储电流值
    storep(k) = ik* storev(k);
  end %  for k
  figure(1); plot(time,100* storez,'g - - ')
  figure(2); plot(time,storev,'g - - ')
```

```
figure(3); plot(time,storei,'g - - ')
figure(4); plot(time,storep,'g - - ')
```

仿真结果如图2－11所示。在CC/CV仿真的恒流阶段,保持1C恒定倍率充电,电池电压对输入激励作出响应。由于电压增加、电流保持恒定,因此充电功率在此阶段增加,SOC线性增加。当电压达到最大值4.15V时,仿真切换到恒压模式。电压恒定在4.15V,作为响应,随着扩散过程趋于稳定、电流逐渐减小。SOC在此阶段收敛到100%,充电功率减小。

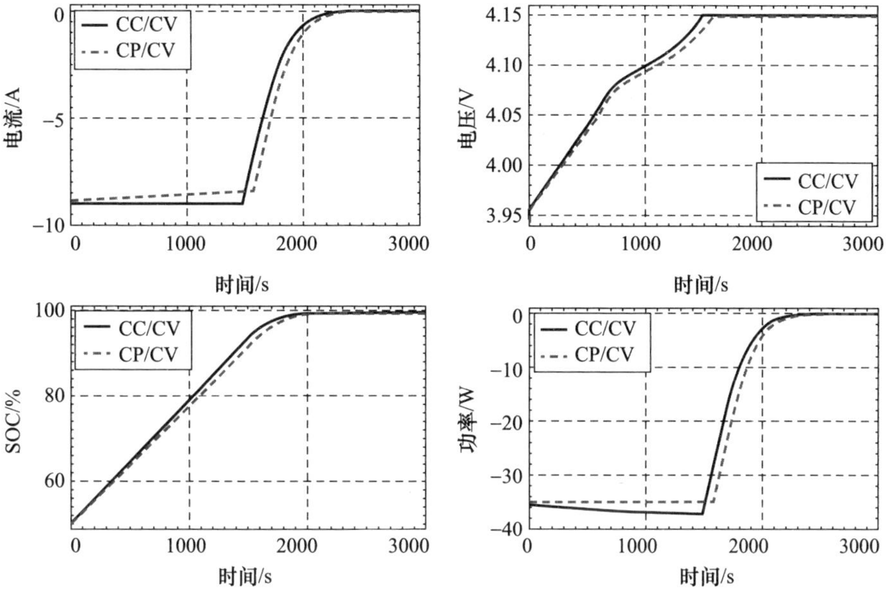

图2－11　CC/CV和CP/CV充电

在CP/CV仿真的恒功率部分,选择35W的充电功率,类似于CC/CV场景。施加的功率保持恒定,电池电压再次对这种激励作出响应。由于电压增加、功率不变,因此该阶段的充电电流减小。在该功率水平下,SOC的变化比CC/CV场景中的线性变化要慢。当电压达到最大值4.15V时,仿真切换到恒压模式。电压恒定在4.15V,作为响应,随着扩散过程趋于稳定,充电功率以及充电电流不断减小。SOC在此阶段收敛到100%。

2.9　仿真电池组

最后,我们讨论如何仿真电池组。为了仿真单体电池行为,每隔一个采样间隔计算一次 ESC 模型电压方程式(2.5),并更新一次模型状态方程式(2.4)。仿真电池组必须以某种方式仿真多个相互连接的单体电池。

2.9.1 串联电池组

根据基尔霍夫电流定律,串联的各单体电池上流经的电流必定相同,因此,仿真仅由串联的单体电池组成的电池组是很简单的。如果所有单体电池都具有相同的初始状态和参数值,那么,所有单体电池在所有时间都具有完全相同的状态和电压,因此,只需要仿真一个单体电池(其他单体电池将有相同的状态和电压)。

但是通常情况下,不同单体电池具有不同的初始状态和参数值。因此,要仿真一般的串联电池组,必须分别保存每个单体电池的状态和模型信息,并在每个采样间隔更新一次每个单体电池的状态和电压计算值,从而仿真所有单体电池的动态行为。

当计算电池组电压时,只需将所有单体电池的电压相加。此外,也可以在计算电池组电压时加入连接电阻项,从而得到更全面的方程:

$$v_{\text{pack},k} = \left(\sum_{j=1}^{N_s} v_{j,k} \right) - N_s R_{\text{连接}} i_k \tag{2.26}$$

式中:$v_{j,k}$为单体电池 j 在 k 时刻的电压;$R_{\text{连接}}$表示电池组中单体电池间连接和单体电池与外部连接的总电阻。

2.9.2 由并联电池模组组成的电池组

串联电池组常用于低能量高功率的应用场合,如 HEV。然而,高能应用场合通常需要各电池采用并联方式连接。在第 1 章中已经介绍了这一概念,讨论了由 N_p 个单体电池并联而成的电池模组,参见图 1-3 中的 PCM 方式。

如果 PCM 中的所有单体电池在各个方面都是相同的,那么,仿真就会很简单。每个 PCM 只需要仿真一个单体电池,其输入电流等于 i_k/N_p。电池组电压的计算使用式(2.26)。

然而,如果 PCM 中的单体电池不相同,则电池组输入电流不是平均分配给 PCM 中的所有单体电池,那么,PCM 中的每个单体电池必须单独仿真。[①] 我们具体应该怎么做呢?

---

① 这种情况适用于每个并联路径中电池的容量和内阻不相同的情况,如当电池具有不同的 SOH 时,或者当其中一条路径出现故障时。

为了了解如何仿真由多个PCM组成的电池组，可以参考图2-12。正如在式(2.25)中所讨论的，每个单体电池的电压可以建模为不依赖于当前电池电流的固定部分与依赖于当前电池电流的可变部分之和。图2-12将每个单体电池电压的固定部分表示为电压源，可变部分表示为电阻。因此，图中电压源不仅为OCV，还包括当前的滞回和扩散电压。

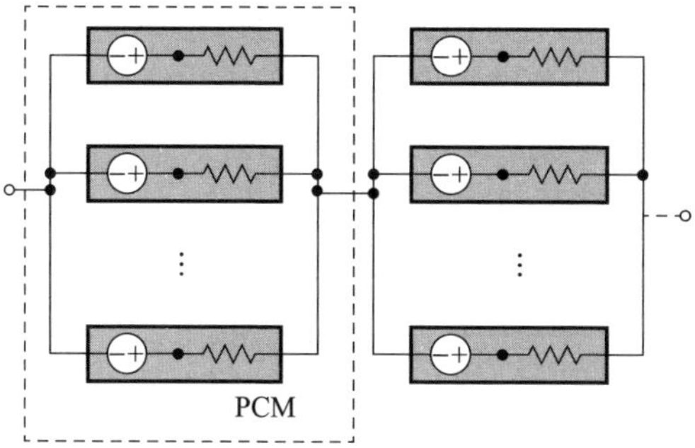

图2-12　多个PCM组成的电池组示意图

根据基尔霍夫电压定律，并联电池的端电压必然相等；根据基尔霍夫电流定律，通过并联的所有电池的电流之和必然等于电池组的总电流。定义k时刻通过PCM中单体电池j的电流为$i_{j,k}$，其固定电压为$v_{fj,k}$，PCM总电压为v_k，电池j的电阻为$R_{0,j}$。如果我们能找到v_k，就能根据欧姆定律计算出每个单体电池的电流：

$$i_{j,k}=\frac{v_{fj,k}-v_k}{R_{0,j}} \tag{2.27}$$

将所有并联电池的电流相加，得出电池组的总电流：

$$i_k=\sum_{j=1}^{N_p}\frac{v_{fj,k}}{R_{0,j}}-v_k\sum_{j=1}^{N_p}\frac{1}{R_{0,j}}$$

重新排列上式，可以求解PCM电压：

$$v_k=\frac{\sum_{j=1}^{N_p}\frac{v_{fj,k}}{R_{0,j}}-i_k}{\sum_{j=1}^{N_p}\frac{1}{R_{0,j}}} \tag{2.28}$$

综上所述，首先通过式(2.28)计算PCM端电压，然后使用式(2.27)计算各单体电池的电流。一旦得到单体电池电流$i_{j,k}$，就可以更新与各单体电池模型状态。电池组电压通过累加所有PCM电压以及连接电压降来计算，与式(2.26)所采用的计算方法大致相同。

2.9.3 由串联电池模组组成的电池组

当仿真包含串联模组的电池组时，方法与仿真 PCM 的方法非常相似。再次参考图 1－3，每个 SCM 由多个单体电池串联而成，每个电池电压都有固定和可变部分。通过电路分析，可以把 SCM 中所有独立的固定部分汇总成一个电压源，该电压源电压为各固定电压相加，同时，可以把 SCM 中所有独立的可变部分汇总成一个电阻，该电阻阻值为所有电池的等效串联电阻之和。因此，每个 SCM 可以被建模为一个具有高电压和高内阻的电池。当多个 SCM 并联成电池组时，整个电池组可以绘制成图 2－13 右图所示结构。

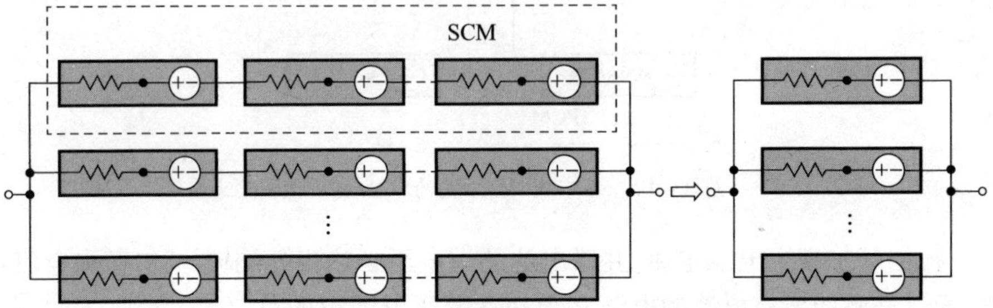

图 2－13 多个 SCM 组成的电池组示意图

如果将第 j 个 SCM 的集总固定电压表示为 $v_{fj,k}$，集总电阻表示为 $R_{0,j}$，那么，根据之前的分析可以计算出总的电池组电压为

$$v_k = \frac{\sum_{j=1}^{N_p} \frac{v_{fj,k}}{R_{0,j}} - i_k}{\sum_{j=1}^{N_p} \frac{1}{R_{0,j}}} \tag{2.29}$$

各路 SCM 电流计算为

$$i_{j,k} = \frac{v_{fj,k} - v_k}{R_{0,j}} \tag{2.30}$$

有了这些电流，就可以更新电池组中每个单体电池的状态。

2.10 PCM 仿真代码

在结束本章之前，介绍一些仿真多个 PCM 和 SCM 的 MATLAB 代码①，并展

① 此代码可以从 http://mocha－java. uccs. edu/CH2/PCMSCM. zip 下载。

示部分仿真结果。PCM 仿真代码以注释开始,然后从 cellModel.mat 文件中加载 ESC 单体电池模型结构体 model,以定义一些默认的单体电池参数值。

```
% ------------------------------------------------------------------------
% simPCM:仿真 PCM 电池组(多个单体电池并联成电池模组,多个模组串联成电池组,
% 每个单体电池的参数可能不同,如容量、内阻等)
% ------------------------------------------------------------------------
clear all; close all; clc;
% 初始化电池包配置参数
load cellModel; % 创建内含单体电池参数值的结构体 model
```

2.11 节示例将仿真 3 并 3 串的电池组。仿真开始时,所有单体电池在 25% SOC 下充分静置。然后,仿真预测了电池组 1h 内的工作动态,在此过程中,电池组反复充放电,充电至单体电池具有最高的 SOC,达到 SOC 设计上限,放电至单体电池具有最低 SOC,达到 SOC 设计下限。电池组在 2700s 后静置。下面的代码段定义了该仿真的初始变量。

```
% 初始化仿真配置参数
Ns = 3; % 电池组中串联 PCM 数
Np = 3; %  PCM 中并联单体电池数
maxtime = 3600; % 仿真时间,以仿真 s 为单位
t0 = 2700; % 电池组在 t0 时间后静置
storez = zeros([maxtime Ns Np]); % 为 SOC 开辟内存
storei = zeros([maxtime Ns Np]); % 为电流开辟内存
% 初始化每个单体电池的 ESC 电池模型状态
z = 0.25* ones(Ns,Np);
irc = zeros(Ns,Np);
h = zeros(Ns,Np);
```

下段代码从结构体 model 中加载默认参数值。注意:仿真假设电池温度恒定为 25℃,并定义每个电池的连接电阻为 125μΩ。

```
% 电池组中单体电池的默认初始化
q = getParamESC('QParam',25,model)* ones(Ns,Np);
rc = exp ( -1./abs(getParamESC('RCParam',...
        25,model)))'* ones(Ns,Np);
r = (getParamESC('RParam',25,model))';
m = getParamESC('MParam',25,model)* ones(Ns,Np);
g = getParamESC('GParam',25,model)* ones(Ns,Np);
r0 = getParamESC('R0Param',25,model)* ones(Ns,Np);
rt = 0.000125; % 每个单体电池的连接电阻为 125mΩ
```

此时,所有单体电池都具有相同的参数。下一段将介绍如何为各单体电池设置差异化初始值。下段代码重写每个单体电池的初始 SOC,使其在 30% ~ 70% 内随机取值;重写每个单体电池的总容量,使其在 4.5 ~ 5.5A · h 内随机取值;重写每个单体电池的内阻,使其在 5 ~ 25mΩ 内随机取值。要禁用其中任意一个随机初始化,只需替换相应的 if true 为 if false。

```
% 为电池设置差异化初始值
% 为每个单体电池配置随机初始 SOC
if true,
% 设置 if true,执行下一行代码;设置 if false 跳过下一行代码
  z = 0.30 + 0.40* rand([Ns Np]);
end
% 为每个单体电池配置随机初始容量
if true,
  q = 4.5 + rand([Ns Np]);
end
% 为每个单体电池配置随机初始内阻
if true,
  r0 = 0.005 + 0.020* rand(Ns,Np);
end
r0 = r0 + 2* rt; % 为电池内阻加上连接电阻
```

电池组仿真器的一个重要功能是能够仿真故障场景,而这在真实电池组中重现这种功能是困难的,甚至可能是不安全的。这些功能在下面的代码段中被禁用,但是可以通过取消注释来启用该功能。开路故障可以通过将电池内阻 r0 设置为无穷大 Inf 来仿真,短路故障可以通过将电池的 SOC 设置为非数 NaN 来仿真。在下面的示例中,短路电池等效为一个串联电阻 Rsc。

```
% 为电池组添加故障: 单体电池开路和短路
% 为删除一个 PCM(开路故障),设置一个内阻为无穷大 Inf
% r0(1,1) = Inf;
% 为删除一个电池(短路故障),设置其 SOC 为非数 NaN
% z(1,2) = NaN; % 例如,删除 PCM1 中的电池 2
Rsc = 0.0025; % 电池 SOC < 0% 时使用的电阻值
```

单体电池现在已经配置完成。现在准备开始进行电池组的 10C 反复充放电仿真。10C 倍率在现实中并不常见,但它能够缩短仿真时间,并给出一些定性结果。

```
% 准备开始仿真,首先计算电池组容量,单位为 A · h
totalCap = min(sum(q,2)); % 电池组容量 = 模组容量中的最小值
```

```
I = 10* totalCap; % 以 10C 进行循环
```

仿真现在开始。电池组的所有变量都存储在独立的矩阵中,矩阵大小为 N_s 行和 N_p 列。$N_s \times N_p$ 矩阵 v 包含每个单体电池的电压固定部分,计算为开路电压加滞回电压,再减去扩散电压。然后利用式(2.28)计算 N_s 个 PCM 的端电压 V,利用式(2.27)计算 PCM 中 $N_s \times N_p$ 个单体电池电流 ik。然后更新每个单体电池的状态,如果某一单体电池的荷电状态小于 0,则该电池将转换为短路故障。如果电池组中最小荷电状态小于 5%,则仿真从放电切换到充电;当最大荷电状态大于 95% 时,仿真由充电切换到放电。如果电池组运行超过 2700s,电池组就会静置。最后,存储所有单体电池的荷电状态和输入电流,以供后期分析和可视化。

```
% 现在开始使用 ESC 电池模型仿真电池组性能
for k = 1:maxtime,
  v = OCVfromSOCtemp(z,25,model);
  % 为每一单体电池获取 OCV,Ns * Np 矩阵
  v = v + m.* h - r.* irc; % 加上滞回和扩散电压项
  r0(isnan(z)) = Rsc; % 短路故障拥有短路电阻
  V = (sum(v./r0,2) - I)./sum(1./r0,2);
  ik = (v - repmat(V,1,Np))./r0;
  z = z - (1/3600)* ik./q; % 为每一单体电池更新 SOC
  z(z<0) = NaN; % 将过放电池设为为短路故障
  irc = rc.* irc + (1 - rc).* ik; % 更新扩散电流
  Ah = exp( - abs(g.* ik)./(3600* q));
  h = Ah.* h + (Ah - 1).* sign(ik); % 更新滞回电压
  if min(z(:)) < 0.05,I = - abs(I); end % 停止放电
  if max(z(:)) > 0.95,I = abs(I); end % 停止充电
  if k > t0,I = 0; end % 静置
  storez(k,:,:) = z; % 为绘图储存 SOC
  storei(k,:,:) = ik; % 为绘图储存电流
end
```

2.11　PCM 结果示例

由于各单体电池参数随机取值,因此,每次执行 2.10 节代码的结果会有所不同。图 2-14 绘制了某一仿真下,单体电池的荷电状态以及电流随时间的变化。我们发现,由于具有不同的容量和内阻,PCM 中各单体电池的荷电状态在

循环过程中可能会有很大不同,但在静置时会收敛到相同的值。也就是说,由多个单体电池并联而成的 PCM 具有自均衡机制。

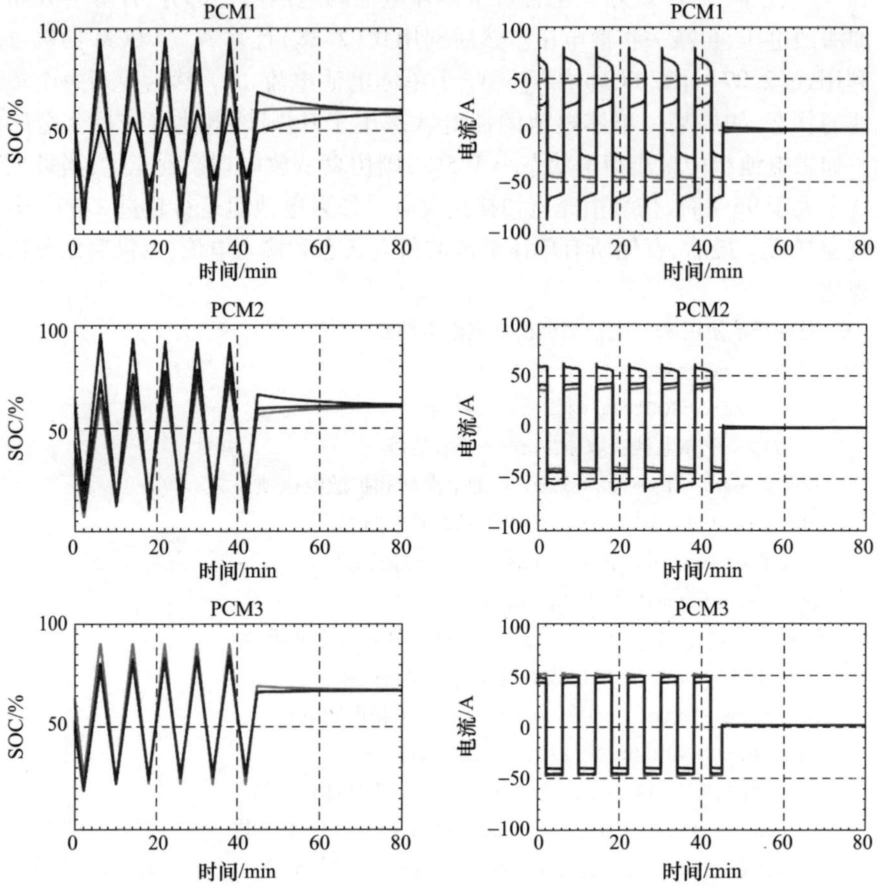

图 2-14　PCM 仿真器产生的典型荷电状态和电流曲线(见彩图)

我们还看到,由于内阻的变化,PCM 中各单体电池上流经的电流可能会有很大的不同。此外,当施加的电池组电流为零时,单体电池电流不一定为零。这是因为各单体电池的 SOC 可能不相等,由于 PCM 内电池的并联连接,从而导致环流。

图 2-15 绘制了各 PCM 内的电池平均 SOC,以及平均 SOC 的最大值与最小值之差。左图显示,虽然由于电池并联,PCM 内部存在自均衡,但 PCM 之间没有均衡。右图通过展示 SOC 的差值不衰减到零来强化这一结论。在循环过程中,由于负载的影响,SOC 差异会暂时增加或减少,但当电池处于静置时,各 PCM 不收敛于相同的总平均 SOC 水平。

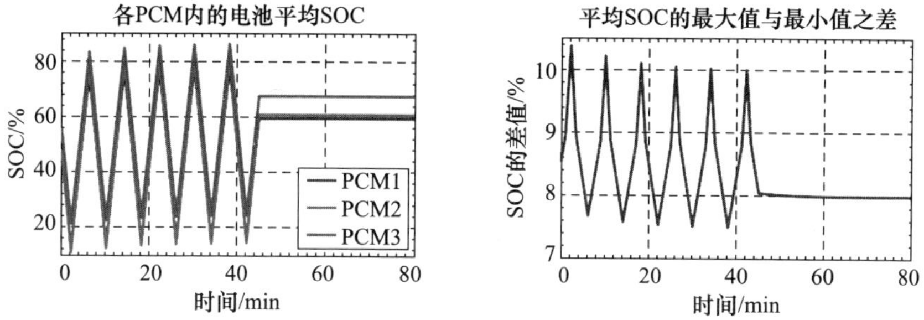

图2-15 PCM仿真器的平均SOC结果(见彩图)

2.12 SCM仿真代码

为仿真由SCM而不是PCM组成的电池组,可以直接修改2.10节中的代码。唯一需要修改的是主仿真回路。现在,计算式(2.29)得到电池组电压 v。然后,利用式(2.30)确定 N_p 个SCM的电流 ik。这些电流被复制到每一个SCM中的每一个单体电池,以得到最后的电流矩阵 ik,矩阵大小为 $N_s \times N_p$。代码的其余部分没有改变。

```
% 现在开始使用ESC电池模型仿真电池组性能
for k = 1:maxtime,
  v = OCVfromSOCtemp(z,25,model);
  % 为每一单体电池获取OCV,Ns * Np矩阵
  v = v + m.* h - r.* irc; % 加上滞回和扩散电压项
  r0(isnan(z)) = Rsc; % 短路故障拥有短路电阻
  V = (sum(v./r0,2) - I)./sum(1./r0,2); % 电池组总电压V
  ik = (v - repmat(V,1,Np))./r0;% 单体电池电流ik,1* Np矩阵
  ik = repmat(ik,Ns,1);
  z = z - (1/3600)* ik./q; % 为每一单体电池更新SOC
  z(z<0) = NaN; % 将过放电池设为短路故障
  irc = rc.* irc + (1 - rc).* ik; % 更新扩散电流
  Ah = exp(-abs(g.* ik)./(3600* q));
  h = Ah.* h + (Ah - 1).* sign(ik); % 更新滞回电压
  if min(z(:)) < 0.05,I = -abs(I); end % 停止放电
  if max(z(:)) > 0.95,I = abs(I); end % 停止充电
  if k > t0,I = 0; end % 静置
  storez(k,:,:) = z; % 为绘图储存SOC
```

```
  storei(k,:,:) = ik; % 为绘图储存电流
end
```

2.13 SCM 结果示例

由于各单体电池参数随机取值，因此，每次执行 2.12 节代码的结果会有所不同。图 2-16 绘制了某一仿真下，8 串 3 并电池组中单体电池的荷电状态以及电流随时间的变化。我们看到，由于串联连接，在任意 SCM 中所有单体电池上流经的电流是相同的；但在不同的 SCM 中，单体电池上流经的电流是不同的。我们注意到，SCM 中的单体电池不能自均衡，因为它们没有并联连接。3 个 SCM 的总母线电压是相同的，但这并不能使各单个电池的电压相同。

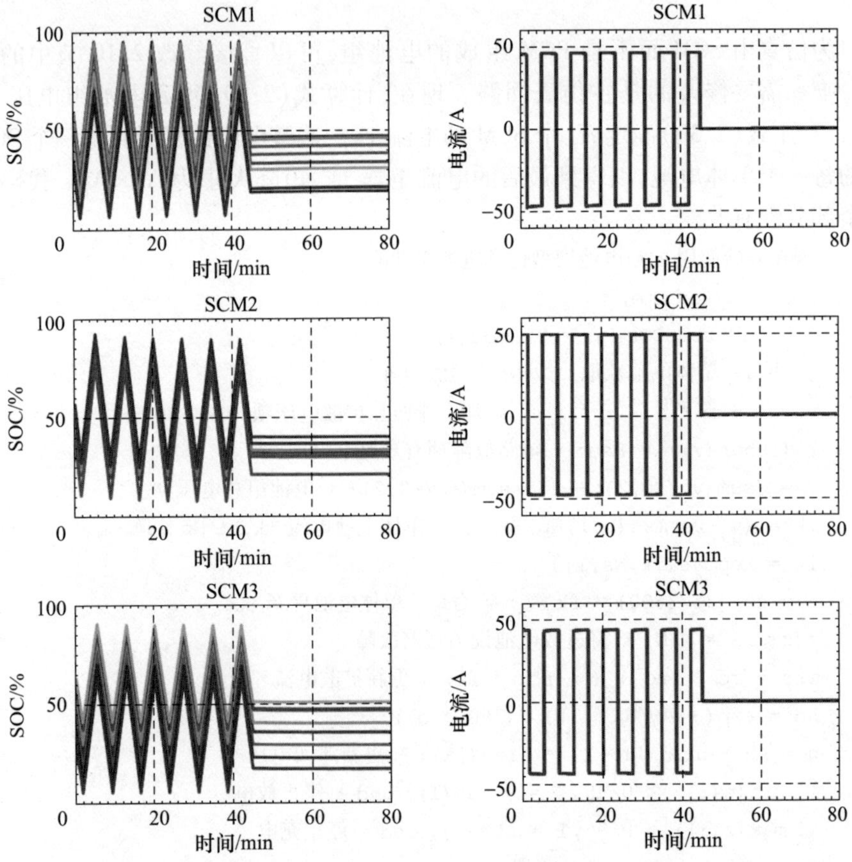

图 2-16　SCM 仿真器产生的典型荷电状态和电流曲线（见彩图）

2.14　本章小结及工作展望

本章回顾了两种类型的电池模型:基于经验的等效电路模型和基于机理的模型。本书的重点是应用经验模型定义算法,以满足电池管理系统的控制要求。本丛书的第三卷将展示如何应用机理模型解决电池管理问题。

为了能够仿真电池组在真实条件下的性能,理解如何建模电池组负载是很重要的。本章推导了电动汽车负载的方程组,并给出了仿真结果,其中包含部分电池组功率和电流与时间的关系,它们可以作为电池组仿真的输入。

此外,由于电池组由许多单体电池组成,它们可能是并联和/或串联而成的。我们已经看到,仿真电池组中的每个单体电池是可能的,甚至是至关重要的,这样才能确保在电池组工作时,没有单体电池超出设计限制。根据基尔霍夫电压定律,并联连接的各单体电池具有相同的端电压,但即使这样,在瞬态运行过程中单体电池之间也会表现出非常不同的内部行为。

有了这些回顾和背景知识后,现在即将开始本书的第一个主题:如何在电池组运行时,估计所有单体电池内部状态向量的动态值。由于荷电状态是该向量的组成部分之一,因此,该过程是完成所有单体电池荷电状态估计任务的关键。同时,我们还将看到该过程可以估计其他所有模型状态,并且将在第6章中发现,这些状态对于计算电池组的安全功率极限是有所帮助的。

第3章 电池状态估计

本书的首要关注点是开发基于等效电路模型的电池管理算法，这些算法在电池管理系统主控制回路中被反复调用，如图3－1所示。

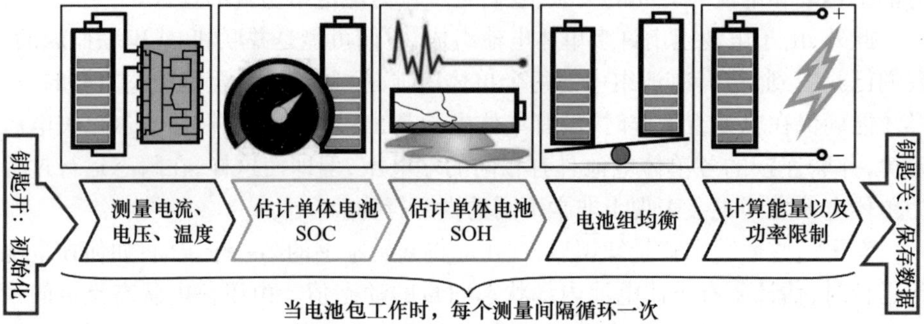

图3－1 电池管理系统主算法控制回路

在汽车应用中，当驾驶员将钥匙转到“开”位置时启用电池管理程序，相应算法被初始化，此外，可能还需要进行初始测量、从非易失性存储器中加载保存的参数值、执行安全检查、关闭接触器等。

初始化后，BMS进入以固定频率运行的主控制循环。首先，测量电池组电流、各单体电池电压和温度。然后，对每个单体电池的状态进行估计，包括计算SOC估计值。接下来，更新每个单体电池的SOH。此时，可以均衡具有不同SOC的单体电池，计算电池组的能量和功率极限，并将其传输到负载管理系统中。

最后，当BMS程序终止时，打开接触器，将表征当前电池组状态的数据保存到非易失性存储器中，以便在下次启用时重新加载使用。

图3－1可以看作是本书大部分内容的路线图。第1章已经讨论了电池管理系统的测量要求。本章将研究如何利用这些测量值和等效电路模型进行电池状态估计。第4章将重点关注电池组中单体电池的SOH估计。第5章将讨论电池均衡。第6章、第7章将讨论如何计算电池组的功率极限。

3.1　SOC 估计

电池管理系统算法需要估计那些能够描述当前电池组运行情况，却不能直接测量的量。其中一些量变化相对较快，可能会在几秒或几分钟内发生显著变化，如单体电池 SOC、扩散电流和滞回状态；其他的量往往变化缓慢，如单体电池容量和内阻在电池组使用多年后可能只会变化几个百分点。

我们将快速变化的量称为电池状态，将缓慢变化的量称为电池参数。在 ESC 单体电池模型中，x_k 中的元素是模型状态，总容量、扩散电容和电阻、等效串联电阻等是模型参数。本章讨论电池的状态估计，第 4 章将研究电池某些特定参数的估计。

电池模型状态向量中的一个重要元素是电池的 SOCz_k。SOC 估计是均衡策略以及能量和功率计算的输入。虽然估计电池模型的状态向量具有重要意义，但本章只关注其中的 SOC 估计。

SOC 类似于燃油表，其值介于“空”(0%)和“满”(100%)之间。虽然有传感器可以精确测量油箱中的汽油液位，但是目前没有可用于测量 SOC 的传感器。因此我们必须结合电流、电压、温度测量值和电池模型来计算 SOC 估计值。

目前，已有一些进行 SOC 粗略估计的简单方法和进行 SOC 精确估计的复杂方法。① 但是，复杂方法势必会带来代价：需要更多的工程时间开发和验证算法，需要更强大的 BMS 处理器执行算法。然而，采用精确的 SOC 估计方法也将带来许多好处：

(1)寿命。如果将燃油车辆中的油箱加至满溢或完全放空，油箱本身不会损坏。然而，电池过充或过放可能会造成其发生永久性损坏，从而导致寿命缩短。因此，精确的 SOC 估计可以保证电池组不会发生过充或过放。

(2)性能。如果没有准确的 SOC 估计值，用户在使用电池组时必须非常保守，以避免由于信任粗略的估计值而导致的过充或过放。反过来，如果能够获得准确的 SOC 估计值，并获得可靠的置信区间，那么，用户就可以放心大胆地使用电池组的全部容量，同时还确保了使用安全。

(3)可靠性。对于不同的电池组使用场景，通常差的 SOC 估计器表现不稳定，而好的 SOC 估计器在任何工况下表现一致且可靠，从而提高了整个电力系

① 参考文献：S. Piller, M. Perrin, and A. Jossen, “Methods for state of charge determination and their applications,” Journal of Power Sources, 96(1), 2001, pp. 113 – 120。

统的可靠性。

(4)密度。精确的 SOC 和电池状态信息允许用户在设计极限内放心大胆地使用电池组,无须对电池组进行过度设计,从而使电池组更小、更轻。

(5)经济性。电池系统越小,成本越低。可靠的电池系统产生较低的保修服务成本。

这些好处通常超过了实现复杂 SOC 估计算法的额外成本。

3.2 荷电状态的严谨定义

第 1 章介绍了 SOC 的电化学定义。参照图 3-2,将 k 时刻的当前平均锂浓度定义为 $\theta_k = c_{s,avg,k}/c_{s,max}$。这种化学计量法的目的是使其保持在 $\theta_{0\%}$ 和 $\theta_{100\%}$ 之间,但是在过充或过放的情况下有可能打破这些限制。

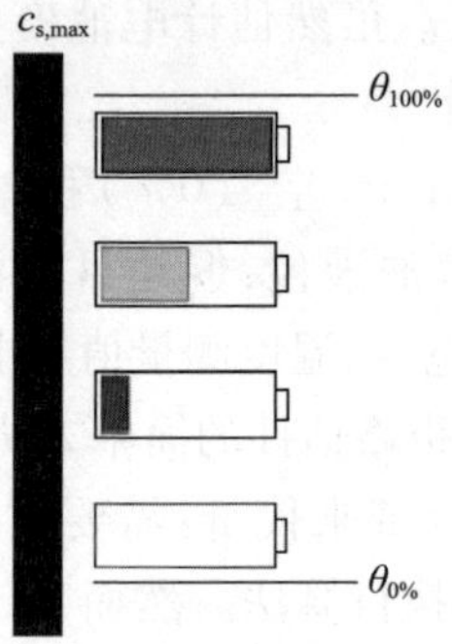

图 3-2 负极平均锂浓度与电池 SOC 的关系(复制自图 1-19)

然后电池 SOCz_k 的计算式为

$$z_k = \frac{\theta_k - \theta_{0\%}}{\theta_{100\%} - \theta_{0\%}}$$

这里面临的问题是目前没有直接测量浓度的方法,不能直接计算化学计量比,从而不能得出 SOC。因此,只能通过测量电池端电压、电流和温度推断或估计 SOC。

虽然电池开路电压与荷电状态密切相关,但带载时的端电压对开路电压的预测能力较差,除非电池处于电化学平衡状态且可以忽略滞回。

这带来了两个问题:第一个问题是如何估计 SOC,本章将介绍多种解决方法;第二个问题是怎样获得真实 SOC,从而评估估计值的优劣。

为了解决第二个问题,引入一些更严谨的定义,这将促使我们采用校准实验室结果的步骤，从而获得 SOC 的真实值。

定义 1：当电池的开路电压达到 $v_h(T)$ 时，认为电池充满电，$v_h(T)$ 是制造商规定的电压，可能是温度 T 的函数。例如，对于一些锰酸锂电池，$v_h(25℃)=4.2V$；对于一些磷酸铁锂电池，$v_h(25℃)=3.6V$。使电池处于充满电状态的常见方法是，先恒流充电至端电压等于 $v_h(T)$，然后恒压充电至充电电流无穷小。这可以在实验室环境中轻松实现，并且能在测试开始时校准数据。我们将充满电的电池 SOC 定义为 100%。

定义 2：当电池的开路电压达到 $v_l(T)$ 时，认为电池完全放电，$v_l(T)$ 是制造商规定的电压，可能是温度 T 的函数。例如，对于一些锰酸锂电池，$v_l(25℃)=3.0V$；对于一些磷酸铁锂电池，$v_l(25℃)=2.0V$。使电池处于完全放电状态的常见方法是，先恒流放电至端电压等于 $v_l(T)$，然后恒压放电至放电电流无穷小。同样，这可以在实验室环境中轻松实现，并且能在测试结束时校准数据。我们将完全放电的电池 SOC 定义为 0%。

定义 3：电池的总容量 Q 是电池从充满电状态变化为完全放电状态时，所释放的电量。[①] 虽然电荷的国际单位是 C，但在实践中更常使用单位 A · h 或 mA · h 来度量电池的总容量。电池总容量是模型参数，但不完全恒定，随着电池使用年限的增长，它通常会慢慢衰减，我们将在第 4 章中进一步讨论这个问题。

定义 4：电池的放电容量 $Q_{[倍率]}$ 是电池从充满电状态以恒定速率放电至端电压达到 $v_l(T)$ 时，所释放的电量。由于放电容量是由端电压而不是开路电压决定的，因此它与电池内阻强相关，而内阻本身是倍率和温度的函数。所以，电池的放电容量与倍率和温度有关。由于存在压降 $i_k \times R_0$，除非放电率无穷小，否则，放电容量小于总容量。同样，当端电压以非无穷小倍率达到 $v_l(T)$ 时，电池 SOC 不为零。电池在特定倍率和温度下的放电容量也不是固定值，随着使用年限的增长，它通常也会慢慢衰减。

定义 5：电池的额定容量 Q_{nom} 是制造商规定的量，其值往往由电池的预期应用场景决定。对于长时间使用的电池，通常是 C/8 放电容量 $Q_{0.125C}$；对于 UPS 应用，通常是 4C 放电容量 Q_{4C}；对于汽车而言，它通常接近于该批次电池在 25℃ 下的 1C 放电容量 Q_{1C}。额定容量是一个恒定值。由于额定容量代表批量生产的电池，放电容量代表某一单体电池，因此，通常情况下，$Q_{nom} \neq Q_{1C}$（即使在电池刚出厂时）。另外，由于 Q_{nom} 代表放电容量而不是总容量，因此，$Q_{nom} \neq Q$。

定义 6：电池的剩余容量是电池从当前状态放电至完全放电状态时，电池释

---

① 本书的容量指的是电荷容量，不是能量容量。由于我们所研究的电池模型输入为电池电流，也就是电荷的变化率，因此电荷容量是更相关的概念。

放的电量。

定义 7:电池的 SOC 是其剩余容量与总容量之比。

这些定义与前面介绍的连续时间和离散时间关系式一致:

$$z(t)=z(0)-\frac{1}{Q}\int_0^t \eta(t)i(t)\,\mathrm{d}t,\quad z_{k+1}=z_k-\eta_k i_k \Delta t/Q \tag{3.1}$$

SOC 真实值可以在实验室环境下采用高精度传感器和下述方法进行校准。首先,在测试开始之前在 25℃ 下将电池充电至 100% SOC。然后,将环境温度改变为测试温度,并让电池在测试温度下久置,直至电池内部温度达到热平衡。执行所需的测试步骤,在运行期间持续记录净累积放电安时数。然后,将温度恢复到 25℃,并静置至电池温度均匀。最后,电池完全放电。如果假设 $\eta=1$,那么,就可以根据总的净放电安时数确定总容量 Q,根据式(3.1)确定电池在每一时刻的 SOC。如果 $\eta\neq1$,那么,可以在主测试之前或之后进行完全充放电,以估计其值。在本例中,有

$$\eta=\frac{\text{总放电容量测量值}}{\text{总充电容量测量值}}$$

3.3 估计 SOC 的几种方法

在实验室环境下可以应用上述方法精确估计 SOC,但这在嵌入式应用环境下并不可行,首先是因为高精度传感器价格十分高昂,其次是为执行电池开始和结束状态的复杂校准步骤,我们势必会干扰电池组的主任务情况。那么,在实际工作中,应该如何估计荷电状态呢? 本节将讨论 3 种方法:基于电压测量值的方法,基于电流测量值的方法,使用电压、电流测量值以及精确电池模型的更一般的方法。

3.3.1 较差的基于电压的 SOC 估计方法

根据 ESC 电池模型,单体电池的端电压是 SOC 的函数:

$$v_k=\mathrm{OCV}(z_k)+Mh_k+M_0 s_k-\sum_i R_i i_{R_i}-i_k R_0$$

如果电池处于静置状态且忽略滞回效应,那么,将得到非常简单的关系式 $v_k\approx\mathrm{OCV}(z_k)$。

到目前为止,我们已经习惯于将开路电压作为 SOC 的函数来计算,如使用查找表。现在,需要进行逆运算以求解 $v_k\approx\mathrm{OCV}(z_k)$。为了了解结果的大致形状,考虑图 1-21 中绘制的 6 种不同锂离子电池的 OCV 与 SOC 关系曲线。通过

简单的坐标变换，生成图3－3所示的SOC与OCV的关系图。同样，这些逆关系可以制成表格供以后使用。例如，图中3.5V的OCV对应于3种电池的SOC约为4%，1种电池的SOC约为9%，2种电池的SOC约为99%。我们将这个由v_k计算z_k的逆查找表示为$z_k = \mathrm{OCV}^{-1}(v_k)$。

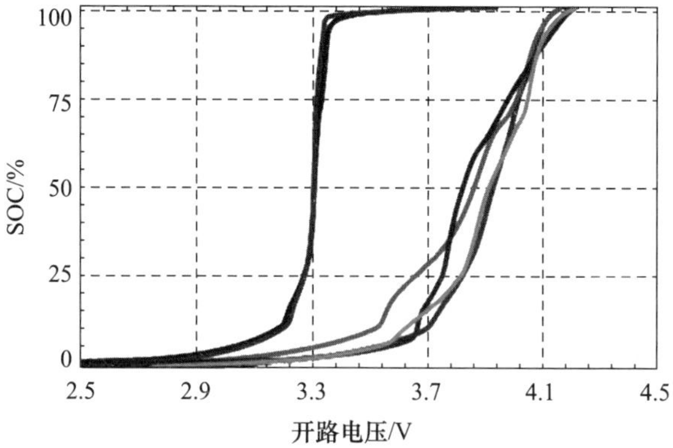

图3－3　6种锂离子电池的SOC－OCV关系

仅当电池充分静置且滞回可以忽略时，使用当前端电压通过查表近似求解荷电状态才是真正准确的。尽管如此，这是一个非常简单的操作。即使电池处于带载状态，采用这种方法根据端电压求解近似的荷电状态也是吸引人的。但是，这样做将产生非常糟糕的结果，它忽略了滞回、扩散电压和i_kR_0压降的影响。此外，图1－21中OCV关系宽而平坦的区域转化为图3－3中的陡峭区域，这影响了估计的准确性。例如，对于图中的两种磷酸铁锂电池，开路电压3.3V对应于42%的荷电状态。然而，这个电压在两个方向上仅改变10mV，就会得到32%和66%的荷电状态。也就是说，在计算OCV时，相对较小的±10mV误差会在SOC估计中产生34%的巨大误差范围。

对于一般的电流和内阻值，仅欧姆压降项的大小就可能远远大于10mV。不过，此项也是最容易计算的。因此，可以改进先前的方案补偿欧姆压降：

$$v_k \approx \mathrm{OCV}(z_k) - i_kR_0$$
$$v_k + i_kR_0 \approx \mathrm{OCV}(z_k)$$
$$z_k \approx \mathrm{OCV}^{-1}(v_k + i_kR_0) \tag{3.2}$$

这会产生更好的结果，但仍然忽略了滞回和扩散电压的影响。图3－4绘制出使用上述改进的基于电压的SOC估计示例。对电池施加快速变化电流，并对端电压进行记录。在每一时间步中，根据式(3.2)估计SOC，绘制成图3－4中的黑线。真实SOC的数据是使用3.2节末尾描述的实验室方法进行计算的。

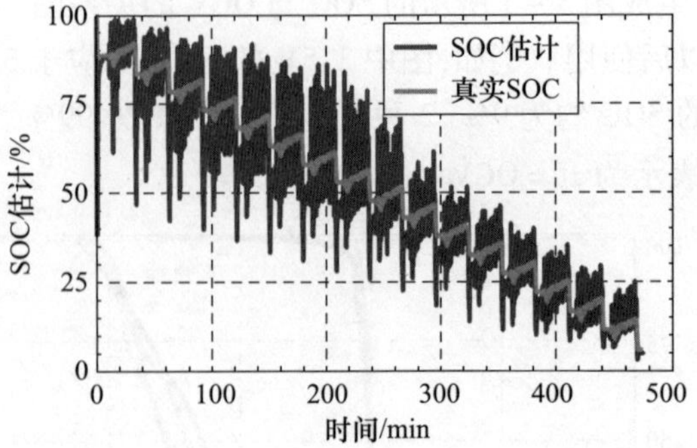

图 3-4 基于电压的 SOC 估计(见彩图)

可以发现即使采用这种改进方法所得到的估计值,仍然含有比较多的噪声。可以对结果进行滤波降噪,但是滤波会给估计值带来群延迟,这必须在后续处理中加以解决。如果知道电池的扩散电流状态和滞回状态,那么,可以将式(3.2)修改为

$$z_k \approx \mathrm{OCV}^{-1}\left(v_k - Mh_k - M_0 s_k + \sum_i R_i i_{R_i} + i_k R_0\right)$$

然而,并没有很好的方法获取这些值,所以这种方法似乎是行不通的。

总而言之,使用电压作为荷电状态的主要估计参考(即使包含 $i_k R_0$ 校正),会产生有过多噪声的估计值。然而,在第 4 章将发现使用式(3.2)能使同时估计 SOC 和 SOH 的方法稳定。现在,开始研究基于电流的荷电状态估计方法。

3.3.2 较差的基于电流的 SOC 估计方法

为了使用电流作为荷电状态估计的主要参考,回忆:

$$z_k = z_0 - \frac{\Delta t}{Q}\sum_{j=0}^{k-1} \eta_j i_j \tag{3.3}$$

事实上,这个方程是准确的。它测量移入或移出电池的电量,然后使用总容量标准化此净电量,并据此更新荷电状态。

如果用此关系式作为估计基础,则称为库仑计数。但是,我们必须认识到实际计算的是:

$$\hat{z}_k = \hat{z}_0 - \frac{\Delta t}{Q}\sum_{j=0}^{k-1} \hat{\eta}_j i_{\text{测量},j} \tag{3.4}$$

其中,变量上的修饰"^"表示该变量的估计值,即

$$i_{\text{测量},j} = i_{\text{真实},j} + i_{\text{噪声},j} + i_{\text{偏差},j} + i_{\text{非线性},j} - i_{\text{自放电},j} - i_{\text{泄漏},j} \tag{3.5}$$

在式(3.4)中,$\hat{z}_0$ 是初始 SOC 的估计值。如果此估计值不准确,则没有反馈

机制(例如以电压为反馈)来纠正此误差。如果其他条件为理想状态,随着时间的推移,SOC 估计误差固定在与 $\hat{z}_0$ 估计误差相等的常数值上。

然而,不是所有其他条件都是理想的。我们不知道电池的总容量,所以必须作估计 $Q \approx \hat{Q}$。我们也不知道库仑效率 η_j,只能将其估计为 $\hat{\eta}_j$。这两种近似处理都会导致 SOC 的估计误差。

也许最重要的是,我们不知道流经电池的确切电流,只能用式(3.5)中的电池组测量电流近似计算式(3.3)中的单体电池真实电流。此测量电流包含真实电流 $i_{真实,j}$,也包含随机测量噪声 $i_{噪声,j}$,测量直流偏差 $i_{偏差,j}$,以及由测量电路引入的非线性误差 $i_{非线性,j}$。此外,测量结果不能反映电池的自放电电流 $i_{自放电,j}$,也不能测量电池为监控其性能的电子电路供电而提供的 $i_{泄漏,j}$。

式(3.4)始终累加这些误差。噪声和非线性误差可以认为是零均值的,不会影响荷电状态估计的期望。然而,它们确实会导致估计的不确定性不断增加。偏差、自放电和泄漏误差不具有零均值,因此它们将导致荷电状态估计值的持续退化,而测量误差的不确定性也会导致 SOC 估计的不确定性增加。

因此,我们认为使用库仑计数法估计 SOC 是有风险的。在初始条件已知的情况下,短时间内运用此方法是可以接受的。如果配合使用能使 SOC 估计更合理的电压区间,那么,可以使用式(3.2)在这些点重置库仑计数,从而使其更可靠。

库仑计数加上某种复位机制,有时是估计 SOC 的唯一可行选择。从图 3-3 中可以看到,两种含磷酸铁锂成分的电池电压在 3.3V 左右 SOC 难以区分。其他电池的 OCV 中确实包含重要的 SOC 信息,因此,在某种程度上结合来自电流传感器和电压传感器的信息应该是有益的。接下来详细探讨这个想法。

3.3.3　基于模型的状态估计

取代单纯基于电压或电流估计方法的是,以某种方式综合这些方法。可以通过使用电池输入/输出(电流/电压)行为模型及基于该模型的估计方法来实现。由此产生的算法将能够估计 SOC 和模型的所有其他内部状态,这将带来一些额外的好处,这部分将在第 6 章中探讨。

基于模型的估计方法如图 3-5 所示。图的顶部分支表示实际电池的运行,称为“真实系统”。电池的输入是流经它的电流,输出是它的端电压响应。假设我们构建的电池模型有物理意义,那么,在电池内部将有一个真实 SOC、一组真实的扩散电流和滞回电压。然而,这些量是不可测量的,必须估计它们的值。

使问题复杂化的是,事实上电流传感器和电压传感器的测量结果都包含噪

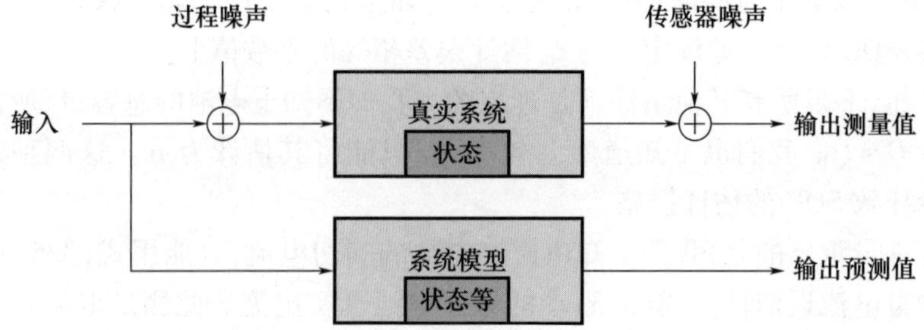

图 3-5 基于模型的 SOC 估计

声。我们将电流的不确定性建模为过程噪声。电池电流未知的、不可测量的部分确实会导致电池的状态发生变化,但由于我们不知道电流真实值和测量值之间的偏差,因此无法预测其带来的变化。我们将电压的不确定性建模为传感器噪声。这种传感器噪声不会影响电池的真实状态,但它的存在意味着不能完全信任电压测量值的准确性。

由于我们无法测量真实系统的状态,所以采用基于模型的估计方法,首先测量真实系统的输入(电流),然后将相同的输入加载到系统模型中,如图 3-5 底部分支所示。由于模型是用软件实现的,所以模型的状态向量只是一个计算机变量,我们可以非常方便地使用它,如存储、打印或用于其他计算。模型中的状态估计变量是真实状态测量值的替代。

从目前的描述来看,基于模型的方法与库仑计数相同,但是我们还没有结束。在基于模型的方法中,下一步将根据状态估计值和系统输入测量值预测系统输出(电压)。然后将输出预测值与输出测量值进行比较。如果两者相同,可以确定模型的状态估计是好的。如果两者相差很大,则表明模型的状态估计很差。因此,可以将输出预测值与输出测量值之间的差异用于反馈机制,从而更新模型的状态估计值。这种反馈调节是进行精确状态估计的关键步骤,而库仑计数中缺少该环节。

然而,在施加反馈时我们必须非常小心。电压预测误差可能是由多种因素引起的,包括:状态估计误差(我们希望纠正)、测量误差(由传感器噪声导致)和模型误差(由于模型不是真实电池动态的完美描述)。我们必须根据这些误差,仔细计算更新状态估计值。

在某些特定条件下,卡尔曼滤波是一种尽管存在不确定性,但仍能计算出可被证明是最优状态估计的算法。卡尔曼滤波是序贯概率推理的一般解法的特例。我们将在本章的剩余部分研究线性卡尔曼滤波及其变形。但是在这之前,首先探讨更一般的序贯概率推理问题。

从本节开始,数学计算难度将提高,但不是每个 BMS 工程师都需要了解所有细节。一般来说,以下内容有助于 BMS 硬件工程师了解传感要求,同时也有助于 BMS 软件工程师了解如何将 BMS 主代码与算法代码相连。然而,对于 BMS 算法工程师来说,详细研究和理解本章的剩余部分是非常必要的。在卡尔曼滤波的具体实现中,几乎总是需要对这里提出的一般步骤进行修改,以使其在违反推导滤波方程时所作的假设条件下更好地工作。这就是为什么我们需要花时间推导卡尔曼滤波的步骤,而不是简单地将其罗列。算法设计者必须知道方程的来源及其含义,以便修改或扩充它们,从而使其在实际应用中发挥作用。

本章中的卡尔曼滤波推导是自成体系的,对其不熟悉的读者可以查阅其他参考文献深入学习。[①] 通过互联网搜索,读者还将找到关于卡尔曼滤波的在线课程,包括讲课笔记和视频,这也有助于理解本章内容。[②]

3.3.4　序贯概率推理

首先,假设需要进行状态估计的系统具有一般的、可能是非线性的状态空间模型:

$$\boldsymbol{x}_k = \boldsymbol{f}(\boldsymbol{x}_{k-1}, \boldsymbol{u}_{k-1}, \boldsymbol{w}_{k-1}) \tag{3.6}$$

$$\boldsymbol{y}_k = \boldsymbol{h}(\boldsymbol{x}_k, \boldsymbol{u}_k, \boldsymbol{v}_k) \tag{3.7}$$

式中:$\boldsymbol{u}_k$ 是已知的(确定的或可测量的)输入信号;$\boldsymbol{x}_k$ 是模型状态向量;$\boldsymbol{w}_k$ 是未知且不可测量的过程噪声随机输入信号;$\boldsymbol{v}_k$ 是未知且不可测量的传感器噪声随机输入信号。系统的输出是 $\boldsymbol{y}_k$。对于 ESC 电池模型,$\boldsymbol{u}_k$ 是测量的电池输入电流 $i_{测量,k}$,$\boldsymbol{y}_k$ 是测量的电池电压。

注意:本文不再使用 $\boldsymbol{v}_k$ 表示电压,$\boldsymbol{v}_k$ 这个名称现在用于描述传感器噪声。这可能令人困惑,但在这一点上我们与大多数卡尔曼滤波文献的描述相符。[③] 还要注意的是,$\boldsymbol{y}_k$ 不是单体电池电压,而是含噪声的单体电池电压测量值。这些区别很重要。

函数 $\boldsymbol{f}(\cdot)$ 和 $\boldsymbol{h}(\cdot)$ 分别计算模型的状态方程和输出方程,它们可能是时变的,但是为了便于理解,通常省略符号中的时间依赖性。式(2.4)表示的 ESC 模型状态方程稍后将被改写为包含 $\boldsymbol{w}_k$ 的方程以建立 $\boldsymbol{f}(\cdot)$,式(2.5)表示的

---

① 推荐参考文献:Simon, D., Optimal State Estimation: Kalman, H∞ and Nonlinear Approaches, Wiley Interscience, 2006。

② 推荐网址:http://mocha-java.uccs.edu/ECE5550/。

③ 对于系统的输出是应该表示为 $\boldsymbol{y}=k$ 还是 z_k,文献似乎存在分歧。由于我们已经使用 z_k 表示电池 SOC,因此本书将输出称为 $\boldsymbol{y}_k$。

ESC 模型输出方程将被改写为包含 $\boldsymbol{v}_k$ 的方程以建立 $\boldsymbol{h}(\cdot)$。

序贯概率推理问题利用 k 时刻前的所有输入信息和所有输出的测量值，寻找动态系统当前状态 $\boldsymbol{x}_k$ 的有效递归估计值。为了便于表示，将$\mathbb{U}_k$定义为输入数据集，$\mathbb{Y}_k$为输出数据集。从数学上讲，可以把这些连续增长的集合写为

$$\mathbb{U}_k = \{\boldsymbol{u}_0, \boldsymbol{u}_1, \cdots, \boldsymbol{u}_k\} \tag{3.8}$$

$$\mathbb{Y}_k = \{\boldsymbol{y}_0, \boldsymbol{y}_1, \cdots, \boldsymbol{y}_k\} \tag{3.9}$$

解将是依序排列的，从某种意义上说它实现了递归，由于该递归基于先前的估计值和当前时刻的测量新息计算新的估计值，因此将在序列时刻产生序列估计值。由于在计算估计值时必须考虑过程噪声和传感器噪声的随机性，因此该解是基于概率的。

图 3－6 以一种有助于洞察序贯概率推理求解的方式，说明了我们正在探讨的系统的运行情况。真实系统有一个状态向量，其值随时间变化。由于已知输入 $\boldsymbol{u}_k$ 但未知过程噪声输入，因此，这种变化具有部分确定性和部分随机性。所以，我们必须将特定时间点的状态建模为向量随机变量，将状态序列建模为向量随机过程。由过程噪声 $\boldsymbol{w}_{k-1}$引起的从状态 $\boldsymbol{x}_{k-1}$转移到 $\boldsymbol{x}_k$ 的不确定性，由条件概率密度函数$f_{X|X}(\boldsymbol{x}_k|\boldsymbol{x}_{k-1})$建模。

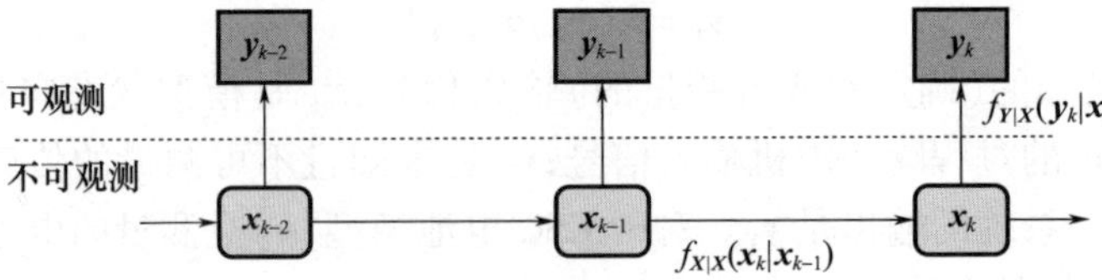

图 3－6　序贯概率推理概念

状态是无法测量的，但可以观测到含噪声的系统输出 $\boldsymbol{y}_k$。这些观测值使我们对真实系统中发生的事情有一定了解。我们基于观测和模型估计状态。然而，这些测量值不是状态的确定函数。传感器噪声 $\boldsymbol{v}_k$ 引起的不确定性，由条件概率密度函数$f_{Y|X}(\boldsymbol{y}_k|\boldsymbol{x}_k)$建模。由于过程噪声的不确定性和传感器噪声的随机性，我们将永远无法准确地计算出状态，那么我们对状态作出的估计一定会有误差。因此，计算状态估计值和状态估计置信区间是有价值的，这将使得使用序贯概率推理产生估计结果的其他 BMS 算法，能够了解该估计结果的可靠度。

过程噪声和传感器噪声的随机性自然而然地涉及概率、随机变量和随机过程领域。尽管我们假设读者已了解相关背景知识，但这里仍对其中最重要的概念进行回顾。

3.4　随机过程

3.4.1　随机变量

根据定义,噪声是不确定的,在某种意义上它是随机的。因此,为了讨论噪声对系统动态的影响,必须学习处理那些在进行重复相同实验时,数值会发生某种程度变化的量。这些量称为随机变量(Random Variable,RV)。我们无法准确预测每次测量随机变量时会得到什么数值,但是可以用 RV 的概率密度函数(Probability Density Function,PDF)描述得到不同结果的相对可能性。

随机变量 X 的 PDF 表示为 $f_X(x)$,表示 X 的测量值为 x 值的相对可能性。[①]尽管在测量之前,X 的精确值是未知的,但我们通常知道哪些结果更有可能发生,哪些结果不太可能发生。因此,PDF 以某种方式描述了我们关于不确定的 X 的先验知识。通常认为 $f_X(x)$ 较大的 x 值,比 $f_X(x)$ 较小的 x 值更容易被观测到。

更准确地说,PDF 可以是具有以下 3 个特性的任何函数。[②]

(1) PDF 非负,对于所有 x,$f_X(x) \geqslant 0$。

(2) 将 X 取值小于或等于 x_0 的概率记为 $\Pr(X \leqslant x_0)$,计算式为

$$\Pr(X \leqslant x_0) = \int_{-\infty}^{x_0} f_X(x)\,\mathrm{d}x$$

可推广计算 X 在有限范围内的概率为

$$\begin{aligned}\Pr(x_1 < X \leqslant x_2) &= \Pr(X \leqslant x_2) - \Pr(X \leqslant x_1)\\ &= \int_{-\infty}^{x_2} f_X(x)\,\mathrm{d}x - \int_{-\infty}^{x_1} f_X(x)\,\mathrm{d}x\\ &= \int_{x_1^+}^{x_2} f_X(x)\,\mathrm{d}x\end{aligned}$$

只要 $f_X(x)$ 不包含狄拉克函数,那么,这个概率就与 $\Pr(x_1 \leqslant X \leqslant x_2)$ 相同,可以利用 $\int_{x_1}^{x_2} f_X(x)\,\mathrm{d}x$ 进行计算。如果 PDF 正好在 x_1 处为狄拉克函数,那么,必须从 x_1 右边的紧邻点 x_1^+ 开始积分,一直到 x_2。因此,假设 PDF 不包含狄拉克函数,且 $f_X(x)$ 在 x_0 附近连续,可以通过计算下式得出对 $f_X(x)$ 含义的直观理解:

$$\Pr(x_0 \leqslant X \leqslant x_0 + \mathrm{d}x) = \int_{x_0}^{x_0+\mathrm{d}x} f_X(x)\,\mathrm{d}x = f_X(x_0)\,\mathrm{d}x$$

---

① 注意:本书使用大写字母表示 RV 的名称,如 X;小写字母表示这些变量的可能值,如 x。

② 这些特性是将概率公理应用于连续随机变量的直接结果。

式中：$\mathrm{d}x$ 为无穷小。由于连续随机变量 X 在无穷多个可能的实值集合外取任何特定实值的概率为零，因此，严格意义上讲，不能说 $f_X(x_0)$ 是 $X=x_0$ 的概率。然而，可以说，它与 X 在 x_0 的一个小邻域中取值的概率成正比。最正确的说法是，$f_X(x)$ 是 X 取 x_0 的相对可能性。

(3)每次实验都一定能产生一些实值，因此有

$$\Pr(-\infty\leqslant X\leqslant\infty)=\int_{-\infty}^{\infty}f_X(x)\,\mathrm{d}x=1$$

这个归一化方程表明，$f_X(x)$ 下的面积必须是 1。

将 $f_X(x)$ 的数学抽象应用于实际问题通常是非常具有挑战性的。对于 ESC 电池模型，过程噪声和传感器噪声的 PDF 是什么呢？我们发现，除了简单的教科书式例子外，很难精确确定现实生活中随机变量的 PDF。实际做法是，使用近似值来描述这些噪声的主要行为动态。为此，需要定义 $f_X(x)$ 的一些关键特性。

随机变量 X 的期望或均值可以写成 $\bar{x}$ 或 $\mathbb{E}[X]$，并定义为

$$\bar{x}=\mathbb{E}[X]=\int_{-\infty}^{\infty}xf_X(x)\,\mathrm{d}x$$

这个定义可以扩展到计算 X 的任意函数 $g(X)$ 的期望：

$$\mathbb{E}[g(X)]=\int_{-\infty}^{\infty}g(x)f_X(x)\,\mathrm{d}x$$

期望的一个非常重要的性质：它是线性的。因此，假设 a 和 b 是常数，那么，有

$$\mathbb{E}[aX+b]=\mathbb{E}[aX]+\mathbb{E}[b]=a\bar{x}+b$$

同样，X 关于均值的一阶矩为

$$\mathbb{E}[X-\bar{x}]=\mathbb{E}[X]-\bar{x}=\bar{x}-\bar{x}=0$$

由于 $\bar{x}$ 是从确定函数 $f_X(x)$ 计算的确定常数，因此可以移出期望运算符。期望的线性特征使其比 PDF 本身更容易应用。大家将发现，在本节回顾之后，很少需要考虑随机变量的 PDF 函数形式。

随机变量的方差是其围绕均值的二阶中心矩，定义为

$$\begin{aligned}\mathrm{var}(X)&=\mathbb{E}[(X-\bar{x})^2]=\int_{-\infty}^{\infty}(x-\bar{x})^2f_X(x)\,\mathrm{d}x\\&=\int_{-\infty}^{\infty}(x^2-2\bar{x}x+\bar{x}^2)f_X(x)\,\mathrm{d}x\\&=\mathbb{E}[X^2]-2\bar{x}\mathbb{E}[X]+\bar{x}^2\\&=\mathbb{E}[X^2]-2\bar{x}\bar{x}+\bar{x}^2\\&=\mathbb{E}[X^2]-\bar{x}^2\end{aligned}$$

即 RV 的方差等于其平方的均值减去均值的平方。[①] 与方差相关，我们将随

① 注意：由于 X^2 运算不是线性的，因此，$\mathbb{E}[X^2]\neq(\mathbb{E}[X])^2$。

机变量 X 的标准差定义为 $\sigma_X=\sqrt{\mathrm{var}(X)}$。$X$ 的标准差与 X 的单位相同，所以有可能见到 $\bar{x}\pm3\sigma_X$ 这种表示方法。

RV 的均值表示随机结果的中心（$\mathbb{E}[X-\bar{x}]=0$），RV 的方差反映了可能出现的随机结果的分布或范围。这可以通过切比雪夫不等式论证，对于正值 ε，其表述为

$$\Pr(|X-\bar{x}|\geqslant\varepsilon)\leqslant\frac{\mathrm{var}(X)}{\varepsilon^2}$$

如果 X 的方差比 ε 小，那么，X 距离其均值大于 ε 的概率就小；相反，X 距离其均值小于 ε 的概率就大。这意味着概率集中在均值附近，$\mathrm{var}(X)$ 是 PDF 在均值附近分布的相对度量。

也就是说，方差告诉我们对 RV 取值的不确定度。低方差意味着可以在很窄的误差范围内预测 RV 的值，高方差意味着预测将有很大的误差范围。同时使用均值和方差，可以使我们预测 RV 的值，并表明对该预测值的确定程度。

因此，期望和方差描述了实际 PDF 的两个关键特性。对于本书所研究的应用领域来说，最重要的 PDF 是高斯分布，也称正态分布。图 3－7 中绘制出了具有相同均值 $\bar{x}$ 和不同方差的几个高斯 PDF。

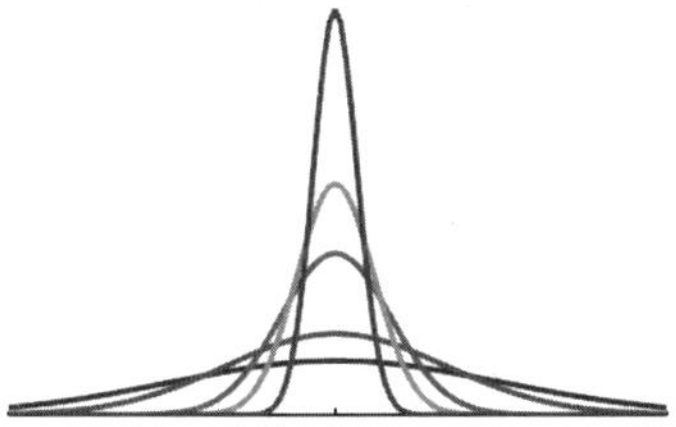

图 3－7　5 个不同的高斯 PDF

具有均值 $\bar{x}$ 和方差 σ_X^2 的高斯随机变量 X 的概率密度函数定义为

$$f_X(x)=\frac{1}{\sqrt{2\pi}\sigma_X}\exp\left(-\frac{(x-\bar{x})^2}{2\sigma_X^2}\right) \tag{3.10}$$

通过分析上述方程或观察图 3－7，我们看到 PDF 关于 $\bar{x}$ 对称，峰值在 $x=\bar{x}$ 取得，与 $1/\sigma_X$ 成正比，相对宽度与 σ_X 成正比。通常将该 PDF 缩写为

$$X\sim\mathcal{N}(\bar{x},\sigma_X^2)$$

式中：~表示“分布为”；$\mathcal{N}(a,b)$ 表示均值为 a、方差为 b 的高斯 PDF。[①] 因此，我

① 符号 $\mathcal{N}$ 是一种常用符号，代表 Normal。然而，当本书在使用这种符号时，认为这种 RV 服从高斯分布。

们把这个符号读作“随机变量 X 服从具有均值 $\bar{x}$ 和方差 σ_X^2 的高斯分布”。

高斯 PDF 不容易积分,但是它的一些其他属性方便应用。许多工程软件工具箱都内置了便于使用的高斯积分表。就本书而言,知道这些就足够了:

$$\Pr(\bar{x}-\sigma_X \leqslant X \leqslant \bar{x}+\sigma_X)=0.683$$

$$\Pr(\bar{x}-2\sigma_X \leqslant X \leqslant \bar{x}+2\sigma_X)=0.955$$

$$\Pr(\bar{x}-3\sigma_X \leqslant X \leqslant \bar{x}+3\sigma_X)=0.997$$

因此,我们可以说以 $\bar{x}$ 为中心的 $\bar{x}\pm 3\sigma_X$ 区间几乎肯定包含了所有可能被观测到的值。同样,这也证实了小 σ_X 的窄分布会有一个尖峰,我们在预测 X 时会有很强的信心,而宽分布会导致预测 X 时信心不足。

3.4.2 向量 RV

我们可以通过扩展 RV 范式,使用单个向量 RV 共同描述多个相关 RV 的集合。假设我们有标量 RVX_1,可能取 x_1 值,X_2 可能取 x_2 值,一直到 X_n,可能取 x_n 值。然后,可以将随机向量 $\boldsymbol{X}$ 和样本向量 $\boldsymbol{x}_0$ 写成

$$\boldsymbol{X}=\begin{bmatrix} X_1 \\ X_2 \\ \vdots \\ X_n \end{bmatrix}, \boldsymbol{x}_0=\begin{bmatrix} x_1 \\ x_2 \\ \vdots \\ x_n \end{bmatrix}$$

随机向量 $\boldsymbol{X}$ 由联合概率密度函数 $f_{\boldsymbol{X}}(\boldsymbol{x})$ 描述,它计算向量 $\boldsymbol{X}$ 每个输入的标量输出。联合概率密度函数具有类似于标量 RV 概率密度函数的性质。

(1)联合 PDF 非负:对于所有向量,$f_{\boldsymbol{X}}(\boldsymbol{x})\geqslant 0$。注意:$f_{\boldsymbol{X}}(\boldsymbol{x}_0)$ 表示

$$f_{\boldsymbol{X}}(X_1=x_1, X_2=x_2, \cdots, X_n=x_n)$$

其中,逗号可以读作“同时”。

(2)概率 $\Pr(X\leqslant x_0)$:在向量 $\boldsymbol{X}$ 中,有 $\boldsymbol{X}_1\leqslant x_1$,同时,$\boldsymbol{X}_2\leqslant x_2, \cdots, \boldsymbol{X}_n\leqslant x_n$,可记为

$$\Pr(\boldsymbol{X}\leqslant x_0)=\int_{-\infty}^{x_1}\int_{-\infty}^{x_2}\cdots\int_{-\infty}^{x_n} f_{\boldsymbol{X}}(\boldsymbol{x})\,\mathrm{d}x_1\mathrm{d}x_2\cdots\mathrm{d}x_n$$

(3)类似也有

$$\int_{-\infty}^{\infty}\int_{-\infty}^{\infty}\cdots\int_{-\infty}^{\infty} f_X(x)\,\mathrm{d}x_1\mathrm{d}x_2\cdots\mathrm{d}x_n=1$$

根据这些结果,可以推断 $f_{\boldsymbol{X}}(\boldsymbol{x}_0)$ 是 $\boldsymbol{X}=\boldsymbol{x}_0$ 的相对可能性。

计算随机向量 $\boldsymbol{X}$ 期望的方法与计算标量随机变量的方法大致相同:

$$\bar{\boldsymbol{x}}=\mathbb{E}[\boldsymbol{X}]=\int_{-\infty}^{\infty}\int_{-\infty}^{\infty}\cdots\int_{-\infty}^{\infty} \boldsymbol{x} f_{\boldsymbol{X}}(\boldsymbol{x})\,\mathrm{d}x_1\mathrm{d}x_2\cdots\mathrm{d}x_n$$

正如之前一样，这个运算是线性的。

但是由于运算 $\boldsymbol{X}^2$ 对向量没有意义，因此不能像之前那样计算方差。我们必须确定 $\boldsymbol{X}^2$ 是表示 $\boldsymbol{X}^{\mathrm{T}}\boldsymbol{X}$（内积）还是 $\boldsymbol{X}\boldsymbol{X}^{\mathrm{T}}$（外积）。事实证明，外积更有用。所以，定义随机向量 $\boldsymbol{X}$ 的相关矩阵为

$$\boldsymbol{\Sigma}_X = \mathbb{E}[\boldsymbol{X}\boldsymbol{X}^{\mathrm{T}}] = \int_{-\infty}^{\infty}\int_{-\infty}^{\infty}\cdots\int_{-\infty}^{\infty}\boldsymbol{x}\boldsymbol{x}^{\mathrm{T}}f_X(\boldsymbol{x})\,\mathrm{d}x_1\mathrm{d}x_2\cdots\mathrm{d}x_n$$

然后，定义 $\tilde{\boldsymbol{X}} = \boldsymbol{X} - \bar{\boldsymbol{x}}$ 为 $\boldsymbol{X}$ 相对其均值 $\bar{\boldsymbol{x}}$ 的变化，计算这种变化的相关矩阵可以得出随机向量 $\boldsymbol{X}$ 的协方差矩阵：

$$\begin{aligned}\boldsymbol{\Sigma}_{\tilde{X}} &= \mathbb{E}[(\tilde{\boldsymbol{X}})(\tilde{\boldsymbol{X}})^{\mathrm{T}}] = \mathbb{E}[(\boldsymbol{X}-\bar{\boldsymbol{x}})(\boldsymbol{X}-\bar{\boldsymbol{x}})^{\mathrm{T}}]\\ &= \int_{-\infty}^{\infty}\int_{-\infty}^{\infty}\cdots\int_{-\infty}^{\infty}(\boldsymbol{x}-\bar{\boldsymbol{x}})(\boldsymbol{x}-\bar{\boldsymbol{x}})^{\mathrm{T}}f_X(\boldsymbol{x})\,\mathrm{d}x_1\mathrm{d}x_2\cdots\mathrm{d}x_n\end{aligned}$$

协方差是方差的推广，应用于随机向量。协方差矩阵 $\boldsymbol{\Sigma}_{\tilde{X}}$ 是对称半正定的，这意味着所有的特征值都是非负的，并且对于所有与 $\boldsymbol{X}$ 具有相同维数的向量 $\boldsymbol{y}$，有

$$\boldsymbol{y}^{\mathrm{T}}\boldsymbol{\Sigma}_{\tilde{X}}\boldsymbol{y} \geqslant 0$$

注意：零均值随机向量的协方差和相关矩阵是相同的。

协方差矩阵的元素具有特定含义。对角线元素等于标量随机变量 $\boldsymbol{X}_i$ 的方差：

$$(\boldsymbol{\Sigma}_{\tilde{X}})_{ii} = \sigma_{X_i}^2$$

非对角线上的元素与 $\boldsymbol{X}_i$ 和 $\boldsymbol{X}_j$ 的标准差的乘积有关：

$$(\boldsymbol{\Sigma}_{\tilde{X}})_{ij} = \rho_{ij}\sigma_{X_i}\sigma_{X_j} = (\boldsymbol{\Sigma}_{\tilde{X}})_{ji}$$

式中：相关系数 ρ_{ij} 是 $\boldsymbol{X}_i$ 和 $\boldsymbol{X}_j$ 之间线性相关性的度量，$|\rho_{ij}| \leqslant 1$。当 $\rho_{ij}=0$ 时，$\boldsymbol{X}_i$ 和 $\boldsymbol{X}_j$ 之间没有线性相关性，这意味着在已知其中一个 RV 值时，根据线性关系预测另一个 RV 不比根据联合 PDF 预测另一个 RV 的效果更好。当 $\rho_{ij}=1$ 时，$\boldsymbol{X}_j$ 可通过斜率为正的线性方程由 $\boldsymbol{X}_i$ 精确计算；当 $\rho_{ij}=-1$ 时，$\boldsymbol{X}_j$ 通过斜率为负的线性方程由 $\boldsymbol{X}_i$ 精确计算。$-1<\rho_{ij}<1$ 中的非零值表明，可使用线性关系利用其中一个 RV 预测另一个 RV，但预测并不精确，预测值与真实值之间仍将存在随机误差。

随机向量的 PDF 有无穷多个，然而，本书只涉及多变量高斯概率密度函数，如图 3-8 所示。类似于标量随机变量的情况，我们称 $\boldsymbol{X} \sim \mathcal{N}(\bar{\boldsymbol{x}}, \boldsymbol{\Sigma}_{\tilde{X}})$，这意味着随机向量 $\boldsymbol{X}$ 服从均值为 $\bar{\boldsymbol{x}}$、协方差为 $\boldsymbol{\Sigma}_{\tilde{X}}$ 的多变量高斯分布。从式(3.10)的标量 PDF 到向量 PDF 的推广为

$$f_X(\boldsymbol{x}) = \frac{1}{(2\pi)^{n/2}|\boldsymbol{\Sigma}_{\tilde{X}}|^{1/2}}\mathbf{exp}\left(-\frac{1}{2}(\boldsymbol{x}-\bar{\boldsymbol{x}})^{\mathrm{T}}\boldsymbol{\Sigma}_{\tilde{X}}^{-1}(\boldsymbol{x}-\bar{\boldsymbol{x}})\right) \tag{3.11}$$

式中：$|\boldsymbol{\Sigma}_{\tilde{X}}| = \mathbf{det}(\boldsymbol{\Sigma}_{\tilde{X}})$。[①] 当向量 $\boldsymbol{X}$ 只有一个分量时，读者可以验证式(3.10)是式(3.11)的退化形式。

图 3-8 二元高斯分布概率密度函数(见彩图)

3.4.3 联合分布 RV 的特性

当只考虑单个标量 RV 时，能做的分析是有限的，但联合考虑多个 RV，可以有大量的分析和理解方式，其中一些可以通过确定一组特定 RV 是否具有某些特性来总结。我们将广泛运用这些特性，在这里首先讨论其中最重要的。

当且仅当联合概率密度函数可以写成以下形式时，联合分布的各随机变量被认为是独立的，即

$$f_{\boldsymbol{X}}(x_1, x_2, \cdots, x_n) = f_{\boldsymbol{X}_1}(x_1) f_{\boldsymbol{X}_2}(x_2) \cdots f_{\boldsymbol{X}_n}(x_n)$$

式中：$f_{\boldsymbol{X}_k}(x_k)$ 是 $\boldsymbol{X}_k$ 的边缘 PDF。也就是说，如果 $\boldsymbol{X}$ 的联合 PDF 可以写成边缘 PDF 的乘积，那么，$\boldsymbol{X}$ 的元素是独立的；如果 $\boldsymbol{X}$ 的元素是独立的，那么，$\boldsymbol{X}$ 的联合 PDF 可以写成边缘 PDF 的乘积。大多数 PDF 不满足此特性。但是，对于某些满足此条件的特定 PDF 来说，这意味着，$\boldsymbol{X}_i$ 的取值不会影响 $\boldsymbol{X}$ 中任何其他 RV$\boldsymbol{X}_j$ 的值。当 $\boldsymbol{X}$ 中的各 RV 独立时，这意味着，在已知其中一个 RV 值时，根据线性关系预测另一个 RV 不比根据联合 PDF 预测另一个 RV 的效果更好。

如果联合分布的随机变量 $\boldsymbol{X}_i$ 和 $\boldsymbol{X}_j$ 的二阶矩是有限的，并且

$$\mathrm{cov}(\boldsymbol{X}_i, \boldsymbol{X}_j) = \mathbb{E}[(\boldsymbol{X}_i - \bar{\boldsymbol{x}}_i)(\boldsymbol{X}_j - \bar{\boldsymbol{x}}_j)] = 0, i \neq j$$

则认为 $\boldsymbol{X}_i$ 和 $\boldsymbol{X}_j$ 不相关。如果考虑 $\boldsymbol{X}$ 的协方差矩阵 $\boldsymbol{\Sigma}_{\tilde{X}}$，则有 $\mathrm{cov}(\boldsymbol{X}_i, \boldsymbol{X}_j) = (\boldsymbol{\Sigma}_{\tilde{X}})_{i,j}$。因此，如果两个 RV 不相关，则 $\rho_{ij} = 0$。如果随机向量 $\boldsymbol{X}$ 中的各 RV 不相关，则 $\boldsymbol{\Sigma}_{\tilde{X}}$ 为对角矩阵。根据之前的讨论，如果两个 RV 不相关，则它们之间没

① 在此公式中，计算矩阵逆 $\boldsymbol{\Sigma}_{\tilde{X}}^{-1}$ 需要正定的 $\boldsymbol{\Sigma}_{\tilde{X}}$。为允许任意半正定的协方差矩阵，可以进一步推广这个定义，但在这里不进行讨论。

有线性关系，那么，在已知其中一个 RV 值时，根据线性关系预测另一个 RV 不比根据联合 PDF 预测另一个 RV 的效果更好。

联合分布 RV 的独立条件要比它们不相关的条件强得多。所以，如果两个 RV 是独立的，那么，它们也是不相关的；反之，却未必。一个非常重要的例外是当联合分布 RV 服从高斯分布时，不相关与独立等价，这是一个非常特殊的情况。

当考虑多个 RV 之间的相互作用时，还可以定义条件概率密度函数①：

$$f_{X_1 \mid X_2}(x_1 \mid x_2) = \frac{f_X(x_1, x_2)}{f_{X_2}(x_2)}$$

这是假设已知 $\boldsymbol{X}_2 = x_2$ 时，$\boldsymbol{X}_1 = x_1$ 的相对可能性。条件 PDF 解决的问题是：如果有两个联合分布的 RV，并且已知其中一个 RV 的取值，这是否改变了另一个 RV 取值的概率分布，什么仍然是未知的？如果两个 RV 相互独立的，那么，有

$$f_{X_1 \mid X_2}(x_1 \mid x_2) = \frac{f_{X_1}(x_1) f_{X_2}(x_2)}{f_{X_2}(x_2)} = f_{X_1}(x_1)$$

这是 $\boldsymbol{X}_1$ 的先验边缘分布。在本例中，知道 $\boldsymbol{X}_2$ 的值并不能让我们进一步了解 $\boldsymbol{X}_1$ 是什么。如果两个 RV 不相互独立时，那么，已知 $\boldsymbol{X}_2$ 的取值确实能为我们预测 $\boldsymbol{X}_1$ 的取值提供帮助。

同样，可以将联合分布的随机向量 $\boldsymbol{X}$ 和 $\boldsymbol{Y}$ 的条件期望定义为

$$\mathbb{E}[\boldsymbol{X} \mid \boldsymbol{Y} = \boldsymbol{y}] = \int_{-\infty}^{\infty} \int_{-\infty}^{\infty} \cdots \int_{-\infty}^{\infty} \boldsymbol{x} f_{X \mid Y}(\boldsymbol{x} \mid \boldsymbol{y}) \, \mathrm{d}x_1 \mathrm{d}x_2 \cdots \mathrm{d}x_n \tag{3.12}$$

它可以计算已知 $\boldsymbol{Y} = \boldsymbol{y}$ 的情况下，$\boldsymbol{X}$ 的期望。因此，与 $\mathbb{E}[\boldsymbol{X} \mid \boldsymbol{Y}]$ 有些不同。也就是说，根据 $\boldsymbol{Y} = \boldsymbol{y}$，$\boldsymbol{m} = \mathbb{E}[\boldsymbol{X} \mid \boldsymbol{Y} = \boldsymbol{y}]$ 得出一个确定的常数向量。另一方面，$\boldsymbol{M} = \mathbb{E}[\boldsymbol{X} \mid \boldsymbol{Y}]$ 使用相同的定义和未指定的 $\boldsymbol{Y}$，得出随机变量 $\boldsymbol{Y}$ 的一个确定函数。该函数计算随机变量 $\boldsymbol{M}$，它表示在已知 $\boldsymbol{Y} = \boldsymbol{y}$ 时，$\boldsymbol{X}$ 的期望。由于 $\mathbb{E}[\boldsymbol{X} \mid \boldsymbol{Y}]$ 是一个 RV，因此，可以通过迭代期望法则进行处理：

$$\mathbb{E}[\mathbb{E}[\boldsymbol{X} \mid \boldsymbol{Y}]] = \mathbb{E}[\boldsymbol{X}] \tag{3.13}$$

序贯概率推理是一种在给定所有过去和当前输出测量值的条件下，计算系统状态向量当前期望 $\mathbb{E}[\boldsymbol{x}_k \mid \mathbb{Y}_k]$ 的算法。我们将在本书的剩余部分广泛使用期望和条件期望。

当对一个或多个 RV 进行数学运算时，结果本身就是一个随机变量。一个重要的例子是：

---

① 边缘概率 $f_{X_2} = (x_2)$ 可由联合 PDF 计算：$f_{X_2}(x_2) = \int_{-\infty}^{\infty} f_X(x_1, x_2) \mathrm{d}x$。

$$Y = X_1 + X_2$$

一般来说,很难找到 $\boldsymbol{Y}$ 的 PDF,它并非 $\boldsymbol{X}_1$ 和 $\boldsymbol{X}_2$PDF 的简单相加①。如果 $\boldsymbol{X}_1$ 和 $\boldsymbol{X}_2$ 是独立的,那么,结果会简单一些,$\boldsymbol{Y}$ 的 PDF 是 $\boldsymbol{X}_1$ 和 $\boldsymbol{X}_2$PDF 的卷积。这仍然是一个较复杂的数学运算,但计算难度比 $\boldsymbol{X}_1$ 和 $\boldsymbol{X}_2$ 相关时的情形低。

当把许多相互独立且分布相同的 RV(具有有限的均值和方差)相加时,会发生一些非常有趣的事情,它们和 $\boldsymbol{Y}$ 将近似服从正态分布,并且随着求和 RV 的数目增加,近似程度也随之提高。这一结果称为中心极限定理,也是卡尔曼滤波有意义的主要原因。为了完全确定 $\boldsymbol{Y}$ 的分布,只需要在假设条件下求出各期望的和以及各协方差矩阵的和。

由于动态系统的状态将许多独立随机输入的影响,累加进过程噪声信号 $\boldsymbol{w}_k$ 中,因此通过中心极限定理可以合理地假设状态的分布趋于正态分布。所以,假设系统状态 $\boldsymbol{x}_k$ 是服从正态分布的随机向量。我们最终还将假设过程噪声 $\boldsymbol{w}_k$ 和传感器噪声 $\boldsymbol{v}_k$ 都是服从正态分布的随机向量,且互不相关。即使这些假设在实践中并不完全成立,但是卡尔曼滤波通常也能取得很好的效果。

对于更一般的情况,一个有用的结论能使我们由 $\boldsymbol{X}$ 的 PDF 计算 $\boldsymbol{Y}$ 的 PDF。设 $\boldsymbol{Y}=g(\boldsymbol{X})$,并假设反函数存在,即 $\boldsymbol{X}=g^{-1}(\boldsymbol{Y})$。如果 $g(\cdot)$ 和 $g^{-1}(\cdot)$ 是连续可微的,那么,有

$$f_Y(\boldsymbol{y}) = f_X(g^{-1}(\boldsymbol{y}))\left\|\left|\frac{\partial g^{-1}(\boldsymbol{y})}{\partial \boldsymbol{y}}\right|\right\| \tag{3.14}$$

式中:符号$\|\,|\cdot|\,\|$表示取矩阵行列式的绝对值。

一个重要的例子是 $\boldsymbol{Y}=\boldsymbol{AX}+\boldsymbol{B}$,其中 $\boldsymbol{A}$ 是常非奇异矩阵,$\boldsymbol{B}$ 是常向量,$\boldsymbol{X}\sim\mathcal{N}(\bar{\boldsymbol{x}},\boldsymbol{\Sigma}_{\tilde{X}})$。可以重写这个表达式来求解 $\boldsymbol{X}$:

$$\boldsymbol{X} = \boldsymbol{A}^{-1}\boldsymbol{Y} - \boldsymbol{A}^{-1}\boldsymbol{B}$$

于是,$\boldsymbol{g}^{-1}(\boldsymbol{y}) = \boldsymbol{A}^{-1}\boldsymbol{y} - \boldsymbol{A}^{-1}\boldsymbol{B}$。然后,雅可比矩阵$\partial \boldsymbol{g}^{-1}(\boldsymbol{y})/\partial \boldsymbol{y} = \boldsymbol{A}^{-1}$。

为寻找 $\boldsymbol{Y}$ 的 PDF,从已知的 $\boldsymbol{X}$ 的 PDF 开始:

$$f_Y(\boldsymbol{y}) = \frac{\|\,|\boldsymbol{A}^{-1}|\,\|}{(2\pi)^{n/2}|\boldsymbol{\Sigma}_{\tilde{X}}|^{1/2}}\exp\left[-\frac{1}{2}(\boldsymbol{A}^{-1}(\boldsymbol{y}-\boldsymbol{B})-\bar{\boldsymbol{x}})^{\mathrm{T}}\boldsymbol{\Sigma}_{\tilde{X}}^{-1}(\boldsymbol{A}^{-1}(\boldsymbol{y}-\boldsymbol{B})-\bar{\boldsymbol{x}})\right]$$

然后,代入式(3.14)可得

$$f_Y(\boldsymbol{y}) = \frac{\|\,|\boldsymbol{A}^{-1}|\,\|}{(2\pi)^{n/2}|\boldsymbol{\Sigma}_{\tilde{X}}|^{1/2}}\exp\left[-\frac{1}{2}(\boldsymbol{A}^{-1}(\boldsymbol{y}-\boldsymbol{B})-\bar{\boldsymbol{x}})^{\mathrm{T}}\boldsymbol{\Sigma}_{\tilde{X}}^{-1}(\boldsymbol{A}^{-1}(\boldsymbol{y}-\boldsymbol{B})-\bar{\boldsymbol{x}})\right]$$

由于$|\boldsymbol{A}^{-1}|=1/|\boldsymbol{A}|$,$|\boldsymbol{A}|=|\boldsymbol{A}^{\mathrm{T}}|$,$\bar{\boldsymbol{y}}=\boldsymbol{A}\bar{\boldsymbol{x}}+\boldsymbol{B}$,因此,上式可改写为

---

① 由于它的积分值为 2,违反了 PDF 的必要条件,因此这是没有意义的。

$$f_Y(\boldsymbol{y})=\frac{1}{(2\pi)^{n/2}(|\boldsymbol{A}||\boldsymbol{\Sigma}_{\tilde{X}}||\boldsymbol{A}^{\mathrm{T}}|)^{1/2}}\exp\left[-\frac{1}{2}(\boldsymbol{y}-\bar{\boldsymbol{y}})^{\mathrm{T}}(\boldsymbol{A}^{-1})^{\mathrm{T}}\boldsymbol{\Sigma}_{\tilde{X}}^{-1}\boldsymbol{A}^{-1}(\boldsymbol{y}-\bar{\boldsymbol{y}})\right]$$

此外，注意到

$$\begin{aligned}\boldsymbol{\Sigma}_{\tilde{Y}}&=\mathbb{E}[(\boldsymbol{Y}-\bar{\boldsymbol{y}})(\boldsymbol{Y}-\bar{\boldsymbol{y}})^{\mathrm{T}}]\\&=\mathbb{E}[(\boldsymbol{AX}+\boldsymbol{B}-\boldsymbol{A}\bar{\boldsymbol{x}}-\boldsymbol{B})(^{A}\boldsymbol{X}+\boldsymbol{B}-\boldsymbol{A}\bar{\boldsymbol{x}}-\boldsymbol{B})^{\mathrm{T}}]\\&=\mathbb{E}[(\boldsymbol{A}\tilde{\boldsymbol{X}})(\tilde{\boldsymbol{X}}^{\mathrm{T}}\boldsymbol{A}^{\mathrm{T}})]=\boldsymbol{A}\boldsymbol{\Sigma}_{\tilde{X}}\boldsymbol{A}^{\mathrm{T}}\end{aligned}$$

因此，有

$$f_Y(\boldsymbol{y})=\frac{1}{(2\pi)^{n/2}|\boldsymbol{\Sigma}_{\tilde{Y}}|^{1/2}}\exp\left[-\frac{1}{2}(\boldsymbol{y}-\bar{\boldsymbol{y}})^{\mathrm{T}}\boldsymbol{\Sigma}_{\tilde{Y}}^{-1}(\boldsymbol{y}-\bar{\boldsymbol{y}})\right]$$

可以看出，这是一个多变量高斯密度函数。也就是说，$\boldsymbol{Y}\sim\mathcal{N}(\boldsymbol{A}\bar{\boldsymbol{x}}+\boldsymbol{B},\boldsymbol{A}\boldsymbol{\Sigma}_{\tilde{X}}\boldsymbol{A}^{\mathrm{T}})$。

这是一个极其重要的结论，表明高斯随机向量的线性函数也是一个高斯随机向量。由于高斯随机向量的概率密度函数是由向量的均值和协方差矩阵唯一定义的，所以无需使用高斯函数本身的概率密度函数。

例如，假设 $\boldsymbol{X}$ 和 $\boldsymbol{W}$ 是不相关的向量 RV，$\boldsymbol{A}$ 和 $\boldsymbol{B}$ 为常矩阵，$\boldsymbol{C}$ 为常向量。如果 $\boldsymbol{X}\sim\mathcal{N}(\bar{\boldsymbol{x}},\boldsymbol{\Sigma}_{\tilde{X}})$，$\boldsymbol{W}\sim\mathcal{N}(\bar{\boldsymbol{w}},\boldsymbol{\Sigma}_{\tilde{W}})$，那么，$\boldsymbol{Z}=\boldsymbol{AX}+\boldsymbol{BW}+\boldsymbol{C}$ 也是服从高斯分布的。如果能找到 $\boldsymbol{Z}$ 的均值和协方差，那么，$\boldsymbol{Z}$ 的 PDF 就完全确定了。首先，均值为

$$\mathbb{E}[\boldsymbol{Z}]=\bar{z}=\boldsymbol{A}\bar{\boldsymbol{x}}+\boldsymbol{B}\bar{\boldsymbol{w}}+\boldsymbol{C}$$

协方差为

$$\begin{aligned}\boldsymbol{\Sigma}_{\tilde{Z}}&=\mathbb{E}[(\boldsymbol{Z}-\bar{z})(\boldsymbol{Z}-\bar{z})^{\mathrm{T}}]\\&=\mathbb{E}[(\boldsymbol{AX}+\boldsymbol{BW}+\boldsymbol{C}-\boldsymbol{A}\bar{\boldsymbol{x}}-\boldsymbol{B}\bar{\boldsymbol{w}}-\boldsymbol{C})\times(\boldsymbol{AX}+\boldsymbol{BW}+\boldsymbol{C}-\boldsymbol{A}\bar{\boldsymbol{x}}-\boldsymbol{B}\bar{\boldsymbol{w}}-\boldsymbol{C})^{\mathrm{T}}]\\&=\mathbb{E}[(\boldsymbol{A}\tilde{\boldsymbol{X}}+\boldsymbol{B}\tilde{\boldsymbol{W}})(\boldsymbol{A}\tilde{\boldsymbol{X}}+\boldsymbol{B}\tilde{\boldsymbol{W}})^{\mathrm{T}}]\\&=\mathbb{E}[\boldsymbol{A}(\tilde{\boldsymbol{X}})(\tilde{\boldsymbol{X}})^{\mathrm{T}}\boldsymbol{A}^{\mathrm{T}}+\boldsymbol{A}(\tilde{\boldsymbol{X}})(\tilde{\boldsymbol{W}})^{\mathrm{T}}\boldsymbol{B}^{\mathrm{T}}+\boldsymbol{B}(\tilde{\boldsymbol{W}})(\tilde{\boldsymbol{X}})^{\mathrm{T}}\boldsymbol{A}^{\mathrm{T}}+\boldsymbol{B}(\tilde{\boldsymbol{W}})(\tilde{\boldsymbol{W}})^{\mathrm{T}}\boldsymbol{B}^{\mathrm{T}}]\\&=\boldsymbol{A}\boldsymbol{\Sigma}_{\tilde{X}}\boldsymbol{A}^{\mathrm{T}}+\boldsymbol{B}\boldsymbol{\Sigma}_{\tilde{W}}\boldsymbol{B}^{\mathrm{T}}\end{aligned}$$

由于 $\boldsymbol{X}$ 和 $\boldsymbol{W}$ 不相关，$\mathbb{E}[\tilde{\boldsymbol{X}}]=\mathbb{E}[\boldsymbol{X}-\bar{\boldsymbol{x}}]=0$，$\mathbb{E}[\tilde{\boldsymbol{W}}]=\mathbb{E}[\boldsymbol{W}-\bar{\boldsymbol{w}}]=0$，$\mathbb{E}[(\tilde{\boldsymbol{X}})(\tilde{\boldsymbol{W}})^{\mathrm{T}}]=\mathbb{E}[\tilde{\boldsymbol{X}}]\mathbb{E}[(\tilde{\boldsymbol{W}})^{\mathrm{T}}]=0$，因此最后一行保持上述形式。作为本例的最终结果，结论是：$\boldsymbol{Z}$ 为一个高斯随机向量，并且 $\boldsymbol{Z}\sim\mathcal{N}(\bar{z},\boldsymbol{\Sigma}_{\tilde{Z}})$。

另一个有价值的例子是从不相关的高斯随机向量中创建相关的高斯随机向量。例如，MATLAB 的 randn.m 返回高斯随机向量 $\boldsymbol{X}$，其均值为零，协方差矩阵等于适当大小的单位矩阵。有时，我们想在计算机程序中生成高斯随机向量 $\boldsymbol{Y}\sim\mathcal{N}(\bar{\boldsymbol{y}},\boldsymbol{\Sigma}_{\tilde{Y}})$，可以通过表达式 $\boldsymbol{y}=\bar{\boldsymbol{y}}+\boldsymbol{Ax}$ 实现，其中 $\boldsymbol{A}$ 是一个方阵，$\boldsymbol{AA}^{\mathrm{T}}=\boldsymbol{\Sigma}_{\tilde{Y}}$。由于 $\boldsymbol{X}$ 均值为零，因此，$\mathbb{E}[\boldsymbol{Y}]=\mathbb{E}[\bar{\boldsymbol{y}}+\boldsymbol{Ax}]=\bar{\boldsymbol{y}}$，又由于 $\boldsymbol{\Sigma}_{\tilde{X}}=\boldsymbol{I}$，因此，$\boldsymbol{\Sigma}_{\tilde{Y}}=\boldsymbol{A}\boldsymbol{\Sigma}_{\tilde{X}}\boldsymbol{A}^{\mathrm{T}}$，所以能得到想要的结果。

为了计算该应用中的 $\boldsymbol{A}$ 矩阵，可以使用两种不同的矩阵分解算法。对于对

称正定 $\boldsymbol{\Sigma}_{\tilde{Y}}$,利用乔列斯基分解(Cholesky Decomposition)计算 $\boldsymbol{A}\boldsymbol{A}^{\mathrm{T}}=\boldsymbol{\Sigma}_{\tilde{Y}}$,其中 $\boldsymbol{A}$ 是一个下三角方阵。在 MATLAB 中,chol. m 命令计算乔列斯基分解,但是在调用时必须使用可选参数 lower。下列代码生成图 3-9 中的数据。

```
ybar = [1; 2]; covar = [2,0.75; 0.75,1];
A = chol(covar,'lower');
for k = 1:5000,
  x = randn([2,1]);
  y = ybar + A* x;
  plot(y(1),y(2),'.'); hold on
end
```

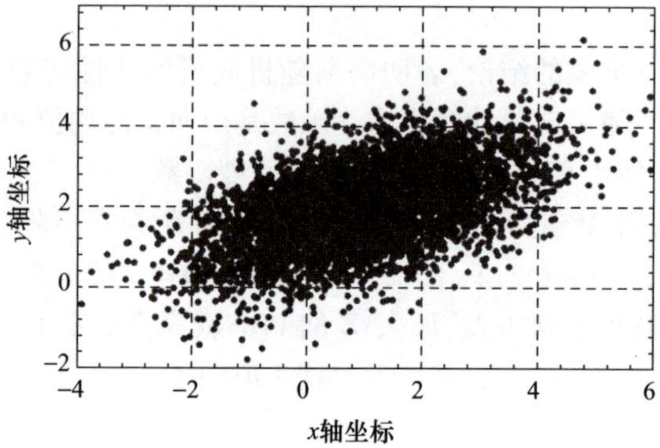

图 3-9 相关的均值非零的高斯随机向

当 $\boldsymbol{\Sigma}_{\tilde{Y}}$ 仅为半正定时必须使用 LDL 分解法计算 $\boldsymbol{L}\boldsymbol{D}\boldsymbol{L}^{\mathrm{T}}=\boldsymbol{\Sigma}_{\tilde{Y}}$,其中 $\boldsymbol{L}$ 是下三角方阵,$\boldsymbol{D}$ 是对角矩阵。在 MATLAB 中,代码变为

```
ybar = [1; 2]; covar = [2,0.75; 0.75,1];
[L,D] = ldl(covar);
for k = 1:5000,
  x = randn([2,1]);
  y = ybar + (L* sqrt(D))* x;
  plot(y(1),y(2),'.'); hold on
end
```

3.4.4 向量随机过程

随机变量是标量,随机向量是随机变量的集合。随机过程是由一个参数集为索引的一组随机变量或随机向量。在本文示例中,这个参数集就是时间。例

如,可以考虑具有时间索引 k 的随机过程 $\boldsymbol{X}_k$,任意特定时刻 $k=m$ 下随机过程的值是随机变量或随机向量 $\boldsymbol{X}_m$。

我们通常假设遇到的随机过程是平稳的。这意味着,该随机过程已经达到了稳定状态,其中组成随机过程的随机向量的 PDF 以及由此产生的任何统计信息都是时不变的。例如,对于所有的 k,$\mathbb{E}[\boldsymbol{X}_k]=\bar{\boldsymbol{x}}$,$\mathbb{E}[\boldsymbol{X}_{k_1}\boldsymbol{X}_{k_2}^{\mathrm{T}}]=\boldsymbol{\Sigma}_{\boldsymbol{X}_{k_1},\boldsymbol{X}_{k_2}}=\boldsymbol{\Sigma}_{\boldsymbol{X},k_2-k_1}$。①

随机过程有一些类似随机向量的性质。例如,将随机过程的自相关函数定义为

$$\boldsymbol{\Sigma}_{\boldsymbol{X}_{k_1},\boldsymbol{X}_{k_2}}=\mathbb{E}[\boldsymbol{X}_{k_1}\boldsymbol{X}_{k_2}^{\mathrm{T}}]$$

如果随机过程是平稳的,那么,对于所有的 k,有

$$\boldsymbol{\Sigma}_{\boldsymbol{X}_k,\boldsymbol{X}_{k+\tau}}=\mathbb{E}[\boldsymbol{X}_k\boldsymbol{X}_{k+\tau}^{\mathrm{T}}]=\boldsymbol{\Sigma}_{\boldsymbol{X},\tau}$$

自相关函数反映了时移为 τ 的两个时刻随机过程取值的相关性。

还定义自协方差函数:

$$\boldsymbol{\Sigma}_{\tilde{\boldsymbol{X}}_{k_1},\tilde{\boldsymbol{X}}_{k_2}}=\mathbb{E}[(\tilde{\boldsymbol{X}}_{k_1}-\mathbb{E}[\boldsymbol{X}_{k_1}])(\boldsymbol{X}_{k_2}-\mathbb{E}[\boldsymbol{X}_{k_2}])^{\mathrm{T}}]$$

如果随机过程是平稳的,那么,对于所有的 k,有

$$\boldsymbol{\Sigma}_{\tilde{\boldsymbol{X}}_k,\tilde{\boldsymbol{X}}_{k+\tau}}=\mathbb{E}[(\boldsymbol{X}_k-\mathbb{E}[\boldsymbol{X}_k])(\boldsymbol{X}_{k+\tau}-\mathbb{E}[\boldsymbol{X}_{k+\tau}])^{\mathrm{T}}]=\boldsymbol{\Sigma}_{\tilde{\boldsymbol{X}},\tau}$$

自协方差函数总是在 $\tau=0$ 时取最大值,它等于组成随机过程的随机向量 $\boldsymbol{X}_k$ 的协方差矩阵。如果自协方差函数在某时移 $\tau\neq0$ 时较大,那么,随机过程在时间上相差 τ 的两个样本具有很高的相关性,可以利用其中一个量的测量值,同时运用某个线性关系预测另一个量。如果自协方差函数为零,则该过程的样本之间没有线性关系,无法运用某个线性关系利用其中一个量的测量值预测另一个量。

可以利用这些性质将白噪声定义为具有零均值和自相关函数 $\boldsymbol{\Sigma}_{\boldsymbol{X},\tau}=S_X\delta_\tau$ 的平稳随机过程,其中 δ_τ 是离散时间狄拉克函数。因此,白噪声在时间上是不相关的。图 3-10 显示了白噪声和相关随机过程的案例。根据过去的样本,白噪声的当前值是完全不可预测的,但是对于相关随机过程,在只给定过去样本的情况下,可以在一定精度上预测当前值。

白噪声过程的概率密度函数在每个时间点都是高斯分布的,因此又称为高斯白噪声过程。在推导序贯概率推理的解时,假设动态系统的噪声输入是高斯白噪声过程。

我们已经通过中心极限定理证明了高斯假设的正确性。然而,这种“白”的

① 后一结果意味着相关性不是绝对时间索引 k_1 和 k_2 的函数,而是索引区间长度 k_2-k_1 的函数。

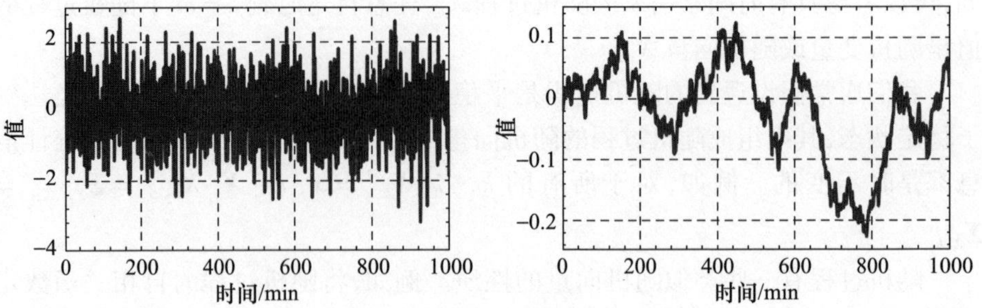

图 3-10 相关和不相关的随机过程示例

假设似乎过于局限。幸运的是,如果真实系统的随机输入实际上不是白噪声,它也可以很容易地被修正。可以将系统模型与某线性系统级联,该系统可以根据需要塑造噪声,如图 3-11 所示。通过引入一个塑形滤波器 $H(z)$ 驱动系统 $G(z)$,该滤波器是由白噪声驱动的。组合系统 $GH(z)$ 中 $G(z)$ 有一个塑形后的噪声输入,但 $GH(z)$ 本身是由白噪声驱动的。然后在序贯概率推理求解中使用 $GH(z)$ 模型,而不是 $G(z)$。

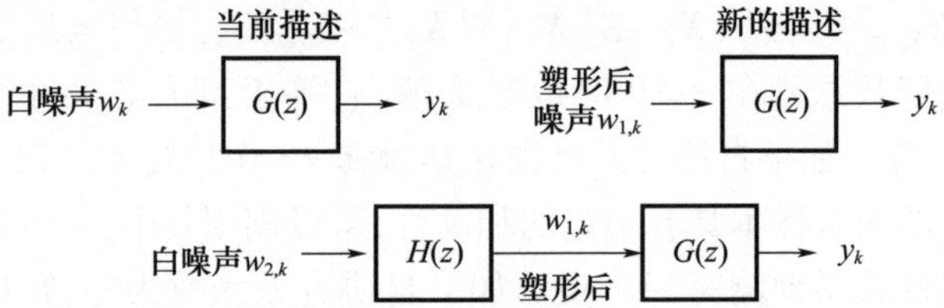

图 3-11 通过塑形滤波器建模相关噪声

上述分析利用滤波器状态对原始系统模型进行扩充。假设原系统为 $G(z)$,且输入为非白噪声 $\boldsymbol{w}_{1,k}$:

$$\boldsymbol{x}_{k+1}=\boldsymbol{A}\boldsymbol{x}_k+\boldsymbol{B}_{\mathrm{w}}\boldsymbol{w}_{1,k}$$
$$\boldsymbol{y}_k=\boldsymbol{C}\boldsymbol{x}_k$$

引入塑形滤波器 $H(z)$,其输入为虚拟白噪声 $\boldsymbol{w}_{2,k}$,输出为塑形后的 $\boldsymbol{w}_{1,k}$:

$$\boldsymbol{x}_{\mathrm{s},k+1}=\boldsymbol{A}_{\mathrm{s}}\boldsymbol{x}_{\mathrm{s},k}+\boldsymbol{B}_{\mathrm{s}}\boldsymbol{w}_{2,k}$$
$$\boldsymbol{w}_{1,k}=\boldsymbol{C}_{\mathrm{s}}\boldsymbol{x}_{\mathrm{s},k}$$

然后,通过增广状态向量将两个模型组合成一个 $GH(z)$ 系统:

$$\begin{bmatrix}\boldsymbol{x}_{k+1}\\ \boldsymbol{x}_{\mathrm{s},k+1}\end{bmatrix}=\begin{bmatrix}\boldsymbol{A} & \boldsymbol{B}_{\mathrm{w}}\boldsymbol{C}_{\mathrm{s}}\\ \boldsymbol{0} & \boldsymbol{A}_{\mathrm{s}}\end{bmatrix}\begin{bmatrix}\boldsymbol{x}_k\\ \boldsymbol{x}_{\mathrm{s},k}\end{bmatrix}+\begin{bmatrix}\boldsymbol{0}\\ \boldsymbol{B}_{\mathrm{s}}\end{bmatrix}\boldsymbol{w}_{2,k}$$

$$y_k = [C \quad 0]\begin{bmatrix} x_k \\ x_{s,k} \end{bmatrix}$$

这种用于序贯概率推理的增广系统，是一个输入为白噪声的高阶系统。

在结束本节之前，还需要对符号作一定说明。到目前为止，我们一直使用大写字母表示随机变量和向量。所以，对于一个输入为随机过程的动态系统来说，其状态本身就是一个随机向量，可以用 $\boldsymbol{X}_k$ 表示。然而，更常见的做法是保留标准符号 $\boldsymbol{x}_k$，并从上下文推断正在讨论的是随机向量。在本书的剩余部分，$\boldsymbol{x}_k$ 将被理解为从随机过程中采样的随机向量。

3.5　序贯概率推理

了解了这些背景知识后，现在开始推导序贯概率推理的解。在此之前，还需要引入一些新的符号。

(1)上标“ - ”表示仅基于过去测量结果的预测值。

(2)上标“ + ”表示根据过去和当前测量结果得出的估计值。严格意义上讲，估计值和预测值是不同的。

(3)变量上的帽子符号“^”表示该变量的预测值或估计值。例如，对于离散时间 k，$\hat{\boldsymbol{x}}_k^-$ 表示 $\boldsymbol{x}_k$ 的预测值，$\hat{\boldsymbol{x}}_k^+$ 表示 $\boldsymbol{x}_k$ 的估计值。

(4)变量上的波浪形符号“ ~ ”表示误差，即真实值与预测值或估计值之间的差异，如 $\tilde{\boldsymbol{x}}_k^- = \boldsymbol{x}_k - \hat{\boldsymbol{x}}_k^-$，$\tilde{\boldsymbol{x}}_k^+ = \boldsymbol{x}_k - \hat{\boldsymbol{x}}_k^+$。

(5)与随机向量中的讨论一致，符号“$\boldsymbol{\Sigma}$”表示下标中两个参数之间的相关性(如果只有1个下标，则代表自相关性)，如：

$$\boldsymbol{\Sigma}_{xy} = \mathbb{E}[\boldsymbol{x}\boldsymbol{y}^{\mathrm{T}}], \boldsymbol{\Sigma}_x = \mathbb{E}[\boldsymbol{x}\boldsymbol{x}^{\mathrm{T}}]$$

(6)此外，减去均值后的随机变量间的相关性便是协方差：

$$\boldsymbol{\Sigma}_{\tilde{x}\tilde{y}} = \mathbb{E}[\tilde{\boldsymbol{x}}\tilde{\boldsymbol{y}}^{\mathrm{T}}] = \mathbb{E}[(\boldsymbol{x} - \mathbb{E}[\boldsymbol{x}])(\boldsymbol{y} - \mathbb{E}[\boldsymbol{y}])^{\mathrm{T}}]$$

当给定从时间零点到当前时间的输入和输出测量值时，序贯概率推理问题试图找到一个状态估计值，使真实状态和估计状态之间的均方误差最小。回顾式(3.8)和式(3.9)，我们用$\mathbb{U}_k$表示离散时间 k 之前所有已知输入的集合，用$\mathbb{Y}_k$表示离散时间 k 之前所有输出测量值的集合。由于输入测量中的所有不确定都由过程噪声 $\boldsymbol{w}_k$ 建模，因此 $\mathbb{U}_k$中的元素不是随机变量。然而，输出测量值是随机变量，它们被测量噪声 $\boldsymbol{v}_k$ 污染。

在给定截至当前时间的所有测量值后，将最小均方误差(Minimum Mean

Squared Error, MMSE)状态估计记为使误差平方的范数的期望取最小值的增广向量①：

$$\begin{aligned}\hat{\boldsymbol{x}}_k^{\mathrm{MMSE}}(\mathbb{Y}_k) &= \arg\min_{\hat{\boldsymbol{x}}_k^+}(\mathbb{E}[\|\boldsymbol{x}_k-\hat{\boldsymbol{x}}_k^+\|_2^2\,|\mathbb{Y}_k]) \\ &= \arg\min_{\hat{\boldsymbol{x}}_k^+}(\mathbb{E}[(\boldsymbol{x}_k-\hat{\boldsymbol{x}}_k^+)^{\mathrm{T}}(\boldsymbol{x}_k-\hat{\boldsymbol{x}}_k^+)\,|\mathbb{Y}_k]) \\ &= \arg\min_{\hat{\boldsymbol{x}}_k^+}(\mathbb{E}[\boldsymbol{x}_k^{\mathrm{T}}\boldsymbol{x}_k-2\boldsymbol{x}_k^{\mathrm{T}}\hat{\boldsymbol{x}}_k^+ +(\hat{\boldsymbol{x}}_k^+)^{\mathrm{T}}\hat{\boldsymbol{x}}_k^+\,|\mathbb{Y}_k])\end{aligned}$$

通过对希望最小化的目标函数进行微分，并将结果设置为 0 求解 $\hat{\boldsymbol{x}}_k^+$：

$$0=\frac{\mathrm{d}}{\mathrm{d}\hat{\boldsymbol{x}}_k^+}\mathbb{E}[\boldsymbol{x}_k^{\mathrm{T}}\boldsymbol{x}_k-2\boldsymbol{x}_k^{\mathrm{T}}\hat{\boldsymbol{x}}_k^+ +(\hat{\boldsymbol{x}}_k^+)^{\mathrm{T}}\hat{\boldsymbol{x}}_k^+\,|\mathbb{Y}_k]$$

请注意向量运算中的以下恒等式（对于一般向量 $\boldsymbol{X}$ 和 $\boldsymbol{Y}$ 以及矩阵 $\boldsymbol{A}$）：

$$\frac{\mathrm{d}}{\mathrm{d}\boldsymbol{X}}\boldsymbol{Y}^{\mathrm{T}}\boldsymbol{X}=\boldsymbol{Y},\ \frac{\mathrm{d}}{\mathrm{d}\boldsymbol{X}}\boldsymbol{X}^{\mathrm{T}}\boldsymbol{Y}=\boldsymbol{Y},\ \frac{\mathrm{d}}{\mathrm{d}\boldsymbol{X}}\boldsymbol{X}^{\mathrm{T}}\boldsymbol{A}\boldsymbol{X}=(\boldsymbol{A}+\boldsymbol{A}^{\mathrm{T}})\boldsymbol{X}$$

如果 $\boldsymbol{A}$ 矩阵是对称的，则有

$$\frac{\mathrm{d}}{\mathrm{d}\boldsymbol{X}}\boldsymbol{X}^{\mathrm{T}}\boldsymbol{A}\boldsymbol{X}=2\boldsymbol{A}\boldsymbol{X}$$

然后，由于导数运算是线性的，因此可以把求导移入求期望内：

$$\begin{aligned}0&=\mathbb{E}[-2(\boldsymbol{x}_k-\hat{\boldsymbol{x}}_k^+)\,|\mathbb{Y}_k]=2\hat{\boldsymbol{x}}_k^+-2\mathbb{E}[\boldsymbol{x}_k\,|\mathbb{Y}_k] \\ \hat{\boldsymbol{x}}_k^+&=\mathbb{E}[\boldsymbol{x}_k\,|\mathbb{Y}_k]\end{aligned}\tag{3.15}$$

其中，由于真实系统的状态不是状态估计值的函数，因此，上式利用了 $\mathrm{d}\boldsymbol{x}_k/\mathrm{d}\hat{\boldsymbol{x}}_k^+=0$ 这一结论。最后的结果表明，MMSE 状态估计是在给定当前及之前所有测量值的情况下，真实状态值的条件期望。

一般来说，求解式(3.15)是很困难的。首先，需要知道所有变量的所有联合概率密度函数，随着时间的推移，由于$\mathbb{Y}_k$的增长，其维数也在增加。然后，需要计算或近似计算式(3.12)的多维积分。粒子滤波可以直接近似求解 PDF，但计算量很大。值得庆幸的是，除非所讨论问题具有很强的非线性，否则，粒子滤波对于实现足够好的状态估计是非必要的。

假设待研究系统中的所有随机变量都是高斯分布以继续推导。该假设的合理性可以由中心极限定理加以证明，系统状态和噪声是由独立同分布噪声样本的线性组合再加上确定性输入产生的，确定性输入只会改变不确定性量的均值。

---

① 我们将看到这个结果受$\mathbb{U}_k$的确定已知值影响，但由于它们不是随机变量，因此不以它们为条件。

当实践中出现状态和噪声的非线性组合时,高斯假设不成立,我们在探讨电池模型时将面临此种情况。尽管如此,随机变量的高斯假设在简化问题的同时,仍然能产生非常好的预测结果。

当采用高斯假设时,可以产生一个非常有效的计算 $\hat{\boldsymbol{x}}_k^+ = \mathbb{E}[\boldsymbol{x}_k | Y_k]$ 的算法,它包含两个重复执行的步骤。首先,在每一时间步 k,使用之前的测量值计算当前状态的预测值 $\hat{\boldsymbol{x}}_k^- = \mathbb{E}[\boldsymbol{x}_k | \mathbb{Y}_{k-1}]$。然后,用包含当前测量值 $\boldsymbol{y}_k$ 的更新校正预测值,以计算估计值 $\hat{\boldsymbol{x}}_k^+ = \mathbb{E}[\boldsymbol{x}_k | \mathbb{Y}_k]$。由于预测和校正操作只需要保留前一步的结果,因此所需内存空间是有限的,并且每次迭代的计算需求都是相同的。这使得产生的算法非常适合在嵌入式系统中实现,如 BMS。

为了继续推导,定义预测误差 $\tilde{\boldsymbol{x}}_k^- = \boldsymbol{x}_k - \hat{\boldsymbol{x}}_k^-$①。注意:由于真实值是未知的,因此无法在实践中计算这个误差。如果知道了真实值,也就不需要估计了。然而,我们可以用预测误差的定义证明统计关系,从而得到一种只使用测量值来估计真实值的算法。

我们还将测量值的新息定义为 $\tilde{\boldsymbol{y}}_k = \boldsymbol{y}_k - \hat{\boldsymbol{y}}_k$,其中 $\hat{\boldsymbol{y}}_k = \mathbb{E}[\boldsymbol{y}_k | \mathbb{Y}_{k-1}]$。由于 $\hat{\boldsymbol{y}}_k$ 是预测的测量值,因此测量值 $\boldsymbol{y}_k$ 和预测值 $\hat{\boldsymbol{y}}_k$ 之差会给我们带来惊喜。我们希望 $\tilde{\boldsymbol{y}}_k$ 是 0,但如果不是,那么 $\tilde{\boldsymbol{y}}_k$ 会带来新信息,这些信息可以用于修正状态预测值,从而改进估计。正是由于 $\tilde{\boldsymbol{y}}_k$ 包含了新的信息,因此被称为新息。

可以用迭代期望法则(参见式(3.13))证明 $\tilde{\boldsymbol{x}}_k^-$ 和 $\tilde{\boldsymbol{y}}_k$ 的均值为 0:

$$\begin{aligned}\mathbb{E}[\tilde{\boldsymbol{x}}_k^-] &= \mathbb{E}[\boldsymbol{x}_k - \hat{\boldsymbol{x}}_k^-] = \mathbb{E}[\boldsymbol{x}_k] - \mathbb{E}[\mathbb{E}[\boldsymbol{x}_k | \mathbb{Y}_{k-1}]] \\ &= \mathbb{E}[\boldsymbol{x}_k] - \mathbb{E}[\boldsymbol{x}_k] = 0 \\ \mathbb{E}[\tilde{\boldsymbol{y}}_k] &= \mathbb{E}[\boldsymbol{y}_k - \hat{\boldsymbol{y}}_k] = \mathbb{E}[\boldsymbol{y}_k] - \mathbb{E}[\mathbb{E}[\boldsymbol{y}_k | \mathbb{Y}_{k-1}]] \\ &= \mathbb{E}[\boldsymbol{y}_k] - \mathbb{E}[\boldsymbol{y}_k] = 0\end{aligned}$$

还要注意,由于过去的测量值已经包含在 $\hat{\boldsymbol{x}}_k^-$ 中,因此,$\tilde{\boldsymbol{x}}_k^-$ 与过去的测量值不相关:

$$\begin{aligned}\mathbb{E}[\tilde{\boldsymbol{x}}_k^- | \mathbb{Y}_{k-1}] &= \mathbb{E}[\boldsymbol{x}_k - \hat{\boldsymbol{x}}_k^- | \mathbb{Y}_{k-1}] \\ &= \mathbb{E}[\boldsymbol{x}_k - \mathbb{E}[\boldsymbol{x}_k | \mathbb{Y}_{k-1}] | \mathbb{Y}_{k-1}] \\ &= \mathbb{E}[\boldsymbol{x}_k | \mathbb{Y}_{k-1}] - \mathbb{E}[\boldsymbol{x}_k | \mathbb{Y}_{k-1}] \\ &= 0 = \mathbb{E}[\tilde{\boldsymbol{x}}_k^-]\end{aligned}$$

可以用两种不同的方法研究 $\mathbb{E}[\tilde{\boldsymbol{x}}_k^- | \mathbb{Y}_k]$,从而推导出递归校正机制。首先,将其改写为

$$\mathbb{E}[\tilde{\boldsymbol{x}}_k^- | \mathbb{Y}_k] = \mathbb{E}[\boldsymbol{x}_k - \mathbb{E}[\boldsymbol{x}_k | \mathbb{Y}_{k-1}] | \mathbb{Y}_k]$$

---

① 误差通常计算为“真实值减去预测值”或“真实值减去估计值”。

$$=\underbrace{\mathbb{E}[\boldsymbol{x}_k|\mathbb{Y}_k]}_{\hat{\boldsymbol{x}}_k^+}-\underbrace{\mathbb{E}[\hat{\boldsymbol{x}}_k^-|\mathbb{Y}_k]}_{\hat{\boldsymbol{x}}_k^-}$$

其中，$\mathbb{E}[\boldsymbol{x}_k|\mathbb{Y}_{k-1}]$结果是确定量 $\hat{\boldsymbol{x}}_k^-$，又因为常数的期望就是这个常数，所以第二行中附加条件$\mathbb{Y}_k$不起作用。第二步，由于 $\tilde{\boldsymbol{x}}_k^-$ 与过去的测量结果不相关，因此，上式可以继续改写为

$$\mathbb{E}[\tilde{\boldsymbol{x}}_k^-|\mathbb{Y}_k]=\mathbb{E}[\tilde{\boldsymbol{x}}_k^-|\mathbb{Y}_{k-1},\boldsymbol{y}_k]=\mathbb{E}[\tilde{\boldsymbol{x}}_k^-|\boldsymbol{y}_k]$$

将这两个结果放在一起，就得到了序贯概率推理的解：

$$\hat{\boldsymbol{x}}_k^+=\hat{\boldsymbol{x}}_k^-+\mathbb{E}[\tilde{\boldsymbol{x}}_k^-|\boldsymbol{y}_k]$$

也就是说，首先预测 $\hat{\boldsymbol{x}}_k^-$，然后根据当前测量值 $\boldsymbol{y}_k$ 进行校正，该过程包含一系列预测/修正步骤。

那么，什么是$\mathbb{E}[\tilde{\boldsymbol{x}}_k^-|\boldsymbol{y}_k]$？当两个一般随机向量 $\boldsymbol{x}$ 和 $\boldsymbol{y}$ 是联合高斯分布时，有以下结论：

$$\mathbb{E}[\boldsymbol{x}|\boldsymbol{y}]=\mathbb{E}[x]+\boldsymbol{\Sigma}_{\tilde{x}\tilde{y}}\boldsymbol{\Sigma}_{\tilde{y}}^{-1}(\boldsymbol{y}-\mathbb{E}[\boldsymbol{y}])$$

在本例中，$\boldsymbol{x}$ 是 $\tilde{\boldsymbol{x}}_k^-$，$\boldsymbol{y}$ 是 $\boldsymbol{y}_k$。注意：$\boldsymbol{y}_k=\tilde{\boldsymbol{y}}_k+\hat{\boldsymbol{y}}_k$，因此，有

$$\begin{aligned}\mathbb{E}[\tilde{\boldsymbol{x}}_k^-|\boldsymbol{y}_k]&=\mathbb{E}[\tilde{\boldsymbol{x}}_k^-]+\boldsymbol{\Sigma}_{\tilde{x}\tilde{y},k}^-\boldsymbol{\Sigma}_{\tilde{y},k}^{-1}(\boldsymbol{y}_k-\mathbb{E}[\boldsymbol{y}_k])\\&=\mathbb{E}[\tilde{\boldsymbol{x}}_k^-]+\boldsymbol{\Sigma}_{\tilde{x}\tilde{y},k}^-\boldsymbol{\Sigma}_{\tilde{y},k}^{-1}(\tilde{\boldsymbol{y}}_k+\hat{\boldsymbol{y}}_k-\mathbb{E}[\tilde{\boldsymbol{y}}_k+\hat{\boldsymbol{y}}_k])\\&=0+\boldsymbol{\Sigma}_{\tilde{x}\tilde{y},k}^-\boldsymbol{\Sigma}_{\tilde{y},k}^{-1}(\tilde{\boldsymbol{y}}_k+\hat{\boldsymbol{y}}_k-(0+\hat{\boldsymbol{y}}_k))\\&=\underbrace{\boldsymbol{\Sigma}_{\tilde{x}\tilde{y},k}^-\boldsymbol{\Sigma}_{\tilde{y},k}^{-1}}_{\boldsymbol{L}_k}\tilde{\boldsymbol{y}}_k\end{aligned}$$

其中，定义更新增益向量 $\boldsymbol{L}_k=\boldsymbol{\Sigma}_{\tilde{x}\tilde{y},k}^-\boldsymbol{\Sigma}_{\tilde{y},k}^{-1}$。

把所有部分组合起来，可以得到一般更新方程：

$$\hat{\boldsymbol{x}}_k^+=\hat{\boldsymbol{x}}_k^-+\boldsymbol{L}_k\tilde{\boldsymbol{y}}_k$$

序贯概率推理解的最终结果是状态估计 $\hat{\boldsymbol{x}}_k^+$，它的协方差矩阵为 $\boldsymbol{\Sigma}_{\tilde{x},k}^+=\mathbb{E}[(\tilde{\boldsymbol{x}}_k^+)(\tilde{\boldsymbol{x}}_k^+)^{\mathrm{T}}]$，可以用来确定估计值的置信区间。为了计算协方差矩阵，首先计算：

$$\tilde{\boldsymbol{x}}_k^+=x_k-(\hat{\boldsymbol{x}}_k^-+\boldsymbol{L}_k\tilde{\boldsymbol{y}}_k)=\tilde{\boldsymbol{x}}_k^--\boldsymbol{L}_k\tilde{\boldsymbol{y}}_k$$

然后计算：

$$\begin{aligned}\boldsymbol{\Sigma}_{\tilde{x},k}^+&=\mathbb{E}[(\tilde{\boldsymbol{x}}_k^--\boldsymbol{L}_k\tilde{\boldsymbol{y}}_k)(\tilde{\boldsymbol{x}}_k^--\boldsymbol{L}_k\tilde{\boldsymbol{y}}_k)^{\mathrm{T}}]\\&=\mathbb{E}[(\tilde{\boldsymbol{x}}_k^-)(\tilde{\boldsymbol{x}}_k^-)^{\mathrm{T}}-\boldsymbol{L}_k\tilde{\boldsymbol{y}}_k(\tilde{\boldsymbol{x}}_k^-)^{\mathrm{T}}-\tilde{\boldsymbol{x}}_k^-(\tilde{\boldsymbol{y}}_k)^{\mathrm{T}}\boldsymbol{L}_k^{\mathrm{T}}+\boldsymbol{L}_k\tilde{\boldsymbol{y}}_k(\tilde{\boldsymbol{y}}_k)^{\mathrm{T}}\boldsymbol{L}_k^{\mathrm{T}}]\\&=\boldsymbol{\Sigma}_{\tilde{x},k}^--\boldsymbol{L}_k\boldsymbol{\Sigma}_{\tilde{y},k}\boldsymbol{L}_k^{\mathrm{T}}\end{aligned}$$

其中

$$\mathbb{E}[\tilde{\boldsymbol{y}}_k(\tilde{\boldsymbol{x}}_k^-)^{\mathrm{T}}]=\boldsymbol{\Sigma}_{\tilde{y},k}\boldsymbol{L}_k^{\mathrm{T}},\ \mathbb{E}[\tilde{\boldsymbol{x}}_k^-(\tilde{\boldsymbol{y}}_k)^{\mathrm{T}}]=\boldsymbol{L}_k\boldsymbol{\Sigma}_{\tilde{y},k}$$

3.5.1　六步流程

综上所述，一般高斯序贯概率推理递归解有两个组成部分。

(1)状态估计。在每次迭代结束时，计算出当前状态的最佳估计值 $\hat{\boldsymbol{x}}_k^+$。

(2)协方差估计。协方差矩阵 $\boldsymbol{\Sigma}_{\tilde{x},k}^+$ 给出 $\hat{\boldsymbol{x}}_k^+$ 的不确定性，可用于计算置信区间或估计的误差界。

综合这两个估计量，我们对“真实值位于 $\hat{\boldsymbol{x}}_k^+ \pm 3\text{diag}(\sqrt{\boldsymbol{\Sigma}_{\tilde{x},k}^+})$ 内”很有信心。表 3-1 和 3.15 节附录表中总结了计算方法和所有相关定义。

当考虑如何进行一般高斯序贯概率推理时，将计算分为两大主要步骤(预测和校正)是有帮助的，每一大步骤中有 3 个子步骤。这 6 步过程构成本章后续将要探讨的线性卡尔曼滤波、扩展卡尔曼滤波和 sigma 点卡尔曼滤波的模式。

表 3-1　一般高斯序贯概率推理递归解

一般高斯序贯概率推理递归计算： $\hat{\boldsymbol{x}}_k^+ = \hat{\boldsymbol{x}}_k^- + \boldsymbol{L}_k(\boldsymbol{y}_k - \hat{\boldsymbol{y}}_k) = \hat{\boldsymbol{x}}_k^- + \boldsymbol{L}_k\tilde{\boldsymbol{y}}_k$ $\boldsymbol{\Sigma}_{\tilde{x},k}^+ = \boldsymbol{\Sigma}_{\tilde{x},k}^- - \boldsymbol{L}_k\boldsymbol{\Sigma}_{\tilde{y},k}\boldsymbol{L}_k^{\mathrm{T}}$ 其中 $\hat{\boldsymbol{x}}_k^- = \mathbb{E}[\boldsymbol{x}_k \mid \mathbb{Y}_{k-1}]$　　$\boldsymbol{\Sigma}_{\tilde{x},k}^- = \mathbb{E}[(\boldsymbol{x}_k - \hat{\boldsymbol{x}}_k^-)(\boldsymbol{x}_k - \hat{\boldsymbol{x}}_k^-)^{\mathrm{T}}] = \mathbb{E}[(\tilde{\boldsymbol{x}}_k^-)(\tilde{\boldsymbol{x}}_k^-)^{\mathrm{T}}]$ $\hat{\boldsymbol{x}}_k^+ = \mathbb{E}[\boldsymbol{x}_k \mid \mathbb{Y}_k]$　　$\boldsymbol{\Sigma}_{\tilde{x},k}^+ = \mathbb{E}[(\boldsymbol{x}_k - \hat{\boldsymbol{x}}_k^+)(\boldsymbol{x}_k - \hat{\boldsymbol{x}}_k^+)^{\mathrm{T}}] = \mathbb{E}[(\tilde{\boldsymbol{x}}_k^+)(\tilde{\boldsymbol{x}}_k^+)^{\mathrm{T}}]$ $\hat{\boldsymbol{y}}_k = \mathbb{E}[\boldsymbol{y}_k \mid \mathbb{Y}_{k-1}]$　　$\boldsymbol{\Sigma}_{\tilde{y},k} = \mathbb{E}[(\boldsymbol{y}_k - \hat{\boldsymbol{y}}_k)(\boldsymbol{y}_k - \hat{\boldsymbol{y}}_k)^{\mathrm{T}}] = \mathbb{E}[(\tilde{\boldsymbol{y}}_k)(\tilde{\boldsymbol{y}}_k)^{\mathrm{T}}]$ $\boldsymbol{L}_k = \mathbb{E}[(\boldsymbol{x}_k - \hat{\boldsymbol{x}}_k^-)(\boldsymbol{y}_k - \hat{\boldsymbol{y}}_k)^{\mathrm{T}}]\boldsymbol{\Sigma}_{\tilde{y},k}^{-1} = \boldsymbol{\Sigma}_{\tilde{x}\tilde{y},k}^-\boldsymbol{\Sigma}_{\tilde{y},k}^{-1}$
注意：即使系统是非线性的，该递归也是线性递归

一般步骤 1a：状态预测值的时间更新

在每一时间步，基于先前信息(在离散时间 k 以前的测量值)和系统模型式(3.6)，计算当前状态 $\boldsymbol{x}_k$ 的最新预测值：

$$\hat{\boldsymbol{x}}_k^- = \mathbb{E}[\boldsymbol{x}_k \mid \mathbb{Y}_{k-1}] = \mathbb{E}[f(\boldsymbol{x}_{k-1}, \boldsymbol{u}_{k-1}, \boldsymbol{w}_{k-1}) \mid \mathbb{Y}_{k-1}] \tag{3.16}$$

一般步骤 1b：误差协方差矩阵的时间更新

基于先前信息和系统模型，确定状态预测误差协方差矩阵 $\boldsymbol{\Sigma}_{\tilde{x},k}^-$。也就是说，计算：

$$\boldsymbol{\Sigma}_{\tilde{x},k}^- = \mathbb{E}[(\tilde{\boldsymbol{x}}_k^-)(\tilde{\boldsymbol{x}}_k^-)^{\mathrm{T}}] \tag{3.17}$$

其中

$$\tilde{\boldsymbol{x}}_k^- = \boldsymbol{x}_k - \hat{\boldsymbol{x}}_k^-$$

一般步骤 1c：预测系统输出 $\boldsymbol{y}_k$

使用先前信息和模型方程式(3.7)，预测系统的输出：

$$\hat{\boldsymbol{y}}_k = \mathbb{E}[\boldsymbol{y}_k \mid \mathbb{Y}_{k-1}] = \mathbb{E}[h(\boldsymbol{x}_k, \boldsymbol{u}_k, \boldsymbol{v}_k) \mid \mathbb{Y}_{k-1}] \tag{3.18}$$

一般步骤 2a：估计器增益矩阵 $\boldsymbol{L}_k$

通过下式计算估计器增益矩阵 $\boldsymbol{L}_k$：

$$\boldsymbol{L}_k = \boldsymbol{\Sigma}_{\tilde{x}\tilde{y},k}^{-} \boldsymbol{\Sigma}_{\tilde{y},k}^{-1} \tag{3.19}$$

一般步骤 2b：状态估计的测量更新

在获得离散时刻 k 时的输出测量值后，使用增益矩阵 $\boldsymbol{L}_k$ 和新息 $\boldsymbol{y}_k - \hat{\boldsymbol{y}}_k$ 更新状态估计值：

$$\hat{\boldsymbol{x}}_k^{+} = \hat{\boldsymbol{x}}_k^{-} + \boldsymbol{L}_k(\boldsymbol{y}_k - \hat{y}_k) \tag{3.20}$$

一般步骤 2c：误差协方差矩阵的测量更新

最后，确定后验(即在获得离散时刻 k 时的输出测量值后)状态估计误差协方差矩阵。也就是说，计算：

$$\boldsymbol{\Sigma}_{\tilde{x},k}^{+} = \boldsymbol{\Sigma}_{\tilde{x},k}^{-} - \boldsymbol{L}_k \boldsymbol{\Sigma}_{\tilde{y},k} \boldsymbol{L}_k^{\mathrm{T}} \tag{3.21}$$

图 3－12 总结了这 6 个步骤。一旦所有 6 个步骤都执行完毕，估计器就会等待，直到下一个采样时刻到来，更新 k，然后进入步骤 1a。

步骤 1a：状态预测值的时间更新

$\hat{\boldsymbol{x}}_k^{-} = \mathbb{E}[\boldsymbol{x}_k \mid \mathbb{Y}_{k-1}] = \mathbb{E}[f(\boldsymbol{x}_{k-1}, \boldsymbol{u}_{k-1}, \boldsymbol{w}_{k-1}) \mid \mathbb{Y}_{k-1}]$

步骤 1b：误差协方差矩阵的时间更新

$\boldsymbol{\Sigma}_{\tilde{x},k}^{-} = \mathbb{E}[(\tilde{\boldsymbol{x}}_k^{-})(\tilde{\boldsymbol{x}}_k^{-})^{\mathrm{T}}] = \mathbb{E}[(\boldsymbol{x}_k - \hat{\boldsymbol{x}}_k^{-})(\boldsymbol{x}_k - \hat{\boldsymbol{x}}_k^{-})^{\mathrm{T}}]$

步骤 1c：预测系统输出

$\hat{\boldsymbol{y}}_k = \mathbb{E}[\boldsymbol{y}_k \mid \mathbb{Y}_{k-1}] = \mathbb{E}[h(\boldsymbol{x}_k, \boldsymbol{u}_k, \boldsymbol{v}_k) \mid \mathbb{Y}_{k-1}]$

} 预测

步骤 2a：估计器增益矩阵

$\boldsymbol{L}_k = \boldsymbol{\Sigma}_{\tilde{x}\tilde{y},k}^{-} \boldsymbol{\Sigma}_{\tilde{y},k}^{-1}$

步骤 2b：状态估计的测量更新

$\hat{\boldsymbol{x}}_k^{+} = \hat{\boldsymbol{x}}_k^{-} + \boldsymbol{L}_k(\boldsymbol{y}_k - \hat{\boldsymbol{y}}_k)$

步骤 2c：误差协方差矩阵的测量更新

$\boldsymbol{\Sigma}_{\tilde{x},k}^{+} = \boldsymbol{\Sigma}_{\tilde{x},k}^{-} - \boldsymbol{L}_k \boldsymbol{\Sigma}_{\tilde{y},k} \boldsymbol{L}_k^{\mathrm{T}}$

} 校正

图 3－12　一般高斯概率推理的 6 个步骤

3.6　线性卡尔曼滤波

3.6.1　线性卡尔曼滤波的推导

本节将一般高斯序贯概率推理具体应用于线性系统。线性系统有一个理想的特性，即如果随机输入是高斯的，那么，所有随机变量的概率密度函数都是高斯的，因此，在之前推导滤波步骤时所作的高斯假设是正确的。

线性卡尔曼滤波假设被建模的系统可以用状态空间形式表示为

$$\boldsymbol{x}_k = \boldsymbol{A}_{k-1}\boldsymbol{x}_{k-1} + \boldsymbol{B}_{k-1}\boldsymbol{u}_{k-1} + \boldsymbol{w}_{k-1}$$

$$\boldsymbol{y}_k = \boldsymbol{C}_k\boldsymbol{x}_k + \boldsymbol{D}_k\boldsymbol{u}_k + \boldsymbol{v}_k$$

假设 $\boldsymbol{w}_k$ 和 $\boldsymbol{v}_k$ 是互不相关的高斯白噪声过程，其均值为零，协方差矩阵具有已知值：

$$\mathbb{E}[\boldsymbol{w}_n\boldsymbol{w}_k^{\mathrm{T}}] = \begin{cases}\boldsymbol{\Sigma}_{\tilde{w}}, n=k\\ 0, n\neq k\end{cases}, \mathbb{E}[\boldsymbol{v}_n\boldsymbol{v}_k^{\mathrm{T}}] = \begin{cases}\boldsymbol{\Sigma}_{\tilde{v}}, n=k\\ 0, n\neq k\end{cases}$$

并且对所有 $k>0$，$\mathbb{E}[\boldsymbol{w}_k\boldsymbol{x}_0^{\mathrm{T}}]=0$。虽然关于噪声过程 $\boldsymbol{w}_k$ 和 $\boldsymbol{v}_k$ 以及系统为线性的假设在现实中很少得到满足，但理论和实践的共识是卡尔曼滤波法仍然非常有效。

现在将一般解应用于线性系统，并推导线性卡尔曼滤波算法(Kalman Filter, KF)。在推导过程中，我们也给出一些直觉认识以帮助读者更好地理解算法。

KF 步骤 1a：状态预测值的时间更新

由式(3.16)开始，使用假设的线性模型计算状态预测值：

$$\begin{aligned}\hat{\boldsymbol{x}}_k^- &= \mathbb{E}[f(\boldsymbol{x}_{k-1}, \boldsymbol{u}_{k-1}, \boldsymbol{w}_{k-1}) \mid \mathbb{Y}_{k-1}]\\ &= \mathbb{E}[\boldsymbol{A}_{k-1}\boldsymbol{x}_{k-1} + \boldsymbol{B}_{k-1}\boldsymbol{u}_{k-1} + \boldsymbol{w}_{k-1} \mid \mathbb{Y}_{k-1}]\\ &= \mathbb{E}[\boldsymbol{A}_{k-1}\boldsymbol{x}_{k-1} \mid \mathbb{Y}_{k-1}] + \mathbb{E}[\boldsymbol{B}_{k-1}\boldsymbol{u}_{k-1} \mid \mathbb{Y}_{k-1}] + \mathbb{E}[\boldsymbol{w}_{k-1} \mid \mathbb{Y}_{k-1}]\\ &= \boldsymbol{A}_{k-1}\hat{\boldsymbol{x}}_{k-1}^+ + \boldsymbol{B}_{k-1}\boldsymbol{u}_{k-1}\end{aligned}$$

其中，$\boldsymbol{w}_{k-1}$的均值为零。

直觉认识：当仅根据过去的测量结果预测当前状态时，我们能采取的最好方法就是使用最新的状态估计值和系统模型，将状态的均值向前递推。

KF 步骤 1b：误差协方差矩阵的时间更新

为了计算状态预测误差协方差，首先注意到状态预测误差的定义为 $\tilde{\boldsymbol{x}}_k^- = \boldsymbol{x}_k - \hat{\boldsymbol{x}}_k^-$，因此，有

$$\begin{aligned}\tilde{\boldsymbol{x}}_k^- &= \boldsymbol{x}_k - \hat{\boldsymbol{x}}_k^-\\ &= (\boldsymbol{A}_{k-1}\boldsymbol{x}_{k-1} + \boldsymbol{B}_{k-1}\boldsymbol{u}_{k-1} + \boldsymbol{w}_{k-1}) - (\boldsymbol{A}_{k-1}\hat{\boldsymbol{x}}_{k-1}^+ + \boldsymbol{B}_{k-1}\boldsymbol{u}_{k-1})\\ &= \boldsymbol{A}_{k-1}\tilde{\boldsymbol{x}}_{k-1}^+ + \boldsymbol{w}_{k-1}\end{aligned}$$

然后，根据式(3.17)，状态预测误差协方差为

$$\begin{aligned}\boldsymbol{\Sigma}_{\tilde{x},k}^- &= \mathbb{E}[(\tilde{\boldsymbol{x}}_k^-)(\tilde{\boldsymbol{x}}_k^-)^{\mathrm{T}}]\\ &= \mathbb{E}[(\boldsymbol{A}_{k-1}\tilde{\boldsymbol{x}}_{k-1}^+ + \boldsymbol{w}_{k-1})(\boldsymbol{A}_{k-1}\tilde{\boldsymbol{x}}_{k-1}^+ + \boldsymbol{w}_{k-1})^{\mathrm{T}}]\\ &= \mathbb{E}[\boldsymbol{A}_{k-1}\tilde{\boldsymbol{x}}_{k-1}^+(\tilde{\boldsymbol{x}}_{k-1}^+)^{\mathrm{T}}\boldsymbol{A}_{k-1}^{\mathrm{T}} + \boldsymbol{w}_{k-1}(\tilde{\boldsymbol{x}}_{k-1}^+)^{\mathrm{T}}\boldsymbol{A}_{k-1}^{\mathrm{T}} + \boldsymbol{A}_{k-1}\tilde{\boldsymbol{x}}_{k-1}^+\boldsymbol{w}_{k-1}^{\mathrm{T}} + \boldsymbol{w}_{k-1}\boldsymbol{w}_{k-1}^{\mathrm{T}}]\end{aligned}$$

$$= \boldsymbol{A}_{k-1}\boldsymbol{\Sigma}^{+}_{\tilde{x},k-1}\boldsymbol{A}^{\mathrm{T}}_{k-1} + \boldsymbol{\Sigma}_{\tilde{w}}$$

由于零均值白噪声过程 $\boldsymbol{w}_{k-1}$ 与时刻 $k-1$ 处的状态估计误差无关，因此，将包含 $\boldsymbol{w}_{k-1}(\tilde{\boldsymbol{x}}^{+}_{k-1})^{\mathrm{T}}$ 和 $\tilde{\boldsymbol{x}}^{+}_{k-1}\boldsymbol{w}^{\mathrm{T}}_{k-1}$ 的交叉项消去，即

$$\mathbb{E}[\boldsymbol{w}_{k-1}(\tilde{\boldsymbol{x}}^{+}_{k-1})^{\mathrm{T}}] = \underbrace{\mathbb{E}[\boldsymbol{w}_{k-1}]}_{0}\,\mathbb{E}[(\tilde{\boldsymbol{x}}^{+}_{k-1})^{\mathrm{T}}] = 0$$

$$\mathbb{E}[\tilde{\boldsymbol{x}}^{+}_{k-1}\boldsymbol{w}^{\mathrm{T}}_{k-1}] = \mathbb{E}[\tilde{\boldsymbol{x}}^{+}_{k-1}]\underbrace{\mathbb{E}[\boldsymbol{w}^{\mathrm{T}}_{k-1}]}_{0} = 0$$

直觉认识：在估计状态预测误差协方差时，我们所能采取的最好方法就是使用最新的状态估计协方差向前递推。对于稳定系统，$\boldsymbol{A}_{k-1}\boldsymbol{\Sigma}^{+}_{\tilde{x},k-1}\boldsymbol{A}^{\mathrm{T}}_{k-1}$ 项是收缩的，这意味着不确定性变小。无论初始条件如何，确定性稳定系统的状态总是收敛到已知的轨迹上。随着时间的推移，该项表明，我们将倾向于得到越来越确定的状态估计值。另一方面，$\boldsymbol{\Sigma}_{\tilde{w}}$ 加入协方差中。不可测量的随机输入 $\boldsymbol{w}_k$ 增加了状态估计值的不确定性，这是因为它会干扰状态的运动轨迹，使其偏离仅基于 $\boldsymbol{u}_k$ 计算的已知轨迹。

KF 步骤 1c：预测系统输出 $\boldsymbol{y}_k$

根据式(3.18)预测系统输出：

$$\begin{aligned}
\hat{\boldsymbol{y}}_k &= \mathbb{E}[h(\boldsymbol{x}_k,\boldsymbol{u}_k,\boldsymbol{v}_k)\,|\,\mathbb{Y}_{k-1}] \\
&= \mathbb{E}[\boldsymbol{C}_k\boldsymbol{x}_k + \boldsymbol{D}_k\boldsymbol{u}_k + \boldsymbol{v}_k\,|\,\mathbb{Y}_{k-1}] \\
&= \mathbb{E}[\boldsymbol{C}_k\boldsymbol{x}_k\,|\,\mathbb{Y}_{k-1}] + \mathbb{E}[\boldsymbol{D}_k\boldsymbol{u}_k\,|\,\mathbb{Y}_{k-1}] + \mathbb{E}[\boldsymbol{v}_k\,|\,\mathbb{Y}_{k-1}] \\
&= \boldsymbol{C}_k\hat{\boldsymbol{x}}^{-}_k + \boldsymbol{D}_k\boldsymbol{u}_k
\end{aligned}$$

其中，$\boldsymbol{v}_k$ 的均值为零。

直觉认识：在仅给出过去测量值的情况下，$\hat{\boldsymbol{y}}_k$ 是我们对系统输出的最佳预测。我们能采取的最好方法就是利用系统模型的输出方程和对系统当前状态的最佳预测来预测输出。

KF 步骤 2a：卡尔曼估计器增益矩阵

为了根据式(3.19)计算卡尔曼增益矩阵 $\boldsymbol{L}_k = \boldsymbol{\Sigma}^{-}_{\tilde{x}\tilde{y},k}\boldsymbol{\Sigma}^{-1}_{\tilde{y},k}$，首先需要计算几个协方差矩阵。从 $\boldsymbol{\Sigma}_{\tilde{y},k}$ 开始，注意到

$$\begin{aligned}
\tilde{\boldsymbol{y}}_k &= \boldsymbol{y}_k - \hat{\boldsymbol{y}}_k \\
&= (\boldsymbol{C}_k\boldsymbol{x}_k + \boldsymbol{D}_k\boldsymbol{u}_k + \boldsymbol{v}_k) - (\boldsymbol{C}_k\hat{\boldsymbol{x}}^{-}_k + \boldsymbol{D}_k\boldsymbol{u}_k) \\
&= \boldsymbol{C}_k\tilde{\boldsymbol{x}}^{-}_k + \boldsymbol{v}_k
\end{aligned}$$

因此，有

$$\begin{aligned}
\boldsymbol{\Sigma}_{\tilde{y},k} &= \mathbb{E}[(\boldsymbol{C}_k\tilde{\boldsymbol{x}}^{-}_k + \boldsymbol{v}_k)(\boldsymbol{C}_k\tilde{\boldsymbol{x}}^{-}_k + \boldsymbol{v}_k)^{\mathrm{T}}] \\
&= \mathbb{E}[\boldsymbol{C}_k\tilde{\boldsymbol{x}}^{-}_k(\tilde{\boldsymbol{x}}^{-}_k)^{\mathrm{T}}\boldsymbol{C}^{\mathrm{T}}_k + \boldsymbol{v}_k(\tilde{\boldsymbol{x}}^{-}_k)^{\mathrm{T}}\boldsymbol{C}^{\mathrm{T}}_k + \boldsymbol{C}_k\tilde{\boldsymbol{x}}^{-}_k\boldsymbol{v}^{\mathrm{T}}_k + \boldsymbol{v}_k\boldsymbol{v}^{\mathrm{T}}_k]
\end{aligned}$$

$$= C_k \Sigma_{\tilde{x},k}^- C_k^{\mathrm{T}} + \Sigma_{\tilde{v}}$$

由于传感器零均值白噪声 v_k 与 $\tilde{x}_k^-$ 无关，因此，交叉项为零。同样，有

$$\begin{aligned} \mathbb{E}[\tilde{x}_k^- \tilde{y}_k^{\mathrm{T}}] &= \mathbb{E}[\tilde{x}_k^- (C_k \tilde{x}_k^- + v_k)^{\mathrm{T}}] \\ &= \mathbb{E}[\tilde{x}_k^- (\tilde{x}_k^-)^{\mathrm{T}} C_k^{\mathrm{T}} + \tilde{x}_k^- v_k^{\mathrm{T}}] \\ &= \Sigma_{\tilde{x},k}^- C_k^{\mathrm{T}} \end{aligned}$$

结合上述两个结果，即可得到卡尔曼增益的表达式：

$$L_k = \Sigma_{\tilde{x},k}^- C_k^{\mathrm{T}} [C_k \Sigma_{\tilde{x},k}^- C_k^{\mathrm{T}} + \Sigma_{\tilde{v}}]^{-1}$$

直觉认识：L_k 的计算是卡尔曼滤波区别于其他状态估计方法的最关键点。在卡尔曼滤波步骤中，计算协方差矩阵的主要目的是计算 L_k。由于 L_k 是时变的，因此，必须在每一时间步更新这些协方差矩阵。它适用于对状态预测值进行最佳修正，从而形成基于所有测量值的最优 MMSE 状态估计。

回想一下，我们在等式 $\hat{x}_k^+ = \hat{x}_k^- + L_k(y_k - \hat{y}_k)$ 中使用了 L_k。L_k 的第一部分 $\Sigma_{\tilde{x}\tilde{y},k}^-$，表示校正 $\hat{x}_k$ 的相对需要以及 $\hat{x}_k$ 内各个状态与测量值的耦合程度。

在 $\Sigma_{\tilde{x}\tilde{y},k}^- = \Sigma_{\tilde{x},k}^- C_k^{\mathrm{T}}$ 中可以清楚地看到这一点。$\Sigma_{\tilde{x},k}^-$ 表示当前状态的不确定性，而我们希望尽可能地减少这种不确定性。$\Sigma_{\tilde{x},k}^-$ 中的大项意味着对应的状态非常不确定，因此需要进行幅度较大的更新。$\Sigma_{\tilde{x},k}^-$ 中的小项意味着对应的状态已经非常精确，不需要进行幅度较大的更新。C_k^{T} 项表示状态和输出之间的耦合。为零的项表示特定状态对特定输出没有直接影响，因此，不能利用输出预测误差直接更新该状态。较大的项表示特定状态与特定输出高度耦合，是输出预测误差产生的主要原因，因此，该状态需要进行幅度较大的更新。

L_k 的第二部分 $\Sigma_{\tilde{y}}$，表示我们对测量可靠性的肯定程度。如果 $\Sigma_{\tilde{y}}$ 在某种意义上是大的，则我们需要小的、缓慢的更新。如果 $\Sigma_{\tilde{y}}$ 是小的，则我们需要大更新。这就解释了为什么我们要将卡尔曼增益矩阵除以 $\Sigma_{\tilde{y}}$。

$\Sigma_{\tilde{y}}$ 的形式也可以对此作出解释。$C_k \Sigma_{\tilde{x},k}^- C_k^{\mathrm{T}}$ 部分指出状态预测中的误差如何导致输出预测中的误差产生。$\Sigma_{\tilde{v}}$ 项表示由传感器噪声引起的传感器读数的不确定度。由于假设传感器噪声与状态无关，因此，$\tilde{y}_k = y_k - \hat{y}_k$ 中的不确定度通过将 y_k 中的不确定度加上 $\hat{y}_k$ 中的不确定度来计算。

KF 步骤 2b：状态估计的测量更新

该步骤根据式(3.20)，通过使用卡尔曼增益和输出预测误差 $y_k - \hat{y}_k$ 更新先前的状态预测值，从而计算状态估计值：

$$\hat{x}_k^+ = \hat{x}_k^- + L_k(y_k - \hat{y}_k)$$

直觉认识：变量 $\hat{y}_k$ 是我们根据当前的状态预测值预测的待测量输出。$y_k - \hat{y}_k$ 是测量中的意外或新消息，我们称为新息。这种新息可能是由于系统模型不

准确、状态误差或传感器噪声而产生的。因此,我们希望使用这些新息来更新状态,但是还需要根据状态与输出的耦合程度进行加权处理。正如之前讨论过的,$\boldsymbol{L}_k$ 是最佳混合因子。

KF 步骤 2c:误差协方差的测量更新

最后,根据式(3.21)更新误差协方差矩阵:

$$\boldsymbol{\Sigma}_{\tilde{x},k}^{+}=\boldsymbol{\Sigma}_{\tilde{x},k}^{-}-\boldsymbol{L}_k\boldsymbol{\Sigma}_{\tilde{y},k}\boldsymbol{L}_k^{\mathrm{T}}$$

直觉认识:测量更新降低了状态估计中的不确定性。对状态预测误差协方差的更新 $\boldsymbol{L}_k\boldsymbol{\Sigma}_{\tilde{y},k}\boldsymbol{L}_k^{\mathrm{T}}$ 也是半正定形式。由于是从预测的状态误差协方差矩阵中减去该项,因此在某种意义上,得到的状态估计误差协方差矩阵比获得输出测量值前的状态预测误差协方差矩阵“小”。

如果由于某种原因错过了一个测量值,那么,我们只需简单地跳过该次迭代的步骤 2a – c。也就是说,令 $\boldsymbol{L}_k=0$,$\hat{\boldsymbol{x}}_k^{+}=\hat{\boldsymbol{x}}_k^{-}$,$\boldsymbol{\Sigma}_{\tilde{x},k}^{+}=\boldsymbol{\Sigma}_{\tilde{x},k}^{-}$。然后,重复前面的步骤,估计器输出包括状态估计 $\hat{\boldsymbol{x}}_k^{+}$ 和估计误差协方差矩阵 $\boldsymbol{\Sigma}_{\tilde{x},k}^{+}$。也就是说,我们可以非常肯定真实值就在 $\hat{\boldsymbol{x}}_k^{+}\pm 3\mathrm{diag}(\sqrt{\boldsymbol{\Sigma}_{\tilde{x},k}^{+}})$ 内。

3.6.2 线性卡尔曼滤波的可视化

本章附录对卡尔曼滤波方程进行了总结,并形成了图 3 – 13 所示的递推公式。滤波器是用当前初始状态和协方差矩阵的最佳猜测来初始化的。然后,执行 3 个预测步骤,再执行 3 个校正步骤。接下来,滤波器等待下一个采样时间,增加时间索引 k,不断重复。后续我们将看到,在数字计算机上执行这些操作非常简单。

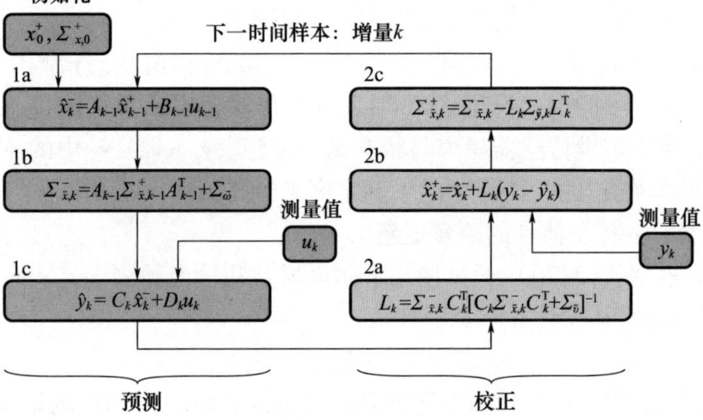

图 3 – 13 可视化卡尔曼滤波递推过程

注意：即使没有复杂的概率密度函数积分运算，表3－1中的一般序贯概率推理解中的期望运算也是不可计算的，而图3－13中的所有方程都可以使用该离散时间的可用数据以及简单的矩阵/向量运算进行估计。卡尔曼滤波推导过程对期望进行解析估计，并给出一种实用算法。

我们想实施电池模型的卡尔曼滤波步骤，从而估计模型的内部状态。然而需要注意，电池模型是非线性的，所以不能直接应用线性卡尔曼滤波步骤，还需要推导高斯序贯概率推理步骤的非线性版本，详见3.7节和3.10节。

目前，我们希望通过卡尔曼滤波方法获得经验和直观体验。为了演示卡尔曼滤波步骤，这里使用粗略的线性化电池模型。首先考虑图3－14，4种锂离子电池的OCV与SOC关系可以用直线函数近似，例如图中虚线：$OCV(z_k) \approx 3.5 + 0.7z_k$。

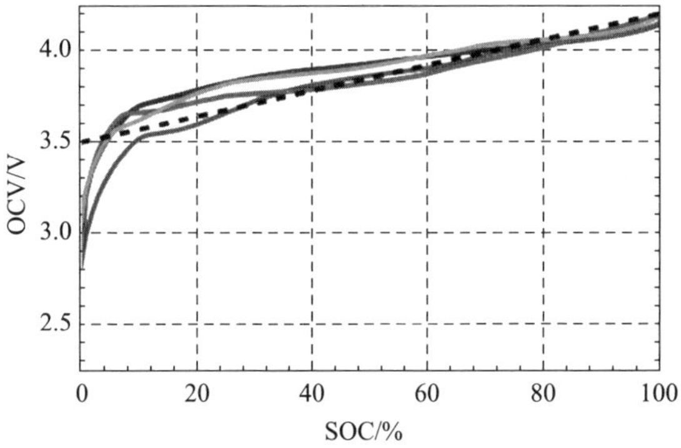

图3－14　线性化OCV关系

然后，省略ESC电池模型的扩散电流和滞回状态，得到近似关系[①]：

$$z_{k+1} = 1 \cdot z_k - \frac{1}{3600 \cdot Q} i_k$$

$$\text{volt}_k = 3.5 + 0.7 \times z_k - R_0 i_k$$

由于输出方程中的加性值为3.5，该模型仍然不是线性的，而是仿射的。通过创建去偏测量值 $y_k = \text{volt}_k - 3.5$，可以很容易地解决这一问题，模型变为

$$z_{k+1} = 1 \cdot z_k - \frac{1}{3600 \cdot Q} i_k + w_k$$

$$y_k = 0.7 \times z_k - R_0 i_k + v_k$$

其中，我们在方程中加入了过程噪声和传感器噪声项 w_k 和 v_k。

将这组方程与标准线性状态空间模型进行比较，可以看到我们将模型状态

① 假设 $\Delta t = 1\text{s}$，因数3600可以将安时换算为库仑。

$\boldsymbol{x}_k$ 定义为SOCz_k,模型输入 $\boldsymbol{u}_k$ 为电池电流 i_k。为了举例说明,我们使用 $Q=10000/3600$ 和 $R_0=0.01$,于是,有 $A=1,B=-1\times10^{-4},C=0.7,D=-0.01$。我们还建模 $\boldsymbol{\Sigma}_{\tilde{w}}=10^{-5}$ 和 $\boldsymbol{\Sigma}_{\tilde{v}}=0.1$。

假设初始电池SOC为50%,没有初始的不确定性,因此,有 $\hat{x}_0^+=0.5$ 和 $\boldsymbol{\Sigma}_{\tilde{x},0}^+=0$。然后,我们手动计算滤波器两次迭代的所有项。

卡尔曼滤波递推1

对于第一次迭代,假设 $i_0=1,i_1=0.5,\text{volt}_1=3.85$。计算过程如下,左侧表示正在求解的一般方程,右侧表示数值替换和计算结果①:

$\hat{\boldsymbol{x}}_k^-=\boldsymbol{A}_{k-1}\hat{\boldsymbol{x}}_{k-1}^++\boldsymbol{B}_{k-1}\boldsymbol{u}_{k-1}$ $\qquad$ $\hat{x}_1^-=1\times0.5-10^{-4}\times1=0.4999$

$\boldsymbol{\Sigma}_{\tilde{x},k}^-=\boldsymbol{A}_{k-1}\boldsymbol{\Sigma}_{\tilde{x},k-1}^+\boldsymbol{A}_{k-1}^{\mathrm{T}}+\boldsymbol{\Sigma}_{\tilde{w}}$ $\qquad$ $\Sigma_{\tilde{x},1}^-=1\times0\times1+10^{-5}=10^{-5}$

$\hat{\boldsymbol{y}}_k=\boldsymbol{C}_k\hat{\boldsymbol{x}}_k^-+\boldsymbol{D}_k\boldsymbol{u}_k$ $\qquad$ $\hat{y}_1=0.7\times0.4999-0.01\times0.5=0.34493$

$\boldsymbol{L}_k=\boldsymbol{\Sigma}_{\tilde{x},k}^-\boldsymbol{C}_k^{\mathrm{T}}[\boldsymbol{C}_k\boldsymbol{\Sigma}_{\tilde{x},k}^-\boldsymbol{C}_k^{\mathrm{T}}+\boldsymbol{\Sigma}_{\tilde{v}}]^{-1}$ $\qquad$ $L_1=10^{-5}\times0.7[0.7^2\times10^{-5}+0.1]^{-1}=6.99966\times10^{-5}$

$\hat{\boldsymbol{x}}_k^+=\hat{\boldsymbol{x}}_k^-+\boldsymbol{L}_k(\boldsymbol{y}_k-\hat{\boldsymbol{y}}_k)$ (其中,$\boldsymbol{y}_k=3.85-3.5$) $\qquad$ $\hat{x}_1^+=0.49999+6.99966\times10^{-5}(0.35-0.34493)=0.4999004$

$\boldsymbol{\Sigma}_{\tilde{x},k}^+=\boldsymbol{\Sigma}_{\tilde{x},k}^--\boldsymbol{L}_k\boldsymbol{\Sigma}_{\tilde{y},k}\boldsymbol{L}_k^{\mathrm{T}}$ $\qquad$ $\Sigma_{\tilde{x},1}^+=10^{-5}-(6.99966\times10^{-5})^2(0.1000049)=9.9995\times10^{-6}$

此次迭代的输出为

$$\hat{z}_1=0.4999\pm3\sqrt{9.9995\times10^{-6}}=0.4999\pm0.0094866$$

卡尔曼滤波递推2:

对于第二次迭代,回忆 $i_1=0.5$,并进一步指定 $i_2=0.25$ 和 $\text{volt}_2=3.84$。

$\hat{\boldsymbol{x}}_k^-=\boldsymbol{A}_{k-1}\hat{\boldsymbol{x}}_{k-1}^++\boldsymbol{B}_{k-1}\boldsymbol{u}_{k-1}$ $\qquad$ $\hat{x}_2^-=0.4999004-10^{-4}\times0.5=0.49985$

$\boldsymbol{\Sigma}_{\tilde{x},k}^-=\boldsymbol{A}_{k-1}\boldsymbol{\Sigma}_{\tilde{x},k-1}^+\boldsymbol{A}_{k-1}^{\mathrm{T}}+\boldsymbol{\Sigma}_{\tilde{w}}$ $\qquad$ $\Sigma_{\tilde{x},2}^-=9.9995\times10^{-6}+10^{-5}=1.99995\times10^{-5}$

$\hat{\boldsymbol{y}}_k=\boldsymbol{C}_k\hat{\boldsymbol{x}}_k^-+\boldsymbol{D}_k\boldsymbol{u}_k$ $\qquad$ $\hat{y}_2=0.7\times0.49985-0.01\times0.25=0.347395$

$\boldsymbol{L}_k=\boldsymbol{\Sigma}_{\tilde{x},k}^-\boldsymbol{C}_k^{T}[\boldsymbol{C}_k\boldsymbol{\Sigma}_{\tilde{x},k}^-\boldsymbol{C}_k^{\mathrm{T}}+\boldsymbol{\Sigma}_{\tilde{v}}]^{-1}$ $\qquad$ $L_2=1.99995\times10^{-5}\times0.7[1.99995\times10^{-5}\times0.7^2+0.1]^{-1}=0.00013998$

$\hat{\boldsymbol{x}}_k^+=\hat{\boldsymbol{x}}_k^-+\boldsymbol{L}_k(\boldsymbol{y}_k-\hat{\boldsymbol{y}}_k)$ (其中,$\boldsymbol{y}_k=3.84-3.5$) $\qquad$ $\hat{x}_2^+=0.49985+0.00013998(0.34-0.347395)=0.499849$

$\boldsymbol{\Sigma}_{\tilde{x},k}^+=\boldsymbol{\Sigma}_{\tilde{x},k}^--\boldsymbol{L}_k\boldsymbol{\Sigma}_{\tilde{y},k}\boldsymbol{L}_k^{\mathrm{T}}$ $\qquad$ $\Sigma_{\tilde{x},2}^+=1.99995\times10^{-5}-0.00013998^2\times0.100009799755=1.99976\times10^{-5}$

---

① 请注意,由于可能涉及向量或矩阵,左侧的一般方程使用粗体字符。但是,在这个具体的例子中,所有的量都是标量,所以右侧使用的是普通字符。

此次迭代的输出为

$$\hat{z}_2 = 0.4998 \pm 3\sqrt{1.99976 \times 10^{-5}} = 0.4998 \pm 0.013416$$

虽然手工计算这些步骤是很麻烦的,不过编写计算机代码实现它们是非常简单的。我们将在下一节讨论如何做到这一点。图3-15绘制了在本例假设模型下运行的卡尔曼滤波。标记为"真实值"的结果来自模型方程的仿真,而不是来自真实电池的实际测量结果。

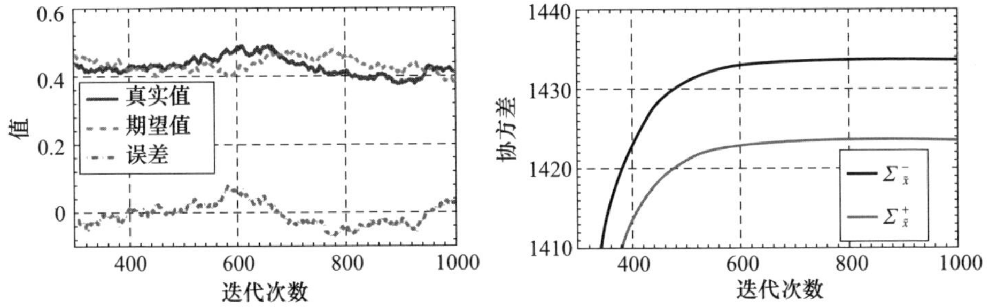

图 3-15 线性化卡尔曼滤波变化过程

从图中我们可以看到估计状态永远不会收敛到真实状态。这是因为过程噪声以某种方式影响着真实状态,而我们不知道 w_k 的确切值,也就无法唯一确定真实状态。然而,卡尔曼滤波状态估计必定收敛到真实状态的邻域,并且状态估计的协方差允许我们设置误差界。

协方差初始化为零。在每一个时间步内,由于过程噪声导致状态的未知变化,因此预测都会导致不确定性增加,但由于从输出测量中获得了更多的确定性,因此校正又会降低不确定性。下图显示了此过程的前几个步骤。①

$\Sigma_{\tilde{x},1}^- = 1 \times 10^{-5}$ $\Sigma_{\tilde{x},2}^- = 1.99995 \times 10^{-5}$ $\Sigma_{\tilde{x},3}^- = 2.99976 \times 10^{-5}$

$\Sigma_{\tilde{x},0}^+ = 0$ $\Sigma_{\tilde{x},1}^+ = 9.99951 \times 10^{-6}$ $\Sigma_{\tilde{x},2}^+ = 1.99976 \times 10^{-5}$ $\Sigma_{\tilde{x},3}^+ = 2.99931 \times 10^{-5}$

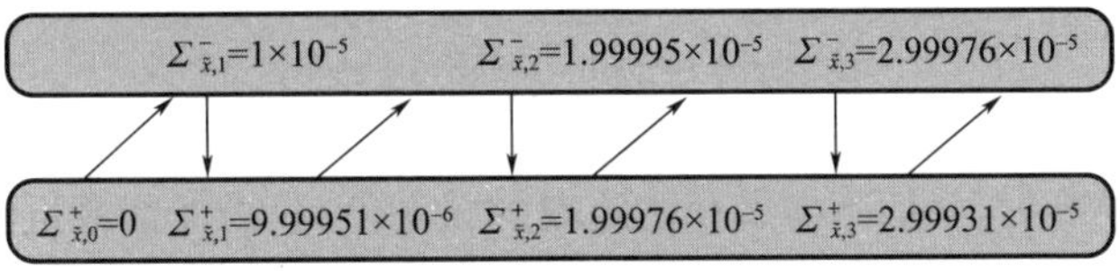

注意:在本例中,协方差(不确定性)收敛到稳态解,但这需要时间。图3-15的右框显示了作为迭代步数函数的估计误差和估计误差协方差。稳态预测误差协方差为 1.434×10^{-3},最终估计误差协方差为 1.424×10^{-3}。估计误差界为 $\pm 11.3\%$,可信度为 99.7%(使用 3σ 界限)。由于本例中的 $\Sigma_{\tilde{x}}$ 很大,因此,卡尔

---
① 原书此图既无图题图号,为避免不必要的错误,译文亦未列图题图号。

曼滤波的性能不是特别好。然而,这已经是仿真示例条件下的最佳结果,因为卡尔曼滤波估计值是最优 MMSF 估计量。

3.6.3 线性卡尔曼滤波步骤的 MATLAB 代码

将卡尔曼滤波步骤转换为 MATLAB 代码是很简单的。但是,必须确保所有 k 和 $k+1$ 索引保持同步。在下面的示例代码中,对系统方程进行了联合仿真以生成 $\boldsymbol{u}_k$ 和 $\boldsymbol{y}_k$,并对这些输入/输出数据实施卡尔曼滤波。在实际应用中,需要测量出 $\boldsymbol{u}_k$ 和 $\boldsymbol{y}_k$。

代码的第一部分初始化仿真变量,并预留空间以存储需绘图的结果:

```
% 初始化仿真变量
SigmaW = 1e-5; % 过程噪声协方差
SigmaV = 0.1; % 传感器噪声协方差
A = 1; B = -1e-4; % 状态方程矩阵
C = 0.7; D = -0.01; % 输出方程矩阵
maxIter = 1000; % 仿真时间步数

xtrue = 0.5; % 初始化真实系统初始状态
xhat = 0.5; % 初始化卡尔曼滤波初始估计
SigmaX = 0; % 初始化卡尔曼滤波协方差
u = 1; % 初始化输入 u[0]

% 为可能想要绘制或评估的变量预留存储空间
xstore = zeros(maxIter+1,length(xtrue));
xstore(1,:) = xtrue;
xhatstore = zeros(maxIter,length(xhat));
SigmaXstore = zeros(maxIter,length(xhat)^2);
```

在实施 BMS 时,我们不需要存储所有的状态值,只需保留最近的状态值。在此段代码中我们存储所有的值,只是为了在仿真结束后绘制卡尔曼滤波的性能图。

在下一段代码中,执行 6 个卡尔曼滤波步骤。这些都是模型方程的直接实现。需要注意的是,在实施 BMS 时,我们将直接测量 $\boldsymbol{u}_k$ 和 $\boldsymbol{y}_k$。但在仿真中,必须采用合理的仿真值。

```
for k = 1:maxIter,
    % KF 步骤 1a: 状态预测值的时间更新
    xhat = A* xhat + B* u; % 使用上一时刻的 u
```

```
% KF 步骤 1b: 误差协方差矩阵的时间更新
SigmaX = A* SigmaX* A' + SigmaW;

% 系统后台隐含运行,输入信号为 u,输出信号为 z
switch k,
   case 1,u = 0.5; % 与之前示例吻合
   case 2,u = 0.25; % 与之前示例吻合
   otherwise,u = randn(1);
end
w = chol(SigmaW,'lower')* randn(length(xtrue));
% 随机产生过程噪声
v = chol(SigmaV,'lower')* randn(length(C* xtrue));
% 随机产生传感器噪声
switch k,
   case 1,ytrue = 3.85 - 3.5; % 与之前示例吻合
   case 2,ytrue = 3.84 - 3.5; % 与之前示例吻合
   otherwise,ytrue = C* xtrue + D* u + v;
   % 基于当前状态 x 和当前输入 u
end
xtrue = A* xtrue + B* u + w;
% 基于当前输入 u 预测下一时刻的状态 x

% KF 步骤 1c: 预测系统输出
yhat = C* xhat + D* u;

% KF 步骤 2a: 计算卡尔曼估计增益矩阵
SigmaY = C* SigmaX* C' + SigmaV;
L = SigmaX* C'/SigmaY;

% KF 步骤 2b: 状态估计的测量更新
xhat = xhat + L* (ytrue - yhat);

% KF 步骤 2c: 误差协方差的测量更新
SigmaX = SigmaX - L* SigmaY* L';

% 为评估或绘图储存信息
xstore(k+1,:) = xtrue;
```

```
    xhatstore(k,:) = xhat;
    SigmaXstore(k,:) = SigmaX(:);
end
```

最后,可视化部分结果。下段代码绘制了真实状态、估计状态、误差和误差界:

```
figure(1); clf;
plot(0:maxIter-1,xstore(1:maxIter),'k-',...
     0:maxIter-1,xhatstore,'b--',...
  0:maxIter-1,xhatstore+3* sqrt(SigmaXstore),'m-.',...
  0:maxIter-1,xhatstore-3* sqrt(SigmaXstore),'m-.');
grid;
legend('真实值','估计值','估计界限','location',...
'northeast');
xlabel('迭代次数'); ylabel('状态');

figure(2); clf;
plot(0:maxIter-1,xstore(1:maxIter)-xhatstore,'b-',... 0:maxIter-1,
3* sqrt(SigmaXstore),'m--',...
0:maxIter-1, -3* sqrt(SigmaXstore),'m--');
grid;
legend('误差','误差界限','location','northeast');
xlabel('迭代次数'); ylabel('估计误差');
```

本例是用 MATLAB 编写的,用其他计算机语言实现卡尔曼滤波也不难,但需要自定义代码执行 MATLAB 中内置的矩阵运算。

3.6.4 提高数值鲁棒性

在滤波时,协方差矩阵 $\boldsymbol{\Sigma}_{\tilde{x},k}^{-}$ 和 $\boldsymbol{\Sigma}_{\tilde{x},k}^{+}$ 必须保持对称和正定(所有特征值必须严格为正)。由于计算机运算时的舍入误差,这两个条件都有可能被违反。因此,需要找到限制或消除这些问题的方法。

协方差矩阵只有在更新时才有可能变为非对称或非正定,因此,问题发生在滤波的时间更新或测量更新方程中。为了寻找问题根源,首先考虑时间更新方程:

$$\boldsymbol{\Sigma}_{\tilde{x},k}^{-} = \boldsymbol{A}\boldsymbol{\Sigma}_{\tilde{x},k-1}^{+}\boldsymbol{A}^{\mathrm{T}} + \boldsymbol{\Sigma}_{\tilde{w}}$$

由于上式是将两个正定量相加,因此,结果一定是正定的。方程中的矩阵相乘运算可以避免最终结果失去对称性。所以,这个方程不是问题的根源。

接下来考虑测量更新方程:

$$\boldsymbol{\Sigma}_{\tilde{x},k}^{+} = \boldsymbol{\Sigma}_{\tilde{x},k}^{-} - \boldsymbol{L}_k\boldsymbol{\Sigma}_{\tilde{y},k}\boldsymbol{L}_k^{\mathrm{T}}$$

理论上,结果必为正定,但是减法运算中的舍入误差有可能产生非正定结果。一个更好的解决方案是使用约瑟夫式协方差更新:

$$\boldsymbol{\Sigma}_{\tilde{x},k}^{+} = [\boldsymbol{I} - \boldsymbol{L}_k \boldsymbol{C}_k]\boldsymbol{\Sigma}_{\tilde{x},k}^{-}[\boldsymbol{I} - \boldsymbol{L}_k \boldsymbol{C}_k]^{\mathrm{T}} + \boldsymbol{L}_k \boldsymbol{\Sigma}_{\tilde{v}} \boldsymbol{L}_k^{\mathrm{T}} \tag{3.22}$$

式(3.22)在数学上与式(3.21)等效:

$$\begin{aligned}
\boldsymbol{\Sigma}_{\tilde{x},k}^{+} &= [\boldsymbol{I} - \boldsymbol{L}_k \boldsymbol{C}_k]\boldsymbol{\Sigma}_{\tilde{x},k}^{-}[\boldsymbol{I} - \boldsymbol{L}_k \boldsymbol{C}_k]^{\mathrm{T}} + \boldsymbol{L}_k \boldsymbol{\Sigma}_{\tilde{v}} \boldsymbol{L}_k^{\mathrm{T}} \\
&= \boldsymbol{\Sigma}_{\tilde{x},k}^{-} - \boldsymbol{L}_k \boldsymbol{C}_k \boldsymbol{\Sigma}_{\tilde{x},k}^{-} - \boldsymbol{\Sigma}_{\tilde{x},k}^{-} \boldsymbol{C}_k^{\mathrm{T}} \boldsymbol{L}_k^{\mathrm{T}} + \boldsymbol{L}_k \boldsymbol{C}_k \boldsymbol{\Sigma}_{\tilde{x},k}^{-} \boldsymbol{C}_k^{\mathrm{T}} \boldsymbol{L}_k^{\mathrm{T}} + \boldsymbol{L}_k \boldsymbol{\Sigma}_{\tilde{v}} \boldsymbol{L}_k^{\mathrm{T}} \\
&= \boldsymbol{\Sigma}_{\tilde{x},k}^{-} - \boldsymbol{L}_k \boldsymbol{C}_k \boldsymbol{\Sigma}_{\tilde{x},k}^{-} - \boldsymbol{\Sigma}_{\tilde{x},k}^{-} \boldsymbol{C}_k^{\mathrm{T}} \boldsymbol{L}_k^{\mathrm{T}} + \boldsymbol{L}_k (\boldsymbol{C}_k \boldsymbol{\Sigma}_{\tilde{x},k}^{-} \boldsymbol{C}_k^{\mathrm{T}} + \boldsymbol{\Sigma}_{\tilde{v}}) \boldsymbol{L}_k^{\mathrm{T}} \\
&= \boldsymbol{\Sigma}_{\tilde{x},k}^{-} - \boldsymbol{L}_k \boldsymbol{C}_k \boldsymbol{\Sigma}_{\tilde{x},k}^{-} - \boldsymbol{\Sigma}_{\tilde{x},k}^{-} \boldsymbol{C}_k^{\mathrm{T}} \boldsymbol{L}_k^{\mathrm{T}} + \boldsymbol{L}_k \boldsymbol{\Sigma}_{\tilde{z},k} \boldsymbol{L}_k^{\mathrm{T}} \\
&= \boldsymbol{\Sigma}_{\tilde{x},k}^{-} - \boldsymbol{L}_k \boldsymbol{\Sigma}_{\tilde{z},k} \boldsymbol{L}_k^{\mathrm{T}} - \boldsymbol{L}_k \boldsymbol{\Sigma}_{\tilde{z},k} \boldsymbol{L}_k^{\mathrm{T}} + \boldsymbol{L}_k \boldsymbol{\Sigma}_{\tilde{z},k} \boldsymbol{L}_k^{\mathrm{T}} \\
&= \boldsymbol{\Sigma}_{\tilde{x},k}^{-} - \boldsymbol{L}_k \boldsymbol{\Sigma}_{\tilde{z},k} \boldsymbol{L}_k^{\mathrm{T}} \boldsymbol{L}
\end{aligned}$$

然而,由于减法运算发生在约瑟夫式更新式(3.22)中的平方项中,因此,这种形式能确保结果正定。

如果由于浮点舍入误差,我们仍然得到一个非正定矩阵,那么,可以用最接近的对称半正定矩阵代替存在误差的协方差矩阵。① 省略细节,步骤如下。

(1)计算奇异值分解:$\boldsymbol{\Sigma} = \boldsymbol{USV}^{\mathrm{T}}$。

(2)计算 $\boldsymbol{H} = \boldsymbol{VSU}^{\mathrm{T}}$。

(3)将 $\boldsymbol{\Sigma}$ 替换为$(\boldsymbol{\Sigma} + \boldsymbol{\Sigma}^{\mathrm{T}} + \boldsymbol{H} + \boldsymbol{H}^{\mathrm{T}})/4$。

仍有许多地方可以改进。采用序贯更新可以减少多输出时的计算量,采用平方根卡尔曼滤波可以提高数值精度等。电压和电流传感器测量的同步程度也存在细微差别,然而这些细节超出了本书的讨论范围。详情可参阅关于卡尔曼滤波的其他教科书。②

3.6.5　测量值验证门限

有时,用于状态估计的系统的传感器存在间歇性故障。那么,需要检测并舍弃错误的测量值,即卡尔曼滤波的时间更新步骤仍然进行,但是跳过测量更新步骤。

卡尔曼滤波为实现这一目标提供了一种精巧的理论手段。注意,测量值的协方差矩阵作为卡尔曼滤波步骤 2a 的一部分,计算如下:

---

① 参考文献:Higham, N. J. ,"Computing a Nearest Symmetric Positive Semidefinite Matrix,"Linear Algebra and its Applications, 103, 1998, pp. 103 – 118。

② 推荐读物:Simon, D. , OptimalState Estimation: Kalman, H_∞ and Nonlinear Approaches, Wiley Interscience, 2006。

$$\boldsymbol{\Sigma}_{\tilde{y},k}=\boldsymbol{C}_k\boldsymbol{\Sigma}_{\tilde{x},k}^{-}\boldsymbol{C}_k^{\mathrm{T}}+\boldsymbol{\Sigma}_{\tilde{v}}$$

测量值的预测在步骤 1c 中计算为 $\hat{\boldsymbol{y}}_k=\boldsymbol{C}_k\hat{\boldsymbol{x}}_k^{-}+\boldsymbol{D}_k\boldsymbol{u}_k$，新息在步骤 2b 中计算为 $\tilde{\boldsymbol{y}}_k=\boldsymbol{y}_k-\hat{\boldsymbol{y}}_k$。

首先考虑系统输出为标量的常见情况。由于 $\sigma_{\tilde{y},k}=\sqrt{\boldsymbol{\Sigma}_{\tilde{y},k}}$，因此，当 $\tilde{\boldsymbol{y}}_k$ 的绝对值明显大于 $\sigma_{\tilde{y},k}$ 时，要么是我们的状态估计很差，要么是电压传感器出现故障。作为响应，如果认为测量值有错误，那么可以跳过测量更新步骤。或者说，如果在短时间内舍弃了许多测量值，则可能是传感器出现故障，亦或状态估计值及其协方差“失准”。如果后者为真，可以通过将 $\boldsymbol{\Sigma}_{\tilde{x},k}^{+}$ 乘以一个正的常数来人为地增加协方差，帮助卡尔曼滤波器重新找回准确的状态估计值及协方差。为增加系统的鲁棒性，这两种策略都将在实践中应用。

如果卡尔曼滤波使用的模型有多个输出（如第 4 章所述），那么，就不能简单地将新息向量与协方差矩阵直接比较，需要进行一些不同的步骤，这里只进行简要介绍。

第一，对于多输出模型以及时变矩阵 $\boldsymbol{M}_k$，定义 $\boldsymbol{\xi}_k=\boldsymbol{M}_k\tilde{\boldsymbol{y}}_k$。$\boldsymbol{\xi}_k$ 的均值为

$$\mathbb{E}[\boldsymbol{\xi}_k]=\mathbb{E}[\boldsymbol{M}_k\tilde{\boldsymbol{y}}_k]=\boldsymbol{M}_k\mathbb{E}[\tilde{\boldsymbol{y}}_k]=0$$

$\boldsymbol{\xi}_k$ 的方差为

$$\boldsymbol{\Sigma}_{\xi,k}=\mathbb{E}[\boldsymbol{M}_k\tilde{\boldsymbol{y}}_k\tilde{\boldsymbol{y}}_k^{\mathrm{T}}\boldsymbol{M}_k^{\mathrm{T}}]=\boldsymbol{M}_k\boldsymbol{\Sigma}_{\tilde{y},k}\boldsymbol{M}_k^{\mathrm{T}}$$

由于 $\boldsymbol{\xi}_k$ 是高斯随机向量的线性组合，因此 $\boldsymbol{\xi}_k$ 是高斯随机向量。

第二，如果选择 $\boldsymbol{M}_k$ 使得 $\boldsymbol{M}_k^{\mathrm{T}}\boldsymbol{M}_k=\boldsymbol{\Sigma}_{\tilde{y},k}^{-1}$，那么，$\boldsymbol{M}_k$ 是 $\boldsymbol{\Sigma}_{\tilde{y},k}^{-1}$ 的上三角乔列斯基因子，并且 $\boldsymbol{\xi}_k\sim\mathcal{N}(0,\boldsymbol{I})$，这是因为

$$\begin{aligned}\boldsymbol{\Sigma}_{\xi,k}&=\boldsymbol{M}_k(\boldsymbol{M}_k^{\mathrm{T}}\boldsymbol{M}_k)^{-1}\boldsymbol{M}_k^{\mathrm{T}}\\&=\boldsymbol{M}_k\boldsymbol{M}_k^{-1}\boldsymbol{M}_k^{-\mathrm{T}}\boldsymbol{M}_k^{\mathrm{T}}\\&=\boldsymbol{I}\end{aligned}$$

第三，如果进一步计算标准化估计误差平方：

$$e_k^2=\boldsymbol{\xi}_k^{\mathrm{T}}\boldsymbol{\xi}_k=\tilde{\boldsymbol{y}}_k^{\mathrm{T}}\boldsymbol{\Sigma}_{\tilde{y},k}^{-1}\tilde{\boldsymbol{y}}_k$$

那么，e_k^2 是独立 $\mathcal{N}(0,1)$ 随机变量的平方和。根据定义，e_k^2 是一个自由度为 m 的卡方随机变量，其中 m 是 $\tilde{\boldsymbol{y}}_k$ 的维数。① 由于它是平方和，因此，它非负且关于均值不对称。

如果 e_k^2 值异常高，则传感器测量值不太可信。也就是说，如果 e_k^2 高于某个阈值，应该舍弃该测量值。但是，如何确定阈值大小呢？运用统计学知识，如果

① 注意：我们可以在仅知道测量新息和协方差的条件下计算 e_k^2，这些已经通过卡尔曼滤波步骤计算出来了。为了证明 e_k^2 是一个卡方随机变量，需要引入 $\boldsymbol{\xi}_k$ 和 $\boldsymbol{M}_k$。但是，在实践中我们不需要计算 $\boldsymbol{\xi}_k$ 和 $\boldsymbol{M}_k$。

测量值在卡方概率密度函数的高置信区间内,则应将其保留,否则将其舍弃。置信区间是通过对概率密度函数进行积分,直到达到预期的概率水平来确定的。

具有 m 自由度的卡方随机变量的概率密度函数为

$$f_X(x)=\frac{1}{2^{m/2}\Gamma(m/2)}x^{(m/2-1)}\mathrm{e}^{-m/2}$$

虽然上式很难计算,但在实际应用中根本不需要计算它,可以使用预先计算好的卡方分布临界值表。例如,对于具有 $1-\alpha$ 置信度的合理测量值,我们需要位于临界点 χ_U^2 以下的 $1-\alpha$ 区间,以及位于临界点以上的 α 区间。图 3-16 绘制了自由度为 3 的卡方概率密度函数,并对 $\alpha=0.05$ 的 $1-\alpha$ 概率区间进行了着色。因此,如果计算出的 e_k^2 值小于 7.8147,则我们有 95% 的信心认为它是合理的,应该保留该测量值;如果 e_k^2 值高于 7.8147,则我们只有 5% 的信心认为它是有效的,应该舍弃该测量值。

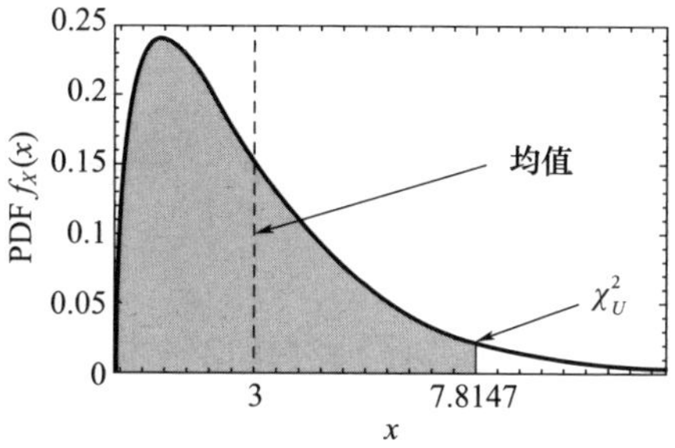

图 3-16　当模型有 3 个输出时的有效测量值置信区域

令概率密度函数累加求和函数(以近似积分)的反函数自变量等于 $1-\alpha$,得到 χ_U^2。在 MATLAB 中,使用统计工具箱,可以编写:

```
X2U = chi2inv(1 -0.05,3) % 上临界点 X2U = 7.8147
```

注意,χ_U^2 的值只需要离线计算一次。它只与输出向量中的测量值数量和置信水平 $1-\alpha$ 有关,不会随时间而变化。当执行卡尔曼滤波时,不需要重新计算。为方便读者计算,本章附录给出 χ^2 表格。

3.7　扩展卡尔曼滤波

3.7.1　推导扩展卡尔曼滤波的六个步骤

当所有噪声为高斯白噪声时,卡尔曼滤波器是线性系统的最优 MMSE 状态估计器。然而,由于 ESC 单体电池模型是非线性的,因此,不能直接使用标准卡尔曼滤波递推法。

如果所有的随机信号都是高斯的,对于式(3.6)和式(3.7)描述的非线性系统来说,一般序贯概率推理仍然有效,但无法精确地计算表 3-1 中的期望。非线性系统的状态估计通常采用以下近似策略:

(1)扩展卡尔曼滤波(Extended Kalman Filter,EKF)。该方法在每个时间点对模型进行解析线性化。虽然这种方法存在一些问题,但是仍然得到广泛应用。当系统的非线性程度较轻时,它可以很好地工作。

(2)sigma 点卡尔曼滤波(Sigma - Point Kalman Filter,SPKF)。sigma 点卡尔曼滤波也称为无迹卡尔曼滤波(Unscented Kalman Filter,UKF),该方法在每个时间点对模型进行统计/经验线性化。在相同的计算复杂度下,其结果往往比 EKF 好得多。即使在非线性程度很高的情况下,它也能得出较好的状态估计结果。

(3)粒子滤波。这种方法是最精确的,但计算量通常比 EKF 或 SPKF 大数千倍。它一般不作高斯分布假设,而使用蒙特卡罗积分技术来寻找概率、期望和不确定性。如果系统具有很强的非线性,或者概率分布是多峰的(即当概率密度函数具有多个峰值时,这可能对应于迥异的状态轨迹可以产生相同的输出测量值的系统),则需要粒子滤波。

本章主要介绍 EKF 和 SPKF,粒子滤波超出了本书研究范围。

在将一般序贯概率推理方程应用于非线性系统时,EKF 作了两个简化假设。

(1)当计算非线性函数输出的估计值时,EKF 假设状态的非线性函数的期望等于状态期望的同一非线性函数。也就是说,假设:

$$\mathbb{E}[\boldsymbol{fn}(\boldsymbol{x})] \approx \boldsymbol{fn}(\mathbb{E}[\boldsymbol{x}])$$

一般情况下,上式并不成立。事实上,只有当 $\boldsymbol{fn}(\boldsymbol{x})$ 为线性时,它才是准确的。这是 EKF 对于非线性程度较轻的系统最有效的原因之一。

(2)当计算协方差估计时,EKF 采用截断泰勒级数展开式(舍弃高阶项),在当前工作点附近线性化系统方程。这是 EKF 对于非线性程度较轻的系统最有效的原因之二。

本节展示如何应用这些近似和假设由 6 个一般步骤推导出 EKF 方程。

EKF 步骤 1a:状态预测值的时间更新

从式(3.16)开始,使用 EKF 假设 1,状态预测步骤近似为

$$\begin{aligned}\hat{\boldsymbol{x}}_k^- &= \mathbb{E}[\boldsymbol{f}(\boldsymbol{x}_{k-1},\boldsymbol{u}_{k-1},\boldsymbol{w}_{k-1}) \mid \mathbb{Y}_{k-1}] \\ &\approx \boldsymbol{f}(\hat{\boldsymbol{x}}_{k-1}^+,\boldsymbol{u}_{k-1},\bar{\boldsymbol{w}}_{k-1})\end{aligned}$$

其中 $\bar{\boldsymbol{w}}_{k-1} = \mathbb{E}[\boldsymbol{w}_{k-1}]$。通常,$\bar{\boldsymbol{w}}_{k-1} = 0$。也就是说,我们假设根据状态方程向前

传递 $\hat{\boldsymbol{x}}_{k-1}^{+}$ 和 $\bar{\boldsymbol{w}}_{k-1}$ 是合理的，以近似新状态的期望。

EKF 步骤 1b：误差协方差矩阵的时间更新

对于预测误差协方差步骤，首先对 $\tilde{\boldsymbol{x}}_k^-$ 进行近似：

$$\begin{aligned}\tilde{\boldsymbol{x}}_k^- &= \boldsymbol{x}_k - \hat{\boldsymbol{x}}_k^- \\ &= \boldsymbol{f}(\boldsymbol{x}_{k-1}, \boldsymbol{u}_{k-1}, \boldsymbol{w}_{k-1}) - \boldsymbol{f}(\hat{\boldsymbol{x}}_{k-1}^{+}, \boldsymbol{u}_{k-1}, \bar{\boldsymbol{w}}_{k-1})\end{aligned} \tag{3.23}$$

根据 EKF 假设 2，将式(3.23)第一项展开为上一个工作点 $p_{k-1} = \{\hat{\boldsymbol{x}}_{k-1}^{+}, \boldsymbol{u}_{k-1}, \bar{\boldsymbol{w}}_{k-1}\}$ 附近的截断泰勒级数：

$$\begin{aligned}\boldsymbol{x}_k \approx\ & \boldsymbol{f}(\hat{\boldsymbol{x}}_{k-1}^{+}, \boldsymbol{u}_{k-1}, \bar{\boldsymbol{w}}_{k-1}) + \underbrace{\left.\frac{\mathrm{d}\boldsymbol{f}(\boldsymbol{x}_{k-1}, \boldsymbol{u}_{k-1}, \boldsymbol{w}_{k-1})}{\mathrm{d}\boldsymbol{x}_{k-1}}\right|_{p_{k-1}}}_{\text{定义为}\hat{\boldsymbol{A}}_{k-1}} (\boldsymbol{x}_{k-1} - \hat{\boldsymbol{x}}_{k-1}^{+}) \\ & + \underbrace{\left.\frac{\mathrm{d}\boldsymbol{f}(\boldsymbol{x}_{k-1}, \boldsymbol{u}_{k-1}, \boldsymbol{w}_{k-1})}{\mathrm{d}\boldsymbol{w}_{k-1}}\right|_{p_{k-1}}}_{\text{定义为}\hat{\boldsymbol{B}}_{k-1}} (\boldsymbol{w}_{k-1} - \bar{\boldsymbol{w}}_{k-1})\end{aligned} \tag{3.24}$$

代入式(3.23)有 $\tilde{\boldsymbol{x}}_k^- \approx \hat{\boldsymbol{A}}_{k-1}\tilde{\boldsymbol{x}}_{k-1}^{+} + \hat{\boldsymbol{B}}_{k-1}\tilde{\boldsymbol{w}}_{k-1}$。

现在，将此结果代入式(3.17)中，以计算预测误差协方差：

$$\begin{aligned}\boldsymbol{\Sigma}_{\tilde{x},k}^{-} &= \mathbb{E}[(\tilde{\boldsymbol{x}}_k^-)(\tilde{\boldsymbol{x}}_k^-)^{\mathrm{T}}] \\ &\approx \mathbb{E}[(\hat{\boldsymbol{A}}_{k-1}\tilde{\boldsymbol{x}}_{k-1}^{+} + \hat{\boldsymbol{B}}_{k-1}\tilde{\boldsymbol{w}}_{k-1})(\hat{\boldsymbol{A}}_{k-1}\tilde{\boldsymbol{x}}_{k-1}^{+} + \hat{\boldsymbol{B}}_{k-1}\tilde{\boldsymbol{w}}_{k-1})^{\mathrm{T}}] \\ &= \hat{\boldsymbol{A}}_{k-1}\mathbb{E}[(\tilde{\boldsymbol{x}}_{k-1}^{+})(\tilde{\boldsymbol{x}}_{k-1}^{+})^{\mathrm{T}}]\hat{\boldsymbol{A}}_{k-1}^{\mathrm{T}} + \hat{\boldsymbol{B}}_{k-1}\mathbb{E}[\tilde{\boldsymbol{w}}_{k-1}]\mathbb{E}[(\tilde{\boldsymbol{x}}_{k-1}^{+})^{\mathrm{T}}]\hat{\boldsymbol{A}}_{k-1}^{\mathrm{T}} \\ &\quad + \hat{\boldsymbol{A}}_{k-1}\mathbb{E}[\tilde{\boldsymbol{x}}_{k-1}^{+}]\mathbb{E}[\tilde{\boldsymbol{w}}_{k-1}^{\mathrm{T}}]\hat{\boldsymbol{B}}_{k-1}^{\mathrm{T}} + \hat{\boldsymbol{B}}_{k-1}\mathbb{E}[\tilde{\boldsymbol{w}}_{k-1}\tilde{\boldsymbol{w}}_{k-1}^{\mathrm{T}}]\hat{\boldsymbol{B}}_{k-1}^{\mathrm{T}} \\ &= \hat{\boldsymbol{A}}_{k-1}\boldsymbol{\Sigma}_{\tilde{x},k-1}^{+}\hat{\boldsymbol{A}}_{k-1}^{\mathrm{T}} + \hat{\boldsymbol{B}}_{k-1}\boldsymbol{\Sigma}_{\tilde{w}}\hat{\boldsymbol{B}}_{k-1}^{\mathrm{T}}\end{aligned}$$

其中，状态估计与同一时间的过程噪声不相关，状态预测误差为零均值。

为了执行这个表达式，需要计算式(3.24)中的 $\hat{\boldsymbol{A}}_{k-1}$ 和 $\hat{\boldsymbol{B}}_{k-1}$。它们都是时间的矩阵函数，可以根据模型的状态方程解析确定。例如，$\hat{\boldsymbol{A}}_k$ 矩阵具有如下形式：

$$\hat{\boldsymbol{A}}_{k-1} = \begin{bmatrix} \frac{\mathrm{d}f_1(\boldsymbol{x}_k, \boldsymbol{u}_k, \boldsymbol{w}_k)}{\mathrm{d}\boldsymbol{x}_{k,1}} & \frac{\mathrm{d}f_1(\boldsymbol{x}_k, \boldsymbol{u}_k, \boldsymbol{w}_k)}{\mathrm{d}\boldsymbol{x}_{k,2}} & \cdots & \frac{\mathrm{d}f_1(\boldsymbol{x}_k, \boldsymbol{u}_k, \boldsymbol{w}_k)}{\mathrm{d}\boldsymbol{x}_{k,n}} \\ \frac{\mathrm{d}f_2(\boldsymbol{x}_k, \boldsymbol{u}_k, \boldsymbol{w}_k)}{\mathrm{d}\boldsymbol{x}_{k,1}} & \frac{\mathrm{d}f_2(\boldsymbol{x}_k, \boldsymbol{u}_k, \boldsymbol{w}_k)}{\mathrm{d}\boldsymbol{x}_{k,2}} & \cdots & \frac{\mathrm{d}f_2(\boldsymbol{x}_k, \boldsymbol{u}_k, \boldsymbol{w}_k)}{\mathrm{d}\boldsymbol{x}_{k,n}} \\ \vdots & \vdots & & \vdots \\ \frac{\mathrm{d}f_n(\boldsymbol{x}_k, \boldsymbol{u}_k, \boldsymbol{w}_k)}{\mathrm{d}\boldsymbol{x}_{k,1}} & \frac{\mathrm{d}f_n(\boldsymbol{x}_k, \boldsymbol{u}_k, \boldsymbol{w}_k)}{\mathrm{d}\boldsymbol{x}_{k,2}} & \cdots & \frac{\mathrm{d}f_n(\boldsymbol{x}_k, \boldsymbol{u}_k, \boldsymbol{w}_k)}{\mathrm{d}\boldsymbol{x}_{k,n}} \end{bmatrix}_{p_k}$$

式中：$\boldsymbol{x}_{k,i}$ 是 n 维向量 $\boldsymbol{x}_k$ 的第 i 个分量；$\boldsymbol{f}_j(\cdot)$ 是状态方程的第 j 个输出。

需要小心处理式(3.24)中的全微分,它们未必与我们更熟悉的偏微分相同。[①] 为了计算这些表达式,应用全微分链式法则:

$$\mathrm{d}\boldsymbol{f}(\boldsymbol{x}_{k-1},\boldsymbol{u}_{k-1},\boldsymbol{w}_{k-1}) = \frac{\partial \boldsymbol{f}(\boldsymbol{x}_{k-1},\boldsymbol{u}_{k-1},\boldsymbol{w}_{k-1})}{\partial \boldsymbol{x}_{k-1}}\mathrm{d}\boldsymbol{x}_{k-1} + \frac{\partial \boldsymbol{f}(\boldsymbol{x}_{k-1},\boldsymbol{u}_{k-1},\boldsymbol{w}_{k-1})}{\partial \boldsymbol{u}_{k-1}}\mathrm{d}\boldsymbol{u}_{k-1} + \frac{\partial \boldsymbol{f}(\boldsymbol{x}_{k-1},\boldsymbol{u}_{k-1},\boldsymbol{w}_{k-1})}{\partial \boldsymbol{w}_{k-1}}\mathrm{d}\boldsymbol{w}_{k-1}$$

将方程两边同时除以 $\mathrm{d}\boldsymbol{x}_{k-1}$,即可得到待求解的微分:

$$\begin{aligned}\frac{\mathrm{d}\boldsymbol{f}(\boldsymbol{x}_{k-1},\boldsymbol{u}_{k-1},\boldsymbol{w}_{k-1})}{\mathrm{d}\boldsymbol{x}_{k-1}} &= \frac{\partial \boldsymbol{f}(\boldsymbol{x}_{k-1},\boldsymbol{u}_{k-1},\boldsymbol{w}_{k-1})}{\partial \boldsymbol{x}_{k-1}} + \frac{\partial \boldsymbol{f}(\boldsymbol{x}_{k-1},\boldsymbol{u}_{k-1},\boldsymbol{w}_{k-1})}{\partial \boldsymbol{u}_{k-1}}\underbrace{\frac{\mathrm{d}\boldsymbol{u}_{k-1}}{\mathrm{d}\boldsymbol{x}_{k-1}}}_{0} \\ &\quad + \frac{\partial \boldsymbol{f}(\boldsymbol{x}_{k-1},\boldsymbol{u}_{k-1},\boldsymbol{w}_{k-1})}{\partial \boldsymbol{w}_{k-1}}\underbrace{\frac{\mathrm{d}\boldsymbol{w}_{k-1}}{\mathrm{d}\boldsymbol{x}_{k-1}}}_{0} \\ &= \frac{\partial \boldsymbol{f}(\boldsymbol{x}_{k-1},\boldsymbol{u}_{k-1},\boldsymbol{w}_{k-1})}{\partial \boldsymbol{x}_{k-1}}\end{aligned}$$

由于可以合理地假设当前确定性输入和当前过程噪声都不是当前系统状态的函数,因此,式子 $\mathrm{d}\boldsymbol{u}_{k-1}/\mathrm{d}\boldsymbol{x}_{k-1}$ 和 $\mathrm{d}\boldsymbol{w}_{k-1}/\mathrm{d}\boldsymbol{x}_{k-1}$ 为零。在这种情况下,全微分等于偏微分。同样,有

$$\frac{\mathrm{d}\boldsymbol{f}(\boldsymbol{x}_{k-1},\boldsymbol{u}_{k-1},\boldsymbol{w}_{k-1})}{\mathrm{d}\boldsymbol{w}_{k-1}} = \frac{\partial \boldsymbol{f}(\boldsymbol{x}_{k-1},\boldsymbol{u}_{k-1},\boldsymbol{w}_{k-1})}{\partial \boldsymbol{w}_{k-1}}$$

虽然在这里,全微分和偏微分之间的区别并不值得引起注意,但在第 4 章使用 EKF 进行模型参数估计时,这是很重要的。

EKF 步骤 1c:预测系统输出 $\boldsymbol{y}_k$

从式(3.18)开始,使用 EKF 假设 1,系统输出近似为

$$\begin{aligned}\hat{\boldsymbol{y}}_k &= \mathbb{E}[\boldsymbol{h}(\boldsymbol{x}_k,\boldsymbol{u}_k,\boldsymbol{v}_k)\,|\,\mathbb{Y}_{k-1}] \\ &\approx \boldsymbol{h}(\hat{\boldsymbol{x}}_k^-,\boldsymbol{u}_k,\bar{\boldsymbol{v}}_k)\end{aligned}$$

其中 $\bar{\boldsymbol{v}}_k = \mathbb{E}[\boldsymbol{v}_k]$。通常,$\bar{\boldsymbol{v}}_k = 0$。也就是说,我们假设根据输出方程向前传递 $\hat{\boldsymbol{x}}_k^-$ 和 $\bar{\boldsymbol{v}}_k$ 是合理的,以近似输出的期望。

EKF 步骤 2a:估计器增益矩阵 $\boldsymbol{L}_k$

输出预测误差可以写成

$$\tilde{\boldsymbol{y}}_k = \boldsymbol{y}_k - \hat{\boldsymbol{y}}_k = \boldsymbol{h}(\boldsymbol{x}_k,\boldsymbol{u}_k,\boldsymbol{v}_k) - \boldsymbol{h}(\hat{\boldsymbol{x}}_k^-,\boldsymbol{u}_k,\bar{\boldsymbol{v}}_k)$$

---

① 偏微分 $\partial f(x,u,w)/\partial x$ 表示仅当 x 有一个无穷小的变化,其他所有输入保持不变时,$f(x,u,w)$ 的变化。全微分 $\mathrm{d}f(x,u,w)/\mathrm{d}x$ 表示当 x 有一个无穷小的变化,且允许其他输入随 x 发生变化(如果它们是 x 的函数)时,$f(x,u,w)$ 的变化。如果其他输入不是 x 的函数,那么,偏微分和全微分是相等的。但是,如果它们是 x 的函数,那么,这两种类型的微分是不相等的。

为了使用式(3.19)计算估计器增益矩阵,需要计算基于该预测误差的协方差矩阵。与步骤1b类似,援引EKF假设2,并使用$\boldsymbol{y}_k$在设定点$q_k=\{\hat{\boldsymbol{x}}_k^-,\boldsymbol{u}_k,\bar{\boldsymbol{v}}_k\}$附近的截断泰勒级数展开式近似误差:

$$\boldsymbol{y}_k \approx \boldsymbol{h}(\hat{\boldsymbol{x}}_k^-,\boldsymbol{u}_k,\bar{\boldsymbol{v}}_k)+\underbrace{\left.\frac{\mathrm{d}\boldsymbol{h}(\boldsymbol{x}_k,\boldsymbol{u}_k,\boldsymbol{v}_k)}{\mathrm{d}\boldsymbol{x}_k}\right|_{q_k}}_{\text{定义为}\hat{\boldsymbol{C}}_k}(\boldsymbol{x}_k-\hat{\boldsymbol{x}}_k^-)+\underbrace{\left.\frac{\mathrm{d}\boldsymbol{h}(\boldsymbol{x}_k,\boldsymbol{u}_k,\boldsymbol{v}_k)}{\mathrm{d}\boldsymbol{v}_k}\right|_{q_k}}_{\text{定义为}\hat{\boldsymbol{D}}_k}(\boldsymbol{v}_k-\bar{\boldsymbol{v}}_k)$$

$$\tilde{\boldsymbol{y}}_k \approx \hat{\boldsymbol{C}}_k\tilde{\boldsymbol{x}}_k^- + \hat{\boldsymbol{D}}_k\tilde{\boldsymbol{v}}_k$$

注意:就像在EKF步骤1b中看到的,可以证明计算$\hat{\boldsymbol{C}}_k$和$\hat{\boldsymbol{D}}_k$所需的全微分等于偏微分:

$$\frac{\mathrm{d}\boldsymbol{h}(\boldsymbol{x}_k,\boldsymbol{u}_k,\boldsymbol{v}_k)}{\mathrm{d}\boldsymbol{x}_k}=\frac{\partial\boldsymbol{h}(\boldsymbol{x}_k,\boldsymbol{u}_k,\boldsymbol{v}_k)}{\partial\boldsymbol{x}_k}$$

$$\frac{\mathrm{d}\boldsymbol{h}(\boldsymbol{x}_k,\boldsymbol{u}_k,\boldsymbol{v}_k)}{\mathrm{d}\boldsymbol{v}_k}=\frac{\partial\boldsymbol{h}(\boldsymbol{x}_k,\boldsymbol{u}_k,\boldsymbol{v}_k)}{\partial\boldsymbol{v}_k}$$

由此,可以计算出:

$$\boldsymbol{\Sigma}_{\tilde{y},k} \approx \hat{\boldsymbol{C}}_k\boldsymbol{\Sigma}_{\tilde{x},k}^-\hat{\boldsymbol{C}}_k^{\mathrm{T}}+\hat{\boldsymbol{D}}_k\boldsymbol{\Sigma}_{\tilde{v}}\hat{\boldsymbol{D}}_k^{\mathrm{T}}$$

$$\boldsymbol{\Sigma}_{\tilde{x}\tilde{y},k}^- \approx \mathbb{E}[(\tilde{\boldsymbol{x}}_k^-)(\hat{\boldsymbol{C}}_k\tilde{\boldsymbol{x}}_k^-+\hat{\boldsymbol{D}}_k\tilde{\boldsymbol{v}}_k)^{\mathrm{T}}]=\boldsymbol{\Sigma}_{\tilde{x},k}^-\hat{\boldsymbol{C}}_k^{\mathrm{T}}$$

将这些项合并,可以得到卡尔曼增益矩阵:

$$\boldsymbol{L}_k=\boldsymbol{\Sigma}_{\tilde{x},k}^-\hat{\boldsymbol{C}}_k^{\mathrm{T}}[\hat{\boldsymbol{C}}_k\boldsymbol{\Sigma}_{\tilde{x},k}^-\hat{\boldsymbol{C}}_k^{\mathrm{T}}+\hat{\boldsymbol{D}}_k\boldsymbol{\Sigma}_{\tilde{v}}\hat{\boldsymbol{D}}_k^{\mathrm{T}}]^{-1}$$

EKF步骤2b:状态估计值的测量更新

该步骤通过使用卡尔曼估计器增益矩阵和新息$\boldsymbol{y}_k-\hat{\boldsymbol{y}}_k$更新状态预测值,计算状态估计值。仍然实施式(3.20):

$$\hat{\boldsymbol{x}}_k^+=\hat{\boldsymbol{x}}_k^-+\boldsymbol{L}_k(\boldsymbol{y}_k-\hat{\boldsymbol{y}}_k)$$

EKF步骤2c:误差协方差的测量更新

最后,使用式(3.21)计算更新后的协方差:

$$\boldsymbol{\Sigma}_{\tilde{x},k}^+=\boldsymbol{\Sigma}_{\tilde{x},k}^- - \boldsymbol{L}_k\boldsymbol{\Sigma}_{\tilde{y},k}\boldsymbol{L}_k^{\mathrm{T}}$$

在本章附录中总结了EKF步骤。

3.7.2 含代码的EKF示例

在使用EKF进行电池模型状态预测之前,介绍一个简单示例来展示EKF的实现过程。本示例研究状态和输出均为标量的非线性系统:

$$x_{k+1}=f(x_k,u_k,w_k)=\sqrt{5+x_k}+w_k$$

$$y_k=h(x_k,u_k,w_k)=x_k^3+v_k$$

其中$\Sigma_{\tilde{w}}=1$,$\Sigma_{\tilde{v}}=2$。

要实施 EKF,必须首先确定 $\hat{A}_k$、$\hat{B}_k$、$\hat{C}_k$ 和 $\hat{D}_k$,即

$$\hat{A}_k = \left.\frac{\partial f(x_k,u_k,w_k)}{\partial x_k}\right|_{x_k=\hat{x}_k^+} = \left.\frac{\partial(\sqrt{5+x_k}+w_k)}{\partial x_k}\right|_{x_k=\hat{x}_k^+} = \frac{1}{2\sqrt{5+\hat{x}_k^+}}$$

$$\hat{B}_k = \left.\frac{\partial f(x_k,u_k,w_k)}{\partial w_k}\right|_{w_k=\bar{w}_k} = \left.\frac{\partial(\sqrt{5+x_k}+w_k)}{\partial w_k}\right|_{w_k=\bar{w}_k} = 1$$

$$\hat{C}_k = \left.\frac{\partial h(x_k,u_k,v_k)}{\partial x_k}\right|_{x_k=\hat{x}_k^-} = \left.\frac{\partial(x_k^3+v_k)}{\partial x_k}\right|_{x_k=\hat{x}_k^-} = 3(\hat{x}_k^-)^2$$

$$\hat{D}_k = \left.\frac{\partial h(x_k,u_k,v_k)}{\partial v_k}\right|_{v_k=\bar{v}_k} = \left.\frac{\partial(x_k^3+v_k)}{\partial v_k}\right|_{v_k=\bar{v}_k} = 1$$

下面是实现 EKF 的部分示例代码。为了展示共同点,它被有意写成类似 3.6.3 节线性卡尔曼滤波示例的形式。首先,初始化真实和估计状态,以及初始状态估计的不确定性,并预留一些存储空间:

```
% 初始化仿真参数
SigmaW = 1; % 过程噪声协方差
SigmaV = 2; % 传感器噪声协方差
maxIter = 40;

xtrue = 2 + randn(1); % 初始化真实系统初始状态
xhat = 2; % 初始化卡尔曼滤波初始估计
SigmaX = 1; % 初始化卡尔曼滤波协方差
u = 0; % 初始化未知输入 u[0],假设为 0

% 为可能想要绘制或评估的变量预留存储空间
xstore = zeros(maxIter+1,length(xtrue));
xstore(1,:) = xtrue;
xhatstore = zeros(maxIter,length(xhat));
SigmaXstore = zeros(maxIter,length(xhat)^2);
```

在本例中,真实状态被初始化为一个随机值,均值为 2,方差为 1。因此,状态估计值初始化为 2,状态协方差初始化为 1。

接下来,进入主仿真循环。如果需要将此代码用于不同的系统,那么步骤 1a 和 1c 中必须用新系统的 $\hat{A}_k$、$\hat{B}_k$、$\hat{C}_k$ 和 $\hat{D}_k$ 以及 $f(\cdot)$ 和 $h(\cdot)$ 函数进行修改。

```
for k = 1:maxIter,
    % EKF 步骤 1a: 状态预测值的时间更新
    % 注意:你需要插入 Ahat、Bhat 和 f(...)函数的计算
    % 例如,x(k+1) = sqrt(5+x(k)) + w(k)
    Ahat = 0.5/sqrt(5+xhat); Bhat = 1;
```

```
  xhat = sqrt(5 + xhat);

  % EKF 步骤 1b: 误差协方差矩阵的时间更新
  SigmaX = Ahat* SigmaX* Ahat' + Bhat* SigmaW* Bhat';

  % 系统后台隐含运行,输入信号为 u,输出信号为 z
  w = chol(SigmaW)'* randn(1);
  v = chol(SigmaV)'* randn(1);
  ytrue = xtrue^3 + v; % 输出 y 基于当前状态 x 和当前输入 u
  xtrue = sqrt(5 + xtrue) + w;
  % 基于当前输入 u 预测下一时刻的状态 x

  % EKF 步骤 1c:估计系统输出 y(k)
  % 注意:你需要插入 Chat、Dhat 和 h(...)方程计算
  % 例如,y(k) = x(k)^3
  Chat = 3* xhat^2; Dhat = 1;
  yhat = xhat^3;

  % EKF 步骤 2a: 计算卡尔曼增益矩阵 L(k)
  SigmaY = Chat* SigmaX* Chat' + Dhat* SigmaV* Dhat';
  L = SigmaX* Chat'/SigmaY;

  % EKF 步骤 2b: 状态预测的测量更新
  xhat = xhat + L* (ytrue - yhat);
  xhat = max(-5,xhat); % 不要得到负 xhat 的平方根!

  % EKF Step 2c:误差协方差的测量更新
  SigmaX = SigmaX - L* SigmaY* L';
  [~,S,V] = svd(SigmaX);
  HH = V* S* V';
  SigmaX = (SigmaX + SigmaX' + HH + HH')/4;
  % 有助于保持鲁棒性

  % 为评估或绘图储存信息
  xstore(k+1,:) = xtrue; xhatstore(k,:) = xhat;
  SigmaXstore(k,:) = (SigmaX(:))';
end
```

可以注意到,上述代码在步骤 2b 和 2c 中采取了额外的预防措施,以保持滤

波器的稳定运行。在步骤 2c 中，使用 3.6.4 节中的方法确保协方差矩阵对称和半正定。在步骤 2b 中，我们认识到 x_k 不能小于 -5，否则，在下一次迭代中，平方根运算将得出一个含虚数的结果。因此，我们利用这一方面的信息，规定状态估计值始终大于 -5。①

使用与 3.6.3 节相同的代码绘制结果。由于初始状态和噪声输入随机，因此每次运行 EKF 得到的曲线图都会有所不同。某一示例如图 3－17 所示。通常，我们不知道真实系统状态，但由于真实系统在本代码里被仿真，因此，可以在图中画出这些信息。可以看到，状态估计值很好地跟随了真实状态。但是，误差边界却并不严谨，如图 3－17 右图所示。误差应该在 95% 的时间内保持在 3σ 以内，但在这里它经常在 3σ 界以外。当使用 EKF 对非线性程度较高的系统进行状态估计时，这是常见的结果。因此，误差边界不可信是 EKF 的一个问题。我们将在 3.10 节中看到，SPKF 通常在计算误差边界方面做得更好。

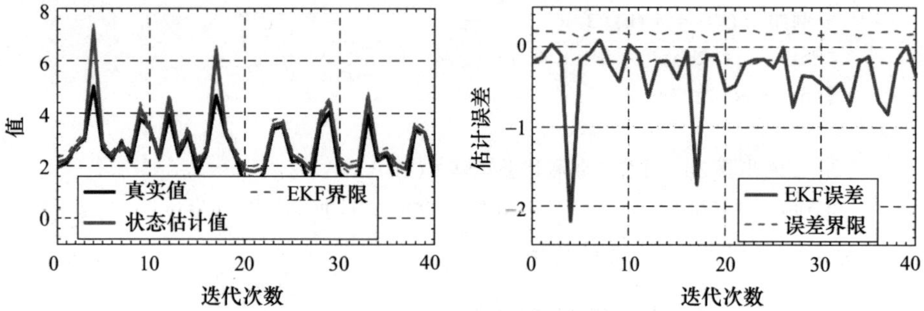

图 3－17 简单问题的 EKF 估计结果示例(见彩图)

3.8 利用 ESC 电池模型实施 EKF

3.8.1 计算 EKF 矩阵

现在准备将一般 EKF 状态估计步骤应用于基于 ESC 电池模型的特定状态估计问题。为此，必须能够计算出 EKF 所需的 $\hat{\boldsymbol{A}}_k$、$\hat{\boldsymbol{B}}_k$、$\hat{\boldsymbol{C}}_k$、$\hat{\boldsymbol{D}}_k$ 矩阵。首先，检查状态方程的组成，以确定 $\hat{\boldsymbol{A}}_k$ 和 $\hat{\boldsymbol{B}}_k$。

---

① 在实际的卡尔曼滤波算法实现中，几乎总是需要对 6 个步骤进行一些修改，以使它们在推导滤波器方程的假设被打破时，能够更好地工作。这就是为什么本书推导出了这 6 个步骤，而不是简单罗列出。算法设计者必须知道这些方程的来源和含义，以便在实际应用中对它们进行修改或扩充。

假设过程噪声模拟电流传感器测量误差。也就是说，假设真实的电池电流是 $i_k + w_k$，而实际测量结果仅为 i_k。同时假设可以近似认为库仑效率 $\eta_k = 1$，并允许 EKF 自适应处理该假设带来的小误差。

那么，SOC 方程可以写成

$$z_{k+1} = z_k - \frac{\Delta t}{Q}(i_k + w_k)$$

我们需要的两个导数为

$$\left.\frac{\partial z_{k+1}}{\partial z_k}\right|_{z_k = \hat{z}_k^+} = 1, \left.\frac{\partial z_{k+1}}{\partial w_k}\right|_{w_k = \bar{w}} = -\frac{\Delta t}{Q}$$

式中：Q 的单位是 A · s。

如果 $\tau_j = \exp(-\Delta t/(R_j C_j))$，则电阻－电流状态方程可表示为

$$\boldsymbol{i}_{R,k+1} = \underbrace{\begin{bmatrix} \tau_1 & 0 & \cdots \\ 0 & \tau_2 & \\ \vdots & & \ddots \end{bmatrix}}_{A_{RC}} \boldsymbol{i}_{R,k} + \underbrace{\begin{bmatrix} 1-\tau_1 \\ 1-\tau_2 \\ \vdots \end{bmatrix}}_{B_{RC}} (i_k + w_k)$$

可以发现这两个导数为

$$\left.\frac{\partial \boldsymbol{i}_{R,k+1}}{\partial \boldsymbol{i}_{R,k}}\right|_{\boldsymbol{i}_{R,k} = \hat{\boldsymbol{i}}_{R,k}^+} = \boldsymbol{A}_{RC}, \left.\frac{\partial \boldsymbol{i}_{R,k+1}}{\partial w_k}\right|_{w_k = \bar{w}} = \boldsymbol{B}_{RC}$$

如果定义 $A_{H,k} = \exp\left(-\left|\frac{(i_k + w_k)\gamma \Delta t}{Q}\right|\right)$，则滞回状态方程记为

$$h_{k+1} = A_{H,k} h_k + (A_{H,k} - 1)\,\mathrm{sgn}(i_k + w_k)$$

对状态求偏导，并在设定点 p_k 处求值（注意 $w_k = \bar{w}$ 是设定点的分量）：

$$\left.\frac{\partial h_{k+1}}{\partial h_k}\right|_{\substack{h_k = \hat{h}_k^+ \\ w_k = \bar{w}}} = -\exp\left(-\left|\frac{(i_k + \bar{w}_k)\gamma \Delta t}{Q}\right|\right) = \bar{A}_{H,k}$$

接下来，必须找到 $\partial h_{k+1}/\partial w_k$。但是，绝对值函数和符号函数在 $i_k + w_k = 0$ 时是不可微的。暂时忽略这个细节。

（1）如果 $i_k + w_k > 0$，则

$$\frac{\partial h_{k+1}}{\partial w_k} = -\left|\frac{\gamma \Delta t}{Q}\right| \exp\left(-\left|\frac{\gamma \Delta t}{Q}\right| |(i_k + w_k)|\right)(1 + h_k)$$

（2）如果 $i_k + w_k < 0$，则

$$\frac{\partial h_{k+1}}{\partial w_k} = -\left|\frac{\gamma \Delta t}{Q}\right| \exp\left(-\left|\frac{\gamma \Delta t}{Q}\right| |(i_k + w_k)|\right)(1 - h_k)$$

总体来说,在泰勒级数线性化设定点处,有

$$\left.\frac{\partial h_{k+1}}{\partial w_k}\right|_{\substack{h_k=\hat{h}_k^+\\ w_k=\bar{w}}} = -\left|\frac{\gamma\Delta t}{Q}\right|\bar{A}_{H,k}(1+\mathrm{sgn}(i_k+\bar{w})\hat{h}_k^+)$$

零状态瞬时滞回方程定义为

$$s_{k+1}=\begin{cases}\mathrm{sgn}(i_k+w_k), & |i_k+w_k|>0\\ s_k, & \text{其他}\end{cases}$$

如果认为 $i_k+w_k=0$ 是零概率事件,则

$$\frac{\partial s_{k+1}}{\partial s_k}=0,\frac{\partial s_{k+1}}{\partial w_k}=0$$

现在考虑确定 $\hat{\boldsymbol{C}}_k$ 和 $\hat{\boldsymbol{D}}_k$ 的组成。ESC 模型输出方程为

$$y_k = \mathrm{OCV}(z_k) + Mh_k + M_0 s_k - \sum_j R_j i_{R_j,k} - R_0 i_k + v_k$$

不再将 w_k 加在 i_k 上,否则,这将使过程噪声和总测量噪声之间产生相关性,不符合推导卡尔曼滤波时的假设。因此,有

$$\left.\frac{\partial y_k}{\partial s_k}\right| = M_0, \left.\frac{\partial y_k}{\partial h_k}\right| = M, \left.\frac{\partial y_k}{\partial i_{R_j,k}}\right| = -R_j, \left.\frac{\partial y_k}{\partial v_k}\right| = 1$$

还需要:

$$\left.\frac{\partial y_k}{\partial z_k}\right|_{z_k=\hat{z}_k^-} = \left.\frac{\partial \mathrm{OCV}(z_k)}{\partial z_k}\right|_{z_k=\hat{z}_k^-}$$

上式可以通过如下的 OCV 数据进行近似。若 SOC 为由等间隔的 SOC 点组成的向量,对应的开路电压向量为 OCV,则下面的 MATLAB 代码可以近似该偏导数。

```
% 由{SOC,OCV}数据求解 SOC = z 处的 dOCV/dz
function dOCVz = dOCVfromSOC(SOC,OCV,z)
  dZ = SOC(2) - SOC(1); % 求 SOC 向量的间距
  dUdZ = diff(OCV)/dZ; % 前向缩放有限差分
  dOCV = ([dUdZ(1) dUdZ] + [dUdZ dUdZ(end)])/2;
% 前向差分/后向差分的平均值
dOCVz = interp1(SOC,dOCV,z);
```

图 3-18 显示了该函数对应于 6 种不同锂离子电池的情况,其中包含噪声,这些噪声可以被滤除,但实际上没有必要这样做。①

① 注意:如果经验导数关系必须平滑,则需要一个零相位滤波器,否则,曲线会沿 SOC 轴发生偏移。零相位滤波器的设计和实现超出了本书研究范围。

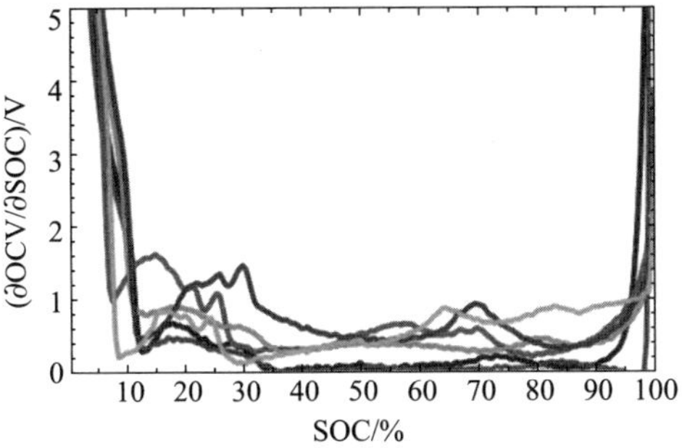

图3－18　OCV随SOC变化的估计

3.8.2　EKF的重构实施

我们原本可以选择与3.17节示例相同的方法实现用于电池状态估计的EKF,但为了更能体现实际的BMS实现,我们重构代码,新结构与图3－1所示过程一致。

重构代码包含3个主要部分:初始化代码 initEKF.m,在启动时调用一次;更新代码 iterEKF.m,在取得电池电流和电压新测量值时的每个采样点被调用;“封装”代码,协调整个仿真过程。封装代码是BMS的主函数,并执行BMS应用程序循环。[①]

封装代码:从检查主BMS程序循环开始。此代码的第一部分加载ESC电池模型文件和动态测试数据文件。在BMS实际运行时,我们将测量电压和电流;然而在仿真中,加载已经通过实验室电池测试收集的数据。从数据文件中获取时间 time、电流 current 和电压 voltage 向量,并修改时间变量以确保它从0开始。

```
% 将电池模型文件载入结构体 model
load cellModel

% 加载电池测试数据
load Cell_DYN_P5 % 加载动态数据
T = 5; % 测试温度为 5 degC

time = DYNData.script1.time(:);
```

① 此代码可以从 http://mocha-java.uccs.edu/BMS2/CH3/ESCEKF.zip 下载。

```
deltat = time(2) - time(1);
time = time - time(1); % 设置初始时刻为 0
current = DYNData.script1.current(:);
% 放电时 > 0; 充电时 < 0
voltage = DYNData.script1.voltage(:);
```

预先计算的 SOC“真”向量 soc 也被加载,其基于精确初始化的库仑计数和实验室级电流传感器。这个真向量在实践中不可获得,这里将其用于绘图中,与 EKF 结果进行比较。继续进行初始化,为一些之后需要绘图的计算结果预留存储空间。这在实际中也是不必要的,因为不需要存储过去的估计值。

```
soc = DYNData.script1.soc(:);

% 为需要绘图的计算结果预留储存空间
sochat = zeros(size(soc)); socbound = zeros(size(soc));
```

接下来,继续执行一些“开机”初始化函数。首先,指定状态、过程噪声和传感器噪声协方差的初始值。然后,调用函数 initEKF.m 初始化结构体 ekfData,EKF 使用 ekfData 存储迭代算法各步数据。后续将简要介绍 initEKF.m。

```
% 协方差值
SigmaX0 = diag([1e-6 1e-8 2e-4]); % 初始状态的不确定性
SigmaW = 2e-1; % 状态方程中电流测量的不确定性
SigmaV = 2e-1; % 输出方程中电压测量的不确定性

% 创建结构体 ekfData,并使用第一个电压、温度测量值初始化变量
ekfData = initEKF(voltage(1),T,SigmaX0,SigmaV,...
SigmaW,model);
```

初始化完成后,现在进入主程序循环。由于计算需要一些时间,因此,利用 MATLAB 特性打开一个进度条窗口,以显示进度。接着,在每一个采样时刻,从数据集中提取当前的电压、电流和温度测量值。然后,调用 iterEKF.m 函数来更新 EKF 的状态估计。进度条会定期更新,并在所有数据处理完毕后关闭。

```
% 现在,在剩余时间进入循环,每个采样点更新一次 EKF
hwait = waitbar(0,'Computing...');
for k = 1:length(voltage),
  vk = voltage(k); % 电压测量值
  ik = current(k); % 电流测量值
  Tk = T; % 温度测量值

  % 更新 SOC 及其他模型状态
```

```
  [sochat(k),socbound(k),ekfData] = iterEKF(vk,...
     ik,Tk,deltat,ekfData);
  % 定期更新进度条,但不要太频繁
  if mod(k,1000) = =0,
    waitbar(k/length(current),hwait);
  end;
end
close(hwait);
```

最后,绘制一些结果。[①] 第一幅图显示 SOC 真实值、SOC 估计值以及 SOC 估计界限。第二幅图显示 SOC 估计误差及误差界限。同时计算并显示 SOC 估计均方根误差,以及估计误差超出误差界限的时间百分比。理想情况下,两者均为 0。

```
figure(1); clf;
plot(time/60,100* sochat,time/60,100* soc); hold on
h = plot([time/60; NaN; time/60],[100* ...
  (sochat + socbound); NaN; 100* (sochat - socbound)]);
xlabel('时间/min'); ylabel('SOC/% ');
legend('估计值','真实值','界限'); grid on

fprintf('RMS SOC estimation error = % g% % \n',...
sqrt(mean((100* (soc - sochat)).^2)));

figure(2); clf; plot(time/60,100* (soc - sochat)); hold on
h = plot([time/60; NaN; time/60],[100* socbound; ...
    NaN; -100* socbound]);
xlabel ('时间/min '); ylabel('SOC 误差/% '); ...
      ylim([ -4 4]);
legend('估计误差','误差界限'); grid on

ind = find(abs(soc - sochat) > socbound);
fprintf('Percent of time error outside...
    bounds = % g% % \n',length(ind)/length(soc)* 100);
```

初始化代码:现在研究 initEKF.m。这个函数的目的是创建数据结构体 ekfData,以供 EKF 存储相关的常量和变量。在函数顶部,初始化状态向量 xhat。假设扩散电流为零,滞回电压为零,且电池在启动时处于平衡状态,根据

① 这段代码不会出现在实践中,它只是用于评估 EKF 在计算机应用程序中的性能。

OCV 关系和初始电压 v0 查找初始荷电状态。由于状态向量可以以任意方式排序,因此还定义了索引变量 irInd,hkInd,和 zkInd,分别作为状态向量中扩散电流、滞回和 SOC 的索引。所有这些值都存储为 ekfData 输出结构体的字段。

```
function ekfData = initEKF(v0,T0,...
                           SigmaX0,SigmaV,SigmaW,model)
  % 初始状态描述
  ir0 = 0; ekfData.irInd = 1;
  hk0 = 0; ekfData.hkInd = 2;
  SOC0 = SOCfromOCVtemp(v0,T0,model); ekfData.zkInd = 3;
  ekfData.xhat = [ir0 hk0 SOC0]'; % 初始状态

  % 协方差值
  ekfData.SigmaW = SigmaW; ekfData.SigmaV = SigmaV;
  ekfData.SigmaX = SigmaX0; ekfData.SXbump = 5;

  % 前一时刻电流值
  ekfData.priorI = 0;
  ekfData.signIk = 0;

  % 储存 model 数据结构体
  ekfData.model = model;
end
```

接下来,存储已知的初始状态、过程噪声和传感器噪声协方差值。如果滤波器认为它的估计值“丢失”了,那么,SXbump 字段与测量值验证门限一起作用,增加状态估计的协方差。电池输入电流之前的未知电流值设置为零,电流符号也被设置为零。最后,ESC 电池模型结构体被保存到 ekfData 中,函数返回。

迭代代码:每次测量完电池电流和电压后,主程序循环调用 iterEKF.m。首先,将电池模型从 ekfData 结构体中解压,根据当前电池温度值计算电池模型参数值。由于温度可能会发生变化,因此,必须在每次迭代中进行这一操作。使用 ESC 工具箱的标准模型数据访问器函数 getParamESC.m。

```
function [zk,zkbnd,ekfData] = iterEKF(vk,ik,Tk,...
                                      deltat,ekfData)
  model = ekfData.model;
  % 根据当前工作温度加载电池模型参数
  Q = getParamESC('QParam',Tk,model);
  G = getParamESC('GParam',Tk,model);
```

```
  M = getParamESC('MParam',Tk,model);
  M0 = getParamESC('M0Param',Tk,model);
  RC = exp(-deltat./...
  abs(getParamESC('RCParam',Tk,model)))';
  R = getParamESC('RParam',Tk,model)';
  R0 = getParamESC('R0Param',Tk,model);
  eta = getParamESC('etaParam',Tk,model);
  if ik<0,ik=ik*eta; end; % 当电池充电时调整电流
```

接下来,从 ekfData 结构体中提取 EKF 常量和变量。如果当前电池电流的数值大于 C/100 率,则也计算电流的新符号。

```
% 提取储存于 ekfData 结构体中的数据
SigmaX = ekfData.SigmaX; SigmaW = ekfData.SigmaW;
SigmaV = ekfData.SigmaV;
irInd = ekfData.irInd; hkInd = ekfData.hkInd;
zkInd = ekfData.zkInd;
xhat = ekfData.xhat; nx = length(xhat);
I = ekfData.priorI;
if abs(ik)>Q/100,ekfData.signIk = sign(ik); end;
signIk = ekfData.signIk;
```

现在开始检查 EKF 的 6 个步骤。步骤 1a 必须首先计算 $\hat{\boldsymbol{A}}_{k-1}$ 和 $\hat{\boldsymbol{B}}_{k-1}$ 矩阵。另外,它还需计算 $\boldsymbol{B}$ 矩阵,用于计算状态预测向量。注意,在执行步骤 1a 到 1c 之前,xhat 和 SigmaX 分别表示 $\hat{\boldsymbol{x}}_{k-1}^{+}$ 和 $\boldsymbol{\Sigma}_{\tilde{x},k-1}^{+}$。这些步骤之后,xhat 和 SigmaX 分别表示 $\hat{\boldsymbol{x}}_{k}^{-}$ 和 $\boldsymbol{\Sigma}_{\tilde{x},k}^{-}$。

```
% 步骤 1a: 状态预测值的时间更新
% 首先,计算 Ahat[k-1],Bhat[k-1]
Ah = exp(-abs(I*G*deltat/(3600*Q))); % 滞回因子
Bh = -abs(G*deltat/(3600*Q))...
        *Ah*(1+sign(I)*xhat(hkInd));
Ahat = zeros(nx,nx); Bhat = zeros(nx,1);
Ahat(zkInd,zkInd) = 1; Bhat(zkInd) = -deltat/(3600*Q);
Ahat(irInd,irInd) = diag(RC); Bhat(irInd) = 1-RC(:);
B = [Bhat,0*Bhat];
Ahat(hkInd,hkInd) = Ah; Bhat(hkInd) = Bh;
B(hkInd,2) = Ah-1;
% 接下来,更新 xhat
xhat = Ahat*xhat + B*[I; sign(I)];
```

```
% 步骤1b:误差协方差的时间更新
% sigmaminus(k) = Ahat(k-1)* sigmaplus(k-1)* ...
% Ahat(k-1)' + Bhat(k-1)* sigmawtilde* Bhat(k-1)'
SigmaX = Ahat* SigmaX* Ahat' + Bhat* SigmaW* Bhat';

% 步骤1c:输出估计值
yhat = OCVfromSOCtemp(xhat(zkInd),Tk,model) + ...
  M0* signIk + M* xhat(hkInd) - R* xhat(irInd) - R0* ik;
```

步骤1b和1c以一种简单直接的方式实现,使用ESC工具箱函数OCVfromSOCtemp.m计算OCV,OCV是SOC和温度的函数。

在步骤2a中,必须先计算$\hat{\boldsymbol{C}}_k$和$\hat{\boldsymbol{D}}_k$矩阵,然后是$\boldsymbol{\Sigma}_{\tilde{y},k}$,最后是卡尔曼增益$\boldsymbol{L}_k$。在步骤2b中,使用测量验证门限来舍弃新息幅值大于$10\sigma_{\tilde{y}}$的测量值。对滞回状态施加限制,使其保持在$h_k \in [-1,1]$的规定范围内,同时对SOC状态施加限制,使其保持在$z_k \in [-0.05,1.05]$内。在估计过程中允许轻微的过充或过放。在步骤2c中,如果新息幅值大于$2\sigma_{\tilde{y}}$,则荷电状态协方差乘以SXbump因子。最后,为下一次迭代存储数据,返回主程序。注意:在执行步骤2之前,xhat和SigmaX分别表示$\hat{\boldsymbol{x}}_k^-$和$\boldsymbol{\Sigma}_{\tilde{x},k}^-$;在步骤2之后,它们分别表示$\hat{\boldsymbol{x}}_k^+$和$\boldsymbol{\Sigma}_{\tilde{x},k}^+$。

```
% 步骤2a:估计增益矩阵
Chat = zeros(1,nx);
Chat(zkInd) = dOCVfromSOCtemp(xhat(zkInd),Tk,model);
Chat(hkInd) = M;Chat(irInd) = -R; Dhat = 1;
SigmaY = Chat* SigmaX* Chat' + Dhat* SigmaV* Dhat';
L = SigmaX* Chat'/SigmaY;

% 步骤2b:状态估计值的测量更新
r = vk - yhat; % 残差,用于检查传感器错误
if r^2 > 100* SigmaY,L(:)=0.0; end
xhat = xhat + L* r;
xhat(hkInd) = min(1,max(-1,xhat(hkInd)));
% 帮助保持鲁棒性
xhat(zkInd) = min(1.05,max(-0.05,xhat(zkInd)));

% 步骤2c:误差协方差的测量更新
SigmaX = SigmaX - L* SigmaY* L';
if r^2 > 4* SigmaY,
  fprintf('Bumping SigmaX\n');
```

```
    SigmaX(zkInd,zkInd) = SigmaX (zkInd,zkInd)* ...
                                  ekfData.SXbump;
  end
  [ ~,S,V] = svd(SigmaX);
  HH = V* S* V';
  SigmaX = (SigmaX + SigmaX' + HH + HH')/4;
  % 帮助保持鲁棒性

  % 储存数据于 ekfData 结构体供下次迭代使用
  ekfData.priorI = ik;
  ekfData.SigmaX = SigmaX;
  ekfData.xhat = xhat;
  zk = xhat(zkInd);
  zkbnd = 3* sqrt(SigmaX(zkInd,zkInd));
end
```

该函数返回当前 SOC 估计 zk,估计的 3σ 边界 zkbnd,以及更新的 ekfData 结构体。

3.8.3 ESC 模型的 EKF 示例

图 3-19 是执行上述代码的示例结果。作为输入使用的数据集由 16 个重复的 UDDS 工况组成,各工况之间有休息间隔。电池测试在充满电的状态下开始,并在大约 3.3% SOC 时结束。

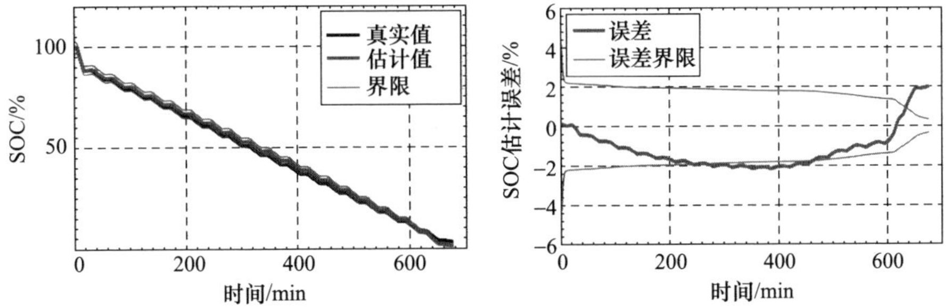

图 3-19　EKF 示例的 SOC 估计结果(见彩图)

左图表明,EKF 的 SOC 跟随在绝对意义上是相当好的。为便于说明,右图绘制 SOC 估计误差。在本例中,SOC 估计均方根误差为 1.53%。误差本应该一直处于误差界限内,但在本例中有 35.9% 的时间超出了界限。注意到该测试是在5℃下进行的，非线性滞回是影响电池电压的一个重要因素。使用在较高温度下收集的测试数据，往往会得到更好的估计结果，而且估计值通常会在更长时间内位于估计区间内。虽然本例还不是最差的情形，但它比一般情形要糟糕。

花一些精力调整 $\boldsymbol{\Sigma}_{\tilde{x},0}^{+}$、$\boldsymbol{\Sigma}_{\tilde{w}}$ 和 $\boldsymbol{\Sigma}_{\tilde{v}}$ 的值，估计结果可能会得到改善。如果EKF的所有假设都完全得到满足，可以基于初始电压读数不确定性和OCV－SOC曲线不确定性得出 $\boldsymbol{\Sigma}_{\tilde{x},0}^{+}$ 的表达式，可以根据电流传感器读数的方差推导出 $\boldsymbol{\Sigma}_{\tilde{w}}$ 的值，可以根据电压传感器读数的方差推导出 $\boldsymbol{\Sigma}_{\tilde{v}}$ 的值。然而，EKF假设并不能完全得到满足。因此，这些推导出的值只能起近似作用，可以作为初始的猜测值。

那么，应该如何计算实际应用中的 $\boldsymbol{\Sigma}_{\tilde{x},0}^{+}$、$\boldsymbol{\Sigma}_{\tilde{w}}$ 和 $\boldsymbol{\Sigma}_{\tilde{v}}$ 呢？有一些关于自适应EKF的文献介绍可以在运行过程中调整 $\boldsymbol{\Sigma}_{\tilde{w}}$ 和 $\boldsymbol{\Sigma}_{\tilde{v}}$。我们对这些方法的体验是好坏参半的，它们似乎只在某些应用中效果很好。我们通常采取反复试验的方法，不断摸索。在单体电池整个工作范围内，收集许多数据集。这些数据包括低温和高温，标定电流和电压传感器的数据，偏置电流值和含噪声的电压数据等。采用某一 $\boldsymbol{\Sigma}_{\tilde{x},0}^{+}$、$\boldsymbol{\Sigma}_{\tilde{w}}$ 和 $\boldsymbol{\Sigma}_{\tilde{v}}$ 集合，以使所有数据集的总体估计结果可接受。这可以通过手动或在优化程序循环中自动完成。无论采用哪种方式，这都是一项耗时的工作。

3.9 EKF的问题，用sigma点方法改进

EKF是最著名的，可能也是使用最广泛的非线性卡尔曼滤波。尽管它存在一些严重缺陷，但可以使用sigma点方法轻松纠正。

首要问题是EKF如何通过静态非线性函数传递随机向量的均值和协方差，从而估计输出随机向量的均值和协方差。问题不在于序贯概率推理的一般预测/校正机制，也不在于从一个离散时间向另一个离散时间传递随机向量。因此，本节只关注这两个统计量通过非线性函数的传递。

回想一下，扩展卡尔曼滤波在步骤1a和1c中计算均值时，作了简化 $\mathbb{E}[\boldsymbol{fn}(x)] \approx \boldsymbol{fn}(\mathbb{E}[x])$。受函数 $\boldsymbol{fn}(\cdot)$ 非线性程度的影响，这通常是不正确的，甚至与事实相去甚远。同样，在EKF步骤1b和2a中，泰勒级数展开是计算输出变量协方差的一部分，这导致非线性项被丢弃，带来精度损失。

利用一个简单的一维例子说明这两种效应，如图3－20所示，横轴表示非线性函数的输入值，纵轴表示函数的输出值。

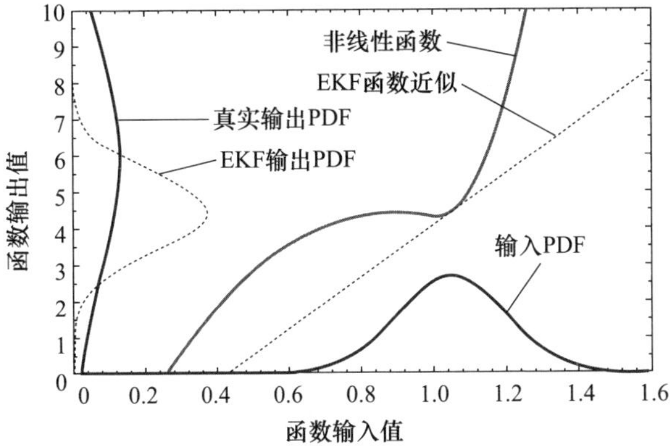

图3－20　计算输出均值和协方差的EKF方法

如果这个函数的输入是确定的,可以简单地使用函数表达式根据自变量输入计算出相应的因变量输出。从图形上看,可以把自变量定位在横轴上,画一条与横轴垂直的直线,直到它与非线性函数相交;然后向左直画一条与纵轴垂直的直线,直到它与纵轴相交,与纵轴的交点即为相关输出变量值。

然而,在本例中,输入是一个随机变量。我们不知道它的确切值,但知道它的概率密度函数(绘制在横轴上)。[①] 当输入等于输入概率密度函数的均值时,EKF通过计算非线性函数的输出估计输出随机变量的均值。在本例中,输入随机变量的均值为1.05,输出均值的估计值约为4.4。

要计算输出方差,EKF方法在输入PDF均值的邻域内将非线性函数线性化,在图中以虚线表示。将输入PDF标准差乘以这条虚线的斜率,可以计算输出PDF的标准差。在本例中,输入PDF的标准差为0.15,线性化斜率为7.1,则输出PDF的标准差为1.06。假设输出服从高斯分布,利用计算出的均值4.4和标准差1.06,将输出PDF的EKF估计用虚线绘制在纵轴上。

为计算输出均值和方差的精确近似估计值,从输入PDF中随机生成10万个样本,并通过非线性函数传递产生输出样本。输出样本的均值和标准差分别为5.9和3.06。具有这些统计信息的高斯PDF在纵轴上以实线绘制。我们注意到用这两种方法计算的均值和方差之间存在显著差异,EKF方法并没有对两者作出准确估计。

可以利用sigma点方法改进通过非线性状态和输出方程传递的均值和协方

① 对于EKF和后文的SPKF,我们假设输入和输出随机变量都服从高斯分布,尽管我们知道当分布通过非线性函数传递时,这一假设并不准确。在任何情况下,只要给出输入的均值和协方差,我们就可以估计输出的均值和协方差。

差估计。

3.9.1 用 sigma 点近似统计数据

现在开始研究描述非线性函数输出均值和协方差的不同方法，它避免了 EKF 方法所作的两个假设，因此可以产生更好的估计效果。

从刚才的例子中可以发现，如果从输入 PDF 中随机生成大量样本，然后通过非线性函数传递这些值，最后基于这些非线性函数输出结果计算统计量，可以很好地估计输出 PDF 的均值和方差。sigma 点方法采用了这种基本思想，但能够将输入 PDF 样本数量减少到最小。EKF 的解析线性化被有效的经验或统计线性化代替，从而只涉及少量的函数求值。

这里有以下几个优点。

(1) 不需要计算导数，在实施 EKF 时，该步骤最容易产生误差。

(2) 原始函数不需要是可微的。

(3) 相对于 EKF，通常具有更好的协方差近似，从而得到更准确的状态估计和误差范围。

(4) 计算复杂度与 EKF 相当。

sigma 点方法的关键是选取输入 PDF 样本的方法。如果不介意使用数量较多的样本，那么可以随机抽取。然而，为了得到高效的算法，必须仔细地选择样本。

将来自输入 PDF 的一组样本表示为 $\mathcal{X}$，并称为非线性函数的输入 sigma 点。选择一组 sigma 点，使它们的均值和协方差（可能加权）与输入随机变量的均值 $\bar{x}$ 和协方差 $\boldsymbol{\Sigma}_{\tilde{x}}$ 完全匹配。

然后，这些点分别通过非线性函数传递，得到一组转换后的输出 sigma 点 $\mathcal{Y}$。这些 sigma 点 $\mathcal{Y}$ 的均值和协方差（可能加权）近似于输出随机变量的均值 $\bar{y}$ 与协方差 $\boldsymbol{\Sigma}_{\tilde{y}}$。

需要注意的是，sigma 点由固定小数量的、经确定计算的向量组成，而不像前面例子中随机生成的点，也不像在粒子滤波中使用的粒子。具体地说，如果输入随机向量 $\boldsymbol{x}$ 维数为 L，均值为 $\bar{x}$，协方差为 $\boldsymbol{\Sigma}_{\tilde{x}}$，那么，生成 $p+1=2L+1$ 个 sigma 点，得到集合：

$$\mathcal{X}=\{\bar{x},\bar{x}+\gamma\sqrt{\boldsymbol{\Sigma}_{\tilde{x}}},\bar{x}-\gamma\sqrt{\boldsymbol{\Sigma}_{\tilde{x}}}\} \tag{3.25}$$

式中：大括号 $\{\cdot\}$ 强调 $\mathcal{X}$ 是一组向量。我们会发现将这个集合以矩阵的紧凑形式存储是很方便的，其中矩阵的每一列都是集合中的一个元素。尽管如此，$\mathcal{X}$ 在实质上是一个集合。

$\mathcal{X}$ 元素索引值为从 0 到 p。$\mathcal{X}$ 的第 0 个元素是被建模的 PDF 的均值 $\bar{x}$。集

合的下 L 个元素被紧凑地写成 $\bar{\boldsymbol{x}}+\gamma\sqrt{\boldsymbol{\Sigma}_{\tilde{x}}}$。矩阵平方根 $\boldsymbol{R}=\sqrt{\boldsymbol{\Sigma}}$ 使得 $\boldsymbol{\Sigma}=\boldsymbol{R}\boldsymbol{R}^{\mathrm{T}}$。通常采用乔列斯基分解，得到与 $\boldsymbol{\Sigma}_{\tilde{x}}$ 维数相同的下三角方阵 $\boldsymbol{R}$。① γ 是一个加权常数，可以通过校正 γ 来调整 sigma 点方法的性能。

$\bar{\boldsymbol{x}}$ 是一个向量，$\gamma\sqrt{\boldsymbol{\Sigma}_{\tilde{x}}}$ 是一个矩阵，它们维数不同，所以 $\bar{\boldsymbol{x}}+\gamma\sqrt{\boldsymbol{\Sigma}_{\tilde{x}}}$ 在标准线性代数中没有意义。这个符号的意思是将向量 $\bar{\boldsymbol{x}}$ 加到 $\gamma\sqrt{\boldsymbol{\Sigma}_{\tilde{x}}}$ 的每一列上，从而得到一个与 $\boldsymbol{\Sigma}_{\tilde{x}}$ 维数相同的矩阵。这个输出矩阵的 L 列就是 $\boldsymbol{\mathcal{X}}$ 中索引从 1 到 L 的 sigma 点。

类似地，$\boldsymbol{\mathcal{X}}$ 的最后 L 个 sigma 点用 $\bar{\boldsymbol{x}}-\gamma\sqrt{\boldsymbol{\Sigma}_{\tilde{x}}}$ 表示，也就是说，从 $\bar{\boldsymbol{x}}$ 中减去 $\gamma\sqrt{\boldsymbol{\Sigma}_{\tilde{x}}}$ 的列，得到 L 个 sigma 点。这些是 $\boldsymbol{\mathcal{X}}$ 中索引从 $L+1$ 到 $2L$ 的元素。

对于某些 $\{\gamma,\alpha_i^{(\mathrm{m})},\alpha_i^{(\mathrm{c})}\}$，$\boldsymbol{\mathcal{X}}$ 中元素的加权均值和协方差等于 $\boldsymbol{x}$ 的原均值和协方差：

$$\bar{\boldsymbol{x}}=\sum_{i=0}^{p}\alpha_i^{(\mathrm{m})}\boldsymbol{\mathcal{X}}_i \quad \boldsymbol{\Sigma}_{\tilde{x}}=\sum_{i=0}^{p}\alpha_i^{(\mathrm{c})}(\boldsymbol{\mathcal{X}}_i-\bar{\boldsymbol{x}})(\boldsymbol{\mathcal{X}}_i-\bar{\boldsymbol{x}})^{\mathrm{T}}$$

式中：$\boldsymbol{\mathcal{X}}_i$ 是集合 $\boldsymbol{\mathcal{X}}$ 中的第 i 个向量元素；$\alpha_i^{(\mathrm{m})}$ 和 $\alpha_i^{(\mathrm{c})}$ 都是实标量，且 $\alpha_i^{(\mathrm{m})}$ 和 $\alpha_i^{(\mathrm{c})}$ 求和均为 1。$\alpha_i^{(\mathrm{m})}$ 是计算均值时使用的加权常数，$\alpha_i^{(\mathrm{c})}$ 是计算协方差时使用的加权常数。它们是 sigma 点方法的调优参数。

不同 sigma 点方法的差别就在于对这些加权常数的选择。表 3－2 列出了两种最流行的无迹卡尔曼滤波（UKF）和中心差分卡尔曼滤波（Central Difference Kalman Filter，CDKF）方法使用的加权值。虽然这两种方法的最初推导有很大区别，但最终方法在根本上是相同的。CDKF 只有一个调优参数 h，实施起来更简单。当分布确实是高斯的情况下，它具有更高的理论精度。然而，在分布不是高斯的情况下，UKF 有更多调优参数，在实践中可以更好地工作。

表 3－2　常见 sigma 点方法的常数选择

方法	γ	$\alpha_0^{(\mathrm{m})}$	$\alpha_k^{(\mathrm{m})}$	$\alpha_0^{(\mathrm{c})}$	$\alpha_k^{(\mathrm{c})}$
UKF	$\sqrt{L+\lambda}$	$\dfrac{\lambda}{L+\lambda}$	$\dfrac{1}{2(L+\lambda)}$	$\dfrac{\lambda}{L+\lambda}+(1-\alpha^2+\beta)$	$\dfrac{1}{2(L+\lambda)}$
CDKF	h	$\dfrac{h^2-L}{h^2}$	$\dfrac{1}{2h^2}$	$\dfrac{h^2-L}{h^2}$	$\dfrac{1}{2h^2}$

注：$\lambda=\alpha^2(L+\kappa)-L$ 是一个尺度参数，$10^{-2}\leqslant\alpha\leqslant1$ 与 $\alpha_i^{(\mathrm{m})}$ 和 $\alpha_i^{(\mathrm{c})}$ 不同，κ 等于 0 或者 $3-L$。β 包含之前的信息，h 可以取任意正值。对于高斯 RV，$\beta=2$ 或 $h=\sqrt{3}$。

① 注意：MATLAB 在默认情况下，返回一个上三角矩阵。为得到正确的结果，必须选择可选参数 `lower`。

集合 $\mathcal{X}$ 中的每个输入随机变量 sigma 点 $\mathcal{X}_i$ 通过非线性函数 $f(\cdot)$ 产生相应的输出 sigma 点 $\mathcal{Y}_i = f(\mathcal{X}_i)$。然后，计算输出均值和协方差：

$$\bar{y} = \sum_{i=0}^{p} \alpha_i^{(\mathrm{m})} \mathcal{Y}_i \quad \boldsymbol{\Sigma}_{\tilde{y}} = \sum_{i=0}^{p} \alpha_i^{(\mathrm{c})} (\mathcal{Y}_i - \bar{y})(\mathcal{Y}_i - \bar{y})^{\mathrm{T}} \tag{3.26}$$

图 3-21 描述了整个过程。在右上方，从输入 RV 的均值向量和协方差矩阵开始。在本例中，$\bar{x}$ 是一个 4 维向量，$\boldsymbol{\Sigma}_{\tilde{x}}$ 是一个 4×4 矩阵。根据这些输入，我们创建 $2L+1=9$ 个 sigma 点，它们被紧凑地存储为一个 4×9 矩阵的列。第 0 个点等于 $\bar{x}$，用同样的阴影表示。下 L 个点等于 $\gamma\sqrt{\boldsymbol{\Sigma}_{\tilde{x}}}$ 的列加上 $\bar{x}$。由于 $\boldsymbol{\Sigma}_{\tilde{x}}$ 是下三角矩阵，对角线上方的所有元素都为零，所以当将它加到 $\bar{x}$ 上时，结果与 $\bar{x}$ 只在下三角区域不同。因此图中对角线上方的元素使用与 $\bar{x}$ 相同的阴影绘制，下三角元素使用与 $\boldsymbol{\Sigma}_{\tilde{x}}$ 相同的阴影绘制。最后的 L 列以 $\bar{x}-\gamma\sqrt{\boldsymbol{\Sigma}_{\tilde{x}}}$ 的形式计算，并以类似的方式存储。

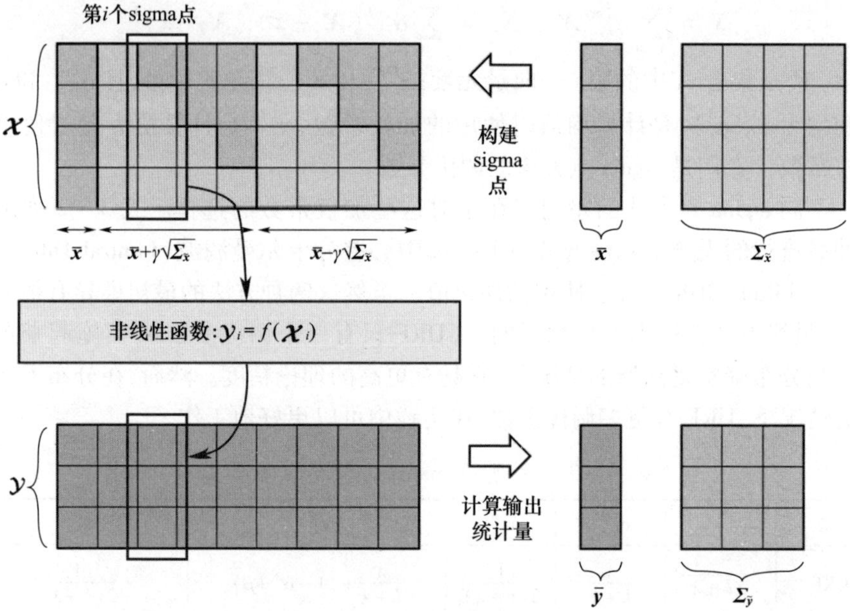

图 3-21 sigma 点方法的可视化过程(见彩图)

接下来，集合 $\mathcal{X}$ 中的每个点 $\mathcal{X}_i$ 分别通过非线性函数产生相应的输出点 $\mathcal{Y}_i$。这些输出 sigma 点构成集合 $\mathcal{Y}$，并被储存在一个矩阵中。在图中，我们强调函数输出不一定与函数输入具有相同的维数。对于本例，输入为 4 维向量，输出为 3 维向量。尽管输出的维数不同，但是权重常数 $\alpha_i^{(\mathrm{m})}$、$\alpha_i^{(\mathrm{c})}$ 和 γ，以及 sigma 点的个数 $p+1=2L+1$ 仍取决于输入 $\boldsymbol{x}$ 的维数。

最后，使用式(3.26)由 $\mathcal{Y}$ 中的 sigma 点计算输出统计量 $\bar{y}$ 和 $\boldsymbol{\Sigma}_{\tilde{y}}$。在本例中，均值是一个 3 维向量，协方差是一个 3×3 矩阵。还要注意，对应的 $\mathcal{Y}$ 元素使用与 $\mathcal{X}$ 元素类似的配色，但是不同的阴影强调了它们是不同的量。

在介绍 SPKF 算法之前，回顾图 3－20 中的 1 维示例，现在考虑 sigma 点方法。在本例中，$\boldsymbol{x}$ 的维数是 1，所以需要 $2L+1=3$ 个 sigma 点表示输入随机变量。如图 3－22 所示，输入 sigma 点为横轴上的黑色方块。正如预期的那样，其中一个 sigma 点等于输入概率密度函数的均值，其他两个 sigma 点分别位于与均值等距的两侧。

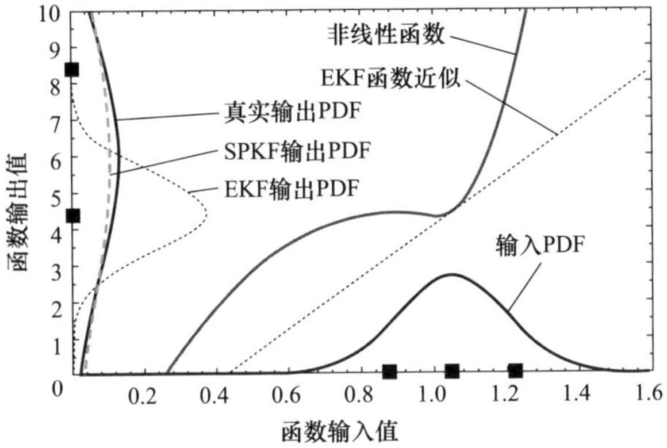

图 3－22　采用 sigma 点方法回顾一维示例

根据非线性函数，计算出 3 个输出 sigma 点，绘制在纵轴上。由于有两个输出 sigma 点非常接近，因此，在图中看起来是重合的。使用式(3.26)估计输出均值为 5.9，输出标准差为 3.80。具有这些统计特性的高斯分布曲线以虚线的形式绘制在垂直轴上。可以看到，这个概率密度函数比先前使用 EKF 方法得到的估计结果更接近真实情况。

sigma 点方法是否总是比 EKF 解析线性化方法好得多？答案取决于状态和输出方程的非线性程度，方程的非线性程度越高，SPKF 相对于 EKF 就越好。

3.10　SPKF

3.10.1　推导 SPKF 的 6 个步骤

现在回到状态估计问题，并应用 sigma 点方法通过非线性函数传递统计信息。与前面一样,遵循序贯概率推理的 6 个步骤。

SPKF 步骤 1a:状态预测值的时间更新

对于步骤 1a,我们希望使用 sigma 点方法对下式进行近似:

$$\hat{\boldsymbol{x}}_k^- = \mathbb{E}[\boldsymbol{f}(\boldsymbol{x}_{k-1}, \boldsymbol{u}_{k-1}, \boldsymbol{w}_{k-1}) \mid \mathbb{Y}_{k-1}]$$

一般的流程是先用 sigma 点表示输入的随机性,再将这些 sigma 点通过 $\boldsymbol{f}(\cdot)$ 传递,然后以输出点的(加权)平均值计算 $\hat{\boldsymbol{x}}_k^-$。

在 3.9.1 节中讨论静态非线性时没有考虑的一个复杂情况是:存在包含多个随机信号源的动态问题,如状态噪声、过程噪声和传感器噪声都是随机向量。为了使用 sigma 点方法,必须将所有的随机向量组合成一个随机向量。

于是,定义增广随机状态向量 $\boldsymbol{x}_k^a$,它结合了在离散时间 k 的各个随机因素:

$$\boldsymbol{x}_k^a = \begin{bmatrix} \boldsymbol{x}_k \\ \boldsymbol{w}_k \\ \boldsymbol{v}_{k+1} \end{bmatrix}, \boldsymbol{\Sigma}_{\tilde{\boldsymbol{x}}_k}^a = \begin{bmatrix} \boldsymbol{\Sigma}_{\tilde{\boldsymbol{x}},k} & 0 & 0 \\ 0 & \boldsymbol{\Sigma}_{\tilde{\boldsymbol{w}}} & 0 \\ 0 & 0 & \boldsymbol{\Sigma}_{\tilde{\boldsymbol{v}}} \end{bmatrix}$$

下面将在估计过程中使用此增广向量。

对于步骤 1a,首先构建前一时刻的增广后验状态估计和增广后验状态估计误差协方差矩阵:

$$\hat{\boldsymbol{x}}_{k-1}^{a,+} = \begin{bmatrix} \hat{\boldsymbol{x}}_{k-1}^+ \\ \bar{\boldsymbol{w}} \\ \bar{\boldsymbol{v}} \end{bmatrix}, \boldsymbol{\Sigma}_{\tilde{\boldsymbol{x}},k-1}^{a,+} = \begin{bmatrix} \boldsymbol{\Sigma}_{\tilde{\boldsymbol{x}},k-1}^+ & 0 & 0 \\ 0 & \boldsymbol{\Sigma}_{\tilde{\boldsymbol{w}}} & 0 \\ 0 & 0 & \boldsymbol{\Sigma}_{\tilde{\boldsymbol{v}}} \end{bmatrix}$$

由它们生成 $p+1$ 个增广 sigma 点:

$$\boldsymbol{\mathcal{X}}_{k-1}^{a,+} = \left\{ \hat{\boldsymbol{x}}_{k-1}^{a,+}, \hat{\boldsymbol{x}}_{k-1}^{a,+} + \gamma \sqrt{\boldsymbol{\Sigma}_{\tilde{\boldsymbol{x}},k-1}^{a,+}}, \hat{\boldsymbol{x}}_{k-1}^{a,+} - \gamma \sqrt{\boldsymbol{\Sigma}_{\tilde{\boldsymbol{x}},k-1}^{a,+}} \right\}$$

如前所述,这些 sigma 点可以构成便于运算的矩阵形式,如图 3-23 所示。图中所示过程噪声为 2 维向量,而传感器噪声为 1 维向量,此时,增广状态向量包含 3 个颜色区域。增广协方差矩阵表示为块对角线结构,白色区域表示零。协方差矩阵的结构使增广 sigma 点的结构如图中 $\boldsymbol{\mathcal{X}}_{k-1}^{a,+}$ 的阴影所示。

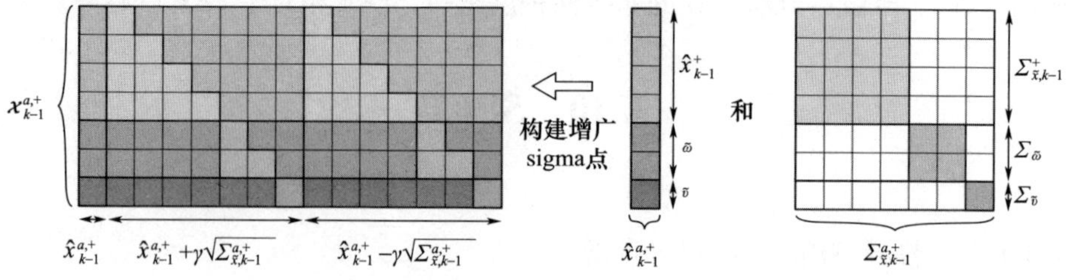

图 3-23 SPKF 步骤 1a:构建增广 sigma 点(见彩图)

形成的 sigma 点包含 3 部分，如图 3－24 所示。$\mathcal{X}_{k-1}^{a,+}$的顶部描述了状态估计的随机性，记为 $\mathcal{X}_{k-1}^{x,+}$；中部表示过程噪声的随机性，记为 $\mathcal{X}_{k-1}^{w,+}$；底部表示传感器噪声的随机性，记为 $\mathcal{X}_{k-1}^{v,+}$。可以进一步把每个部分的第 i 个元素分别记为 $\mathcal{X}_{k-1,i}^{x,+}$、$\mathcal{X}_{k-1,i}^{w,+}$和 $\mathcal{X}_{k-1,i}^{v,+}$。

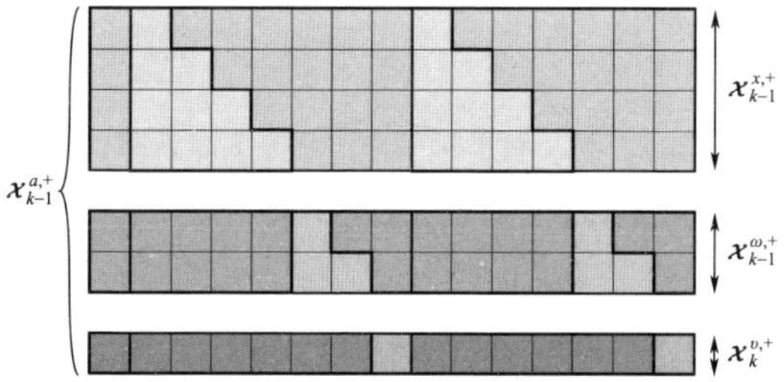

图 3－24　将增广 sigma 点矩阵分成三个部分

现在，通过用状态函数 $\boldsymbol{f}(\cdot)$ 传递代表先验随机性的 sigma 点，预测状态的当前值，如图 3－25 所示。使用所有的 $\mathcal{X}_{k-1,i}^{x,+}$和 $\mathcal{X}_{k-1,i}^{w,+}$计算状态方程，得到状态预测 sigma 点 $\mathcal{X}_{k-1,i}^{x,-}$，即计算 $\mathcal{X}_{k-1,i}^{x,-}=\boldsymbol{f}(\mathcal{X}_{k-1,i}^{x,+},u_{k-1},\mathcal{X}_{k-1,i}^{w,+})$。

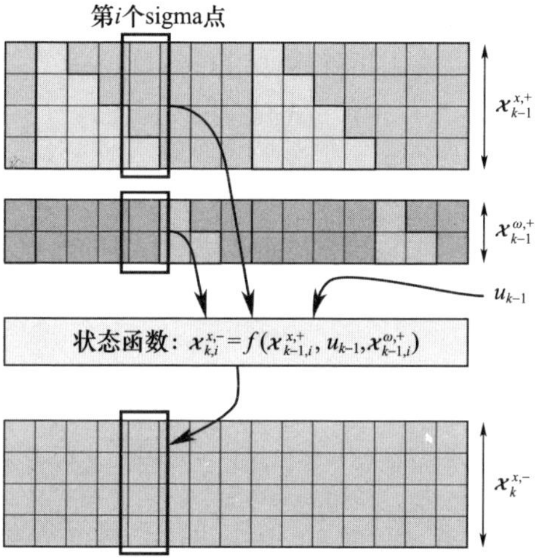

图 3－25　利用代表先验随机性的 sigma 点预测当前状态（见彩图）

最后，状态预测值为这些 sigma 点的加权平均值：

$$
\begin{aligned}
\hat{\boldsymbol{x}}_k^- &= \mathbb{E}[\boldsymbol{f}(\boldsymbol{x}_{k-1},\boldsymbol{u}_{k-1},\boldsymbol{w}_{k-1})\mid\mathbb{Y}_{k-1}] \approx \sum_{i=0}^{p}\alpha_i^{(\mathrm{m})}\boldsymbol{f}(\mathcal{X}_{k-1,i}^{x,+},\boldsymbol{u}_{k-1},\mathcal{X}_{k-1,i}^{w,+}) \\
&= \sum_{i=0}^{p}\alpha_i^{(\mathrm{m})}\mathcal{X}_{k,i}^{x,-}
\end{aligned}
$$

这种运算可以通过矩阵乘法有效地计算出来，如图 3－26 所示。如果 $\boldsymbol{\alpha}^{(\mathrm{m})}$ 是一个包含所有 $\alpha_i^{(\mathrm{m})}$ 值的向量，且 $\boldsymbol{\mathcal{X}}_k^{x,-}$ 以矩阵形式存储，则 $\hat{\boldsymbol{x}}_k^- = \boldsymbol{\mathcal{X}}_k^{x,-}\boldsymbol{\alpha}^{(\mathrm{m})}$。

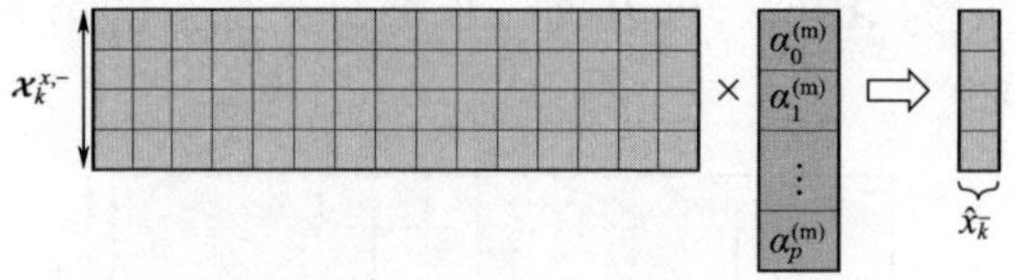

图 3－26　利用矩阵乘法计算状态预测值

SPKF 步骤 1b：误差协方差矩阵的时间更新

我们希望用 sigma 点法来近似 $\boldsymbol{\Sigma}_{\tilde{x},k}^- = \mathbb{E}[(\tilde{\boldsymbol{x}}_k^-)(\tilde{\boldsymbol{x}}_k^-)^{\mathrm{T}}]$。由于已经找到了用于状态预测的 sigma 点，因此大部分困难的工作已经完成。首先，对于每个sigma 点 i 计算：

$$\widetilde{\boldsymbol{\mathcal{X}}}_{k,i}^{x,-} = \boldsymbol{\mathcal{X}}_{k,i}^{x,-} - \hat{\boldsymbol{x}}_k^-$$

然后，计算协方差矩阵为加权求和：

$$\boldsymbol{\Sigma}_{\tilde{x},k}^- = \sum_{i=0}^{p} \alpha_i^{(\mathrm{c})} (\widetilde{\boldsymbol{\mathcal{X}}}_{k,i}^{x,-})(\widetilde{\boldsymbol{\mathcal{X}}}_{k,i}^{x,-})^{\mathrm{T}}$$

如图 3－27 所示，如果 $\boldsymbol{\alpha}^{(\mathrm{m})}$ 是一个包含所有 $\alpha_i^{(\mathrm{m})}$ 值的向量，且 $\boldsymbol{\mathcal{X}}_k^{x,-}$ 以矩阵形式存储，则这个总和可以使用矩阵乘法进行计算：

$$\boldsymbol{\Sigma}_{\tilde{x},k}^- = (\widetilde{\boldsymbol{\mathcal{X}}}_k^{x,-})\mathrm{diag}(\boldsymbol{\alpha}^{(\mathrm{c})})(\widetilde{\boldsymbol{\mathcal{X}}}_k^{x,-})^{\mathrm{T}}$$

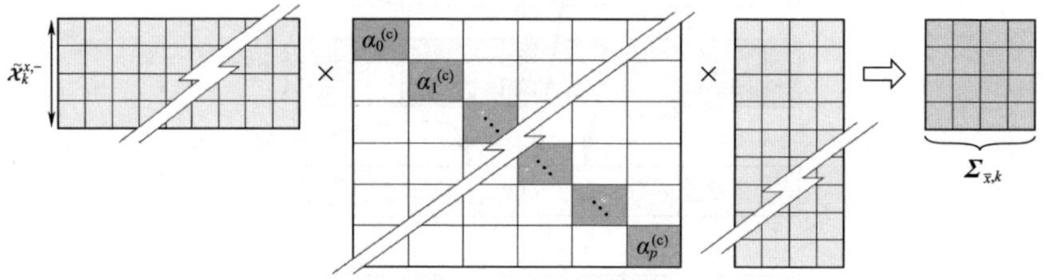

图 3－27　利用矩阵乘法计算状态预测误差协方差矩阵

这种简洁表示法使得在 MATLAB 中执行该步骤非常简单，然而，在 C 语言中需要手写编码以避免许多乘 0 操作。

SPKF 步骤 1c：预测系统输出

在这一步中，我们希望近似 $\hat{\boldsymbol{y}}_k = \mathbb{E}[\boldsymbol{h}(\boldsymbol{x}_k, \boldsymbol{u}_k, \boldsymbol{v}_k) | \mathbb{Y}_{k-1}]$。为此，取表示 $\boldsymbol{x}_k$ 和 $\boldsymbol{v}_k$ 随机性的 sigma 点，并将它们通过输出方程 $\boldsymbol{h}(\cdot)$ 传递，计算输出 sigma 点的加权平均值得到输出预测值。

首先，计算点 $\boldsymbol{\mathcal{Y}}_{k,i} = \boldsymbol{h}(\boldsymbol{\mathcal{X}}_{k,i}^{x,-}, \boldsymbol{u}_k, \boldsymbol{\mathcal{X}}_{k,i}^{v,+})$，如图 3－28 所示。然后，输出预测

值为

$$\hat{\boldsymbol{y}}_k = \mathbb{E}[\boldsymbol{h}(\boldsymbol{x}_k, \boldsymbol{u}_k, \boldsymbol{v}_k) | \mathbb{Y}_{k-1}] \approx \sum_{i=0}^{p} \alpha_i^{(\mathrm{m})} \boldsymbol{h}(\boldsymbol{\mathcal{X}}_{k,i}^{x,-}, \boldsymbol{u}_k, \boldsymbol{\mathcal{X}}_{k,i}^{v,+})$$

$$= \sum_{i=0}^{p} \alpha_i^{(\mathrm{m})} \boldsymbol{\mathcal{Y}}_{k,i}$$

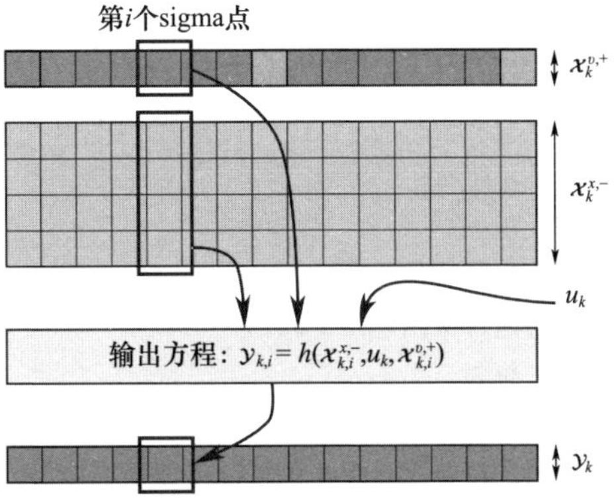

图 3-28　计算输出预测 sigma 点

这可以通过一个简单的矩阵乘法来计算，就像在步骤 1a 末尾计算 $\hat{\boldsymbol{x}}_k^-$ 时一样。

SPKF 步骤 2a：估计器增益矩阵

为了计算估计器增益矩阵，必须首先计算所需的协方差矩阵：

$$\boldsymbol{\Sigma}_{\tilde{y},k} = \sum_{i=0}^{p} \alpha_i^{(\mathrm{c})} (\boldsymbol{\mathcal{Y}}_{k,i} - \hat{\boldsymbol{y}}_k)(\boldsymbol{\mathcal{Y}}_{k,i} - \hat{\boldsymbol{y}}_k)^{\mathrm{T}}$$

$$\boldsymbol{\Sigma}_{\tilde{x}\tilde{y},k}^{-} = \sum_{i=0}^{p} \alpha_i^{(\mathrm{c})} (\boldsymbol{\mathcal{X}}_{k,i}^{x,-} - \hat{\boldsymbol{x}}_k^-)(\boldsymbol{\mathcal{Y}}_{k,i} - \hat{\boldsymbol{y}}_k)^{\mathrm{T}}$$

它们取决于 sigma 点矩阵 $\boldsymbol{\mathcal{X}}_k^{x,-}$ 和 $\boldsymbol{\mathcal{Y}}_k$，sigma 点矩阵已经在步骤 1b 和步骤 1c 中计算过；还取决于 $\hat{\boldsymbol{x}}_k^-$ 和 $\hat{\boldsymbol{y}}_k$，这两个量在步骤 1a 和步骤 1c 中计算过。这些求和可以通过矩阵乘法来执行，就像在步骤 1b 中所做的那样。

只要得到这些协方差矩阵，就能计算 $\boldsymbol{L}_k = \boldsymbol{\Sigma}_{\tilde{x}\tilde{y},k}^{-} \boldsymbol{\Sigma}_{\tilde{y},k}^{-1}$。

SPKF 步骤 2b：状态估计值的测量更新

状态估计值计算为

$$\hat{\boldsymbol{x}}_k^+ = \hat{\boldsymbol{x}}_k^- + \boldsymbol{L}_k (\boldsymbol{y}_k - \hat{\boldsymbol{y}}_k)$$

上式中所有必要的量都已经计算出来了。

SPKF 步骤 2c：误差协方差矩阵的测量更新

最后一步直接计算：

$$\boldsymbol{\Sigma}_{\tilde{x},k}^{+}=\boldsymbol{\Sigma}_{\tilde{x},k}^{-}-\boldsymbol{L}_k\boldsymbol{\Sigma}_{\tilde{y},k}\boldsymbol{L}_k^{\mathrm{T}}$$

上式中所有必需的量都已经计算出来了。本章附录概述了 SPKF 步骤。

3.10.2 含代码的 SPKF 示例

作为 SPKF 方法的第一个示例，请再次考虑 3.7.2 节中用于演示 EKF 的场景。在 MATLAB 中实施 SPKF 的程序结构与实施 EKF 基本相同。首先，定义一些常量和存储空间：

```
% 定义模型变量的大小
Nx = 1; % 状态 = 1x1 标量
Nxa = 3; % 增广状态还包含 w(k) and v(k)
Ny = 1; % 输出 = 1x1 标量

% SPKF 算法的一些常数。在有高斯噪声的情况下使用标准值，
% 是由 alpha(c)和 alpha(m)组成的加权矩阵。
h = sqrt(3);
alpha1 = (h* h-Nxa)/(h* h); alpha2 = 1/(2* h* h);
alpham = [alpha1; repmat(alpha2,[2* Nxa 1])]; % 均值权重
alphac = alpham; % 协方差权重

% 初始化仿真参数
SigmaW = 1; % 过程噪声协方差
SigmaV = 2; % 传感器噪声协方差
maxIter = 40;
xtrue = 2 + randn(1); % 初始化真实系统的初始状态
xhat = 2; % 初始化卡尔曼滤波的初始估计
SigmaX = 1; % 初始化卡尔曼滤波协方差

% 为可能想要绘制或评估的变量预留存储空间
xstore = zeros(maxIter+1,length(xtrue));
xstore(1,:) = xtrue;
xhatstore = zeros(maxIter,length(xhat));
SigmaXstore = zeros(maxIter,length(xhat)^2);
```

在这段代码中，Nx 为状态数，Nxa 为增广状态向量的元素数，Ny 为输出数。本例使用表 3-2 中的 CDKF 调优参数和调优常数 $h=\sqrt{3}$。alpham 和 alphac

向量分别存储 $\boldsymbol{\alpha}^{(m)}$ 和 $\boldsymbol{\alpha}^{(c)}$ 值，在本次仿真中它们恰好相同。

现在进入主程序循环：

```
for k = 1:maxIter,
    % SPKF 步骤 1a: 状态预测值的时间更新
    % 1a - i:计算增广状态估计,包含过程和传感器噪声均值
    xhata = [xhat; 0; 0];
    % 1a - ii:计算所需的乔列斯基因子
    Sigmaxa = blkdiag(SigmaX,SigmaW,SigmaV);
    sSigmaxa = chol(Sigmaxa,'lower');
    % 1a - iii:计算 sigma 点
    % 注意: xhata(:,ones([1 N]))产生一个 Nxa * N 矩阵,
    % 其中每一列都是 xhata
    X = xhata(:,ones([1 2* Nxa +1])) + h* [zeros([Nxa 1]),...
           sSigmaxa, - sSigmaxa];
    % 1a - iv:对每一个元素计算状态方程
    Xx = sqrt(5 + X(1,:)) + X(2,:);
    xhat = Xx* alpham;

    % SPKF 步骤 1b: 误差协方差矩阵的时间更新
    Xs = Xx - xhat(:,ones([1 2* Nxa +1]));
    SigmaX = Xs* diag(alphac)* Xs';
    w = chol(SigmaW)'* randn(1);
    v = chol(SigmaV)'* randn(1);
    % 系统后台隐含运行,输入信号为 u,输出信号为 z
    ytrue = xtrue^3 + v; % 输出 y 基于当前状态 x 和当前输入 u
    xtrue = sqrt(5 + xtrue) + w;
    % 基于当前输入 u 预测下一时刻的状态 x

    % SPKF 步骤 1c: 估计系统输出
    Y = Xx.^3 + X(3,:);
    yhat = Y* alpham;

    % SPKF 步骤 2a: 计算卡尔曼增益矩阵
    Ys = Y - yhat* ones([1 2* Nxa +1]);
    SigmaXY = Xs* diag(alphac)* Ys';
    SigmaY = Ys* diag(alphac)* Ys';
    Lx = SigmaXY/SigmaY;
```

```
    % SPKF 步骤 2b：状态预测的测量更新
    xhat = xhat + Lx* (ytrue - yhat);

    % SPKF Step 2c:误差协方差的测量更新
    SigmaX = SigmaX - Lx* SigmaY* Lx';

    % 为评估或绘图储存信息
    xstore(k+1,:) = xtrue;
    xhatstore(k,:) = xhat;
    SigmaXstore(k,:) = (SigmaX(:))';
end
```

这段代码的大部分内容是以简单的方式实现 SPKF 的 6 个步骤。但是，当通过水平地多次重复一个向量来构建矩阵时，会出现一些看起来很奇怪的 MATLAB 指令，如步骤 1a 的第三步中。①

举个简单的例子，如果：

```
x1 = [1;2;3];
x2 = x1(:,[1 1 1]);
```

则结果为

$$\boldsymbol{x}_2 = \begin{bmatrix} 1 & 1 & 1 \\ 2 & 2 & 2 \\ 3 & 3 & 3 \end{bmatrix}$$

`x2 = x1(:,[1 1 1])`的意思是通过提取 `x1` 的所有行和第 1 列来构建 `x2`，然后添加 `x1` 的所有行和第 1 列，最后再添加 `x1` 的所有行和第 1 列。同样，`xhata(:,ones([1 2* Nxa+1]))`水平方向复制 `xhata` 向量 `2* Nxa+1` 次。

图 3-29 绘制出了 SPKF 的运行结果，其与 3.7.2 节中 EKF 应用的模型、协方差矩阵调整策略和输入/输出数据完全相同。左图将 SPKF 估计值与真实值进行比较，右图显示 SPKF 和 EKF 估计误差及其误差边界。总体来说，SPKF 估计结果更好。同时，SPKF 的估计误差边界比 EKF 更可靠，这是一个很大的改进。

---

① 使用 MATLAB 内置的 `repmat` 函数会更明确，但 `repmat` 的效率不是很高，这里给出的奇怪代码要快很多倍。

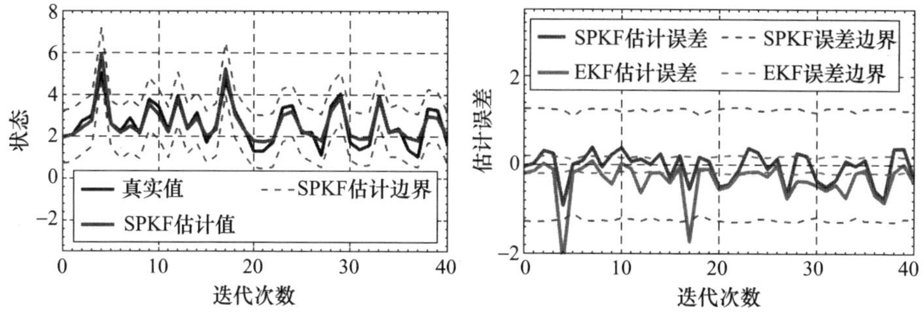

图 3－29　SPKF 示例结果(见彩图)

3.11　使用 ESC 电池模型实现 SPKF

当在 ESC 电池模型上实现 SPKF 时,需要重构代码,本节的代码重构虽然与 3.8.2 节十分相似,但更能代表电池管理系统主程序循环中所需架构。由于 SPKF 不需要衍生,因此不必花时间讨论如何使 SPKF 方法适应 ESC 电池模型,直接采用简单方法实现即可。与 3.8.2 节相同,代码包含仿真主程序循环的封装函数,初始化函数 initSPKF.m,以及迭代函数 iterSPKF.m。SPKF 的封装函数与 EKF 基本相同,不同的是其调用的是 SPKF 初始化及迭代函数,而不是 EKF 的相应函数。

下面给出 SPKF 初始化代码。与相应的 EKF 代码相比较,主要区别在于需要初始化 SPKF 调优参数 $\boldsymbol{\gamma}$、$\boldsymbol{\alpha}^{(m)}$ 和 $\boldsymbol{\alpha}^{(c)}$,以及定义增广状态向量长度的常数。另外,由于乔列斯基分解相对于 SPKF 的其他运算来说,计算量较大,因此,预先计算了过程噪声和传感器噪声协方差的乔列斯基因子,这样就不必在每次迭代中进行乔列斯基分解。

```
function spkfData = initSPKF(v0 ,T0,SigmaX0,...
                              SigmaV,SigmaW,model)
  % 初始状态描述
  ir0 = 0; spkfData.irInd = 1;
  hk0 = 0; spkfData.hkInd = 2;
  SOC0 = SOCfromOCVtemp(v0,T0,model);
  spkfData.zkInd = 3;
  spkfData.xhat = [ir0 hk0 SOC0]'; % 初始状态

  % 协方差值
  spkfData.SigmaX = SigmaX0;
```

```
spkfData.SigmaV = SigmaV;
spkfData.SigmaW = SigmaW;
spkfData.Snoise = chol(blkdiag(SigmaW,...
                  SigmaV),'lower');
spkfData.SXbump = 5;

% SPKF 特殊参数
Nx = length(spkfData.xhat);
spkfData.Nx = Nx; % 状态向量长度
Ny = 1; spkfData.Ny = Ny; % 输出向量长度
Nu = 1; spkfData.Nu = Nu; % 输入向量长度
Nw = size(SigmaW,1); spkfData.Nw = Nw;
% 过程噪声向量长度
Nv = size(SigmaV,1); spkfData.Nv = Nv;
% 传感器噪声向量长度
Na = Nx+Nw+Nv; spkfData.Na = Na; % 增广状态向量长度

h = sqrt(3); spkfData.h = h; % SPKF/CDKF 调优因子
alpha1 = (h*h-Na)/(h*h); % 计算均值的加权因子
alpha2 = 1/(2*h*h); % 计算协方差的加权因子
spkfData.alpham = [alpha1; alpha2*ones(2*Na,1)];
spkfData.alphac = spkfData.alpham;

% 前一时刻的电流值
spkfData.priorI = 0;
spkfData.signIk = 0;

% 储存模型结构体 model
spkfData.model = model;
end
```

SPKF 迭代代码也与 EKF 类似,因此不用花太多时间讨论它。首先,从 spkfData 结构体中解压常量和变量:

```
function [zk,zkbnd,spkfData] = iterSPKF(vk,ik,Tk,...
deltat,spkfData)
model = spkfData.model;
% 加载电池模型参数
Q = getParamESC('QParam',Tk,model);
```

```
G = getParamESC('GParam',Tk,model);
M = getParamESC('MParam',Tk,model);
M0 = getParamESC('M0Param',Tk,model);
RC = exp(-deltat./abs(getParamESC('RCParam',...
Tk,model)))';
R = getParamESC('RParam',Tk,model)';
R0 = getParamESC('R0Param',Tk,model);
eta = getParamESC('etaParam',Tk,model);
if ik<0,ik=ik*eta; end;

% 从 spkfData 结构体中提取数据
irInd = spkfData.irInd;
hkInd = spkfData.hkInd;
zkInd = spkfData.zkInd;
xhat = spkfData.xhat;
SigmaX = spkfData.SigmaX;

% 获取 SPKF 特殊参数
Snoise = spkfData.Snoise;
Nx = spkfData.Nx;
Nw = spkfData.Nw;
Nv = spkfData.Nv;
Na = spkfData.Na;
alpham = spkfData.alpham;
alphac = spkfData.alphac;

% 与输入电流有关的动态变量
I = spkfData.priorI;
if abs(ik)>Q/100,spkfData.signIk = sign(ik); end;
signIk = spkfData.signIk;
```

SPKF 步骤 1a 需要创建反映先前估计值和相关噪声的增广 sigma 点。首先，利用先前的估计值 xhat 创建增广状态估计向量 xhata。接下来，创建先前估计误差协方差 SigmaX 的乔列斯基因子。如果 SigmaX 非正定——本应正定，但数值计算的不精确性有时会使 SigmaX 非正定——那么，来自 chol.m 函数的可选返回参数 p 将指示出该错误。如果遇到这样的错误，必须做一些合理的补救。在本例中，将 SigmaX 替换为一个对角矩阵，其对角元素等于原始 SigmaX 对应元素的绝对值,以确保半正定性。然后,计算这个矩阵的乔列斯基因子即平方根,强制使每个对角元素至少和 SigmaW 一样大:

```
% 步骤 1a: 状态估计值的时间更新
% -----------创建 xhatminus 增广 SigmaX 点
% -----------提取 xhatminus 状态 SigmaX 点
% -----------计算加权平均 xhatminus(k)

% 步骤 1a-1: 创建增广 xhat 和 SigmaX
xhata = [xhat; zeros([Nw+Nv 1])];
[sigmaXa,p] = chol(SigmaX,'lower');
if p>0,
      fprintf('Cholesky error. Recovering...\n');
      theAbsDiag = abs(diag(SigmaX));
      sigmaXa = diag(max(SQRT(theAbsDiag),...
                              SQRT(spkfData.SigmaW)));
end
sigmaXa= blkdiag(real(sigmaXa),Snoise);
% 提示: sigmaXa 是下三角形矩阵

% 步骤 1a-2: 计算 SigmaX 点
Xa = xhata(:,ones([1 2* Na+1])) + ...
      spkfData.h* [zeros([Na 1]),sigmaXa, -sigmaXa];
```

与前面的 SPKF 示例相比,迭代的剩余步骤基本一致。最大的区别是模型状态和输出方程不是嵌入内联的,而是作为独立的函数 stateEqn 和 outputEqn 分离开来。这些函数嵌套在 iterSPKF.m 中,因此它们共享相同的变量空间,稍后会进行讨论。注意:在步骤 2b 状态估计更新后添加的代码,它们确保滞回和 SOC 状态保持在规定的范围内:

```
% 步骤 1a-3: 从上一次迭代到目前的时间更新
% 状态方程 - stateEqn(xold,current,xnoise)
Xx = stateEqn(Xa(1:Nx,:),I,Xa(Nx+1:Nx+Nw,:));
xhat = Xx* alpham;

% 步骤 1b: 误差协方差矩阵的时间更新
% -----------计算加权协方差 sigmaminus(k)
Xs = Xx - xhat(:,ones([1 2* Na+1]));
SigmaX = Xs* diag(alphac)* Xs';
```

```
% 步骤 1c: 输出估计
% -----------计算加权输出估计值 yhat(k)
I = ik; yk = vk;
Y = outputEqn(Xx,I,Xa(Nx + Nw +1:end,:),Tk,model);
yhat = Y* alpham;

% 步骤 2a: 增益矩阵
Ys = Y - yhat(:,ones([1 2* Na +1]));
SigmaXY = Xs* diag(alphac)* Ys';
SigmaY = Ys* diag(alphac)* Ys';
L = SigmaXY/SigmaY;

% 步骤 2b: 状态估计值的测量更新
r = yk - yhat;
if r^2 > 100* SigmaY,L(:,1) =0.0; end
xhat = xhat + L* r;
xhat(hkInd) = min(1,max( -1,xhat(hkInd)));
xhat(zkInd) = min(1.05,max( -0.05,xhat(zkInd)));

% 步骤 2c: 误差协方差矩阵的测量更新
SigmaX = SigmaX - L* SigmaY* L';
[ ~,S,V] = svd(SigmaX);
HH = V* S* V';
SigmaX = (SigmaX + SigmaX' + HH + HH')/4;
% 帮助保持鲁棒性
if r^2 >4* SigmaY,
      fprintf('Bumping sigmax\n');
      SigmaX(zkInd,zkInd) = SigmaX(zkInd,zkInd) ...
                                    * spkfData.SXbump;
end

% 保存数据于结构体 spkfData 中以供下一次迭代使用
spkfData.priorI = ik;
spkfData.SigmaX = SigmaX;
spkfData.xhat = xhat;
zk = xhat(zkInd);
zkbnd = 3* sqrt(SigmaX(zkInd,zkInd));
```

状态方程在它自己的嵌套函数中执行，函数输入为 xold、current 和 xnoise，其中 xold 包含 sigma 点 $\mathcal{X}_{k-1}^{x,+}$，xnoise 包含 sigma 点 $\mathcal{X}_{k-1}^{w,+}$，current 为上一时刻的输入电流测量值。利用高效的 MATLAB 矩阵和向量运算，所有输出 sigma 点都同时由输入 sigma 点计算出来，不需要循环程序：

```
% 计算 xold 中所有旧状态向量的新状态
  function xnew = stateEqn(xold,current,xnoise)
     current = current + xnoise; % 噪声加入电流
     xnew = 0* xold; % 为 xnew 创建存储空间
     xnew(irInd,:) = RC* xold(irInd,:) + ...
                         (1 - RC)* current;
     Ah = exp(-abs(current* G* deltat/(3600* Q)));
     % 滞回因子
     xnew(hkInd,:) = Ah.* xold(hkInd,:) + ...
                   (Ah - 1).* sign(current);
     xnew(zkInd,:) = xold(zkInd,:) - current/3600/Q;
     xnew(hkInd,:) = min(1,max(-1,xnew(hkInd,:)));
     xnew(zkInd,:) = min(1.05,...
                   max(-0.05,xnew(zkInd,:)));
end
```

类似地，嵌套的输出方程函数使用输入 xhat（等于 $\mathcal{X}_{k}^{x,-}$）、current（等于当前的电流测量值）、ynoise（等于 $\mathcal{X}_{k}^{v,+}$）。利用高效的 MATLAB 矩阵和向量运算，同时计算出输出 sigma 点 $\mathcal{Y}_{k}$：

```
% 计算 xhat 中所有状态向量的电池输出电压
  function yhat = outputEqn(xhat,current,...
                      ynoise,T,model)
      yhat = OCVfromSOCtemp(xhat(zkInd,:),T,model);
      yhat = yhat + M* xhat(hkInd,:) + M0* signIk;
      yhat =yhat - R* xhat(irInd,:) - ...
             R0* current + ynoise(1,:);
  end

  function X = SQRT(x)
     X = sqrt(max(0,x));
  end
end
```

最后，SQRT 函数计算平方根，以保证即使输入由于数值不精确而变为负数，也能得到一个真实的结果。

执行SPKF时使用与3.8.2节示例相同的数据，结果如图3－30所示。在本例中，SOC估计均方根误差为0.84%，真实SOC值在10.5%的时间内超出估计误差边界。与EKF的结果相比，这是一个显著改进。

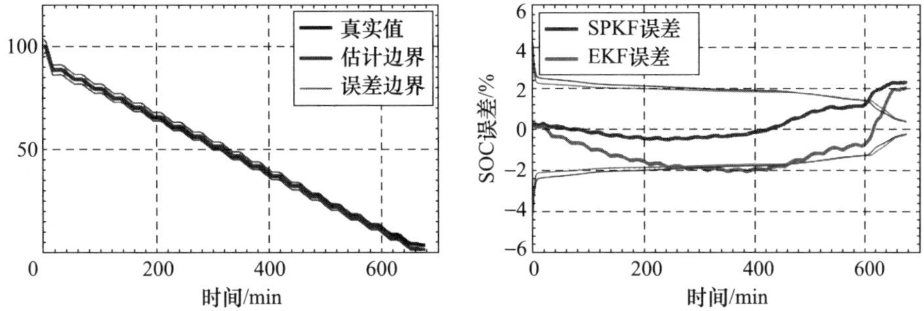

图3－30　SPKF与EKF的SOC估计相比（见彩图）

但是，该特定示例使用的是在5℃进行的电池测试数据。在这个温度下，非线性滞回比在较温暖的工作环境下更显著。在温暖的温度下，电池模型没有那么强的非线性，EKF和SPKF往往会表现出非常相似的性能。还请注意，这两种类型的非线性卡尔曼滤波在非常低的荷电状态（SOC低于10%）下，呈现较差的估计。产生这个误差的最大可能因素是电池模型在上述温度、SOC范围内，开路电压的预估很差。滤波器依赖于这个糟糕的开路电压预估，导致结果有偏差。如果能获得更准确的OCV关系，那么，这两种估计方法将在低SOC时效果更加。此外，误差界限的不准确性并不像最初看起来那样严重，这是因为大多数电池组应用不会在这个范围内工作。

3.12　与传感器、初始化有关的实际问题

大多数SOC估计器在仿真中都能表现出良好的工作性能。然而，在现实环境中，工作时它们将面临更严峻的考验。在实际应用中，估计器必须能够处理传感器非理想、传感器存在故障等问题。本节将讨论BMS工程师应该解决的几个现实问题，看看基于卡尔曼滤波的方法是如何巧妙地处理这些问题的。

3.12.1　电流传感器偏差

电流传感器读数中通常包含直流偏差，测量电流等于真实电流加上偏差：

$$i_k = i_k^{\text{true}} + i_k^{\text{bias}}$$

例如，霍尔效应传感器由于其对磁路的潜在依赖而产生磁滞，这直接导致传感器读数偏差。特殊的补偿电路可以帮助减少这种偏差，但不能完全消除。分流电流传感器原理上不存在偏差，但放大分流电阻压降的电子器件可能会给测量结果带来偏差。

我们可以在一定程度上从软件方面补偿偏差。假设在接触器关闭前测量电池组电流，此时真实电流 i_0^{true} 必定为零，因此被测电流必定等于偏差电流。可以从所有后续的电流测量值中减去这个偏差估计值 $\hat{i}_0^{\text{bias}}$，以近似真实的电流值：

$$i_k^{\text{true}} \approx i_k - \hat{i}_0^{\text{bias}}$$

然而，这只能起部分作用。电流传感器的偏差通常会随时间和温度而发生漂移。为了能够有效地从测量电流中减去偏差，需要定期更新偏差估计值。如果 BMS 允许与负载通信，当负载电流本身为零时，负载可以向 BMS 报告，然后 BMS 可以设置偏差估计值等于当前电流传感器的测量值。

对于大多数 SOC 估计方法来说，偏差补偿是非常重要的；特别是对电流测量值进行积分的库仑计数法，这是至关重要的；否则，即使在已知电池初始 SOC 和总容量的情况下，也会在 SOC 估计中引入越来越大的误差：

$$\begin{aligned}\hat{z}_k &= z_0 - \frac{\Delta t}{Q}\sum_{j=0}^{k-1}\eta_k(i_k^{\text{true}} + i_k^{\text{bias}}) \\ &= z_k - \underbrace{\frac{\Delta t}{Q}\sum_{j=0}^{k-1}\eta_k i_k^{\text{bias}}}_{\text{估计误差}}\end{aligned}$$

由于卡尔曼滤波使用电压测量值作为反馈来更新状态估计值，因此，它们对偏差的敏感性不如库仑计数法。然而，卡尔曼滤波理论假设过程噪声的均值已知，当累积的安时偏差使 SOC 估计偏移的速度快于测量更新所能修正的速度时，未知的电流传感器偏差仍然会引入永久的 SOC 估计误差。

最好的解决方案是设计传感硬件来消除电流传感器的偏差，但也不能做到完全消除。可以在软件中通过减去电流为零时测量的偏差估计值进行补偿，但这是对漂移偏差的静态估计，而不是动态估计。

然而，基于卡尔曼滤波的方法提供了另一种补偿途径。可以动态估计未知时变偏差，然后从测量电流中减去这个动态估计值。以 ESC 电池模型为例，将时变偏差估计表示为 i_k^{bias}，并将状态方程改写为

$$z_k = z_{k-1} - (i_{k-1} - i_{k-1}^{\text{bias}} + w_{k-1})\Delta t/Q$$

$$\boldsymbol{i}_{R,k} = \boldsymbol{A}_{RC}\boldsymbol{i}_{R,k-1} + \boldsymbol{B}_{RC}(i_{k-1} - i_{k-1}^{\text{bias}} + w_{k-1})$$

$$A_{h,k} = \exp(-|(i_{k-1} - i_{k-1}^{\text{bias}} + w_{k-1})\gamma\Delta t/Q|)$$

$$h_k = A_{h,k}h_{k-1} + (A_{h,k}-1)\mathrm{sgn}(i_{k-1} - i_{k-1}^{\mathrm{bias}} + w_{k-1})$$

$$s_k = \begin{cases} \mathrm{sgn}(i_k - i_k^{\mathrm{bias}} + w_k), & |i_k - i_k^{\mathrm{bias}} + w_k| > 0 \\ s_{k-1}, & \text{其他} \end{cases}$$

然后，用偏差状态对状态向量进行增广。由于没有描述偏差动态的方程，因此，将其建模为可以通过零均值过程白噪声进行移动的形式：

$$i_k^{\mathrm{bias}} = i_{k-1}^{\mathrm{bias}} + n_{k-1}^{\mathrm{bias}}$$

这种噪声与状态方程中影响荷电状态等的过程噪声 w_k 不同，完全是虚构的。它只存在于模型中，而不存在于真实的电池中。它的协方差非常小，但也足以使卡尔曼滤波调整偏差状态。修改输出方程以包含偏差：

$$y_k = \mathrm{OCV}(z_k) + Mh_k + M_0 s_k - \sum_j R_j i_{R_j,k} - R_0(i_k - i_k^{\mathrm{bias}}) + v_k$$

为了在非线性卡尔曼滤波中实施该方法，必须认识到过程噪声向量已经被增广。w_k 部分只影响主要状态，n_k^{bias} 部分只影响偏差状态。在计算 EKF 中的 $\hat{\boldsymbol{B}}_k$ 矩阵时，以及在 SPKF 中确定增广 sigma 点时，必须考虑新过程噪声的增广性质。在这两种非线性卡尔曼滤波中，状态描述都增广了偏差状态。

当执行卡尔曼滤波时，调整增广状态以使模型的输入/输出行为与电池的输入/输出行为尽可能匹配。如果存在电流传感器偏差，当偏差估计与真实偏差匹配时，就可以实现这一点。卡尔曼滤波的自适应性，再加上良好的电池模型，可以产生良好的状态估计。

3.12.2　电压传感器故障

虽然电压传感器也可能存在偏差，但是尚未明确如何检测和纠正这个问题。首先，我们无法获得可以用来校准传感器的“真实”读数。其次，由于电压传感器偏差往往在 1mV 左右，仅引入极小的 SOC 估计误差，因此，电压传感器偏差不是大问题。

更常见的电压传感器问题主要发生在使用外部专用集成电路测量模组电压时。有时，主 BMS 处理器和这些外部测量电路之间的通信可能出现损坏甚至丢失。然而，大多数现代芯片在通信中内置校验以检测错误，有些甚至可以检测到电池连接断开并报告错误情况，因此这种情况的发生也并不算常见。

在任何情况下，错误检测代码可以增加电池管理方案的鲁棒性。我们已经看到如何实现这些方法。参考 3.6.5 节，我们定义了一个标准估计误差平方：

$$e_k^2 = \tilde{\boldsymbol{y}}_k^{\mathrm{T}} \boldsymbol{\Sigma}_{\tilde{y},k}^{-1} \tilde{\boldsymbol{y}}_k$$

然后，e_k^2 是 m 自由度的 $\boldsymbol{\mathcal{X}}^2$ 随机变量，其中 m 是 $\tilde{\boldsymbol{y}}_k$ 的维数。如果 e_k^2 值异常

高,那么,该传感器测量值是不太可能产生的。如果 $\tilde{y}_k > \chi_U^2$,那么,认为该测量值有错误并舍弃它;否则,保留该测量值。

3.12.3 其他传感器故障

对于如何检测温度传感器和电流传感器的故障,还不是很明确。真实的电池组电流可能在一个采样周期内从 i_{min} 变化到 i_{max},因此无法简单地基于速率的测试来检测传感器故障。最好的检查可能是使用冗余测量——如果负载有电流传感器读数,那么,将电池管理系统的电流传感器读数与负载的测量值进行比较。如果它们高度相似,那么,两者都处于正常工作状态;否则,至少有一个可能已经发生故障。

为了检测温度传感器故障,可以考虑实施单体电池或电池模组的热模型。通过使用热模型在被测位置之间进行插值,可以减少所需的温度传感器的数量,还可以使用与电压传感器相同的方法检测温度传感器故障。

3.12.4 初始化

到目前为止,还没有充分考虑的一个现实问题是:当电池管理系统启动时,如何初始化状态估计?在3.7.2节、3.10.2节的简单EKF和SPKF示例中,能够方便地获取状态的真实期望和协方差,因此可以用它们进行初始化。然而,在实际应用中,情况往往不是这样的。

合适的初始化需要BMS有一个实时时钟,报告电池组闲置的持续时间。如果电池组在启动前静置了相对较长的时间,那么,可以假设电池处于电化学平衡,电池电压等于OCV。因此,根据测量的OCV重置SOC估计值,将扩散电流设为零,并且保持先前的滞回状态值(当电池处于静置状态时,滞回状态不会改变)。这就是在3.8节和3.11节用于仿真的初始化方法。

如果电池组静置时间较短,这种初始化方法的效果不太好。想象一下这样一个车辆应用场景:你上班快要迟到了,却迫切地需要一杯早安咖啡;你全速驶入最喜欢的便利店的停车场,猛踩刹车,熄火;你冲进便利店,买了咖啡,然后回到车上,全程不到两分钟,创下个人记录;你再次发动汽车,此时BMS必须进行良好的初始SOC估计。

电池没有处于稳定状态。电池通常需要几十分钟甚至几小时才能达到平衡状态。事实上,由于你一直在急速驾驶,并且在停车时踩了急刹车,因此,在车辆熄火的前一时刻,一个大的充电脉冲流经电池组,这时,电池管理系统最后一次存储电池的状态估计值。存储的估计值可能是准确的,但目前的电压测量值远远高于 OCV,因此,不能简单地以电池组处于平衡状态的方式进行初始化。

我们为涉及 SOC 和扩散电流的状态方程,设置并执行一个简单的时间和测量更新(通过简单的卡尔曼滤波)。由于电池组处于静置,因此滞回电压不变。卡尔曼滤波将根据电池组的静置时间更新状态估计值及其协方差矩阵。

3.13　使用 bar - delta 滤波降低计算复杂度

为引出本章最后一个重要小节,再次考虑一个具有重要现实意义的哲学问题。考虑图 3 - 31 中的简单串联电池组情况,电池组的 SOC 是多少? 我们知道 SOC 不可能是 0% ,因为无法在不对下方电池过充的情况下给电池组充电。SOC 也不可能是 100% ,因为无法在不对上方电池过放的情况下给电池组放电。也不可能是两者的平均值 50% ,因为电池组既不能充电也不能放电。因此,正如前面所讨论的,“电池组 SOC”本身并不是一个定义明确或有助益的概念。

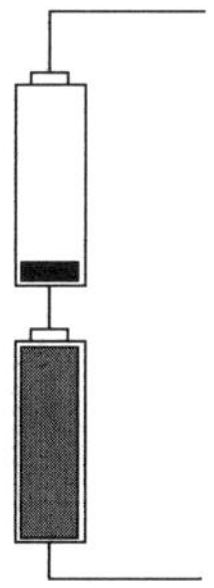

图 3 - 31　一个普通的串联电池组(摘自图 1 - 20)

本例考虑了一个极端且不太可能发生的情况,但说明了估算电池组中所有单体电池 SOC 的重要性,即使在一般情况下也是如此。但是,这样做会引入一个现实问题。卡尔曼滤波计算复杂,为独立的单体电池运行一个非线性卡尔曼滤波器是可以的,但是为包含 100 个单体电池的电池组运行 100 个非线性卡尔曼滤波器所需要的计算量比许多电池管理系统所能承载的更多。因此,本节将讨论适用于大规模电池组中所有单体电池 SOC 估计的有效方法。

我们提出的改进方法基于这样一个认识,虽然“电池组 SOC”没有意义,但“电池组平均 SOC”是一个有用的概念。电池组平均 SOC 计算方法与传统观念中的电池组 SOC 计算方法相同,但我们在其名称中加入“平均”,以便大家正确地看待这个术语。

由于串联电池组中所有单体电池流经的电流相同,因此认为它们各自的

SOC 值：①对于任意的给定电流，沿同一方向变化；②变化量相似（由于单体电池总容量不同，而略有不同）。为利用这种相似性，创建一种算法确定电池组中所有单体电池的综合平均行为，另一种算法确定特定单体电池状态和综合平均行为之间的个体差异。

定义电池组平均状态 x - bar 为①

$$\bar{\boldsymbol{x}}_k = \frac{1}{N_s}\sum_{i=1}^{N_s}\boldsymbol{x}_k^{(i)}$$

式中：$\boldsymbol{x}_k^{(i)}$ 是第 i 个单体电池的状态。然后，可以将单体电池的状态向量写成 $\boldsymbol{x}_k^{(i)}=\bar{\boldsymbol{x}}_k+\Delta\boldsymbol{x}_k^{(i)}$，其中 $\Delta\boldsymbol{x}_k^{(i)}$（称为 delta - x）是第 i 个单体电池的状态向量与电池组平均状态向量之差。将准备发展的方法称为 bar - delta 滤波，命名源于 x - bar 和 delta - x。②

我们用一个非线性卡尔曼滤波器估计电池组平均状态，N_s 个非线性卡尔曼滤波器估计 delta 状态，如图 3 - 32 所示。

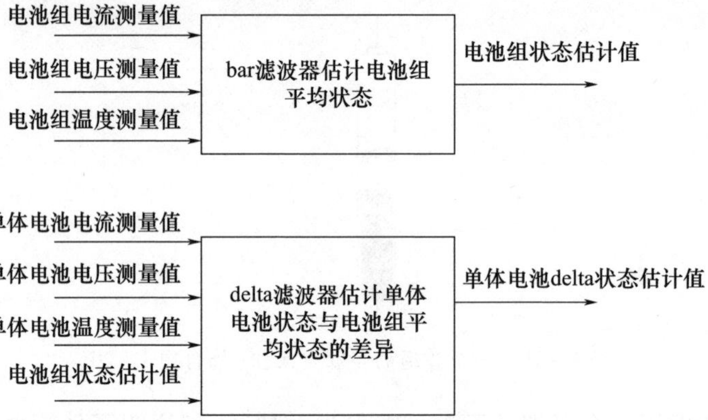

图 3 - 32　bar - delta 滤波器示意图

从表面上看，我们将一个复杂度为 N_s 的问题替换成了一个复杂度为 N_s+1 的问题。然而，事实并非如此，所涉及的这 3 种不同类型估计器的计算复杂度并不相同。bar 滤波器的计算复杂度与单体状态估计器相同（即在单体电池上运行 SPKF，正如本章之前描述的那样）。然而，delta 滤波器可以做得非常简单。

① 在电池组平均状态向量和单体状态向量中，$0\leqslant\min_i(z_k^{(i)})\leqslant\bar{z}_k\leqslant\max_i(z_k^{(i)})\leqslant1$，因此 $\bar{z}_k$ 的范围在标准 SOC 范围内。

② 参考文献：Plett，G.，"Efficient Battery Pack State Estimation Using Bar - Delta Filtering，" in Proc. 24th Electric Vehicle Symposium（EVS24），Stavanger，Norway，2009。

delta 状态的变化要比平均状态慢得多，所以 delta 滤波器的运行没那么频繁，为 bar 滤波器更新速率的 $1/N_s$。因此，总体复杂度可以从 N_s 降至 1^+，如图 3－33 所示。为替代 N_s 个复杂非线性卡尔曼滤波器，bar－delta 方法使用单个复杂非线性卡尔曼滤波器来估计电池组的平均状态，以及 N_s 个简单滤波器，每个简单滤波器在 N_s 个测量间隔可能只执行一次。

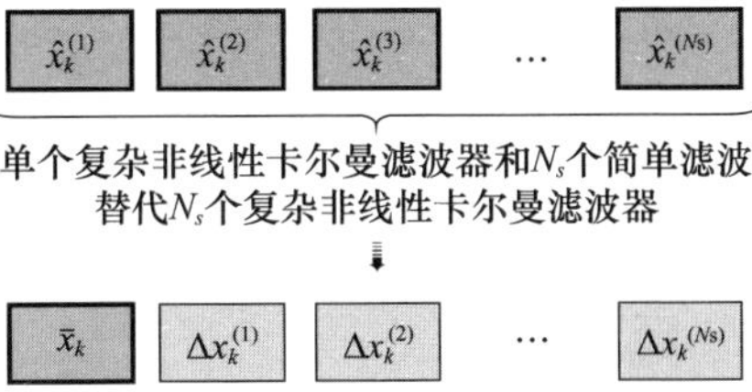

图 3－33　bar－delta 滤波器的复杂度降低过程

3.13.1　基于 ESC 电池模型的 bar－delta 滤波：bar 滤波器

为了使这个讨论更加具体，本小节展示如何使用 ESC 电池模型来实现这个方法。在本节描述的实现过程中，一个 bar 滤波器估计电池组平均 SOC、电池组平均扩散电流、电池组平均滞回电压、电流传感器偏差。

与 3.12.1 节相同，将电流传感器的偏差建模为

$$i_k^{\text{bias}} = i_{k-1}^{\text{bias}} + n_{k-1}^{\text{bias}}$$

式中：n_{k-1}^{bias} 是一个虚拟噪声，以便应用 SPKF 调整偏差估计值。在串联电池组中，这种电流传感器偏差对所有单体电池都是相同的，因此只需估计一次，而不是每个单体电池估计一次。

现在需要寻找电池组平均量状态方程。从单体电池的荷电状态方程开始：

$$z_k^{(i)} = z_{k-1}^{(i)} - i_{k-1}\Delta t / Q^{(i)}$$

对所有单体电池求和，方程两边同时除以 N_s 得到

$$\begin{aligned}\frac{1}{N_s}\sum_{i=1}^{N_s} z_k^{(i)} &= \frac{1}{N_s}\sum_{i=1}^{N_s} z_{k-1}^{(i)} - \frac{i_{k-1}\Delta t}{N_s}\sum_{i=1}^{N_s}\frac{1}{Q^{(i)}} \\ &= \frac{1}{N_s}\sum_{i=1}^{N_s} z_{k-1}^{(i)} - \frac{i_{k-1}\Delta t}{N_s}\sum_{i=1}^{N_s} Q_{\text{inv}}^{(i)} \\ \bar{z}_k &= \bar{z}_{k-1} - i_{k-1}\Delta t \bar{Q}_{\text{inv}}\end{aligned}$$

其中，为简化方程引入一个新概念——单体电池 i 的逆总容量 $Q_{\text{inv}}^{(i)}$，$\bar{Q}_{\text{inv}} = \sum_{i=1}^{N_s} Q_{\text{inv}}^{(i)} / N_s$。当还需要估计所有单体电池的总容量时，那么，使用时变量

$\bar{Q}_{\mathrm{inv},k-1}$。当考虑电流偏差状态时，有

$$\bar{z}_k=\bar{z}_{k-1}-(i_{k-1}-i_{k-1}^{\mathrm{bias}})\Delta t\bar{Q}_{\mathrm{inv},k-1}$$

同样，所有电池组平均状态的动态和我们感兴趣的参数可以概括如下：

$$\begin{aligned}
\bar{z}_k&=\bar{z}_{k-1}-(i_{k-1}-i_{k-1}^{\mathrm{bias}}+w_{k-1})\Delta t\bar{Q}_{\mathrm{inv},k-1}\\
\bar{\boldsymbol{i}}_{R,k}&=\boldsymbol{A}_{RC}\bar{\boldsymbol{i}}_{R,k-1}+\boldsymbol{B}_{RC}(i_{k-1}-i_{k-1}^{\mathrm{bias}}+w_{k-1})\\
A_{h,k}&=\exp(-|(i_{k-1}-i_{k-1}^{\mathrm{bias}}+w_{k-1})\gamma\Delta t\bar{Q}_{\mathrm{inv},k-1}|)\\
\bar{h}_k&=A_{h,k}\bar{h}_{k-1}+(A_{h,k}-1)\operatorname{sgn}(i_{k-1}-i_{k-1}^{\mathrm{bias}}+w_{k-1})\\
\bar{s}_k&=\begin{cases}\operatorname{sgn}(i_k-i_k^{\mathrm{bias}}+w_{k-1}), & |i_k-i_k^{\mathrm{bias}}+w_{k-1}|>0\\ \bar{s}_{k-1}, & \text{其他}\end{cases}\\
i_k^{\mathrm{bias}}&=i_{k-1}^{\mathrm{bias}}+n_{k-1}^{\mathrm{bias}}
\end{aligned}$$

如果还希望修改电池组平均串联电阻和逆容量的估计值，那么，可以添加以下状态，用与估计电流传感器偏差大致相同的方法估计这些量：

$$\begin{aligned}
\bar{R}_{0,k}&=\bar{R}_{0,k-1}+n_{k-1}^{\bar{R}_0}\\
\bar{Q}_{\mathrm{inv},k}&=\bar{Q}_{\mathrm{inv},k-1}+n_{k-1}^{\bar{Q}_{\mathrm{inv}}}
\end{aligned}$$

式中：$n_{k-1}^{\bar{R}_0}$和 $n_{k-1}^{\bar{Q}_{\mathrm{inv}}}$是虚拟噪声，以允许非线性卡尔曼滤波器调整相应的电池组平均参数。

电池组的 bar 滤波采用非线性卡尔曼滤波器，该滤波器使用以下电池组平均状态和测量方程：

$$\bar{y}_k=\mathrm{OCV}(\bar{z}_k)+M\bar{h}_k+M_0\bar{s}_k-\sum_j R_j\bar{i}_{R_j,k}-\bar{R}_{0,k}(i_k-i_k^{\mathrm{bias}})+v_k$$

3.13.2 基于 ESC 电池模型的 bar – delta 滤波：delta 滤波器

在单体电池中，我们最感兴趣的估计量是荷电状态、电阻和容量，这些都是决定电池组可用功率和健康状态的因素。

首先，考虑使用 bar – delta 方法确定单体电池的荷电状态。由于 $\Delta z_k^{(i)}=z_k^{(i)}-\bar{z}_k$，那么，使用前一时刻关于 $z_k^{(i)}$ 和 $\bar{z}_k$ 的动态方程，从而得到

$$\begin{aligned}
\Delta z_k^{(i)}&=z_k^{(i)}-\bar{z}_k\\
&=(z_{k-1}^{(i)}-(i_{k-1}-i_{k-1}^{\mathrm{bias}})\Delta tQ_{\mathrm{inv},k-1}^{(i)})-(\bar{z}_{k-1}-(i_{k-1}-i_{k-1}^{\mathrm{bias}})\Delta t\bar{Q}_{\mathrm{inv},k-1})\\
&=\Delta z_{k-1}^{(i)}-(i_{k-1}-i_{k-1}^{\mathrm{bias}})\Delta t\Delta Q_{\mathrm{inv},k-1}^{(i)}
\end{aligned}$$

其中，$\Delta Q_{\mathrm{inv},k}^{(i)}=Q_{\mathrm{inv},k}^{(i)}-\bar{Q}_{\mathrm{inv},k}$。由于 $\Delta Q_{\mathrm{inv},k}^{(i)}$通常非常小，因此 delta 状态 $\Delta z_k^{(i)}$ 变化不快，可以在两次更新之间的时间内累加$(i_{k-1}-i_{k-1}^{\mathrm{bias}})\Delta t$，通过上式更新 $\Delta z_k^{(i)}$，$\Delta z_k^{(i)}$ 的更新速度比电池组平均 SOC 更新速度慢。

与该状态方程相匹配的输出方程为

$$y_k^{(i)} = \text{OCV}(\bar{z}_k + \Delta z_k^{(i)}) + M\bar{h}_k + M_0\bar{s}_k - \sum_j R_j \bar{i}_{R_j,k} - (\bar{R}_{0,k} + \Delta R_{0,k}^{(i)})(i_k - i_k^{\text{bias}}) + v_k$$

可以使用含上述两个方程的 SPKF 估计 $\Delta z_k^{(i)}$。因为它是一个单状态 SPKF，所以运行速度非常快。

作为参数估计的预览（将在第 4 章详细讨论），类似地，可以建立 delta 内阻状态和 delta 容量状态的状态空间模型。一个简单的关于 delta 内阻状态的状态空间模型为

$$\Delta R_{0,k}^{(i)} = \Delta R_{0,k-1}^{(i)} + n_{k-1}^{\Delta R_0}$$

$$y_k = \text{OCV}(\bar{z}_k + \Delta z_k^{(i)}) - (\bar{R}_{0,k} + \Delta R_{0,k}^{(i)})(i_k - i_k^{\text{bias}}) + v_k^{\Delta R_0}$$

其中，$\Delta R_{0,k}^{(i)} = R_{0,k}^{(i)} - \bar{R}_{0,k}$，且被建模为一个常量再加一个虚拟噪声过程 $n_k^{\Delta R_0}$，y_k 是单体电池电压的粗略估计，$v_k^{\Delta R_0}$ 表示估计误差。delta 内阻状态的动态很简单，线性度很高，可以使用单状态 EKF 而不是 SPKF。

为了使用 EKF 估计电池容量，建立模型：

$$\Delta Q_{\text{inv},k}^{(i)} = \Delta Q_{\text{inv},k-1}^{(i)} + n_{k-1}^{\Delta Q_{\text{inv}}}$$

$$d_k = (z_k^{(i)} - z_{k-1}^{(i)}) + (i_{k-1} - i_{k-1}^{\text{bias}})\Delta t \times (\bar{Q}_{\text{inv},k-1} + \Delta Q_{\text{inv},k-1}^{(i)}) + e_k$$

第二个方程是荷电状态方程的另一种表述方法，这种表述方法使得 d_k 的期望等于零。当 EKF 运行时，将第二个方程中的 d_k 计算值与已知值（按照表述方法为 0）进行比较，并利用差值更新逆容量估计值。注意：为得到好的总容量估计，需要对当前和之前时刻的荷电状态进行准确估计。这里，荷电状态估计来源于与单体电池 delta SPKF 相结合的电池组平均 bar SPKF。

通过结合电池组平均状态和由卡尔曼滤波器产生的单体电池 delta 状态计算 delta 滤波器的输出，即

$$z_k^{(i)} = \bar{z}_k + \Delta z_k^{(i)}$$

$$R_{0,k}^{(i)} = \bar{R}_{0,k} + \Delta R_{0,k}^{(i)}$$

$$Q_k^{(i)} = \frac{1}{\bar{Q}_{\text{inv},k} + \Delta Q_{\text{inv},k}^{(i)}}$$

3.13.3　使用计算机验证的 bar – delta 滤波示例

用一个例子来说明 bar – delta 滤波，但在这过程中要考虑一个更大的问题，即如何验证 BMS 算法。下面有 3 种不同等级的验证方法。

最重要的验证等级使用硬件原型。将最终的电池管理系统电子产品和软件连接到电池组，再将电池组连接到它的负载上，然后运行整个系统，对算法估计

结果进行评估。由于它包含生产系统中所预期的所有实际问题,因此,这也是最重要的验证等级。然而,它的费用也是最高昂的,而且即使是参考记录的数据,电池状态的真值也很难或不可能事后确定。所以,能够在进入硬件原型阶段之前消除大多数算法问题是非常有价值的。

最简单的验证等级是只使用计算机上的软件,该过程称为计算机验证。这在许多方面与本章示例相似,但此时不再使用记录的电池测试数据来训练算法,而是使用 ESC 电池模型为各种各样的测试场景创建人工合成测试数据。由于在生成合成数据时,真实的 SOC、扩散电流、滞回状态等都是已知的,因此能使我们获得所有单体电池和算法状态的真实值。非线性卡尔曼滤波的状态估计值可以直接与电池状态真实值进行比较。这在调试算法时非常有用,但结果的有效性受电池模型精度限制。

验证的中间阶段涉及硬件在环(Hardware In the Loop,HIL) 验证。在此过程中,最终的 BMS 代码在最终的 BMS 硬件上执行。然而,算法的输入信号是以与计算机验证相同的方式人工合成的。此验证阶段检验最终硬件中的最终代码在相同场景中是否能生成与计算机验证相同的估计。

计算机和 HIL 验证策略如图 3 – 34 所示。两者都需要一个数据生成系统,该系统根据驾驶循环曲线和其他初始化参数创建合成 BMS 数据。两者都需要一个算法仿真组件,该组件基于各种初始化参数,并以合成数据为输入进行算法仿真。计算机验证方法在个人计算机上执行这些算法,可能使用 MATLAB 实现。HIL 验证方法在最终的硬件上执行这些算法,可能使用 C 语言实现。两者应得出完全相同的估计结果,并且为评价估计效果,应将此估计结果与由数据生成系统提供的已知状态真实值进行比较。

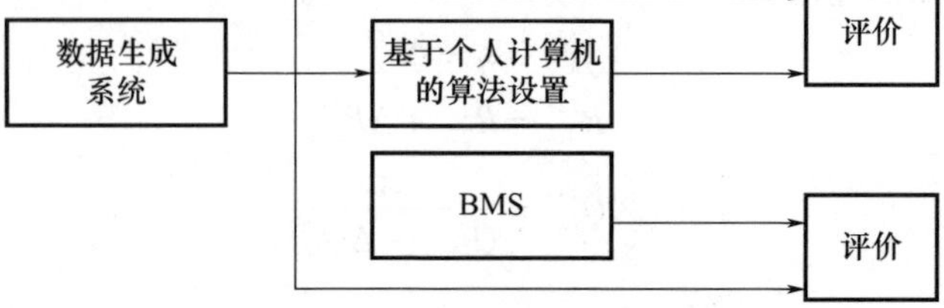

图 3 – 34 计算机和 HIL 验证策略

无论哪种情况,验证方案都应包括:正常工况测试,算法能否从错误的初始化荷电状态恢复的测试,对传感器故障、传感器偏差和传感器噪声的鲁棒性测试,当温度变化或新旧电池混合使用时的算法准确性测试。这些场景应考虑电池组全部所需工作范围内的不同负载情况。对方法的了解和验证是通过分析和显示输出获得的。

3.13.4　bar－delta 精度和速度示例

作为示例，本小节考虑 bar－delta 方法的计算机验证场景。对由 4 个单体电池组成的电池组，进行 UDDS 驾驶循环、静置、相同的 UDDS 驾驶循环、静置的循环仿真，如图 3－35 左图所示。被仿真的单体电池真实容量分别为 6.5A·h、7.0A·h、7.5A·h 和 8.0A·h，内阻分别为 2.0mΩ、2.25mΩ、2.5mΩ 和 2.75mΩ，初始 SOC 值分别为 40%、45%、50% 和 55%。电流传感器偏差为 0.5A。进行仿真的电池电压测量值如图 3－35 右图所示。

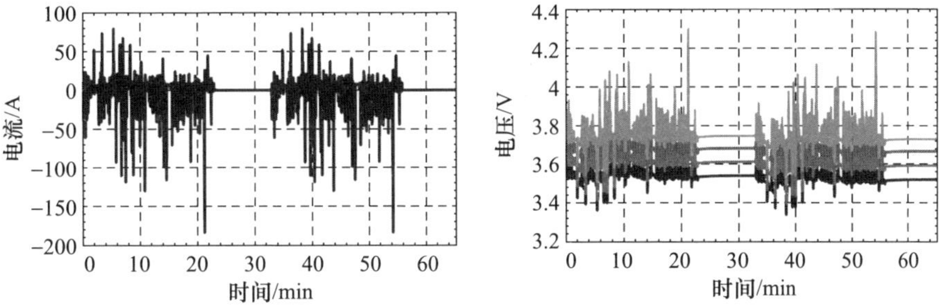

图 3－35　单体电池电流/电压输入/输出数据

bar－delta 算法初始化时，所有单体电池的容量估计值为 6.2A·h，内阻估计值为 2.25mΩ，电流传感器偏差估计值为 0A，以及基于初始电压的初始荷电状态估计。bar 滤波器和荷电状态 delta 滤波器采用 SPKF，内阻和逆容量 delta 滤波器采用 EKF。

图 3－36 显示了单体电池 SOC 和内阻的 bar－delta 估计，与由产生合成电流/电压（输入/输出）数据的过程而得知的真实值的比较结果。SOC 估计非常好，并且随着时间的推移，滤波器持续学习单体电池的内阻、容量以及电流传感器偏差，SOC 估计会不断改善。类似地，当初始电池内阻估计值非常粗略时，这些估计值会随着时间的推移而较快地改善，并在仿真结束时收敛于真实值。

图 3－37 从不同角度呈现了这些结果。左图显示了电池组平均荷电状态估计误差及其界限，误差总是小于 1%，且均在 SPKF 的 3σ 误差界限内。右图综合考虑 bar 滤波器和 delta 滤波器，显示了所有 4 个单体电池的 SOC 估计误差及其界限。同样，所有单体电池的 SOC 估计误差在 1% 以内，并且总是处于滤波器生成的误差界限内。这里，假设误差不相关，则将总估计误差方差计算为 bar 滤波器方差与 delta 滤波器方差之和，将误差界限计算为总估计误差方差平方根的 3 倍。

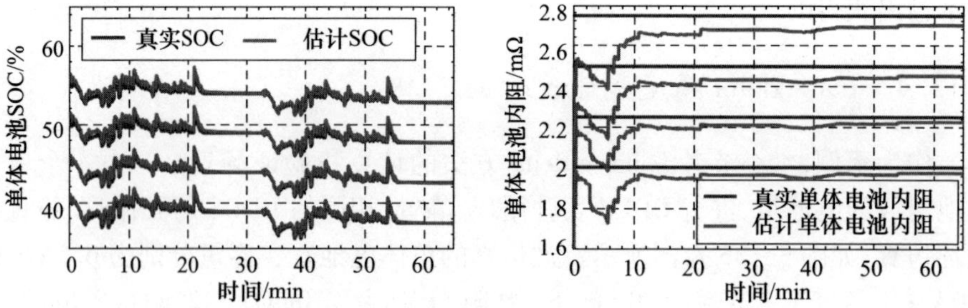

图 3-36 bar-delta 滤波的 SOC 和内阻估计(见彩图)

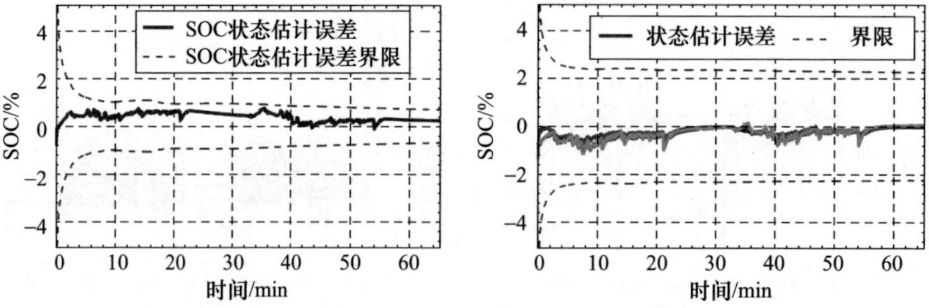

图 3-37 bar-delta 滤波的 SOC 估计误差

图 3-38 显示了 bar-delta 的一些其他估计值。左图显示电池组平均内阻估计值,其被有意初始化为错误值,以显示它能快速收敛到真实值。真实值总是在滤波器的误差界限内,随着滤波器对估计值的信心提高,误差界限会逐渐缩小。右图显示电流传感器偏差状态也在合理时间内收敛到正确的值,真实的偏差总是在传感器的置信区间内,估计的误差界限逐渐缩小。还可以发现,即使在未能准确估计电流传感器偏差的时间内,bar-delta 方法仍然能获得良好的状态估计,但是当偏差被更好地建模时,滤波器估计确实会得到改善。

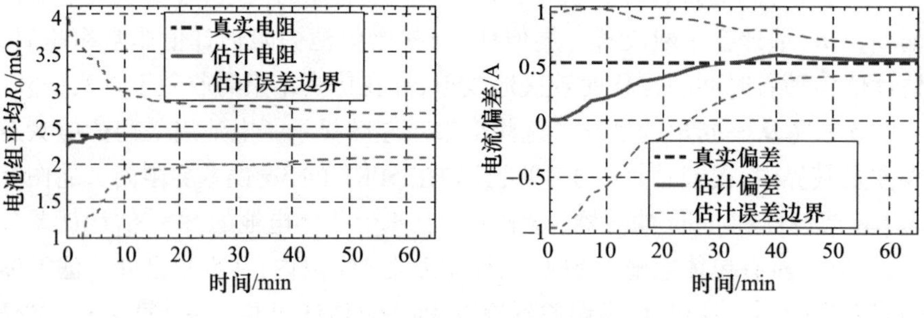

图 3-38 bar-delta 滤波的辅助状态估计

最后，我们在不显示数据结果的情况下进行说明，单体电池容量估计的演变方式与内阻估计类似。但是调整适应时间要长得多，这是因为容量与输出测量值的关联非常弱，我们将在第4章中进一步讨论。这种方法不能快速跟踪容量的突然变化，但可以很好地跟踪由于正常老化导致的容量缓慢衰减。

bar－delta 方法的提出是为了降低计算复杂度，那么速度加快了吗？表3－3给出了该方法的计时结果，它们都是使用 SPKF 和 bar－delta 算法在编译的 C 代码中手工优化生成的，并运行在 G4 处理器（虽然现在已经过时，但仍然具有代表性）上。对于由100个单体电池串联而成的电池组，每次迭代需要5.272ms更新100个 SPKF。作为比较基准，将此指定为增速比1.0。相比之下，单个 bar 滤波器的每次迭代需要0.067ms。由于 bar 滤波器包含了 delta 状态估计（基准情况没有），且封装代码中存在一些无法消除的开销，因此所需时间是基准情况的1%多一点。此时，整体增速比为78.7。

表3－3　bar－delta 方法几种情形的增速

测试说明	每次迭代所需的 CPU 时间/ms	增速比
100个 SPKF	5.272	1.0
1个 bar 滤波	0.067	78.7
1个 bar，100/100delta 滤波	0.190	27.7
1个 bar，50/100delta 滤波	0.123	42.9

接下来，执行完整的 bar－delta 方法，使用1个 bar 滤波器和100个 delta 滤波器，每个 delta 滤波器在每次迭代中都会更新。这种情况下，每次迭代需要0.190ms，增速比为27.7。最后，执行另一种 bar－delta 方法，同样具有1个 bar 滤波器、100个 delta 滤波器，但每次迭代仅更新一半的 delta 滤波器。此时，每次迭代需要0.123ms，总体增速比为42.9。可以看到，使用 bar－delta 方法可以得到不同的增速比。

3.14　本章小结及工作展望

在本章中，我们看到了估算电池组中所有单体电池荷电状态的好方法和坏方法。基于模型的方法比一些简单但鲁棒性较差的方法更受欢迎。基于卡尔曼滤波的方法在特殊工作条件下是最优的，即使在与推导所作假设不完全吻合的条件下工作，也被证实具有非常强的鲁棒性。

卡尔曼滤波的另外两个好处是：该算法在其估计值上产生置信区间，并且它对电池模型的整个状态向量进行估计，而不仅仅是荷电状态。当在第 6 章考虑如何进行电池组功率估计时，状态向量中其他元素的估计值将非常有价值。

关于各种卡尔曼滤波算法之间的细微差别的讨论超出了本章研究范围，感兴趣的读者可以参考其他教科书和在线课程（包括笔记和视频讲座）。[①]

回到图 3-1，我们已经讨论了 BMS 的状态估计需求，下一步将研究健康状态估计，它是模型参数估计的一种形式，也是第 4 章的研究重点。

3.15 附录

附录 1：状态估计算法

对本章所讨论的算法进行汇总（表 3-4 ~ 表 3-7）。

表 3-4 一般序贯概率推理解法

一般状态空间模型： $$\boldsymbol{x}_k = \boldsymbol{f}(\boldsymbol{x}_{k-1}, \boldsymbol{u}_{k-1}, \boldsymbol{w}_{k-1})$$ $$\boldsymbol{y}_k = \boldsymbol{h}(\boldsymbol{x}_k, \boldsymbol{u}_k, \boldsymbol{v}_k)$$ 其中，$\boldsymbol{w}_k$ 和 $\boldsymbol{v}_k$ 是相互独立的高斯噪声过程，协方差矩阵分别为 $\boldsymbol{\Sigma}_{\tilde{w}}$ 和 $\boldsymbol{\Sigma}_{\tilde{v}}$
定义：令 $$\tilde{\boldsymbol{x}}_k^- = \boldsymbol{x}_k - \hat{\boldsymbol{x}}_k^-, \tilde{\boldsymbol{y}}_k = \boldsymbol{y}_k - \hat{\boldsymbol{y}}_k$$
初始化：对于 $k=0$，设置 $$\hat{\boldsymbol{x}}_0^+ = \mathbb{E}[\boldsymbol{x}_0], \boldsymbol{\Sigma}_{\tilde{x},0}^+ = \mathbb{E}[(\boldsymbol{x}_0 - \hat{\boldsymbol{x}}_0^+)(\boldsymbol{x}_0 - \hat{\boldsymbol{x}}_0^+)^{\mathrm{T}}]$$
计算：对于 $k=1,2,\cdots$，计算 状态预测值的时间更新：$\hat{\boldsymbol{x}}_k^- = \mathbb{E}[\boldsymbol{f}(\boldsymbol{x}_{k-1}, \boldsymbol{u}_{k-1}, \boldsymbol{w}_{k-1}) \mid \mathbb{Y}_{k-1}]$ 误差协方差矩阵的时间更新：$\boldsymbol{\Sigma}_{\tilde{x},k}^- = \mathbb{E}[(\tilde{\boldsymbol{x}}_k^-)(\tilde{\boldsymbol{x}}_k^-)^{\mathrm{T}}]$ 输出估计值：$\hat{\boldsymbol{y}}_k = \mathbb{E}[\boldsymbol{h}(\boldsymbol{x}_k, \boldsymbol{u}_k, \boldsymbol{v}_k) \mid \mathbb{Y}_{k-1}]$ 估计器增益矩阵*：$\boldsymbol{L}_k = \mathbb{E}[(\tilde{\boldsymbol{x}}_k^-)(\tilde{\boldsymbol{y}}_k)^{\mathrm{T}}](\mathbb{E}[(\tilde{\boldsymbol{y}}_k)(\tilde{\boldsymbol{y}}_k)^{\mathrm{T}}])^{-1}$ 状态估计值的测量更新：$\hat{\boldsymbol{x}}_k^+ = \hat{\boldsymbol{x}}_k^- + \boldsymbol{L}_k(\boldsymbol{y}_k - \hat{\boldsymbol{y}}_k)$ 误差协方差矩阵的测量更新：$\boldsymbol{\Sigma}_{\tilde{x},k}^+ = \boldsymbol{\Sigma}_{\tilde{x},k}^- - \boldsymbol{L}_k \boldsymbol{\Sigma}_{\tilde{y},k} \boldsymbol{L}_k^{\mathrm{T}}$ * 如果由于某种原因错过了测量值，那么只需简单地跳过该次迭代的测量更新步骤，即 $\boldsymbol{L}_k = 0, \hat{\boldsymbol{x}}_k^+ = \hat{\boldsymbol{x}}_k^-, \boldsymbol{\Sigma}_{\tilde{x},k}^+ = \boldsymbol{\Sigma}_{\tilde{x},k}^-$

① 参考网址：http://mocha-java.uccs.edu/ECE5550/。

表 3-5　线性卡尔曼滤波总结

线性状态空间模型：

$$x_k = A_{k-1}x_{k-1} + B_{k-1}u_{k-1} + w_{k-1}$$

$$y_k = C_k x_k + D_k u_k + v_k$$

其中，w_k 和 v_k 是相互独立的高斯噪声过程，均值为 $\mathbf{0}$，协方差矩阵分别为 $\Sigma_{\tilde{w}}$ 和 $\Sigma_{\tilde{v}}$

初始化：对于 $k=0$，设置

$$\hat{x}_0^+ = \mathbb{E}[x_0],\ \Sigma_{\tilde{x},0}^+ = \mathbb{E}[(x_0 - \hat{x}_0^+)(x_0 - \hat{x}_0^+)^{\mathrm{T}}]$$

计算：对于 $k=1,2,\cdots$，计算

状态预测值的时间更新：$\hat{x}_k^- = A_{k-1}\hat{x}_{k-1}^+ + B_{k-1}u_{k-1}$

误差协方差矩阵的时间更新：$\Sigma_{\tilde{x},k}^- = A_{k-1}\Sigma_{\tilde{x},k-1}^+ A_{k-1}^{\mathrm{T}} + \Sigma_{\tilde{w}}$

输出估计值：$\hat{y}_k = C_k\hat{x}_k^- + D_k u_k$

估计器增益矩阵*：$L_k = \Sigma_{\tilde{x},k}^- C_k^{\mathrm{T}}[C_k\Sigma_{\tilde{x},k}^- C_k^{\mathrm{T}} + \Sigma_{\tilde{v}}]^{-1}$

状态估计值的测量更新：$\hat{x}_k^+ = \hat{x}_k^- + L_k(y_k - \hat{y}_k)$

误差协方差矩阵的测量更新：$\Sigma_{\tilde{x},k}^+ = \Sigma_{\tilde{x},k}^- - L_k\Sigma_{\tilde{y},k}L_k^{\mathrm{T}}$

*如果由于某种原因错过了测量值，那么只需简单地跳过该次迭代的测量更新步骤，即 $L_k = 0$，$\hat{x}_k^+ = \hat{x}_k^-$，$\Sigma_{\tilde{x},k}^+ = \Sigma_{\tilde{x},k}^-$

表 3-6　非线性扩展卡尔曼滤波总结

非线性状态空间模型：

$$x_k = f(x_{k-1}, u_{k-1}, w_{k-1})$$

$$y_k = h(x_k, u_k, v_k)$$

其中，w_k 和 v_k 是相互独立的高斯噪声过程，均值分别为 $\bar{w}$ 和 $\bar{v}$，协方差矩阵分别为 $\Sigma_{\tilde{w}}$ 和 $\Sigma_{\tilde{v}}$

定义：

$$\hat{A}_k = \left.\frac{\mathrm{d}f(x_k,u_k,w_k)}{\mathrm{d}x_k}\right|_{x_k=\hat{x}_k^+},\ \hat{B}_k = \left.\frac{\mathrm{d}f(x_k,u_k,w_k)}{\mathrm{d}w_k}\right|_{w_k=\bar{w}_k}$$

$$\hat{C}_k = \left.\frac{\mathrm{d}h(x_k,u_k,v_k)}{\mathrm{d}x_k}\right|_{x_k=\hat{x}_k^-},\ \hat{D}_k = \left.\frac{\mathrm{d}h(x_k,u_k,v_k)}{\mathrm{d}v_k}\right|_{v_k=\bar{v}_k}$$

初始化：对于 $k=0$，设置

$$\hat{x}_0^+ = \mathbb{E}[x_0],\ \Sigma_{\tilde{x},0}^+ = \mathbb{E}[(x_0 - \hat{x}_0^+)(x_0 - \hat{x}_0^+)^{\mathrm{T}}]$$

计算：对于 $k=1,2,\cdots$，计算

状态预测值的时间更新：$\hat{x}_k^- = f(\hat{x}_{k-1}^+, u_{k-1}, \bar{w}_{k-1})$

误差协方差矩阵的时间更新：$\Sigma_{\tilde{x},k}^- = \hat{A}_{k-1}\Sigma_{\tilde{x},k-1}^+\hat{A}_{k-1}^{\mathrm{T}} + \hat{B}_{k-1}\Sigma_{\tilde{w}}\hat{B}_{k-1}^{\mathrm{T}}$

输出估计值：$\hat{y}_k = h(\hat{x}_k^-, u_k, \bar{v}_k)$

估计器增益矩阵*：$L_k = \Sigma_{\tilde{x},k}^-\hat{C}_k^{\mathrm{T}}[\hat{C}_k\Sigma_{\tilde{x},k}^-\hat{C}_k^{\mathrm{T}} + \hat{D}_k\Sigma_{\tilde{v}}\hat{D}_k^{\mathrm{T}}]^{-1}$

（续）

状态估计值的测量更新：$\hat{\boldsymbol{x}}_k^+ = \hat{\boldsymbol{x}}_k^- + \boldsymbol{L}_k(\boldsymbol{y}_k - \hat{\boldsymbol{y}}_k)$

误差协方差矩阵的测量更新：$\boldsymbol{\Sigma}_{\tilde{x},k}^+ = \boldsymbol{\Sigma}_{\tilde{x},k}^- - \boldsymbol{L}_k\boldsymbol{\Sigma}_{\tilde{y},k}\boldsymbol{L}_k^{\mathrm{T}}$

* 如果由于某种原因错过了测量值，那么，只需简单地跳过该次迭代的测量更新步骤，即 $\boldsymbol{L}_k = 0, \hat{\boldsymbol{x}}_k^+ = \hat{\boldsymbol{x}}_k^-, \boldsymbol{\Sigma}_{\tilde{x},k}^+ = \boldsymbol{\Sigma}_{\tilde{x},k}^-$

表 3-7 非线性 sigma 点卡尔曼滤波总结

非线性状态空间模型：

$$\boldsymbol{x}_k = \boldsymbol{f}(\boldsymbol{x}_{k-1}, \boldsymbol{u}_{k-1}, \boldsymbol{w}_{k-1})$$

$$\boldsymbol{y}_k = \boldsymbol{h}(\boldsymbol{x}_k, \boldsymbol{u}_k, \boldsymbol{v}_k)$$

其中，$\boldsymbol{w}_k$ 和 $\boldsymbol{v}_k$ 是相互的独立高斯噪声过程，均值分别为 $\bar{\boldsymbol{w}}$ 和 $\bar{\boldsymbol{v}}$，协方差矩阵分别为 $\boldsymbol{\Sigma}_{\tilde{w}}$ 和 $\boldsymbol{\Sigma}_{\tilde{v}}$

定义：令

$$\boldsymbol{x}_k^a = [\boldsymbol{x}_k^t, \boldsymbol{w}_k^t, \boldsymbol{v}_k^t]^{\mathrm{T}}, \boldsymbol{\mathcal{X}}_k^a = [(\boldsymbol{\mathcal{X}}_k^w)^{\mathrm{T}}, (\boldsymbol{\mathcal{X}}_k^w)^{\mathrm{T}}, (\boldsymbol{\mathcal{X}}_k^v)^{\mathrm{T}}]^{\mathrm{T}}$$

$$p = 2 \times \dim(\boldsymbol{x}_k^a)$$

初始化：对于 $k=0$，设置

$$\hat{\boldsymbol{x}}_0^+ = \mathbb{E}[\boldsymbol{x}_0] \qquad \boldsymbol{\Sigma}_{\tilde{x},0}^+ = \mathbb{E}[(\boldsymbol{x}_0 - \hat{\boldsymbol{x}}_0^+)(\boldsymbol{x}_0 - \hat{\boldsymbol{x}}_0^+)^{\mathrm{T}}]$$

$$\hat{\boldsymbol{x}}_0^{a,+} = \mathbb{E}[\boldsymbol{x}_0^a] = [(\hat{\boldsymbol{x}}_0^+)^{\mathrm{T}}, \bar{\boldsymbol{w}}, \bar{\boldsymbol{v}}]^{\mathrm{T}} \qquad \boldsymbol{\Sigma}_{\tilde{x},0}^{a,+} = \mathbb{E}[(\boldsymbol{x}_0^a - \hat{\boldsymbol{x}}_0^{a,+})(\boldsymbol{x}_0^a - \hat{\boldsymbol{x}}_0^{a,+})^{\mathrm{T}}]$$

$$= \mathrm{diag}(\boldsymbol{\Sigma}_{\tilde{x},0}^+, \boldsymbol{\Sigma}_{\tilde{w}}, \boldsymbol{\Sigma}_{\tilde{v}})$$

计算：对于 $k=1,2,\cdots$，计算

$$\boldsymbol{\mathcal{X}}_{k-1}^{a,+} = \{\hat{\boldsymbol{x}}_{k-1}^{a,+}, \hat{\boldsymbol{x}}_{k-1}^{a,+} + \gamma\sqrt{\boldsymbol{\Sigma}_{\tilde{x},k-1}^{a,+}}, \hat{\boldsymbol{x}}_{k-1}^{a,+} - \gamma\sqrt{\boldsymbol{\Sigma}_{\tilde{x},k-1}^{a,+}}\}$$

状态预测值的时间更新：$\boldsymbol{\mathcal{X}}_{k,i}^{x,-} = \boldsymbol{f}(\boldsymbol{\mathcal{X}}_{k-1,i}^{x,+}, \boldsymbol{u}_{k-1}, \boldsymbol{\mathcal{X}}_{k-1,i}^{w,+})$

$$\hat{\boldsymbol{x}}_k^- = \boldsymbol{\Sigma}_{i=0}^{p}\alpha_i^{(\mathrm{m})}\boldsymbol{\mathcal{X}}_{k,i}^{x,-}$$

误差协方差矩阵的时间更新：

$$\tilde{\boldsymbol{\mathcal{X}}}_{k,i}^{x,-} = \boldsymbol{\mathcal{X}}_{k,i}^{x,-} - \hat{\boldsymbol{x}}_k^-$$

$$\boldsymbol{\Sigma}_{\tilde{x},k}^- = \boldsymbol{\Sigma}_{i=0}^{p}\alpha_i^{(\mathrm{c})}(\tilde{\boldsymbol{\mathcal{X}}}_{k,i}^{x,-})(\tilde{\boldsymbol{\mathcal{X}}}_{k,i}^{x,-})^{\mathrm{T}}$$

输出估计值：

$$\boldsymbol{\mathcal{Y}}_{k,i} = \boldsymbol{h}(\boldsymbol{\mathcal{X}}_{k,i}^{x,-}, \boldsymbol{u}_k, \boldsymbol{\mathcal{X}}_{k-1,i}^{v,+})$$

$$\hat{\boldsymbol{y}}_k = \boldsymbol{\Sigma}_{i=0}^{p}\alpha_i^{(\mathrm{m})}\boldsymbol{\mathcal{Y}}_{k,i}$$

估计器增益矩阵*：

$$\tilde{\boldsymbol{\mathcal{Y}}}_{k,i} = \boldsymbol{\mathcal{Y}}_{k,i} - \hat{\boldsymbol{y}}_k$$

$$\boldsymbol{\Sigma}_{\tilde{y},k} = \boldsymbol{\Sigma}_{i=0}^{p}\alpha_i^{(\mathrm{c})}(\tilde{\boldsymbol{\mathcal{Y}}}_{k,i})(\tilde{\boldsymbol{\mathcal{Y}}}_{k,i})^{\mathrm{T}}$$

$$\boldsymbol{\Sigma}_{\tilde{x}\tilde{y},k}^- = \boldsymbol{\Sigma}_{i=0}^{p}\alpha_i^{(\mathrm{c})}(\tilde{\boldsymbol{\mathcal{X}}}_{k,i}^{x,-})(\tilde{\boldsymbol{\mathcal{Y}}}_{k,i})^{\mathrm{T}}$$

$$\boldsymbol{L}_k = \boldsymbol{\Sigma}_{\tilde{x}\tilde{y},k}^-(\boldsymbol{\Sigma}_{\tilde{y},k})^{-1}$$

状态估计值的测量更新：$\hat{\boldsymbol{x}}_k^+ = \hat{\boldsymbol{x}}_k^- + \boldsymbol{L}_k(\boldsymbol{y}_k - \hat{\boldsymbol{y}}_k)$

误差协方差矩阵的测量更新：$\boldsymbol{\Sigma}_{\tilde{x},k}^+ = \boldsymbol{\Sigma}_{\tilde{x},k}^- - \boldsymbol{L}_k\boldsymbol{\Sigma}_{\tilde{y},k}\boldsymbol{L}_k^{\mathrm{T}}$

* 如果由于某种原因错过了测量值，那么只需简单地跳过该次迭代的测量更新步骤，即 $\boldsymbol{L}_k = 0, \hat{\boldsymbol{x}}_k^+ = \hat{\boldsymbol{x}}_k^-, \boldsymbol{\Sigma}_{\tilde{x},k}^+ = \boldsymbol{\Sigma}_{\tilde{x},k}^-$

附录2：$\chi_U^2(\alpha, df)$的临界值

对于具有一定自由度的卡方分布，下表中的每列表示指定上尾区域α下$\chi_U^2(\alpha, df)$的临界值(图3-39和表3-8)。

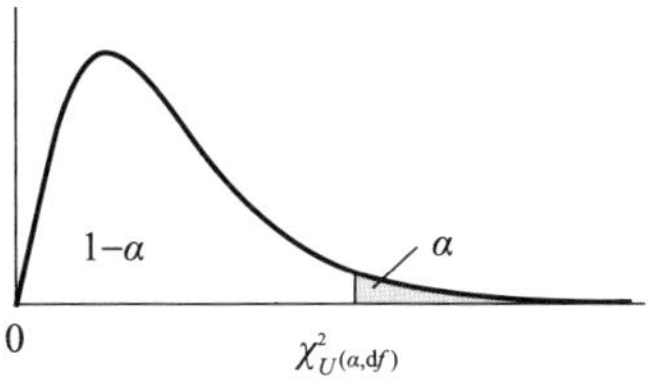

图3-39 卡方分布临界值示意图

表3-8 卡方分布临界值表

自由度	上尾区域											
	0.995	0.99	0.975	0.95	0.90	0.75	0.25	0.10	0.05	0.025	0.01	0.005
1	0.000	0.000	0.001	0.004	0.016	0.102	1.323	2.706	3.841	5.024	6.635	7.879
2	0.010	0.020	0.051	0.103	0.211	0.575	2.773	4.605	5.991	7.378	9.210	10.597
3	0.072	0.115	0.216	0.352	0.584	1.213	4.108	6.251	7.815	9.348	11.345	12.838
4	0.207	0.297	0.484	0.711	1.064	1.923	5.385	7.779	9.488	11.143	13.277	14.860
5	0.412	0.554	0.931	1.145	1.610	2.675	6.626	9.236	11.070	12.833	15.086	16.750
6	0.676	0.872	1.237	1.635	2.204	3.455	7.841	10.645	12.592	14.449	16.812	18.548
7	0.989	1.239	1.690	2.167	2.833	4.255	9.037	12.017	14.067	16.013	18.475	20.278
8	1.344	4.646	2.180	2.733	3.490	5.071	10.219	13.362	15.507	17.535	20.090	21.955
9	1.736	2.088	2.700	3.325	4.168	5.899	11.389	14.684	16.919	19.023	21.666	23.589
10	2.156	2.558	3.247	3.940	4.865	6.737	12.549	15.987	18.307	20.483	23.209	25.188
11	2.603	3.053	3.816	4.575	5.578	7.584	13.701	17.275	19.675	21.920	24.725	26.757
12	3.074	3.571	4.404	5.226	6.304	8.438	14.845	18.549	21.026	23.337	26.217	28.300
13	3.565	4.107	5.009	5.892	7.042	9.299	15.984	19.812	22.362	24.736	27.688	29.819
14	4.075	4.660	5.629	6.571	7.790	10.165	17.117	21.064	23.685	26.119	29.141	31.219
15	4.601	5.229	6.262	7.261	8.547	11.037	18.245	22.307	24.996	27.488	30.578	32.801
16	5.142	5.812	6.908	7.962	9.312	11.912	19.369	23.542	26.296	28.845	32.000	34.267
17	5.697	6.408	7.564	8.672	10.085	12.792	20.489	24.769	27.587	30.191	33.409	35.718
18	6.262	7.015	8.231	9.390	10.865	13.675	21.605	25.989	28.869	31.526	34.805	37.156
19	6.844	7.633	8.907	10.117	11.651	14.562	22.718	27.204	30.144	32.852	36.191	38.582
20	7.434	8.260	9.591	10.851	12.443	15.452	23.828	28.412	31.410	34.170	37.566	39.997

第4章　电池健康估计

4.1　健康估计的需求

随着时间的推移,电池组中的单体电池会老化,性能也会退化。最终它们将无法满足电池组的性能要求,此时,电池组被认为寿命终止(尽管所谓的“梯次利用”应用场景可能会利用其剩余的退化后容量)。在电池组寿命开始和终止之间,了解各单体电池当前的退化状态非常重要,以便能准确计算荷电状态、可用能量和可用功率。

在本丛书第一卷中,重点讨论了理想电池:不老化的电池,具有恒定的模型参数值。然而,这样的电池并不存在。我们现在将注意力转向设计适用于真实电池的算法:电池确实会老化,具有逐渐退化的运行特性。我们需要了解模型中的哪些参数随时间变化,哪些参数最重要,以及如何修改电池管理方法以应对老化。

注意:正常老化只是电池失效的原因之一。失效也可能是由于电池设计缺陷、制造过程控制不当或制造材料存在杂质、滥用和运行失控造成的。有设计或制造缺陷或被滥用的电池通常在一段时间内表现正常,然后迅速失效。本章讨论的方法无法预测这种突发故障(这仍然是一个待解决的问题),但是仍有一些补救方法,可以在电池以这种方式失效时最大限度地提高安全性。[①] 恰当的电池管理措施可以在 BMS 激活时,防止电池运行失控,但在 BMS 未激活时,无法应对外部因素或环境条件超出限制。例如,在关闭 BMS 及其热控制装置的情况下,xEV 碰撞或环境温度超出限制时所造成的物理损坏。

回到图 3-1,它阐明了本书的主要研究内容,实践表明,只要每个单体电池的模型参数值能不断更新并反映电池当前的老化特征,使用等效电路电池模型对一般电池的状态估计,和理想电池的情形一样有效。本章主要研究如何估计

① 参考文献:Kim,G-H,Smith,K,Ireland,J,and Pesaran,A.,“Fail-safe design for large capacity lithium-ion battery systems,”Journal of Power Sources,210,2012,pp. 243-253。

变化相对缓慢的电池模型参数值。我们的重点是理解和跟踪正常老化过程以及运行失控,从某种意义上说,过电压、过热等会加速正常老化机制。电池组在正常老化期间仍可使用,直至寿命终止,但性能水平会有所下降。我们不考虑内部缺陷和滥用情况,这些通常是通过其他手段发现的(如第1章中讨论的内容),而且可能需要关闭部分或全部电池组,以便立即维修,防止故障蔓延。BMS设计师应与电池电化学研究者和生产工程师密切合作,充分了解所有可能的故障机制及其特征,以便能够将本章知识应用到BMS设计中。

特别地,我们最感兴趣的是那些能反映电池组性能变化的量。这些量是电池组SOH的指标。对于SOH没有一个公认的定义,但用于总结电池组健康状况的最常用估计量包括每个单体电池的当前总容量和当前等效串联电阻。对总容量和等效串联电阻的准确估计,使我们能够计算出电池组在其使用寿命期间可靠的总能量和可用功率估计值。

4.1.1 总容量

当单体电池老化时,其总容量 Q 会减小。在锂离子电池中,这主要是由于副反应消耗了本可以在电池充放电过程中循环使用的锂,以及电极活性材料的结构退化减少了锂的储存场所。

图4-1展现了理想锂离子电池的充放电行为。在图中,负极和正极都有16个可以储存锂的位置。当前,有4个负极和5个正极位置被占据。当电池充满电时,负极将有9个位置被占据,正极将没有位置被占据。当电池完全放电时,负极将没有位置被占据,正极将有9个位置被占据。[①] 电池的总容量等于负极中可储存锂的位置数量、正极中可储存锂的位置数量以及可循环锂的数量三者中的最小值。在本例中,总容量为16、16和9中的最小值,从而得出总容量为9个锂原子。

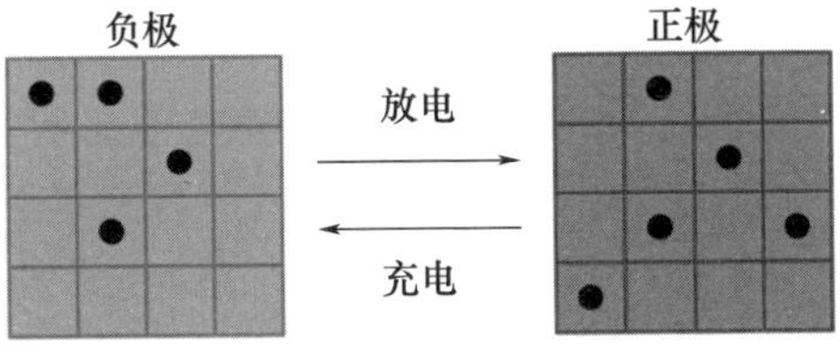

图4-1 理想锂离子电池工作过程

① 这是一种简化。在实际工作中,两个电极都不会完全充满或完全放完。当电池的开路电压达到预设的最大和最小值时,就被认为已经完全充电或完全放电。

继续本例,副反应是我们不希望发生的化学过程,它在锂从一个电极向另一个电极运动的过程中消耗锂,使其不再参与循环。大多数副反应发生在电池充电时。如图 4-2 所示,当电池充电时,一个锂原子被副反应消耗。现在,总容量已减少为 16、16 和 8 的最小值,即 8 个锂原子。

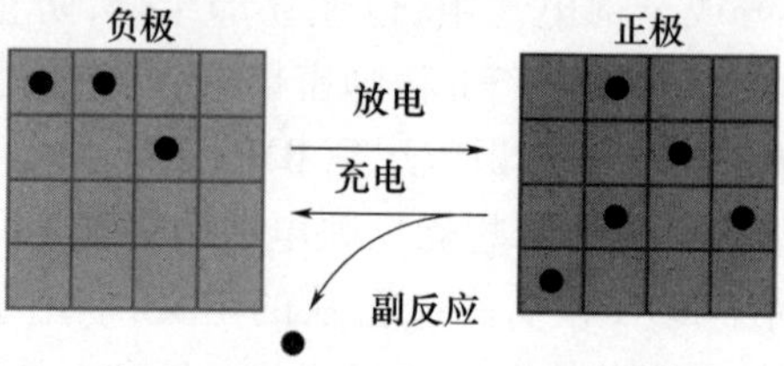

图 4-2 副反应导致的容量损失

结构劣化是指电极中锂储存位置的减少,这可能是由于电极本身的部分晶体结构坍塌所致。如图 4-3 所示,白色裂痕表示正极损坏。一些锂可能被困在受损的结构中,当电池充放电时,这些锂无法参与循环,从而导致容量减少。图中,正极右下角的锂原子被坍塌的结构所困。结构坍塌还会减少锂的储存场所。在图中,正极有 10 个完好的储存位置,但其中 1 个储锂位置被坍塌结构隔离开而无法参与锂循环,因此正极只有 9 个可用的储锂位置。总容量为 16、9 和 8 中的最小值,即 8 个锂原子。

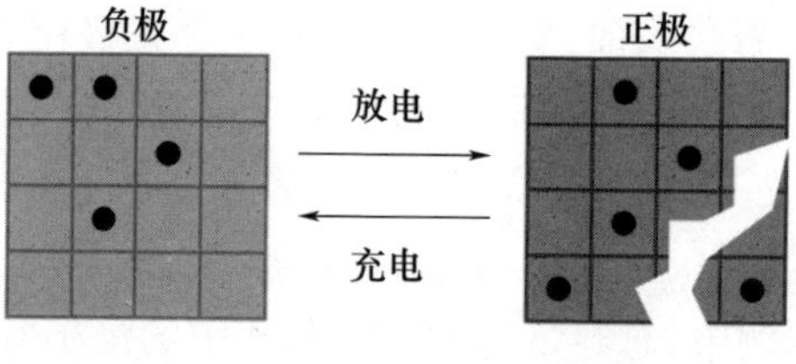

图 4-3 结构劣化带来的容量损失

这种容量的缓慢减少通常称为容量衰减。我们需要能够跟踪容量衰减的算法,以便为其他电池管理系统算法提供每个单体电池总容量的最新估计值。这些信息对于准确计算电池组可用能量至关重要,总容量是其中一个主要因素,如 1.14 节所示。如果使用库仑计数法进行 SOC 估计,也需要准确估算总容量;然而,如果使用卡尔曼滤波,由于算法内置的反馈校正机制能够补偿总容量估计中的适度误差,因此荷电状态估计值对差的总容量估计值不太敏感,可用功率估计值对总容量值的依赖性也很小。

4.1.2　等效串联电阻

当电池正常老化时，其等效串联电阻 R_0 增大。这也主要是由于副反应和结构劣化导致的。副反应会在活性物质颗粒表面形成电阻膜，降低了离子电导。结构劣化切断了颗粒间的电子通路，降低了电子电导。

掌握最新的等效串联电阻（Equivalent Series Resistance，ESR）信息非常重要，因为它是计算可用功率的主要影响因素。[①] 对于某些基于电压的荷电状态估计方法来说，它可能是一个主要因素；然而，对于基于卡尔曼滤波的估计方法来说，这是一个次要因素，并且它完全不影响库仑计数法。此外，它在可用能量估计中也不起主要作用。

4.1.3　其他电池参数

随着电池老化，电池模型的其他参数值也会发生变化。例如，虽然每个电极的开路电位关系取决于其晶体结构的化学性质而保持不变，但电池的整体 OCV 关系可能会因每个电极使用的化学计量操作窗口的变化而改变，这是由于副反应和结构劣化导致容量损失而产生的。这种影响往往不大，但未来的 BMS 可能需要跟踪这种变化。

电池模型其他参数值几乎肯定也会改变，然而目前很少有 BMS 去估计这些变化。总的来说，等效串联电阻和总容量的变化对 BMS 性能有主要影响。

首先，本章将详细讨论锂离子电池退化的主要电化学和结构机制。我们将看到这比刚才的示例要复杂得多，但在等效电路电池模型中，内阻和总容量的变化仍然能很好地代表主要效果。当然，还有一些次要的和尚未发现的退化机制，但只要它们表现为电池内阻和总容量的缓慢变化，本章的方法就能够继续发挥作用。

然后，本章将探讨灵敏度的概念，从而了解如何从电池输入/输出（电流/电压）测量值中观察到总容量和电阻的变化。这将直接产生一个可以准确估计等效串联电阻的简单方法。然而，这也将表明，对电池总容量进行准确估计是一项非常具有挑战性的任务。

我们知道，非线性卡尔曼滤波可以用于估计电池模型的快速时变状态。事实上，非线性卡尔曼滤波也可以用于估计慢时变参数值。我们将研究如何做到这一点，并对在同时进行模型状态和参数估计时，遇到的一个常见问题提出一些

① 由于电阻和功率是紧密耦合的，因此电池中的内阻上升通常称为功率衰减。

补救措施。这种方法的一个优点是:它可以用于估计电池模型中的任何时变参数,而不仅仅是内阻和容量。

如果我们觉得卡尔曼滤波方法太复杂,又希望能估计总容量,那么可以考虑回归方法。然而,基于普通最小二乘回归原则的总容量估计方法将产生含偏差的结果。本章将花大量时间了解为什么如此,并展示如何使用回归方法正确估计总容量。同时,我们将进一步探讨如何确定估计值的准确性,以及如何计算总容量估计值的置信区间。

4.2 负极老化

随着电池老化,锂离子电池的工作特性随时间缓慢变化。通过调整等效电路电池模型中的参数值,可以在模型中反映这种老化,从而能够在电池的整个寿命周期进行良好的预测。然而,由于等效电路模型参数不能单独描述电池内部发生的任何实际电化学过程,因此,这些不断变化的参数值不能反映老化发生的原因或方式。

为了理解老化,必须从物理学的角度来研究电池。① 下一节将定性研究老化,这种定性理解对 BMS 算法设计者也是有价值的。例如,它有助于解释为什么制造商会对电池施加电压和电流限制。

为了获得最大效能,还需要对老化进行定量建模。第 7 章将介绍两个粗略的电池降阶退化模型。这些模型非常简单,可以与等效电路模型一起使用,并且可以用来跟踪某些类型的老化,从而产生一些初步的基于机理的控制方法。对于更先进的控制,即对电池组的可用功率提供更精确的限制,则需要将基于机理的降阶退化模型与基于机理的降阶电池模型(如第一卷所述)相结合,这将是本丛书第三卷中的主题之一。

在锂离子电池中,正极和负极均会发生老化。本章首先讨论负极上的老化,大家可以在 3 个位置上观察到老化影响。一是电极活性材料颗粒表面,即在固体电极和电解液的交界面上;二是活性材料颗粒内部;三是整个复合电极结构中,包括活性材料、导电添加剂、黏结剂材料、集流体、孔隙率等的变化。后续小节将分别讨论这 3 个位置上的老化。

---

① 由于老化取决于电池的物理性质,因此锂离子电池的老化机制与其他类型电池不同。本节将讨论限制于锂离子电池,参考文献:Vetter et al. ,“Ageing mechanismsin lithium – ion batteries,”Journal of Power Sources,147,2005,269 – 281。

4.2.1　负极颗粒表面发生的老化

大多数商用锂离子电池的负极活性材料由合成或天然石墨组成。石墨储锂性能好，可反复充放电，且便宜无毒。也许最重要的，相对于锂金属参考电极，锂化石墨具有非常低的电位。由于电池电压等于正极电位减去负极电位，因此这是最大化整体电池电压的关键。

图4-4绘制了石墨和另一种候选负极活性材料锂钛氧化物（Lithium Titanate Oxide，LTO）的开路电位关系。横轴是当前的电极工作化学计量数，对应于Li_xC_6（对于石墨）、$Li_{4+3x}Ti_5O_{12}$（对于LTO）中的x值。$x=0.55$处的黑点表明石墨在该点的开路电位约为0.1V。给电池充电会增加x，使电位降低，放电则相反。

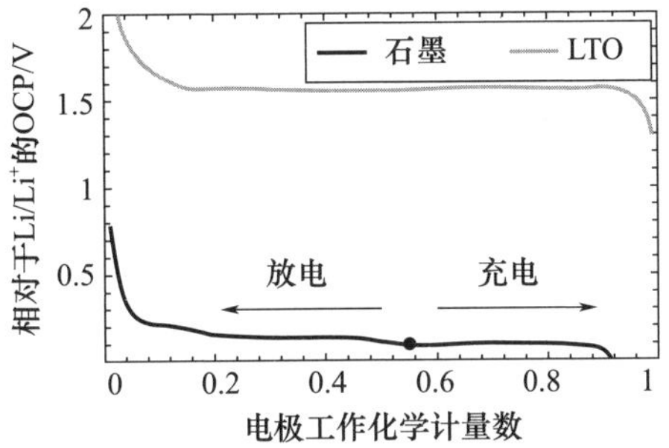

图4-4　两种负极活性材料的开路电位关系

尽管石墨具有的低电位使其成为高电压锂离子电池的理想材料，但这也是引发锂离子电池内部退化的主要原因。其低电位超出了锂离子电池电解液有机溶剂的电化学稳定范围。当电解液溶剂与锂化石墨接触时，在电极/电解液界面发生还原性电解液分解。当电极（和电池）处于高SOC时，较低的电极电位会加快分解速度。①

锂离子电池是在完全放电的状态下制造的，此时所有的锂都在正极中。非锂化石墨具有足够高的电位，使得在电池制造过程中不会发生电解液还原反应。然而，当电池第一次充电时，石墨被锂化，其电位下降。与负极颗粒表面接触的电解液溶剂被还原，反应产物以固体电解质界面（Solid Electrolyte Interphase，SEI）膜的形式覆盖于电极颗粒表面。SEI膜是一种钝化层，它将石墨与电解液

① LTO电位足够高，因此不会发生这种副反应，大大延长了使用寿命。然而，它也降低了电池的整体电压，从而降低了电池的能量密度。

中的剩余溶剂相隔离,从而使进一步的反应减缓。大部分 SEI 膜是在电池初始充电过程中形成的,因此,第一次充电称为化成过程。SEI 膜的生成如图 4-5 所示。

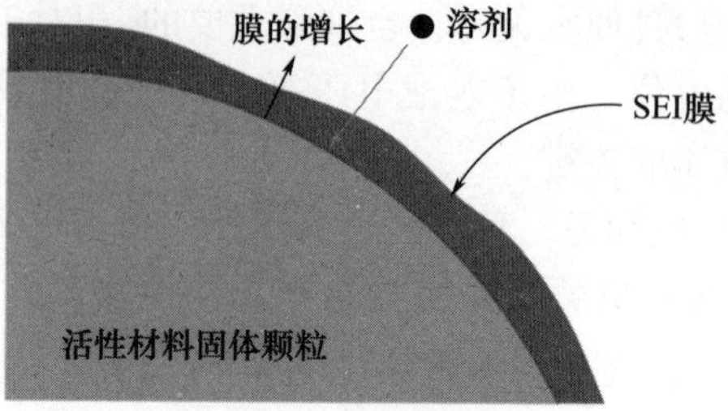

图 4-5 SEI 膜的生成

生成 SEI 膜的副反应在生成膜的同时消耗锂。因此,SEI 膜增长会导致电池总容量降低。SEI 膜具有多孔结构,允许锂在石墨中嵌入和脱嵌,但会降低离子通过时的电导率,从而增加电池内阻。因此,SEI 膜增长会导致容量和功率衰减。

SEI 膜的性质比较复杂,还有待继续研究。据推测,大量反应产物形成 SEI 膜,然后分解,再结合形成更稳定的产物。可以确定的是,一旦锂被 SEI 增长所消耗,它就再也不会回到可以参与循环的形式了。也就是说,容量一旦被用来增长 SEI,它就永远地损失了。

SEI 在化成过程中增长最快,并且会随着时间的推移继续增长。只要将石墨暴露于电解液中,就会导致 SEI 增长。例如,虽然 SEI 膜倾向于阻止溶剂到达石墨表面,但该膜具有足够的孔隙使得溶剂能够继续渗透该膜,并接触石墨颗粒表面。当这种情况发生时,更多的 SEI 生成,SEI 膜增厚。高温容易引起 SEI 膜分解,从而导致在新暴露的石墨表面形成新的 SEI。

大倍率充电能迫使溶剂与锂一起嵌入石墨中,因此,SEI 反应能在石墨颗粒内部发生。当这种情况发生时,SEI 形成过程中产生的气体会导致膨胀压力在颗粒内部积聚,这会使颗粒沿着内部晶界开裂或膜层脱落(这一过程称为剥落)。这两种现象都会使更多的新鲜石墨暴露在电解液溶剂中,导致更多的 SEI 生成,如图 4-6 所示。

电解液中含有的痕量水与电解液盐 $LiPF_6$ 中的氟离子结合,形成氢氟酸 HF。这种酸会腐蚀 SEI 使其变薄,从而使更多的溶剂与石墨接触,生成更多的 SEI。HF 还会加速正极的退化(将在 4.3.1 节中介绍),导致在电解液中生成溶解的锰、钴等金属离子。当它们通过隔膜扩散到电池负极区域时,还可以成为 SEI 膜

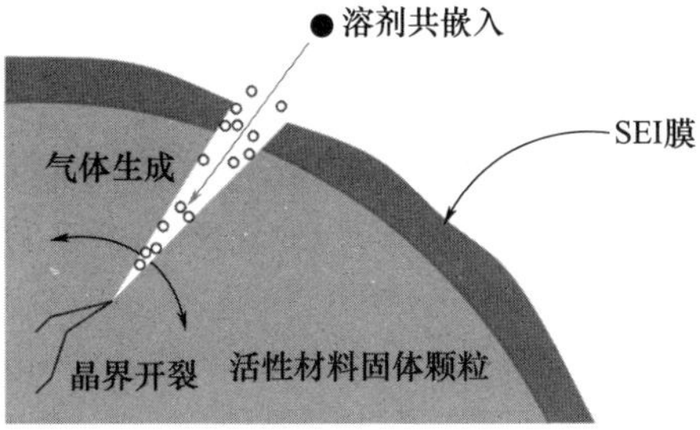

图4-6　由溶剂共插引起的气体生成和开裂

的一部分,这一过程称为阳极中毒。由这些金属离子形成的SEI往往不具有高电导率,因此使电池内阻增加。它们还会堵塞原本能允许锂通过的孔隙,从而阻碍锂循环,导致容量衰减。这两种机制如图4-7所示。

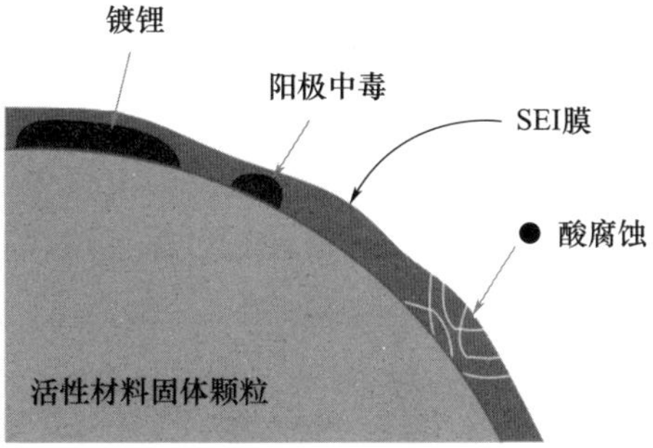

图4-7　酸腐蚀、阳极中毒、镀锂

我们考虑的最后一个表面效应是镀锂,也称为析锂。这种副反应会导致严重的容量损失,在低温条件下锂在固体颗粒中的扩散较慢,这种反应最为剧烈。① 如果此时强行充电,局部颗粒表面的过电位会达到使电解液中的锂离子与外部电路中的电子相结合,并在颗粒表面镀上固体锂金属的程度。当颗粒表面的电极-电解液电位差降至0V② 以下时,就会发生这种情况。容量发生不可逆损失。锂金属倾向于进一步促进SEI生长,形成有利于金属枝晶生长的金属退火点,而金属枝晶可以穿透隔膜,最终导致电池短路。图4-7也说明了这一点。

---

① 因此,在低温环境给锂离子电池充电要格外小心。许多制造商不建议在低于0℃的环境温度下给电池充电。

② 译者注:相较于 Li/Li^+ 时。

4.2.2 负极体积变化引起的老化

锂离子电池的充放电增加或减少了负极活性颗粒中的锂含量。锂化产生的应力往往使体积增加，去锂化使体积减小。在石墨中，这种体积变化不大，通常低于10%。①

随着时间的推移，这些体积变化会导致颗粒沿着内部晶界开裂和分裂。如4.2.1节所述，溶剂嵌入颗粒并产生气体也可以使颗粒分裂。在石墨电极中，这将导致在暴露的石墨表面形成更多的SEI。有时，体积变化只使SEI膜开裂，使更多的表面石墨暴露，进而导致更多的SEI生成。

4.2.3 复合负极中的老化

在锂离子电池的复合负极中，通常会加入炭黑等导电添加剂以提高电极的电子电导，加入PVdF等黏结剂以保持颗粒之间的接触。由于这些非活性物质不参与充放电反应，因此，在描述锂离子电池组分时不常提到它们。但是，它们对电池的正常运行至关重要，在设计电池时要确保电极中非活性材料与活性材料比例良好。② 图4-8展示了复合电极结构，包括包覆颗粒的黏结剂和导电添加剂。

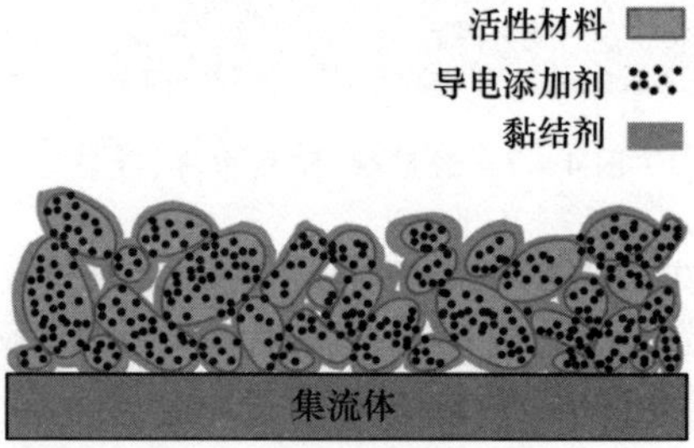

图4-8 复合电极结构

当对电极中活性材料进行锂化和去锂化时，变形应力会使黏结剂失效，导致石墨颗粒之间、颗粒与集流体之间、黏结剂与颗粒之间以及黏结剂与集流体之间发生机械和电气连接损耗。由于电子流经电极体的路径减少，因此这会导致电

① 在硅中这种体积变化可以超过300%。

② 参考文献：Y-H Chen, C-W Wang, G. Liu, X-Y Song, V. S. Battaglia, and A. M. Sastry, "Selection of Conductive Additives in Li-Ion Battery Cathodes, A Numerical Study," Journal of the Electrochemical Society, 154(10), 2007, pp. A978-986。

池内阻增加。如果颗粒与集流体的电气连接完全断开,还会导致容量损失。

电极的孔隙率会随着体积变化和SEI增长而降低,这阻碍了锂离子通过电解液的移动,增加了电池内阻。

如果电池过放电,石墨材料的开路电位会增加到使负极集流体中的铜被腐蚀的程度,会将Cu^{2+}释放到电解液中。这会带来多种后果。第一,集流体/电极接触减少,电池内阻升高。第二,沉积在电极颗粒表面的腐蚀产物导电性差,增加了SEI膜的电阻,从而提高了电池的整体内阻。第三,受腐蚀的集流体电阻不均匀,会导致电池板区域的电流和电位分布不均匀,导致电池局部老化加速且往往会有镀锂现象产生。第四,在负极颗粒上镀铜也会形成金属退火点,从而加速锂枝晶的生长,进而导致短路。

负极老化机制可概括为表4-1,粗体字表示该退化机制比较严重。从表中可以发现,一些机制主要导致功率衰减,另外一些机制主要导致容量衰减。因此,电池内阻和总容量的变化不一定是成比例的,这取决于电池老化的具体方式。

表4-1 负极老化的主要机制①

老化原因	老化效应	导致结果	加速因素
持续缓慢的电解液分解反应生成SEI	锂损失,内阻增加	容量衰减 功率衰减	高温,高SOC
溶剂共插、析气和随之而来的石墨剥落	活性物质损失,锂损失	容量衰减	过充电
SEI持续增长导致可用表面积减少	内阻增加	功率衰减	高温,高SOC
体积变化和SEI生长引起的孔隙率变化	内阻、过电位增加	功率衰减	高循环倍率,高SOC
循环过程中的体积变化引起的活性物质颗粒的接触损失	活性物质损失	容量衰减	高循环倍率,低SOC
黏结剂分解	锂损失,机械稳定性降低	容量衰减	高SOC,高温
集流体腐蚀	内阻、过电位增加; 电流、电位分布不均匀	功率衰减; 加速其他老化机制	过放电,低SOC
镀锂及随之而来的电解液分解	锂损失(电解液损失)	容量衰减 (功率衰减)	低温,高充电倍率,几何形状不规则

① 参考文献:Vetter et al.,"Ageing Mechanisms in Lithium-Ion Batteries,"Journal of Power Sources,147,2005,269-281。

4.3 正极老化

与负极一样，正极老化发生在3个位置：颗粒表面、活性物质颗粒内部以及复合正极中。

4.3.1 正极颗粒表面发生的老化

在正极，研究人员发现也有一层薄膜生长在活性物质颗粒的表面。在某种程度上，这是由电解液中的溶剂与正极活性材料之间发生化学反应而导致的，但这一机制并不像在负极表面那么显著。

正极老化更主要的原因是金属从电极晶体结构溶解到电解液中，由这些金属形成的产物可以以高电阻薄膜的形式重新沉积到颗粒表面。电解液中的氢氟酸加速了溶解，氢氟酸是由痕量水与 $LiPF_6$ 盐反应生成的。

酸蚀导致的金属溶解是锂锰氧化物电池容量损失的主要原因，锰的损失破坏了正极晶体结构，减少了锂的储存位置。[①] 锂钴氧化物电池也因钴的损失而容量受损，但速度相对较慢。实际的老化机制取决于正极中使用哪种氧化物，但老化通常主要发生在荷电状态过低或过高时，高温和任何可能溶解在电解液中的氢氟酸都会显著加速这一过程。

金属溶解的一个副作用是金属离子可以穿越隔膜污染负极，如4.2.1节所述，这会增加电池内阻并降低总容量。

4.3.2 正极颗粒内部老化

当锂在正极活性颗粒中嵌入和脱嵌时，应力会引起被称为相变的应变，这种应变会扭曲电极材料晶体结构的形状，而不会改变整个结构本身。相变是由于锂存在或不存在于储锂位置而产生不同的局部分子力引起的。其中一些相变是正常可逆的，但另一些相变会导致电极结构的崩塌和储锂位置的损失，进而导致容量的迅速减少。当电池过充时，这种现象是最常见的，过多的锂从正极中被移除，从而会导致锂通道坍塌。

这些循环应力也会导致一种被称为结构失序的现象，即电极材料的晶体结

① 参考文献：Dai, Y., Cai, L., and White, R. E., "Capacity Fade Model for Spinel LiMn2O4 Electrode," Journal of the Electrochemical Society, 160(1), 2013, A182 - A190。

构发生破坏。晶体中原子间的化学键被破坏,然后重新形成不同的原子。这会使允许锂移动的隧道状结构坍塌,从而导致锂被困在晶体结构中,同时损耗储锂位置。这两种效应都会降低电池的总容量。

在某些电池体系中,可以观察到由于表面附近的相变形成的永久性亚表层,使锂不能像在发生改变前的晶体结构中那样自由移动。这会增加电池内阻。

最后,还可以观察到磷酸铁锂正极中的颗粒会随时间而增大,这是由于相邻颗粒聚结在一起导致的。这减少了电极的总表面积,并导致电池内阻增加。

4.3.3　复合正极老化

复合正极的老化方式与复合负极相同。随着时间的推移,黏结剂会分解,导电添加剂会被氧化,集流体会被腐蚀,颗粒之间以及颗粒与集流体之间的接触会因体积变化而损失。

表4-2总结了正极老化机理。负极老化主要是由于副反应导致的SEI膜生长,正极老化机制主要是由于材料损耗导致的。两者都会导致电池总容量下降和内阻增加。

表4-2　正极老化的主要机制

老化原因	老化效应	导致结果	加速因素
相变	活性颗粒开裂	容量衰减	高速率,高/低SOC
结构无序	储锂位置损失,锂被困	容量衰减	高速率,高/低SOC
金属溶解和/或电解液分解	可溶性物质迁移	容量衰减	高/低SOC,高温
	新相再沉淀	功率衰减	—
	表层形成	功率衰减	—
电解液分解	气体析出	—	高温
黏结剂分解	接触损耗	功率衰减	—
导电剂氧化	接触损耗	功率衰减	—
集流体腐蚀	接触损耗	功率衰减	高SOC

4.4　电压对 R_0 的灵敏度

我们已经定性地讨论了锂离子电池的主要老化机制,现在将注意力转向估计单体电池的当前健康状态。根据前文的讨论,对电池当前总容量和等效串联电阻的估计有助于更好地描述电池当前健康状态。

要估计总容量和内阻,必须以某种方式使用电池的输入/输出(电流/电压)数据。① 为度量参数估计难易程度,可以考虑电池电压信号对电阻和容量变化的灵敏度。这将使我们认识估计这些量的难度,并揭示电压对内阻的变化非常敏感,而对总容量的变化非常不敏感。这一结论使我们能够使用简单方法估计电池内阻,但需要研究更复杂的方法估计总容量。

由于通过电压测量值很容易观察到等效串联电阻,因此它的估计相对简单。考虑单体电池的电压方程:

$$v_k = \mathrm{OCV}(z_k) + Mh_k + M_0 s_k - \sum_i R_i i_{R_i,k} - i_k R_0$$

将电压测量值对电阻变化的无量纲灵敏度定义为

$$S_{v_k}^{R_0} = \frac{R_0}{v_k}\frac{\mathrm{d}v_k}{\mathrm{d}R_0} = \frac{-R_0}{v_k}i_k$$

单体电池的内阻通常为毫欧级别,电压通常为几伏。当乘以电池电流 i_k(可能很大)时,电压对 R_0 的灵敏度绝对值相对较大(幅度为 0.01 并不罕见)。这意味着,由电压信号估计内阻应该比较简单。

估计 R_0 的一种方法是将相邻采样时间点的两个电压相减:

$$\begin{aligned} v_k &= \mathrm{OCV}(z_k) + Mh_k + M_0 s_k - \textstyle\sum_i R_i i_{R_i,k} - i_k R_0 \\ v_{k-1} &= \mathrm{OCV}(z_{k-1}) + Mh_{k-1} + M_0 s_{k-1} - \textstyle\sum_i R_i i_{R_i,k-1} - i_{k-1} R_0 \\ \hline v_k - v_{k-1} &\approx R_0(i_{k-1} - i_k) + M_0(s_k - s_{k-1}) \end{aligned}$$

这里认为,电池荷电状态 z_k、扩散电流 $i_{R_i,k}$ 和滞回 h_k 的变化相比 i_k 的快速变化来说相对缓慢。

所以,可以估计:

$$\hat{R}_{0,k} = \frac{(v_k - v_{k-1}) - M_0(s_k - s_{k-1})}{i_{k-1} - i_k} \tag{4.1}$$

然而,当 $\Delta i_k = i_{k-1} - i_k = 0$ 时,使用此方法会遇到除以零的问题,就像在恒流或电池静置期间一样。因此,当 $|\Delta i_k|$ 很小时跳过对 R_0 的更新,这消除了除以零的问题,也避免了式(4.1)中测量和舍入噪声的放大。

① 这里主要关注被动方法,它只是监测电流和电压,并使用这些测量数据进行计算,但不向电池施加信号。当然,也可以使用正弦或脉冲信号调制电池输入电流,以更直接地测量健康指标。如果电池组永久地连接到负载,被动方法往往是首选的,因为健康测量不改变电池状态。如果电池组可以断开负载以进行诊断,即使只在很短的时间内断开,后一种方法也是可行的。然而,要注意的是,只要电池持续受到激励,电池的正弦响应可以通过被动测量数据的离散傅里叶变换计算出来,而当均衡电路被激活和被关闭时,脉冲响应可以被测量出来。所以被动方法并不像一开始看起来那么局限。

由于 ESC 电池模型对真实电池行为的模拟并不完美，且我们引入的近似方法并不精确，式(4.1)中 R_0 的估计值富含噪声。为了更好地估计 R_0，可以对 $\hat{R}_{0,k}$ 进行滤波。例如，可以使用单极点数字滤波器：

$$\hat{R}_{0,k}^{\text{filt}} = \alpha \hat{R}_{0,k-1}^{\text{filt}} + (1-\alpha)\hat{R}_{0,k} \tag{4.2}$$

其中，$0 \ll \alpha < 1$。这种方法虽然很简单，但往往效果很好。在本章后续内容中，读者将看到基于非线性卡尔曼滤波的第二种方法，它的效果也很好。

另一个值得考虑的因素是，电池内阻依赖于 SOC 和温度。如果标量内阻估计值被更新，它将自适应地对当前 SOC 和温度下的电池内阻进行建模，因为这两者都随时间而变化。如果需要一个描述内阻与荷电状态整个关系的自适应函数，而不是一个自适应标量，那么需要提出一种函数形式，并且该函数形式的系数能够根据当前荷电状态、温度和内阻进行调整。例如，温度依赖性通常可以利用阿伦尼乌斯关系式很好地建模：

$$R_0 = R_{0,\text{ref}} \exp\left(\frac{E_{R_{0,\text{ref}}}}{R}\left(\frac{1}{T_{\text{ref}}} - \frac{1}{T}\right)\right)$$

其中只有 $R_{0,\text{ref}}$ 和 $E_{R_{0,\text{ref}}}$ 值需要在线调整，以确定温度依赖性。但是，如果电池组长时间工作在一个温度附近，则在设计自适应算法时必须谨慎，因为自适应可能会过度修正该温度下的预测结果，并导致其他温度下的内阻预测结果出现偏差。

温度和 SOC 依赖性也可以通过使用局部基函数对内阻进行建模来处理。这些基函数参数的调整只会导致内阻关系的局部更新，不会使其他温度和荷电状态工作点上的内阻预测结果出现偏差。但是，在应用场景中不经常出现的工作点内阻更新较少，并且随着时间的推移该估计结果往往会过时。

4.5　估算 R_0 的代码

本节将介绍如何在 MATLAB 中实现上述简单的等效串联电阻估计器。在代码中，首先加载一个数据文件，其中包含实验室测量的电池电压和电流数据。根据第 2 章中讨论的系统辨识流程，该特定单体电池内阻已知，为 $R_0 = 2.53\text{m}\Omega$。本节的目标是使用简单估计器来估计 R_0 的值。

```
%% 初始化真实值
R0 = 2.53e-3; % 来自电池外部系统 ID
R0_Vect = R0* ones(1,length(voltage));


%% 加载数据文件
```

```
load('Resistance_data.mat');
```

对于本例,电流和电压随时间的变化曲线如图4-9所示。

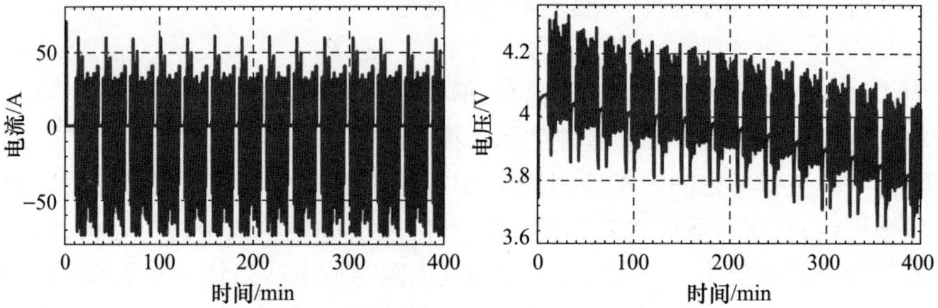

图4-9 用于估计电池内阻的电流和电压数据

接下来,计算并绘制未滤波的内阻估计值。在本例中,选择 $|\Delta i_k|$ 阈值为16.5A,这大约等于该单体电池的2C倍率。简单的循环代码遍历所有数据,在每个时间步计算式(4.1),如果满足阈值标准,则更新内阻估计值:

```
%% 估计 R0 - 无滤波
threshold = 16.5; % 定义阈值
R0_hat = 0* R0_Vect; % 为估计值预留内存

for k = 2:length(v)
    num = voltage(k) - voltage(k-1);
    den = current(k-1) - current(k);
    R0_hat(k) = num / den;
    if abs(den < threshold),
       R0_hat(k) = R0_hat(k-1);
    end
end

% 绘制无滤波 R0 估计值
figure(1); plot(time/60,1000* R0_hat,time/60,1000* R0_Vect);
grid on;
xlabel('时间/min'); ylabel('内阻/m\Omega');
ylim([0 4]);
legend('估计值','真实值','location','southeast');
```

接下来,使用 $\alpha=0.999$ 对估计值进行滤波。代码循环遍历所有原始估计值,将式(4.2)应用于每个点,并绘制最终结果:

```
%% 估计 R0 - 滤波版本
alpha = 0.999; % 定义滤波参数
R0_hat_filt = R0_hat; % 初始化滤波后估计值
for k = 2:length(voltage)
    R0_hat_filt(k) = alpha* R0_hat_filt(k-1) + ...
                     (1-alpha)* R0_hat(k);
end
% 绘制滤波后 R0 估计值
figure(2); plot(time/60,1000* R0_hat_filt,time/60,1000* R0_Vect);
xlabel('时间/min'); ylabel('电阻/m\Omega');
ylim([0 4]);
legend('估计值','真实值','location','southeast');
```

图4-10为运行该程序的部分结果。图4-10(a)将每个离散时间点的未滤波估计值与真实值进行比较，可以看出估计值有合理的平均值，但富含噪声。图4-10(b)对图4-10(a)部分数据段进行放大，以突出显示某些细节。其中估计值平坦的地方是不满足$|\Delta i_k|$阈值标准的情形，估计值保留其上一离散时间点的值。

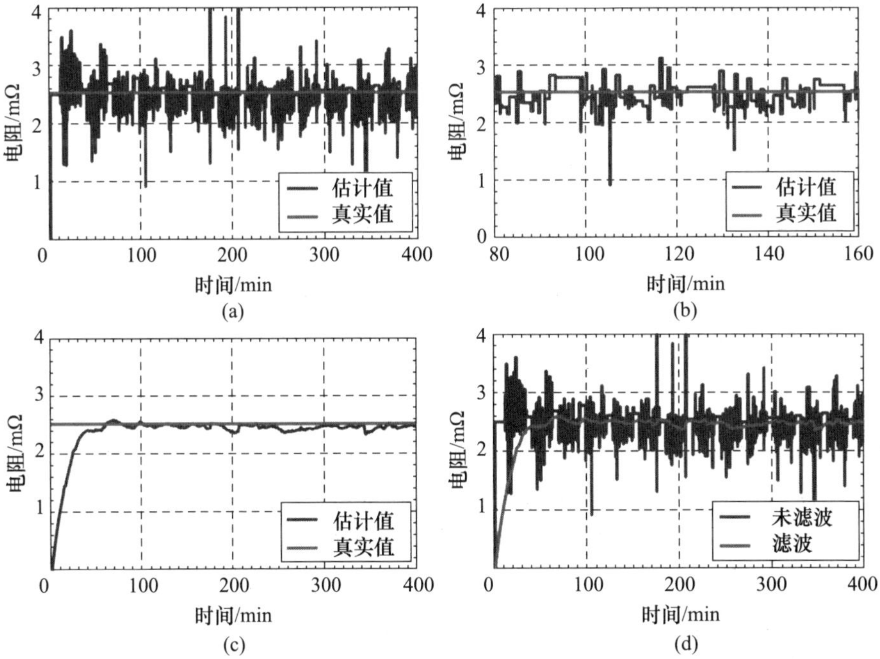

图4-10　内阻估计的中间和最终值(见彩图)

图 4-10(c)比较了滤波后的估计值和真实值。由于滤波后的估计值被初始化为零,因此需要一些时间才能收敛到内阻真实值附近。更接近内阻真实值的初值将使滤波估计值更快地收敛。图 4-10(d)对比了未滤波和滤波后的估计值。可以看出,滤波大大减弱了估计值中的噪声。在收敛后,估计值保持在真实值的 7.5% 偏差以内,对这样一个简单的算法来说,这是非常好的性能。

4.6 电压对总容量 Q 的灵敏度

对总容量的准确估计是非常困难的。要了解其背后原因,可以考虑电压测量值对电池总容量的灵敏度:

$$\begin{aligned} S_{v_k}^{Q} &= \frac{Q}{v_k}\frac{\mathrm{d}v_k}{\mathrm{d}Q} \\ &= \frac{Q}{v_k}\frac{\mathrm{d}}{\mathrm{d}Q}\left(\mathrm{OCV}(z_k) + Mn_k + M_0 s_k - \sum_i R_i i_{R_i,k} - i_k R_0\right) \end{aligned}$$

虽然 Q/v_k 是一个相当大的值,但括号内似乎不包含容量。为了揭示电压对总容量的灵敏度,需要展开全导数。

使用全导数链式法则计算第一项:

$$\frac{\mathrm{dOCV}(z_k)}{\mathrm{d}Q} = \frac{\partial \mathrm{OCV}(z_k)}{\partial z_k}\frac{\mathrm{d}z_k}{\mathrm{d}Q}$$

对于大多数电池,开路电压曲线的斜率很小,所以 $\partial \mathrm{OCV}(z_k)/\partial z_k$ 非常小。进一步,展开 SOC 方程的全导数:

$$\frac{\mathrm{d}z_k}{\mathrm{d}Q} = \frac{\mathrm{d}z_{k-1}}{\mathrm{d}Q} - \eta_{k-1} i_{k-1}\Delta t \frac{\mathrm{d}(1/Q)}{\mathrm{d}Q} = \frac{\mathrm{d}z_{k-1}}{\mathrm{d}Q} + \frac{\eta_{k-1} i_{k-1}\Delta t}{Q^2}$$

结果右侧的第一项可以递归计算。当 i_k 在多次连续迭代中具有相同的符号时,其值会增加,当 i_k 改变方向时,其值会缩小。对于随机 i_k,如混合动力电动汽车应用场景,它的数量级与右边的第二项大致相同。

第二项的分母是 Q^2。由于 Q 必须用库仑表示,才能使它的单位与方程的其他项一致,因此 Q^2 是一个非常大的数字,第二项非常小。所以,$\mathrm{d}z_k/\mathrm{d}Q$ 很小,电压的 OCV 项对容量的总体灵敏度很小。

类似地,电压的滞回项对容量的灵敏度也很小,其他项均为零。因此,单个电压测量值几乎没有关于容量的信息。我们必须结合大量电压测量值来估计总容量,如果在这些测量的大部分时间里,电流基本上都在同一个方向上,这会有所帮助。也就是说,如果在一段时间内 SOC 变化较大,则更容易根据该时间段内的数据估计总容量。

一般来说,用类似 $\hat{R}_0$ 估计的简单方法估算总容量是不可行的。所以,本章剩余部分将探讨两种更复杂的方法。首先采用非线性卡尔曼滤波方法,它能够同时估计所有随着时间变化的电池模型参数。然而,这些基于卡尔曼滤波的方法相对复杂,而且在采信估计值之前还必须解决一些算法稳定性问题。简单的回归技术可用于估计总容量,但最简单的普通最小二乘法只能给出有偏估计。因此,还需花费大量时间探索一种总体最小二乘法,它以最佳方式使用含噪声的输入测量值产生无偏的总容量估计。

4.7　通过卡尔曼滤波估计参数

在第 3 章中可以看到,如果模型参数值是精确已知的,则卡尔曼滤波可利用含噪声的输入/输出测量值估计动态系统的状态。实践结果表明,如果动态系统的状态是精确已知的,那么,使用非线性卡尔曼滤波估计动态系统模型的参数也是可能的。由于单体电池 SOH 是由电池模型参数概括的,因此这种方法是非常有用的。

然而,我们并不能精确确定系统状态。但是如果处理巧妙,也可以使用非线性卡尔曼滤波来同时估计系统模型的状态和参数。

本节首先考虑如何在系统状态已知的条件下,估计系统参数值。然后,结合状态估计和参数估计的方法说明如何同时估计状态和参数。①

4.7.1　参数估计的通用方法

首先,将特定模型的真实参数收集到向量 $\boldsymbol{\theta}$ 中。然后,使用卡尔曼滤波技术来估计参数值,就像估计状态向量值一样。因此,需要建立一个参数动态变化的离散时间状态空间模型。

假设参数变化非常缓慢,可将当前参数向量建模为前一时刻参数向量再加一些小扰动 $\boldsymbol{r}_k$:

$$\boldsymbol{\theta}_k = \boldsymbol{\theta}_{k-1} + \boldsymbol{r}_{k-1} \tag{4.3}$$

式中:$\boldsymbol{r}_k$ 为虚拟的零均值白噪声输入,模拟系统参数值的缓慢漂移。通常不直接

---

① EKF 参考文献:Plett, G. ,"Extended Kalman Filtering for Battery Management Systems of LiPB – Based HEV Battery Packs— Part 3: State and Parameter Estimation," Journal of Power Sources, 134(2), 2004, pp. 277 – 92. SPKF 参考文献:Plett, G. ,"Sigma – Point Kalman Filters for Battery Management Systems of LiPB – Based HEV Battery Packs—Part 2: Simultaneous State and Parameter Estimation," Journal of Power Sources, 161(2), 2006, pp. 1369 – 84。

将此噪声作为卡尔曼滤波的输入，而是利用协方差矩阵 $\Sigma_{\tilde{r}}$ 表示我们认为的参数变化速度，从而使卡尔曼滤波器调整更新参数估计值的速度。

式(4.3)所示模型称为随机游动。在没有反馈的情况下，它描述了参数值的随机变化路径，其中 θ_k 的方差也就是不确定性会随时间线性增加。在该模型中，每一时间步参数值增加或减少的可能性相同。

基于本章对电池老化的定性理解，可以发现随机游动可能并不能很好地描述电池参数值的实际变化。在随机游动中，参数值增加与减少的可能性相同。然而，如果做一个大胆概括，我们可以说真实的电池总容量只会随着时间的推移减少，而不会增加。[①] 同样，它的内阻只会随着时间的推移增大，而不会减小。[②]

由于随机游动不是参数变化的精确开环模型，为了更好地对变化进行建模，需要对实际老化机制进行详细地定量描述。尽管我们将在第7章中研究两个这样的模型，但是关于这个问题的文献还是很少的。结果表明，尽管式(4.3)对电池老化的细节描述不太准确，但是卡尔曼滤波的反馈机制可以修正建模误差，并且仍然可以很好地估计模型参数值。

为了包含反馈，需要建立模型输出方程，它必须是系统参数的可测函数，使用

$$d_k - g(x_k, u_k, \theta_2, e_k) \tag{4.4}$$

式中：$g(\cdot)$ 是被辨识系统模型的输出方程；e_k 模拟传感器噪声和模型误差。[③] 然后，为参数辨识而获得的测量序列可以写成 $\mathbb{D}_k = \{d_0, d_1, \cdots, d_k\}$。

我们也对描述系统状态向量动态和测量值的数学模型进行了修正，使其直接包含参数 θ：

$$x_k = f(x_{h-1}, u_{h-1}, \theta, w_{h-1}) \tag{4.5}$$

$$y_k = h(x_k, u_k, \theta, v_k) \tag{4.6}$$

模型所需的时不变数值可以包含在 $f(\cdot)$ 和 $h(\cdot)$ 中，但不包含在 θ 中。

---

① 在锂离子电池的最初几次循环中，总容量往往会增加。这是因为电解液会渗入到电池制造时没有润湿的空隙中，这就与之前被隔离的电池部分建立了离子连接，从而增加了它们的总容量。此外，一些研究人员还发现，如果一个电池被闲置了很长一段时间，随后的循环将恢复一些失去的容量，但其产生机制尚不清楚。

② 在锂离子电池的最初几次循环中，内阻是降低的。这是因为在新活性材料中，插层应力激发内部缺陷，从而在活性颗粒表面形成微裂纹，这些裂纹增加了石墨的暴露表面积，降低了阻值。但经过几次初始化循环后，微裂纹停止形成，电池内阻随时间的总体趋势是增加的。

③ 注意：d_x 通常是与 y_k 相同的测量值，但这里将两者区别开，以适应使用单独输出的情形。此外，虽然式(4.4)中的噪声 e_k 和式(4.6)中的噪声 v_k 通常发挥相同的作用，但在这里被认为是不同的。

4.8　EKF 参数估计

在推导出新的参数动态方程式(4.3)、参数输出方程式(4.4)、修正后的状态方程式(4.5)和模型输出方程式(4.6)后,现在讨论如何使用非线性卡尔曼滤波进行参数估计。

首先按照第3章介绍的序贯概率推理的6个步骤,推导出用于参数估计的扩展卡尔曼滤波器。

EKF 步骤1a:参数预测值的时间更新

参数预测步骤计算参数更新方程式(4.3)的期望,假设虚拟噪声 $\boldsymbol{r}_k$ 均值为零,则

$$\hat{\boldsymbol{\theta}}_k^- = \mathbb{E}[\boldsymbol{\theta}_k \mid \mathbb{D}_{k-1}] = \mathbb{E}[\boldsymbol{\theta}_{k-1} + \boldsymbol{r}_{k-1} \mid \mathbb{D}_{k-1}] = \hat{\boldsymbol{\theta}}_{k-1}^+ \tag{4.7}$$

也就是说,该时间步的参数向量预测值等于前一时间步结束时计算的参数向量估计值。由于电池老化导致的参数变化非常缓慢,参数基本被认为是恒定的,因此这个结果是合理的,由老化所致的参数变化将仅通过测量值反馈来获得。

EKF 步骤1b:误差协方差矩阵的时间更新

计算参数预测误差的协方差矩阵,首先需要计算 $\tilde{\boldsymbol{\theta}}_k^-$:

$$\tilde{\boldsymbol{\theta}}_k^- = \boldsymbol{\theta}_k - \hat{\boldsymbol{\theta}}_k^- = \boldsymbol{\theta}_{k-1} + \boldsymbol{r}_k - \hat{\boldsymbol{\theta}}_{k-1}^- = \tilde{\boldsymbol{\theta}}_{k-1}^- + \boldsymbol{r}_k$$

然后,直接计算协方差:

$$\begin{aligned}\boldsymbol{\Sigma}_{\tilde{\boldsymbol{\theta}},k}^- &= \mathbb{E}[\tilde{\boldsymbol{\theta}}_k^-(\tilde{\boldsymbol{\theta}}_k^-)^{\mathrm{T}}] = \mathbb{E}[(\tilde{\boldsymbol{\theta}}_{k-1}^+ + \boldsymbol{r}_k)(\tilde{\boldsymbol{\theta}}_{k-1}^+ + \boldsymbol{r}_k)^{\mathrm{T}}]\\ &= \boldsymbol{\Sigma}_{\tilde{\boldsymbol{\theta}},k-1}^+ + \boldsymbol{\Sigma}_{\tilde{r}}\end{aligned}$$

其中,假设零均值虚拟噪声与参数预测误差不相关。因此,在数学上,参数误差协方差的时间更新等于时间更新之前的协方差,再加上驱动参数变化的虚拟噪声具有的不确定性。物理上,这对应于随着时间的推移,由于老化而增加的参数不确定性,我们将在步骤2b中通过反馈调整参数值。

EKF 步骤1c:输出值预测

通过式(4.4)和EKF假设1预测基于参数模型的系统可测输出:

$$\hat{\boldsymbol{d}}_k = \mathbb{E}[\boldsymbol{g}(\boldsymbol{x}_k, \boldsymbol{u}_k, \boldsymbol{\theta}, \boldsymbol{e}_k)\mathbb{D}_{k-1}] \approx \boldsymbol{g}(\boldsymbol{x}_k, \boldsymbol{u}_k, \hat{\boldsymbol{\theta}}_k^-, \bar{\boldsymbol{e}}_k)$$

也就是说,我们认为,通过参数输出方程传递参数向量预测 $\hat{\boldsymbol{\theta}}_k^-$ 和误差均值 $\bar{\boldsymbol{e}}_k$,是逼近参数输出方程均值的一种好方法。

EKF 步骤2a:估计器增益矩阵

然后,可以将输出预测误差写为

$$\tilde{\boldsymbol{d}}_k=\boldsymbol{d}_k-\hat{\boldsymbol{d}}_k=\boldsymbol{g}(\boldsymbol{x}_k,\boldsymbol{u}_k,\boldsymbol{\theta},\boldsymbol{e}_k)-\boldsymbol{g}(\boldsymbol{x}_k,\boldsymbol{u}_k,\hat{\boldsymbol{\theta}}_k^-,\bar{\boldsymbol{e}}_k)$$

采用 EKF 假设 2,使用泰勒级数展开方程式左侧的第一项:

$$\boldsymbol{d}_k\approx\boldsymbol{g}(\boldsymbol{x}_k,\boldsymbol{u}_k,\hat{\boldsymbol{\theta}}_k^-,\bar{\boldsymbol{e}}_k)+\underbrace{\left.\frac{\mathrm{d}\boldsymbol{g}(\boldsymbol{x}_k,\boldsymbol{u}_k,\boldsymbol{\theta},\boldsymbol{e}_k)}{\mathrm{d}\boldsymbol{\theta}}\right|_{\boldsymbol{\theta}=\hat{\boldsymbol{\theta}}_k^-}}_{\text{定义为}\hat{\boldsymbol{C}}_k^\theta}(\boldsymbol{\theta}-\hat{\boldsymbol{\theta}}_k^-)+\underbrace{\left.\frac{\mathrm{d}\boldsymbol{g}(\boldsymbol{x}_k,\boldsymbol{u}_k,\boldsymbol{\theta},\boldsymbol{e}_k)}{\mathrm{d}\boldsymbol{e}_k}\right|_{\boldsymbol{e}_k=\bar{\boldsymbol{e}}_k}}_{\text{定义为}\hat{\boldsymbol{D}}_k^\theta}(\boldsymbol{e}_k-\bar{\boldsymbol{e}}_k)$$

由此,可以计算出

$$\boldsymbol{\Sigma}_{\tilde{d},k}\approx\hat{\boldsymbol{C}}_k^\theta\boldsymbol{\Sigma}_{\tilde{\theta},k}^-(\hat{\boldsymbol{C}}_k^\theta)^{\mathrm{T}}+\hat{\boldsymbol{D}}_k^\theta\Sigma_{\tilde{e}}(\hat{\boldsymbol{D}}_k^\theta)^{\mathrm{T}}$$

$$\boldsymbol{\Sigma}_{\tilde{\theta}\tilde{d},k}^-\approx\mathbb{E}[(\tilde{\boldsymbol{\theta}}_k^-)(\hat{\boldsymbol{C}}_k^\theta\tilde{\boldsymbol{\theta}}_k^-+\hat{\boldsymbol{D}}_k^\theta\tilde{\boldsymbol{e}}_k)^{\mathrm{T}}]=\boldsymbol{\Sigma}_{\tilde{\theta},k}^-(\hat{\boldsymbol{C}}_k^\theta)^{\mathrm{T}}$$

将这些项结合起来计算卡尔曼增益:

$$\boldsymbol{L}_k^\theta=\boldsymbol{\Sigma}_{\tilde{\theta},k}^-(\hat{\boldsymbol{C}}_k^\theta)^{\mathrm{T}}[\hat{\boldsymbol{C}}_k^\theta\boldsymbol{\Sigma}_{\tilde{\theta},k}^-(\hat{\boldsymbol{C}}_k^\theta)^{\mathrm{T}}+\hat{\boldsymbol{D}}_k^\theta\boldsymbol{\Sigma}_{\tilde{e}}(\hat{\boldsymbol{D}}_k^\theta)^{\mathrm{T}}]^{-1}$$

注意:$\hat{\boldsymbol{C}}_k^\theta$、$\hat{\boldsymbol{D}}_k^\theta$、$\boldsymbol{L}_k^\theta$ 符号中使用的上标是为了区分参数估计的 EKF 矩阵与状态估计的 EKF 矩阵,这在同时估计状态和参数时很重要。

在计算 $\hat{\boldsymbol{C}}_k^\theta$ 时必须非常小心。根据全微分链式法则,可以得到

$$\mathrm{d}\boldsymbol{g}(\boldsymbol{x}_k,\boldsymbol{u}_k,\boldsymbol{\theta},\boldsymbol{e}_k)=\frac{\partial\boldsymbol{g}(\boldsymbol{x}_k,\boldsymbol{u}_k,\boldsymbol{\theta},\boldsymbol{e}_k)}{\partial\boldsymbol{x}_k}\mathrm{d}\boldsymbol{x}_k+\frac{\partial\boldsymbol{g}(\boldsymbol{x}_k,\boldsymbol{u}_k,\boldsymbol{\theta},\boldsymbol{e}_k)}{\partial\boldsymbol{u}_k}\mathrm{d}\boldsymbol{u}_k+\frac{\partial\boldsymbol{g}(\boldsymbol{x}_k,\boldsymbol{u}_k,\boldsymbol{\theta},\boldsymbol{e}_k)}{\partial\boldsymbol{\theta}}\mathrm{d}\boldsymbol{\theta}+\frac{\partial\boldsymbol{g}(\boldsymbol{x}_k,\boldsymbol{u}_k,\boldsymbol{\theta},\boldsymbol{e}_k)}{\partial\boldsymbol{e}_k}\mathrm{d}\boldsymbol{e}_k$$

将方程两边同时除以 $\mathrm{d}\boldsymbol{\theta}$,有

$$\begin{aligned}\frac{\mathrm{d}\boldsymbol{g}(\boldsymbol{x}_k,\boldsymbol{u}_k,\boldsymbol{\theta},\boldsymbol{e}_k)}{\mathrm{d}\boldsymbol{\theta}}&=\frac{\partial\boldsymbol{g}(\boldsymbol{x}_k,\boldsymbol{u}_k,\boldsymbol{\theta},\boldsymbol{e}_k)}{\partial\boldsymbol{x}_k}\frac{\mathrm{d}\boldsymbol{x}_k}{\mathrm{d}\boldsymbol{\theta}}+\frac{\partial\boldsymbol{g}(\boldsymbol{x}_k,\boldsymbol{u}_k,\boldsymbol{\theta},\boldsymbol{e}_k)}{\partial\boldsymbol{u}_k}\underbrace{\frac{\mathrm{d}\boldsymbol{u}_k}{\mathrm{d}\boldsymbol{\theta}}}_{0}\\&\quad+\frac{\partial\boldsymbol{g}(\boldsymbol{x}_k,\boldsymbol{u}_k,\boldsymbol{\theta},\boldsymbol{e}_k)}{\partial\boldsymbol{\theta}}\frac{\mathrm{d}\boldsymbol{\theta}_k}{\mathrm{d}\boldsymbol{\theta}}+\frac{\partial\boldsymbol{g}(\boldsymbol{x}_k,\boldsymbol{u}_k,\boldsymbol{\theta},\boldsymbol{e}_k)}{\partial\boldsymbol{e}_k}\underbrace{\frac{\mathrm{d}\boldsymbol{e}_k}{\mathrm{d}\boldsymbol{\theta}}}_{0}\\&=\frac{\partial\boldsymbol{g}(\boldsymbol{x}_k,\boldsymbol{u}_k,\boldsymbol{\theta},\boldsymbol{e}_k)}{\partial\boldsymbol{\theta}}+\frac{\partial\boldsymbol{g}(\boldsymbol{x}_k,\boldsymbol{u}_k,\boldsymbol{\theta},\boldsymbol{e}_k)}{\partial\boldsymbol{x}_k}\frac{\mathrm{d}\boldsymbol{x}_k}{\mathrm{d}\boldsymbol{\theta}}\end{aligned}$$

与状态估计一样,由于电池输入电流、测量误差 $\boldsymbol{e}_k$ 都不是参数值的函数,因此舍弃相关项。然而,根据式(4.5),模型状态是参数值的函数,因此展开式中必然包含 $\mathrm{d}\boldsymbol{x}_k/\mathrm{d}\boldsymbol{\theta}$ 项。这与我们在第 3 章中进行的状态向量估计不同,这也是我们在对应点上推导 EKF 时讨论全导数与偏导数的原因。在这里,必须使用全导数而不是偏导数,否则参数估计就行不通了。

递归计算 $\mathrm{d}\boldsymbol{x}_k/\mathrm{d}\boldsymbol{\theta}$:

$$\frac{\mathrm{d}\boldsymbol{x}_k}{\mathrm{d}\boldsymbol{\theta}}=\frac{\partial \boldsymbol{f}(\boldsymbol{x}_{k-1},\boldsymbol{u}_{k-1},\boldsymbol{\theta},\boldsymbol{w}_{k-1})}{\partial \boldsymbol{\theta}}+\frac{\partial \boldsymbol{f}(\boldsymbol{x}_{k-1},\boldsymbol{u}_{k-1},\boldsymbol{\theta},\boldsymbol{w}_{k-1})}{\partial \boldsymbol{x}_{k-1}}\frac{\mathrm{d}\boldsymbol{x}_{k-1}}{\mathrm{d}\boldsymbol{\theta}}$$

可以看出,$\mathrm{d}\boldsymbol{x}_k/\mathrm{d}\boldsymbol{\theta}$ 是 $\mathrm{d}\boldsymbol{x}_{k-1}/\mathrm{d}\boldsymbol{\theta}$ 的函数,所以这种关系随着时间推移、状态发展而演变。如果没有更确切的信息,$\mathrm{d}\boldsymbol{x}_0/\mathrm{d}\boldsymbol{\theta}$ 一般初始化为零。

总之,为了计算任意特定模型结构的 $\hat{\boldsymbol{C}}_k^{\theta}$,我们需要计算模型所有上述偏导数,从而找到所需的全导数。

EKF 步骤 2b:参数估计值的测量更新

通过使用估计器增益和输出预测误差 $\boldsymbol{d}_k-\hat{\boldsymbol{d}}_k$,计算和更新参数估计值:

$$\hat{\boldsymbol{\theta}}_k^{+}=\hat{\boldsymbol{\theta}}_k^{-}+\boldsymbol{L}_k^{\theta}(\boldsymbol{d}_k-\hat{\boldsymbol{d}}_k)$$

这一步与标准 EKF 相同。

EKF 步骤 2c:误差协方差的测量更新

最后,计算更新后的参数估计误差协方差:

$$\boldsymbol{\Sigma}_{\tilde{\boldsymbol{\theta}},k}^{+}=\boldsymbol{\Sigma}_{\tilde{\boldsymbol{\theta}},k}^{-}-\boldsymbol{L}_k^{\theta}\boldsymbol{\Sigma}_{\tilde{\boldsymbol{d}},k}(\boldsymbol{L}_k^{\theta})^{\mathrm{T}}$$

本章附录总结了参数估计的 EKF。在第一次启用该算法时,用关于参数值的最佳信息初始化参数向量估计值 $\hat{\boldsymbol{\theta}}_0^{+}=\mathbb{E}[\boldsymbol{\theta}_0]$,结合当前最佳信息与不确定性,初始化参数估计误差协方差矩阵:

$$\boldsymbol{\Sigma}_{\tilde{\boldsymbol{\theta}},0}^{-}=\mathbb{E}[(\boldsymbol{\theta}-\hat{\boldsymbol{\theta}}_0^{+})(\boldsymbol{\theta}-\hat{\boldsymbol{\theta}}_0^{+})^{\mathrm{T}}]$$

如果没有更确切的信息,那么初始化 $\mathrm{d}\boldsymbol{x}_0/\mathrm{d}\boldsymbol{\theta}=0$。

4.9　SPKF 参数估计

由于第 3 章已经详细讨论了 sigma 点方法,因此本节只是简单展示如何使用 sigma 点卡尔曼滤波来估计参数值。一如既往,推导序贯概率推理的 6 个基本步骤。

SPKF 步骤 1a:参数预测值的时间更新

参数预测步骤近似为

$$\hat{\boldsymbol{\theta}}_k^{-}=\mathbb{E}[\boldsymbol{\theta}_k|\mathbb{D}_{k-1}]=\mathbb{E}[\boldsymbol{\theta}_{k-1}+\boldsymbol{r}_{k-1}\mathbb{D}_{k-1}]=\hat{\boldsymbol{\theta}}_{k-1}^{-}$$

由于参数的动态遵循线性模型,因此这一结果与 EKF 相同,即

SPKF 步骤 1b:误差协方差矩阵的时间更新

同样,由于参数动态的线性,误差协方差更新方程与 EKF 相同,即

$$\boldsymbol{\Sigma}_{\tilde{\theta},k}^{-}=\boldsymbol{\Sigma}_{\tilde{\boldsymbol{\theta}},k-1}^{+}+\boldsymbol{\Sigma}_{\tilde{r}}$$

SPKF 步骤 1c:预测系统输出值

为了预测系统输出,首先定义增广随机向量:

$$\boldsymbol{\theta}_k^a=\begin{bmatrix}\boldsymbol{\theta}_k\\ \boldsymbol{e}_k\end{bmatrix}$$

它结合了参数估计值和传感器噪声的随机性。然后,用 $p+1$ 个 sigma 点来描述这个增广随机向量,将其表示为

$$\mathcal{W}_k^{a,-}=\left\{\hat{\boldsymbol{\theta}}_k^{a,-},\hat{\boldsymbol{\theta}}_k^{a,-}+\gamma\sqrt{\boldsymbol{\Sigma}_{\tilde{\boldsymbol{\theta}},k}^{a,-}},\hat{\boldsymbol{\theta}}_k^{a,-}-\gamma\sqrt{\boldsymbol{\Sigma}_{\tilde{\boldsymbol{\theta}},k}^{a,-}}\right\}$$

从增广 sigma 点中,提取包含参数部分 $\mathcal{W}_k^{\theta,-}$ 的 $p+1$ 个向量和包含建模误差部分 $\mathcal{W}_k^{e,-}$ 的 $p+1$ 个向量。

输出方程式(4.4)使用所有 $\mathcal{W}_{k,i}^{\theta,-}$ 和 $\mathcal{W}_k^{e,-}$ 进行估计(其中下标 i 表示从原始集合中提取到的第 i 个向量),产生离散时间 k 的 sigma 点 $\mathcal{D}_{k,i}$:

$$\mathcal{D}_{k,i}=\boldsymbol{g}(\boldsymbol{x}_k,\boldsymbol{u}_k,\mathcal{W}_{k,i}^{\theta,-},\mathcal{W}_{k,i}^{e,-})$$

最后,计算输出预测值:

$$\begin{aligned}\hat{\boldsymbol{d}}_k^- &=\mathbb{E}\left[\boldsymbol{g}(\boldsymbol{x}_k,\boldsymbol{u}_k,\boldsymbol{\theta},\boldsymbol{e}_k)\mid\mathbb{D}_{k-1}\right]\\ &=\sum_{i=0}^{p}\alpha_i^{(\mathrm{m})}\boldsymbol{g}(\boldsymbol{x}_k,\boldsymbol{u}_k,\mathcal{W}_{k,i}^{\theta,-},\mathcal{W}_{k,i}^{e,-})\\ &=\sum_{i=0}^{p}\alpha_i^{(\mathrm{m})}\mathcal{D}_{k,i}\end{aligned}$$

SPKF 步骤 2a:估计器增益矩阵

为了计算估计器增益矩阵,必须首先计算所需的协方差矩阵①:

$$\boldsymbol{\Sigma}_{\tilde{\boldsymbol{d}},k}=\sum_{i=0}^{p}\alpha_i^{(\mathrm{e})}(\mathcal{D}_{k,i}-\tilde{\boldsymbol{d}}_k)(\mathcal{D}_{k,i}-\tilde{\boldsymbol{d}}_k)^{\mathrm{T}}$$

$$\boldsymbol{\Sigma}_{\tilde{\boldsymbol{\theta}}\tilde{\boldsymbol{d}},k}=\sum_{i=0}^{p}\alpha_i^{(\mathrm{e})}(\mathcal{W}_{k,i}^{\theta,-}-\tilde{\boldsymbol{\theta}}_k^{a,-})(\mathcal{D}_{k,i}-\tilde{\boldsymbol{d}}_k)^{\mathrm{T}}$$

然后,计算 $\boldsymbol{L}_k^{\theta}=\boldsymbol{\Sigma}_{\tilde{\boldsymbol{\theta}}\tilde{\boldsymbol{d}},k}^{-}(\boldsymbol{\Sigma}_{\tilde{\boldsymbol{d}},k})^{-1}$。

SPKF 步骤 2b:参数估计值的测量更新

利用参数预测值和测量新息计算参数估计值:

$$\hat{\boldsymbol{\theta}}_k^+=\hat{\boldsymbol{\theta}}_k^-+\boldsymbol{L}_k^{\theta}(\boldsymbol{d}_k-\hat{\boldsymbol{d}}_k)$$

SPKF 步骤 2c:误差协方差的测量更新

最后,计算参数估计误差的协方差:

$$\boldsymbol{\Sigma}_{\tilde{\boldsymbol{\theta}},k}^+=\boldsymbol{\Sigma}_{\tilde{\boldsymbol{\theta}},k}^--\boldsymbol{L}_k^{\theta}\boldsymbol{\Sigma}_{\tilde{\boldsymbol{d}},k}(\boldsymbol{L}_k^{\theta})^{\mathrm{T}}$$

本章附录总结了参数估计的 SPKF。

---

① 译者注:译者认为式中相减的向量不同维,$\hat{\boldsymbol{\theta}}_k^{a,-}$ 应改为 $\hat{\boldsymbol{\theta}}_k^-$。

4.10　联合和双重估计

目前已经了解了如何使用卡尔曼滤波分别进行状态估计和参数估计，现在将注意力转向当状态滤波器输出 $\boldsymbol{y}_k$ 与参数滤波器输出 $\boldsymbol{d}_k$ 相同时，使用非线性卡尔曼滤波来同时估计状态向量和参数向量。本节将给出两种方法：联合估计和双重估计。

4.10.1　一般联合估计

在联合估计中，状态和参数被组合成一个高维向量，非线性卡尔曼滤波器同时估计该增广状态向量内的值。这样做会带来两方面问题：一是增广模型的维数高将导致矩阵运算量大；二是增广状态向量中状态和参数的时间尺度非常不同，数值条件可能较差。但是，联合估计实现起来非常简单。

为了了解如何实现，首先结合状态向量和参数向量，形成增广动态：

$$\begin{bmatrix} \boldsymbol{x}_k \\ \boldsymbol{\theta}_k \end{bmatrix} = \begin{bmatrix} \boldsymbol{f}(\boldsymbol{x}_{k-1}, \boldsymbol{u}_{k-1}, \boldsymbol{\theta}_{k-1}, \boldsymbol{w}_{k-1}) \\ \boldsymbol{\theta}_{k-1} + \boldsymbol{r}_{k-1} \end{bmatrix}$$

$$\boldsymbol{y}_k = \boldsymbol{h}(\boldsymbol{x}_k, \boldsymbol{u}_k, \boldsymbol{\theta}_k, \boldsymbol{v}_k)$$

为了简化符号，令 $\boldsymbol{X}_k$ 为增广状态，$\boldsymbol{W}_k$ 为增广噪声，$\boldsymbol{F}(\cdot)$ 为增广状态方程。那么，可以得到

$$\boldsymbol{X}_k = \boldsymbol{F}(\boldsymbol{X}_{k-1}, \boldsymbol{u}_{k-1}, \boldsymbol{W}_{k-1})$$

$$\boldsymbol{y}_k = \boldsymbol{h}(\boldsymbol{X}_k, \boldsymbol{u}_k, \boldsymbol{v}_k)$$

利用这种包含系统状态动态和参数动态的增广离散时间状态空间模型，简单应用一种非线性卡尔曼滤波方法即可。

4.10.2　一般双重估计

在双重估计中，分别采用非线性卡尔曼滤波进行状态估计和参数估计。与联合估计相比，由于计算中涉及的矩阵更小，因此计算复杂度更小，并且矩阵运算在数值上可能更佳。然而，将状态与参数解耦会丢失两者之间的互相关信息，从而导致估计精度可能较差。

状态动态的数学模型再次显式地包含参数向量 $\boldsymbol{\theta}_k$：

$$\boldsymbol{x}_k = \boldsymbol{f}(\boldsymbol{x}_{k-1}, \boldsymbol{u}_{k-1}, \boldsymbol{w}_{k-1}, \boldsymbol{\theta}_{k-1})$$

$$\boldsymbol{y}_k = \boldsymbol{h}(\boldsymbol{x}_k, \boldsymbol{u}_k, \boldsymbol{v}_k, \boldsymbol{\theta}_{k-1})$$

模型所需的时不变数值可以嵌入$\boldsymbol{f}(\cdot)$和$\boldsymbol{h}(\cdot)$中,但不包含在$\boldsymbol{\theta}_k$中。我们还对参数动态的数学模型作了细微修正,以显式表示状态方程的影响:

$$\boldsymbol{\theta}_k=\boldsymbol{\theta}_{k-1}+\boldsymbol{r}_{k-1}$$

$$\boldsymbol{d}_k=\boldsymbol{h}(\boldsymbol{f}(\boldsymbol{x}_{k-1},\boldsymbol{u}_{k-1},\overline{\boldsymbol{w}}_{k-1},\boldsymbol{\theta}_{k-1}),\boldsymbol{u}_k,\boldsymbol{e}_k,\boldsymbol{\theta}_{k-1})$$

两个卡尔曼滤波器之间的相互作用如图4-11所示。从图中可以看出,双重估计本质上包括两个并行运行的卡尔曼滤波器,KF_x调整状态,KF_θ调整参数,并且两滤波器之间存在信息交换。

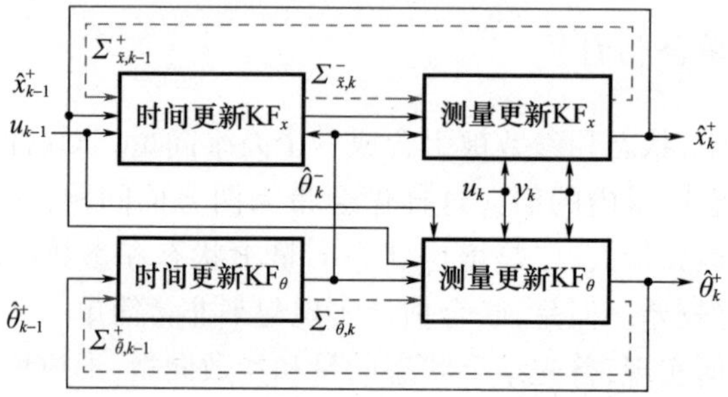

图4-11 用于双重估计的两个非线性卡尔曼滤波器之间的相互作用①

在定义了一般联合估计和双重估计之后,现在展示如何将这些方法用于EKF和SPKF。

4.10.3 通过EKF进行联合状态和参数估计

将EKF应用于联合估计问题比较简单,但是在计算$\hat{\boldsymbol{C}}_k$矩阵时,必须注意要正确地进行$\mathrm{d}\boldsymbol{F}/\mathrm{d}\boldsymbol{X}$的递推计算。本章附录总结了该方法。

4.10.4 通过EKF进行双重状态和参数估计

在使用EKF进行双重状态和参数估计时,两个EKF的信号是混合的。同样,在计算$\hat{\boldsymbol{C}}_k^\theta$时需要小心,需正确计算全导数展开式:

$$\hat{\boldsymbol{C}}_k^\theta=\left.\frac{\mathrm{d}\boldsymbol{g}(\hat{\boldsymbol{x}}_k^-,\boldsymbol{u}_k,\boldsymbol{\theta})}{\mathrm{d}\boldsymbol{\theta}}\right|_{\boldsymbol{\theta}=\hat{\boldsymbol{\theta}}_k^-}$$

① 参考文献:Plett, G. L., "Extended Kalman Filtering for Battery Management Systems of LiPB - Based HEV Battery Packs—Part 3: State and Parameter Estimation," Journal of Power Sources, 134(2), 2004, pp. 277 - 92。

$$\frac{\mathrm{d}\boldsymbol{g}(\hat{\boldsymbol{x}}_k^-,\boldsymbol{u}_k,\boldsymbol{\theta})}{\mathrm{d}\boldsymbol{\theta}}=\frac{\partial \boldsymbol{g}(\hat{\boldsymbol{x}}_k^-,\boldsymbol{u}_k,\boldsymbol{\theta})}{\partial \boldsymbol{\theta}}+\frac{\partial \boldsymbol{g}(\hat{\boldsymbol{x}}_k^-,\boldsymbol{u}_k,\boldsymbol{\theta})}{\partial \hat{\boldsymbol{x}}_k^-}\frac{\mathrm{d}\hat{\boldsymbol{x}}_k^-}{\mathrm{d}\boldsymbol{\theta}}$$

$$\frac{\mathrm{d}\hat{\boldsymbol{x}}_k^-}{\mathrm{d}\boldsymbol{\theta}}=\frac{\partial \boldsymbol{f}(\hat{\boldsymbol{x}}_{k-1}^+,\boldsymbol{u}_{k-1},\boldsymbol{\theta})}{\partial \boldsymbol{\theta}}+\frac{\partial \boldsymbol{f}(\hat{\boldsymbol{x}}_{k-1}^+,\boldsymbol{u}_{k-1},\boldsymbol{\theta})}{\partial \hat{\boldsymbol{x}}_k^-}\frac{\mathrm{d}\hat{x}_{k-1}^+}{\mathrm{d}\boldsymbol{\theta}}$$

$$\frac{\mathrm{d}\hat{x}_{k-1}^+}{\mathrm{d}\boldsymbol{\theta}}=\frac{\mathrm{d}\hat{x}_{k-1}^-}{\mathrm{d}\boldsymbol{\theta}}-\boldsymbol{L}_{k-1}^x\frac{\mathrm{d}\boldsymbol{g}(\hat{\boldsymbol{x}}_{k-1}^-,\boldsymbol{u}_{k-1},\boldsymbol{\theta})}{\mathrm{d}\boldsymbol{\theta}}$$

式中：$\boldsymbol{L}_k^x$ 是状态滤波器的卡尔曼增益，并假设它不是 $\boldsymbol{\theta}$ 的函数。实际上，它是 $\boldsymbol{\theta}$ 的弱函数，但相关文献的共识是其对 $\boldsymbol{\theta}$ 的依赖性足够弱，使得通过假设简化问题比对其进行更仔细的分析更经济。

为了实施该方法，3 个全导数 $\mathrm{d}\boldsymbol{g}/\mathrm{d}\boldsymbol{\theta}$、$\mathrm{d}\hat{\boldsymbol{x}}_{k-1}^+/\mathrm{d}\boldsymbol{\theta}$、$\mathrm{d}\hat{\boldsymbol{x}}_n^-/\mathrm{d}\boldsymbol{\theta}$ 被初始化为零，并在滤波器运行时递归计算。本章附录中总结了该方法。

4.10.5 通过 SPKF 进行联合状态和参数估计

基于 sigma 点卡尔曼滤波的联合状态和参数估计使用标准 SPKF 方法，其中状态向量为包含参数的增广向量，没有进行其他更改。本章附录总结了该方法。

4.10.6 通过 SPKF 进行双重状态和参数估计

与使用 EKF 的双重估计一样，利用 SPKF 进行双重状态和参数估计也使用 2 个滤波器。两者均采用 SPKF 算法，并混合信号。本章附录总结了该方法。

4.11 鲁棒性和速度

4.11.1 确保正确收敛

双重滤波和联合滤波调整状态估计 $\hat{\boldsymbol{x}}_k^+$ 与参数估计 $\hat{\boldsymbol{\theta}}_k^+$，从而使模型的输入/输出关系与实测的输入/输出数据相匹配。然而，并没有内在保证使模型状态必定收敛于具有实际意义的值。状态和参数估计有可能偏离它们的真实值，然而，由状态估计和参数估计不准确引起的误差之间会相互抵消，因此，至少在一段时间内，有偏差的估计值仍然与输入/输出测量值保持很好的一致性。

在估计 ESC 电池模型状态和参数向量时，我们关心的是它们是否收敛到具有真正意义的值。使用目前提出的双重或联合估计方法，无法保证一定会发生这种情况。因此，必须采取一些特殊步骤，以确保其收敛到真实值。

考虑模型状态向量中的 SOC 状态 z_k。正如在第 3 章中看到的,可以使用一个较粗糙的模型来推导这个状态的综合测量值。具体来说,可以将单体电池端电压建模为

$$v_k \approx \text{OCV}(z_k) - R_0 i_k$$

然后,给定一个电压测量值,可以估计 SOC 为

$$\hat{z}_k = \text{OCV}^{-1}(v_k + R_0 i_k)$$

虽然这个结果含有较多噪声,无法作为主要的荷电状态估计值,但它仍然有一些很好的性质。第一,如果电流为零且滞回可以忽略不计,则估计值收敛于真实荷电状态。第二,即使电流不为零,估计值偏差也很小:正如图 3-4 所绘制的,虽然它包含噪声,但是噪声接近于零均值。

因此,通过测量负载下的电池电压 v_k、电池电流 i_k,以及使用 R_0 和电池的逆 OCV 函数,可以计算出 SOC 的含噪声估计值 $\hat{z}_k$。然后,在模型输出方程中,使用电池 SOC 的综合测量值来增广电池电压的真实测量值,于是变成

$$\boldsymbol{g}(\boldsymbol{x}_k,\boldsymbol{u}_k,\boldsymbol{\theta}) = \begin{bmatrix} \text{OCV}(z_k) + Mh_k + M_0 s_k - \sum_i R_i i_{R_i,k} - R_0 i_k \\ z_k \end{bmatrix}$$

使用该修正模型运行双重或联合非线性卡尔曼滤波,并将测量更新中使用的测量值替换为

$$\boldsymbol{y}_k = \begin{bmatrix} k\text{ 时刻的电池电压} \\ \text{粗略的 SOC 估计值 } \hat{z}_k \end{bmatrix}$$

虽然 $\hat{z}_k$ 忽略了由滞回和扩散电压引起的误差,不能作为 SOC 的主要估计手段,但它在动态环境中的长期行为是准确的,且它在双重和联合滤波中维持了荷电状态估计的准确性。

4.12 使用线性回归对总容量进行无偏估计

利用非线性卡尔曼滤波器同时估计所有状态和参数,计算复杂度较高。如果我们只需要估计内阻和总容量,那么,这种复杂性是不必要的。4.4 节中的简单估计模型可用于估计内阻。但是,怎样估计总容量呢?

根据 4.6 节,电压对总容量的灵敏度很低,因此很难从有噪声的输入/输出数据中分离出容量信息,并且噪声很容易使结果产生偏差。当 SOC 在两次更新之间发生明显变化时,灵敏度会提高,所以我们无需步步更新,否则计算效率很低。由于总容量变化缓慢,因此仅在荷电状态发生重大变化后,更新总容量估计

值就足够了，这种更新并不算频繁。①

4.12.1　最小二乘容量估计存在的问题

为重新审视总容量估计问题，再次考虑单体电池的荷电状态方程，已知离散时刻 k_1 的初始荷电状态，计算电池在离散时刻 $k_2 > k_1$ 的荷电状态：

$$z_{k_2} = z_{k_1} - \frac{1}{Q}\sum_{k=k_1}^{k_2-1} \eta_k i_k$$

重新排列上式，得到

$$\underbrace{-\sum_{k=k_1}^{k_2-1} \eta_k i_k}_{y} = Q\underbrace{(z_{k_2} - z_{k_1})}_{x}$$

上式具有明显的 $y = Qx$ 线性结构。例如，使用回归技术就可以计算 Q 的估计值，只需要在这个方程中找到一系列 x 和 y 值就可以了。②

最常见的线性回归技术基于普通最小二乘法（Ordinary Least Squares，OLS）。OLS 假设自变量 x 是已知的，但因变量 y 可能具有一些不确定性。也就是说，它通过使用已确定的 x 值、部分确定的 y 值寻找问题$(y - \Delta y) = Qx$ 的解，从而确定最佳 Q，以最小化拟合线与 y 数据之间的差异。由于因变量的真实值与已知测量值 y 存在未知差异 Δy，因此在方程式中记为 $y - \Delta y$。

使用标准普通最小二乘回归法进行总容量估计的问题是，电流求和值 y 和荷电状态差值 x 都包含传感器噪声或估计噪声。不仅库仑计数 y 有传感器噪声，而且我们对荷电状态的估计通常也不完美，也会给变量 x 带来不确定性。也就是说，电流积分和荷电状态估计都有误差，总容量估计问题的隐含形式是$(y - \Delta y) = Q(x - \Delta x)$。这不同于普通最小二乘法适用的问题，因此使用普通最小二乘法会使结果产生偏差。

解决这一问题的常用方法是确保回归中使用的荷电状态估计值尽可能准确，然后使用标准最小二乘估计。例如，我们可以限制何时以及如何估计总容量。可以在测试开始前和测试结束后的一段时间内强制电池电流为零，使电池

---

① 本节剩余部分的主要参考文献：Plett，G.，"Recursive approximate weighted total least squares estimation of battery cell total capacity，"Journal of Power Sources，196(4)，2011，pp. 2319 – 2331。

② 如果使用这种方法，则不能用库仑计数作荷电状态估计器，否则将产生一个退化方程：我们将比较方程一侧的库仑计数与方程另一侧的库仑计数，它们完全相同。荷电状态估计必须基于或者至少部分基于电压测量。第 3 章中基于卡尔曼滤波的方法对于荷电状态估计有足够的电压反馈，因此可以使用这种方法。

处于平衡状态，这样 SOC 估计就尽可能准确了。该方法在很大程度上减小了 x 变量误差，使回归结果较准确。这种方法并不能处理 x 中剩余的不确定性：虽然它最小化了误差，但仍未完全消除误差。

一个更好的方法是认识到想要解决 $(y-\Delta y)=Q(x-\Delta x)$ 问题，需要使用总体最小二乘（Total Least Squares，TLS）回归，而不是普通最小二乘回归。在寻找 Q 的估计值时，总体最小二乘法同时考虑了 x 和 y 变量的不确定性。然而，当试图使用总体最小二乘法进行高效计算，以便能够在成本不高的 BMS 上实现时，存在着挑战。

后续小节将推导普通最小二乘法和总体最小二乘法及其变形，以展示它们的异同。然后，将构建一个计算效率高的近似总体最小二乘法，它可以很好地从噪声数据中估计单体电池容量。

4.13 加权普通最小二乘法

应用于电池总容量估计的普通最小二乘法和总体最小二乘法，通过使用测量数据 n 维向量 $\boldsymbol{x}$ 和 $\boldsymbol{y}$ 来寻找使得 $\boldsymbol{y}\approx\hat{Q}_n\boldsymbol{x}$ 的常数 $\hat{Q}_n$。由 $\boldsymbol{x}$ 中的 $\boldsymbol{x}_i$ 和 $\boldsymbol{y}$ 中的 y_i 组成的第 i 个数据对，对应于在第 i 个时间间隔采集的电池数据，其中 x_i 是在该时间间隔内荷电状态的变化估计值，y_i 是在此期间流过电池的累计安时数。

具体来说：

$$x_i=\hat{z}_{k_2^{(i)}}-\hat{z}_{k_1^{(i)}}$$

$$y_i=-\sum_{k=k_1^{(i)}}^{k_2^{(i)}-1}\eta_k i_k$$

式中：$k_1^{(i)}$ 是第 i 个时间间隔开始时的离散时间；$k_2^{(i)}$ 是第 i 个时间间隔结束时的离散时间。用于产生容量估计的数据向量 $\boldsymbol{x}$ 和 $\boldsymbol{y}$ 的长度必须至少为 1（$n\geqslant1$）。由于数据中的不确定性可在更多的测量数据中平均，因此较大的 n 可以带来更好的估计值。

OLS 假设 x_i 上没有误差，并将数据建模为 $\boldsymbol{y}=Q\boldsymbol{x}+\Delta\boldsymbol{y}$，其中 $\Delta\boldsymbol{y}$ 是未知测量误差向量。如图 4－12 所示，数据点上的误差线表示不确定性。我们假设 $\Delta\boldsymbol{y}$ 由均值为零、方差为 $\sigma_{y_i}^2$ 的高斯随机变量组成，也许在每个数据点上 $\sigma_{y_i}^2$ 都不同。

OLS 试图基于 n 个数据对 (x_i,y_i)，找到电池真实总容量 Q 的估计值 $\hat{Q}_n$，使误差 Δy_i 平方和最小。在这里稍微总结一下 OLS 方法，以便找到使加权误差平方和最小的 $\hat{Q}_n$，其中权重考虑了测量值的不确定性。也就是说，我们希望找到一个最小化加权最小二乘（Weighted Least Squares，WLS）代价函数的 $\hat{Q}_n$：

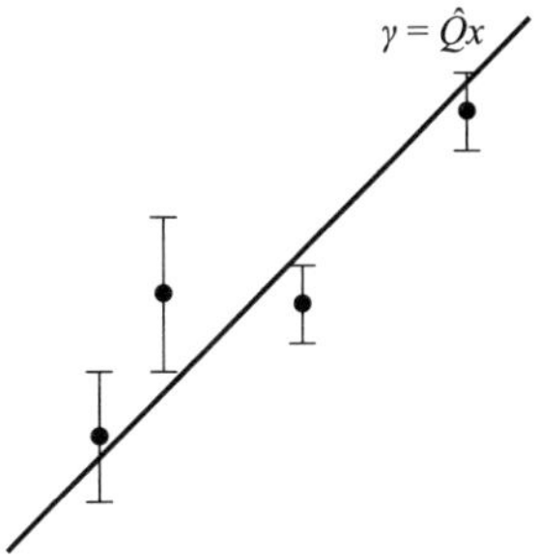

图 4-12　OLS 范例[①]

$$\chi^2_{\mathrm{WLS}} = \sum_{i=1}^{n} \frac{(y_i - Y_i)^2}{\sigma^2_{y_i}} = \sum_{i=1}^{n} \frac{(y_i - \hat{Q}_n x_i)^2}{\sigma^2_{y_i}}$$

式中：Y_i 是数据(x_i, y_i)到直线的最终优化映射。也就是说，它是与测量数据对(x_i, y_i)相对应的 $Y_i = \hat{Q}_n x_i$ 线上的点，其中认为 y_i 包含噪声，而 x_i 无不确定性。

有多种方法可以解决这个问题，其中一个很好的方法是对与 $\hat{Q}_n$ 有关的代价函数求微分，然后令偏导数为零来求解 $\hat{Q}_n$。然而，要认识到求和中的所有 σ^2_{yi} 可能是不同的，因此，不能简单地将方程两边乘以某个常数 σ^2_y，把它从最终结果中去掉。

首先，求微分得到

$$\frac{\partial \chi^2_{\mathrm{WLS}}}{\partial \hat{Q}_n} = -2 \sum_{i=1}^{n} \frac{x_i(y_i - \hat{Q}_n x_i)}{\sigma^2_{y_i}} = 0$$

然后，将方程两边除以 -2，并将求和分为两部分，得到

$$\hat{Q}_n \sum_{i=1}^{n} \frac{x_i^2}{\sigma^2_{y_i}} = \sum_{i=1}^{n} \frac{x_i y_i}{\sigma^2_{y_i}}$$

$$\hat{Q}_n = \sum_{i=1}^{n} \frac{x_i y_i}{\sigma^2_{y_i}} \Big/ \sum_{i=1}^{n} \frac{x_i^2}{\sigma^2_{y_i}}$$

如果定义两个新变量：

$$c_{i,n} = \sum_{i=1}^{n} \frac{x_i^2}{\sigma^2_{y_i}}, \quad c_{2,n} = \sum_{i=1}^{n} \frac{x_i y_i}{\sigma^2_{y_i}}$$

然后，有 $\hat{Q}_n = c_{2,n}/c_{1,n}$。

为满足最小化存储需求，并且使 n 较大时更新 $\hat{Q}_n$ 的计算需求平稳，可以通

① 参考文献：Plett, G. L. , "Recursive Approximate Weighted Total Least Squares Estimation of Battery Cell Total Capacity," Journal of Power Sources, 196(4), 2011, pp. 2,319 - 31。

过下式递归计算 $c_{1,n}$ 和 $c_{2,n}$：

$$c_{1,n} = c_{1,n-1} + x_n^2 / \sigma_{y_n}^2$$

$$c_{2,n} = c_{2,n-1} + x_n y_n / \sigma_{y_n}^2$$

递归方法需要初始估计值 $c_{1,0}$ 和 $c_{2,0}$。一种可能的初始化是简单令 $c_{1,0} = c_{2,0} = 0$。或者，认识到标称容量为 Q_{nom} 的电池在 SOC 为 1.0 时具有该容量。因此，可以用第 0 个“测量值”来进行初始化，其中 $x_0 = 1, y_0 = Q_{\text{nom}}$。$\sigma_{y_0}^2$ 值可设置为标称容量的制造差异。也就是说，$c_{1,0} = 1/\sigma_{y_0}^2, c_{2,0} = Q_{\text{nom}}/\sigma_{y_0}^2$。

简单调整上述方法，以允许过去测量值的记忆衰退。修改 WLS 代价函数，将强调最近测量值的渐消记忆加权最小二乘（Fading Memory Weighted Least Squares，FMWLS）代价函数定义为

$$\chi_{\text{FMWLS}}^2 = \sum_{i=1}^{n} \gamma^{n-i} \frac{(y_i - \hat{Q}_n x_i)^2}{\sigma_{y_i}^2}$$

其中，遗忘因子 γ 的范围是 $0 < \gamma \leqslant 1$。如果展开上式：

$$\chi_{\text{FMWLS}}^2 = \frac{(y_n - \hat{Q}_n x_n)^2}{\sigma_{y_n}^2} + \gamma \frac{(y_{n-1} - \hat{Q}_n x_{n-1})^2}{\sigma_{y_{n-1}}^2} + \gamma^2 \frac{(y_{n-2} - \hat{Q}_n x_{n-2})^2}{\sigma_{y_{n-2}}^2} + \cdots$$

可以看出，较新的数据点在代价函数中的权重要高于更早之前采集的数据点。有了这个渐消记忆代价函数，解变成

$$\hat{Q}_n = \sum_{i=1}^{n} \gamma^{n-i} \frac{x_i y_i}{\sigma_{y_i}^2} \Bigg/ \sum_{i=1}^{n} \gamma^{n-1} \frac{x_i^2}{\sigma_{y_i}^2}$$

上式也可以很容易地以递归方式计算。为了做到这一点，跟踪两个求和式：

$$\tilde{c}_{1,n} = \sum_{i=1}^{n} \gamma^{n-1} x_i^2 \Big/ \sigma_{y_i}^2, \tilde{c}_{2,n} = \sum_{i=1}^{n} \gamma^{n-1} x_i y_i / \sigma_{y_i}^2$$

然后，最优总容量估计值为

$$\hat{Q}_n = \tilde{c}_{2,n} / \tilde{c}_{1,n} \tag{4.8}$$

该估计的代价函数可以写为

$$\chi_{\text{MWLS}}^2 = \tilde{c}_{1,n} \hat{Q}_n^2 - 2\tilde{c}_{2,n} \hat{Q}_n + \tilde{c}_{3,n} \tag{4.9}$$

当新增一个可用数据点时，根据下式更新这些量：

$$\tilde{c}_{1,n} = \gamma \tilde{c}_{1,n-1} + x_n^2 / \sigma_{y_n}^2$$

$$\tilde{c}_{2,n} = \gamma \tilde{c}_{2,n-1} + x_n y_n / \sigma_{y_n}^2$$

总体来说，WLS 和 FMWLS 的解具有许多优良特性。

(1)它们给出了 $\hat{Q}_n$ 的闭式解。只涉及简单的乘法、加法和除法运算。

(2)这些解可以很容易地以递归的方式计算出来。

(3)可以很容易地添加衰减因子，允许 $\hat{Q}_n$ 自适应调整以反映电池真实总容量的变化。

4.14　加权总体最小二乘法

TLS 方法假设 x_i 和 y_i 的测量值都有误差，并将数据建模为 $(\boldsymbol{y}-\Delta\boldsymbol{y})=Q(\boldsymbol{x}-\Delta\boldsymbol{x})$。如图 4－13 所示，数据点上的误差线表示各维度的不确定性。假设 $\Delta\boldsymbol{x}$ 是均值为零、方差为 $\sigma_{x_i}^2$ 的高斯随机向量，$\Delta\boldsymbol{y}$ 是均值为零、方差为 $\sigma_{y_i}^2$ 的高斯随机向量，其中 $\sigma_{x_i}^2$ 不一定等于或与 $\sigma_{y_i}^2$ 相关，所有的 $\sigma_{x_i}^2$ 和 $\sigma_{y_i}^2$ 都可能是不同的。

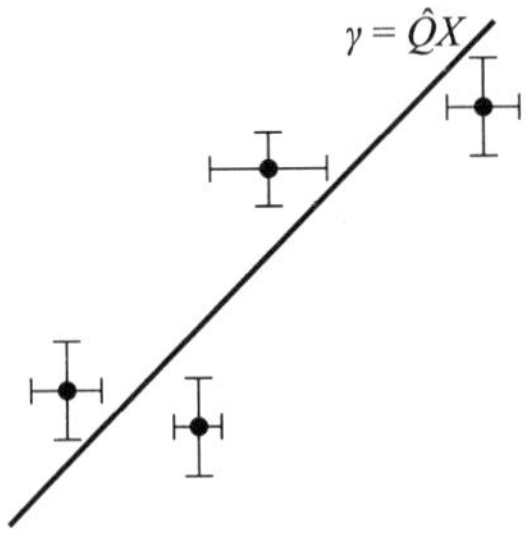

图 4－13　TLS 范例①

TLS 试图找到使误差 Δx_i 平方和与误差 Δy_i 平方和之和最小的，电池真实总容量 Q 的估计值 $\hat{Q}_n$。这里稍微总结一下 TLS 方法，以便找到使得加权误差平方和最小的 $\hat{Q}_n$，其中权重考虑了测量值的不确定性。

也就是说，我们希望找到一个最小化加权总体最小二乘(Weighted Total least Squares，WTLS)代价函数的 $\hat{Q}_n$：

$$\chi_{\text{WTLS}}^2=\sum_{i=1}^{n}\frac{(x_i-X_i)^2}{\sigma_{x_i}^2}+\frac{(y_i-Y_j)^2}{\sigma_{y_i}^2}$$

式中：(X_i,Y_i) 是数据 (x_i,y_i) 到直线的最终优化映射。也就是说，X_i 和 Y_i 是直线 $Y_i=\hat{Q}_nX_i$ 上的点，对应于优化值 $\hat{Q}_n$ 的含噪声测量值数据对 (x_i,y_i)。一般来说，$x_i\neq X_i$，$y_i\neq Y_i$。作为 WTLS 求解的一部分，我们需要找到从 (x_i,y_i) 到 (X_i,Y_i) 的

① 参考文献：Plett, G. L.，"Recursive Approximate Weighted Total Least Squares Estimation of Battery Cell Total Capacity，" Journal of Power Sources，196(4)，2011，pp. 2，319－31。

最佳映射。

由于 x_i 和 y_i 都包含噪声，因此必须以不同于处理 WLS 问题的方式处理这个优化问题。用拉格朗日乘子 λ_i 增广代价函数，以施加 $Y_i = \hat{Q}_n X_i$ 的约束。生成的增广代价函数为

$$\chi^2_{\mathrm{WTLS},a} = \sum_{i=1}^{n} \frac{(x_i - X_i)^2}{\sigma^2_{x_i}} + \frac{(y_i - Y_i)^2}{\sigma^2_{y_i}} - \lambda_i (Y_i - \hat{Q}_n X_i)$$

为了求解，求 $\chi^2_{\mathrm{WTLS},a}$ 关于 X_i、Y_i、λ_i 的偏导数，并令其等于0。首先，对拉格朗日乘子求偏导数，可得到约束：

$$\frac{\partial \chi^2_{\mathrm{WTLS},a}}{\partial \lambda_i} = -(Y_i - \hat{Q}_n X_i) = 0$$

$$Y_i = \hat{Q}_n X_i \tag{4.10}$$

接着，对 Y_i 求偏导，这使得能够求解拉格朗日乘子：

$$\frac{\partial \chi^2_{\mathrm{WTLS},a}}{\partial Y_i} = \frac{-2(y_i - Y_i)}{\sigma^2_{y_i}} - \lambda_i = 0$$

$$\lambda_i = \frac{-2(y_i - Y_i)}{\sigma^2_i} \tag{4.11}$$

最后，对 X_i 求偏导：

$$\frac{\partial \chi^2_{\mathrm{WTLS},a}}{\partial X_i} = \frac{-2(x_i - X_i)}{\sigma^2_{x_i}} + \lambda_i \hat{Q}_n = 0 \tag{4.12}$$

为简化形式，将式(4.11)中拉格朗日乘子的解代入式(4.12)，然后将方程两边同时乘以 $\sigma^2_{y_i}\sigma^2_{x_i}$，从而得到

$$0 = -\frac{2(x_i - X_i)}{\sigma^2_{x_i}} - \frac{2(y_i - Y_i)}{\sigma^2_{y_i}}\hat{Q}_n = \sigma^2_{y_i}(x_i - X_i) + \sigma^2_{x_i}(y_i - Y_i)\hat{Q}_n$$

最后，将式(4.10)中的约束代入上式，求出 X_i：

$$0 = \sigma^2_{y_i} x_i - \sigma^2_{y_i} X_i + \sigma^2_{x_i} y_i \hat{Q}_n - \sigma^2_{x_i} X_i \hat{Q}^2_n$$

$$X_i = \frac{x_i \sigma^2_{y_i} + \hat{Q}_n y_i \hat{Q}^2_{x_i}}{\sigma^2_{y_i} + \hat{Q}^2_n \sigma^2_{x_i}}$$

根据这些结果，可以将原始的 WTLS 代价函数改写为已知测量量的形式：

$$\begin{aligned}\chi^2_{\mathrm{WTLS}} &= \sum_{i=1}^{n} \frac{(x_i - X_i)^2}{\sigma^2_{x_i}} + \frac{(y_i - Y_i)^2}{\sigma^2_{y_i}} \\ &= \sum_{i=1}^{n} \frac{\left(x_i - \dfrac{x_i \sigma^2_{y_i} + \hat{Q}_n y_i \sigma^2_{x_i}}{\sigma^2_{y_i} + \hat{Q}^2_n \sigma^2_{x_i}}\right)^2}{\sigma^2_{x_i}} + \frac{\left(y_i - \hat{Q}_n \dfrac{x_i \sigma^2_{y_i} + \hat{Q}_n y_i \sigma^2_{x_i}}{\sigma^2_{y_i} + \hat{Q}^2_n \sigma^2_{x_i}}\right)^2}{\sigma^2_{y_i}}\end{aligned}$$

$$= \sum_{i=1}^{n} \frac{(x_i(\sigma_{y_i}^2 + \hat{Q}_n^2\sigma_{x_i}^2) - (x_i\sigma_{y_i}^2 + \hat{Q}_n\sigma_{x_i}^2))^2}{\sigma_{x_i}^2(\sigma_{y_i}^2 + \hat{Q}_n^2\sigma_{x_i}^2)^2} + \frac{(y_i(\sigma_{y_i}^2 + \hat{Q}_n^2\sigma_{x_i}^2) - \hat{Q}_n(x_i\sigma_{y_i}^2 + \hat{Q}_n\sigma_{x_i}^2))^2}{\sigma_{y_i}^2(\sigma_{y_i}^2 + \hat{Q}_n^2\sigma_{x_i}^2)^2}$$

$$= \sum_{i=1}^{n} \frac{\hat{Q}_n^2\sigma_{x_i}^4(y_i - \hat{Q}_n x_i)^2}{\sigma_{x_i}^2(\sigma_{y_i}^2 + \hat{Q}_n^2\sigma_{x_i}^2)^2} + \frac{\sigma_{y_i}^4(y_i - \hat{Q}_n x_i)^2}{\sigma_{y_i}^2(\sigma_{y_i}^2 + \hat{Q}_n^2\sigma_{x_i}^2)^2}$$

$$= \sum_{i=1}^{n} \frac{(y_i - \hat{Q}_n x_i)^2}{\hat{Q}_n^2\sigma_{x_i}^2 + \sigma_{y_i}^2} \tag{4.13}$$

为了找到使代价函数最小的 $\hat{Q}_n$ 值，令偏导数$\partial\chi_{\mathrm{WTLS},a}^2/\partial\hat{Q}_n = 0$。经过几个步骤，可以发现这相当于求解下式：

$$\frac{\partial\chi_{\mathrm{WTLS},a}^2}{\partial\hat{Q}_n} = \sum_{i=1}^{n} \frac{2(\hat{Q}_n x_i - y_i)(\hat{Q}_n y_i\sigma_{x_i}^2 + x_i\sigma_{y_i}^2)}{(\hat{Q}_n^2\sigma_{x_i}^2 + \sigma_{y_i}^2)^2} = 0 \tag{4.14}$$

不幸的是，这个解不具有 WLS 解的优良特性。

(1)一般情况下不存在闭式解，必须使用数值优化方法寻找 $\hat{Q}_n$。一种方法是对 $\hat{Q}_n$ 进行牛顿－拉夫森搜索，在每次用新的数据对更新数据向量 $\boldsymbol{x}$ 和 $\boldsymbol{y}$ 时都执行迭代：

$$\hat{Q}_{n,k} = \hat{Q}_{n,k-1} - \frac{\partial\chi_{\mathrm{WTLS}}^2/\partial\hat{Q}_{n,k-1}}{\partial^2\chi_{\mathrm{WTLS}}^2/\partial\hat{Q}_{n,k-1}^2} \tag{4.15}$$

也就是说，在收集了 n 个数据对之后，总体最小二乘估计 $\hat{Q}_{n,0}$被初始化为某个值。我们可以使用加权最小二乘法的估计 $\hat{Q}_n$，或者使用加权总体最小二乘法的先验估计 $\hat{Q}_{n-1}$进行初始化。然后，对于 k 从 1 到某总迭代次数 K，在时间 n 计算式(4.15)。最后，令该时间步的最终加权总体最小二乘解为 $\hat{Q}_n = \hat{Q}_{n,k}$。

式(4.15)的分子是原代价函数的雅可比矩阵，可由式(4.14)中的 $\hat{Q}_n$ 替换为 $\hat{Q}_{n,k-1}$得出。这个更新方程的分母是原代价函数的黑塞矩阵，可以用已知量得到

$$\frac{\partial^2\chi_{\mathrm{WTLS}}^2}{\partial\hat{Q}_n^2} = 2\sum_{i=1}^{n}\left(\frac{\sigma_{y_i}^4 x_i^2 + \sigma_{x_i}^4(3\hat{Q}_n^2 y_i^2 - 2\hat{Q}_n^3 x_i y_i)}{(\hat{Q}_n^2\sigma_{x_i}^4 + \sigma_{y_i}^2)^3} - \frac{\sigma_{x_i}^2\sigma_{y_i}^2(3\hat{Q}_n^2 x_i^2 - 6\hat{Q}_n x_i y_i + y_i^2)}{(\hat{Q}_n^2\sigma_{x_i}^4 + \sigma_{y_i}^2)^3}\right) \tag{4.16}$$

用 $\hat{Q}_{n,k-1}$替换 $\hat{Q}_n$，该结果可用于式(4.15)的牛顿－拉夫森迭代。

牛顿－拉夫森搜索具有一个特性：每次迭代更新时，解中的有效位数都会翻倍。在实践中我们发现，大约 4 次迭代会产生双精度结果。同时还注意到代价函数χ_{WTLS}^2是凸的，这保证了该迭代方法将收敛到全局解。

(2)一般情况下没有递归更新,这对存储和计算都有影响。要使用 WTLS,必须保留整个向量 $\boldsymbol{x}$ 和 $\boldsymbol{y}$,这意味着随着测量次数的增加而增加存储量。此外,计算量也随着 n 的增加而增长。也就是说,WTLS 不太适合在有限内存中实时运行的嵌入式系统。

(3)没有渐消记忆递归更新(因为没有递归更新)。然而,可以将非递归渐消记忆加权总体最小二乘(Fading Memory Weighted Total Least Squares, FM-WTLS)代价函数定义为

$$\chi^2_{\text{FMWTLS}} = \sum_{i=1}^{n} \gamma^{n-1} \frac{(y_i - \hat{Q}_n x_i)^2}{\hat{Q}_n^2 \sigma_{x_i}^2 + \sigma_{y_i}^2}$$

这个代价函数的雅克比矩阵为

$$\frac{\partial \chi^2_{\text{FMWTLS}}}{\partial \hat{Q}_n} = 2 \sum_{i=1}^{n} \gamma^{n-1} \frac{(\hat{Q}_n x_i - y_i)(\hat{Q}_n y_i \sigma_{x_i}^2 + x_i \sigma_{y_i}^2)}{(\hat{Q}_n^2 \sigma_{x_i}^2 + \sigma_{y_i}^2)^2} \tag{4.17}$$

黑塞矩阵为

$$\frac{\partial^2 \chi^2_{\text{FMWTLS}}}{\partial \hat{Q}_n^2} = 2 \sum_{i=1}^{n} \gamma^{n-1} \left(\frac{\sigma_{y_i}^4 x_i^2 + \sigma_{x_i}^4 (3\hat{Q}_n^2 y_i^2 - 2\hat{Q}_n^3 x_i y_i)}{(\hat{Q}_n^2 \sigma_{x_i}^4 + \sigma_{y_i}^2)^3} - \frac{\sigma_{x_i}^2 \sigma_{y_i}^2 (3\hat{Q}_n^2 x_i^2 - 6\hat{Q}_n x_i y_i + y_i^2)}{(\hat{Q}_n^2 \sigma_{x_i}^4 + \sigma_{y_i}^2)^3} \right) \tag{4.18}$$

利用这个代价函数的雅克比和黑塞矩阵,可以使用牛顿–拉夫森搜索来寻找渐消记忆代价函数的解,从而找到 Q 的估计值。

4.17 节将讨论 WTLS 的一个特例,它求出了具有递归更新和渐消记忆的闭式解。然后,我们将给出一般 WTLS 问题的近似解,它也具有 WLS 解的优良特性。在此之前,首先考虑 WLS 和 WTLS 解的两个重要性质。

4.15 模型拟合优度

当测量误差 $\Delta\boldsymbol{x}$ 和 $\Delta\boldsymbol{y}$ 不相关且为高斯分布时,代价函数χ^2_{WLS}和χ^2_{WTLS}为卡方随机变量。由于在创建χ^2_{WLS}时使用了 n 个数据点 y_i,在拟合 $\hat{Q}_n$ 时失去了 1 个自由度,因此,χ^2_{WLS}是一个自由度为 $n-1$ 的卡方随机变量。由于在创建过程中使用了 n 个数据点 x_i 和 n 个数据点 y_i,拟合 $\hat{Q}_n$ 时失去了 1 个自由度,因此,χ^2_{WTLS}是一个自由度为 $2n-1$ 的卡方随机变量。

利用分布和自由度的知识,可以从代价函数的优化值判断模型拟合是否可靠,即线性拟合是否很好地拟合了数据,优化值 $\hat{Q}_n$ 是否很好地估计了电池的总容量。

对于自由度 ν 的卡方模型,不完全伽玛函数 $P(\chi^2|\nu)$ 被定义为观测卡方值

小于χ^2的概率。它的补充定义 $Q(\chi^2|\nu)=1-P(\chi^2|\nu)$，表示观察到的卡方值偶尔也会大于$\chi^2$的概率。[①] 因此，为了检验模型的拟合优度，我们必须估计：

$$Q(\chi^2|\nu)=\frac{1}{\Gamma(\nu/2)}\int_{\chi^2/2}^{\infty}\mathrm{e}^{-t}t^{(\nu/2-1)}\mathrm{d}t \tag{4.19}$$

很多工程分析程序都内置了计算这一函数的方法，该方法的 C 语言代码也很容易找到。

如果对于某些χ^2和自由度 ν，得到的 $Q(\chi^2|\nu)$值很小，那么，要么模型是错误的，可以在统计上拒绝，要么方差 $\sigma_{x_i}^2$和 $\sigma_{y_i}^2$是不准确的，要么方差不是高斯的。第三种可能是常见的，但是如果我们在承认模型有效的条件下接受低 $Q(\chi^2|\nu)$值，条件也并不严苛。很多情况下，当 $Q(\chi^2|\nu)\geqslant 0.001$ 时，接受模型；否则，拒绝模型。

我们将看到，当模型拟合数据不佳时，$Q(\chi^2|\nu)$值变得非常小。当模型等于产生数据的真实模型时，即使 $\hat{Q}_n$ 不完全等于 $\hat{Q}$，$Q(\chi^2|\nu)$的值也接近 1。我们将在后续使用这些信息来说明 WLS 模型不是估算总容量的好方法，而 WTLS 更好。WTLS 也可以在线用于电池管理系统，以检查当前总容量估计值的有效性。

4.16　置信区间

当计算电池总容量估计值 $\hat{Q}_n$ 时，能够具体说明这一估计值的确定性也很重要。具体来说，需要估计总容量估计值的方差 $\sigma_{\hat{Q}_n}^2$，用它可以计算置信区间，如 3σ 界限$(\hat{Q}_n-3\sigma_{\hat{Q}_n},\hat{Q}_n+3\sigma_{\hat{Q}_n})$，我们有很大的把握，电池总容量 Q 的真实值在这个范围内。

为了得到置信区间，必须将最小二乘型优化问题转化为极大似然优化问题。当假设所有误差都服从高斯分布时，这很简单。如果构建一个包含元素 y_i 的向量 $\boldsymbol{y}$，一个包含元素 x_i 的向量 $\boldsymbol{x}$，一个具有相应对角线元素 $\sigma_{y_i}^2$的对角矩阵 $\boldsymbol{\Sigma}_{\tilde{y}}$，那么，最小化$\chi_{\text{WLS}}^2$等价于最大化多变量高斯概率密度函数的值：

$$\begin{aligned}ML_{\text{WLS}}&=\frac{1}{(2\pi)^{n/2}|\boldsymbol{\Sigma}_{\tilde{y}}|^{1/2}}\exp\left(-\frac{1}{2}(\boldsymbol{y}-\hat{Q}_n\boldsymbol{x})^{\mathrm{T}}\boldsymbol{\Sigma}_{\tilde{y}}^{-1}(\boldsymbol{y}-\hat{Q}_n\boldsymbol{x})\right)\\&=\frac{1}{(2\pi)^{n/2}|\boldsymbol{\Sigma}_{\tilde{y}}|^{1/2}}\exp\left(-\frac{1}{2}\chi_{\text{WLS}}^2\right)\end{aligned} \tag{4.20}$$

---

① 术语 $Q(\chi^2|\nu)$是(互补)不完全函数的标准，不要与用来表示真正电池总容量的符号 Q 混淆，也不要与用来表示电池总容量估计的符号 $\hat{Q}_n$ 混淆。

这是一个极大似然问题。也就是说,最小化χ^2_{WLS}与最大化 ML_{WLS}可以得到相同的$\hat{Q}_n$。①

类似地,如果连接 $\boldsymbol{y}$ 和 $\boldsymbol{x}$ 构建向量 $\boldsymbol{d}$,连接相应元素 Y_i 和 X_i 构建向量 $\hat{\boldsymbol{d}}$,连接对角元素 $\sigma^2_{y_i}$与 $\sigma^2_{x_i}$构建对角矩阵 $\boldsymbol{\Sigma}_{\tilde{d}}$,那么,最小化$\chi^2_{\text{WTLS}}$相当于最大化:

$$ML_{\text{WTLS}} = \frac{1}{(2\pi)^n |\boldsymbol{\Sigma}_{\tilde{d}}|^{1/2}} \exp\left(-\frac{1}{2}(\boldsymbol{d}-\hat{\boldsymbol{d}})^{\text{T}} \boldsymbol{\Sigma}_{\tilde{d}}^{-1} (\boldsymbol{d}-\hat{\boldsymbol{d}})\right)$$
$$= \frac{1}{(2\pi)^n |\boldsymbol{\Sigma}_{\tilde{d}}|^{1/2}} \exp\left(-\frac{1}{2}\chi^2_{\text{WTLS}}\right)$$

极大似然公式使确定 $\hat{Q}_n$ 的置信区间成为可能。根据克拉默-拉奥定理,将指数函数的指数对 $\hat{Q}_n$ 求二阶导数,对结果再求负倒数可以得出 $\hat{Q}_n$ 方差的紧下界,$\hat{Q}_n$ 使最小二乘代价函数最小或使极大似然代价函数最大。因此,得到

$$\sigma^2_{Q_n} \geqslant 2\left(\frac{\partial^2 \chi^2_{\text{WLS}}}{\partial \hat{Q}_n^2}\right)^{-1}, \text{WLS}$$
$$\sigma^2_{Q_n} \geqslant 2\left(\frac{\partial^2 \chi^2_{\text{WLS}}}{\partial \hat{Q}_n^2}\right)^{-1}, \text{WTLS}$$

这些方差的下界通常很紧凑,因此,在计算总容量估计值的置信区间时使用是合理的。

WTLS 和 FMWTLS 代价函数的二阶偏导数(即黑塞矩阵)已经在前文的牛顿-拉夫森迭代中描述过,其中式(4.14)和式(4.16)描述 WTLS,式(4.17)和式(4.18)描述 FMWTLS。对于 WLS 和 FMWLS,情况变得更加容易。我们有

$$\frac{\partial^2 \chi^2_{\text{WLS}}}{\partial \hat{Q}_n^2} = 2\sum_{i=1}^{n} \frac{x_i^2}{\sigma^2_{y_i}}$$
$$\frac{\partial^2 \chi^2_{\text{FMWLS}}}{\partial \hat{Q}_n^2} = 2\sum_{i=1}^{n} \gamma^{n-1} \frac{x_i^2}{\sigma^2_{y_i}}$$

其中,可以使用前面定义的递归参数计算:

$$\frac{\partial^2 \chi^2_{\text{WLS}}}{\partial \hat{Q}_n^2} = 2c_{1,n}$$
$$\frac{\partial^2 \chi^2_{\text{HNLLS}}}{\partial \hat{Q}_n^2} = 2\tilde{c}_{1,n} \tag{4.21}$$

我们将使用这些结果来产生 4.20 节和 4.21 节示例的估计置信区间。注意:这个方法得到置信区间宽度的下界,它的实际边界可能会更宽。请记住这一

① 在式(4.20)中,指数左边的常数使函数积分为1,产生有效的概率密度函数。

点，我们得到的置信区间是最乐观的情形。然而，在某些情况下，这样的置信区间仍然很宽，但这是不可避免的。我们得到的已经是总容量的最优估计，然而，由于估计总容量十分困难，因此有时误差范围较大，但这也是我们所能得到的最好结果。

4.17　简化的总体最小二乘法

4.17.1　x_i 与 y_i 置信度成比例的 TLS

通用 WTLS 和 FMWTLS 解法提供了出色的结果，但由于内存空间和计算需求的不断增长，其在嵌入式系统中的实现是不切实际的。因此，我们寻找实现更简单的特例。本节讨论对于所有 i，x_i 和 y_i 的不确定性成比例时的精确解，其在嵌入式系统中易于实现。对该解有了深刻认识后，我们还将看到一个近似的 WTLS 解，它也具有很好的实现属性。

如果对所有 i，$\sigma_{x_i}=k\sigma_{y_i}$，则 WTLS 代价函数简化为标准 TLS 代价函数的推广。将 $\sigma_{x_i}=k\sigma_{y_i}$ 代入 χ^2_{WLS}，并做适当变形可以获得比例总体最小二乘（Proportional Total Least Squares，PTLS）代价函数：

$$\chi^2_{\text{PTLS}}=\sum_{i=1}^{n}\frac{(x_i-X_i)^2}{k^2\sigma^2_{y_i}}+\frac{(y_i-Y_i)^2}{\sigma^2_{y_i}}=\sum_{i=1}^{n}\frac{(y_i-\hat{Q}_n x_i)^2}{(\hat{Q}_n^2k^2+1)\sigma^2_{y_i}}$$

此外，同样通过替换 $\sigma_{x_i}=k\sigma_{y_i}$，WTLS 代价函数的雅可比矩阵简化为

$$\frac{\partial\chi^2_{\text{PTLS}}}{\partial\hat{Q}_n}=2\sum_{i=1}^{n}\frac{(\hat{Q}_n x_i-y_i)(\hat{Q}_n k^2 y_i+x_i)}{(\hat{Q}_n^2k^2+1)^2\sigma^2_{y_i}}$$

这个方程不需要迭代就可以求出关于 $\hat{Q}_n$ 的精确解。

令雅可比矩阵为 0：

$$\begin{aligned}\frac{\partial\chi^2_{\text{PTLS}}}{\partial\hat{Q}_n}&=2\sum_{i=1}^{n}\frac{(\hat{Q}_n x_i-y_i)(\hat{Q}_n k^2 y_i+x_i)}{(\hat{Q}_n^2k^2+1)^2\sigma^2_{y_i}}=0\\&=\hat{Q}_n^2\underbrace{\sum_{i=1}^{n}k^2\frac{x_iy_i}{\sigma^2_{y_i}}}_{a=k^2c_{2,n}}+\hat{Q}_n^2\underbrace{\sum_{i=1}^{n}k^2\frac{x_i^2-k^2y_i^2}{\sigma^2_{y_i}}}_{b=c_{1,n}-k^2c_{3,n}}+\underbrace{\sum_{i=1}^{n}k^2\frac{-x_iy_i}{\sigma^2_{y_i}}}_{c=-c_{2,n}}\\&=a\hat{Q}_n^2+b\hat{Q}_n^2+c=0\end{aligned}$$

其中，$c_{3,n}=\sum_{i=1}^{2}y_i^2/\sigma^2_{y_i}$。注意到 $\hat{Q}_n$ 可以通过二次公式求解：

$$\hat{Q}=\frac{-b\pm\sqrt{b^2-4ac}}{2a}$$

代入递归量,上式可以改写为

$$\hat{Q}_n=\frac{-(c_{1,n}-k^2c_{3,n})\pm\sqrt{(c_{1,n}-k^2c_{3,n})^2+4k^2c_{2,n}^2}}{2k^2c_{2,n}} \tag{4.22}$$

那么,应该选择这两个解中的哪一个来估计最终的总容量呢?我们可以用劳斯判据来证明二次方程总是具有一个正根和一个负根。由于总容量一定是正的,因此选择式(4.22)中的正解。

为了说明这一点,我们计算了这个二次方程的劳斯阵列:

$$\begin{array}{c|cc} \hat{Q}_n^2 & k_{2,n}^c & -c_{2,n} \\ \hat{Q}_n^1 & c_{i,n}-k^2c_{3,n} & 0 \\ \hat{Q}_n^0 & -c_{2,n} & 0 \end{array}$$

劳斯判据检查劳斯阵列的左列,并计算从第一行遍历至最后一行的符号变化次数。位于开的右半复平面的根的数量等于符号变化次数。对于这个数组,由于 $c_{2,n}$ 总是正数,因此最上面的元素必然是正的,最下面的元素必然是负的。因此,不管中间元素的符号是什么,当我们遍历第一列时只有一次符号变化,即从正数变为负数。

因此,在多项式中只有一个根位于右半复平面。那么,另一个根必然位于左半复平面或虚轴上。根据代数基本定理,由于系数 $c_{1,n}$、$c_{2,n}$ 和 $c_{3,n}$ 都是实数,因此多项式的根要么是实数,要么是共轭复数。位于复平面的不同侧表明它们不可能是共轭复数,因此它们必然都是实数。所以,我们选择二次方程解中的较大根,它对应于正根。

通过下式进行递归计算:

$$\hat{Q}_n=\frac{-c_{1,n}+k^2c_{3,n}+\sqrt{(c_{1,n}-k^2c_{3,n})^2+4k^2c_{2,n}^2}}{2k^2c_{2,n}}$$

其中,初始化设置为 $x_0=1$, $y_0=Q_{\text{nom}}$, $\sigma_{y_i}^2$ 表示批量生产时总容量的不确定性。因此,有

$$\begin{aligned} c_{1,0}&=1/\sigma_{y_i}^2 & c_{1,n}&=c_{1,n-1}+x_n^2/\sigma_{y_i}^2 \\ c_{2,0}&=Q_{\text{nom}}/\sigma_{y_i}^2, & c_{2,n}&=c_{2,n-1}+x_ny_n/\sigma_{y_i}^2 \\ c_{3,0}&=Q_{\text{nom}}^2/\sigma_{y_i}^2 & c_{3,n}&=c_{3,n-1}+y_n^2/\sigma_{y_i}^2 \end{aligned}$$

用于计算估计值不确定度的黑塞矩阵也可以用递归参数来表示:

$$\frac{\partial^2\chi^2_{\text{PTLS}}}{\partial\hat{Q}_n^2}=\frac{(-4k^4c_2)\hat{Q}_n^3+6k^4c_3\hat{Q}_n^2}{(\hat{Q}_n^2k^2+1)^3}+\frac{(-6c_1+12c_2)k^2\hat{Q}_n+2(c_1-k^2c_3)}{(\hat{Q}_n^2k^2+1)^3}$$

上式可以用于预测估计值 $\hat{Q}_n$ 的误差范围。1σ 边界被计算为

$$\sigma_{\hat{Q}_n}=\sqrt{2/(\partial^2\chi^2_{\text{PTLS}}/\partial\hat{Q}_n^2)}$$

可能很容易地引入渐消记忆。遵循同样的步骤,通过下式实现递归计算:

$$\hat{Q}_n=\frac{-\tilde{c}_{1,n}+k^2\tilde{c}_{3,n}+\sqrt{(\tilde{c}_{1,n}-k^2\tilde{c}_{3,n})^2+4k^2\tilde{c}_{2,n}^2}}{2k^2\tilde{c}_{2,n}} \tag{4.23}$$

其中,初始化设置为 $x_0=1$, $y_0=Q_{\text{nom}}$, $\sigma^2_{y_i}$ 表示初始总容量的不确定性。因此,有

$$\tilde{c}_{1,0}=1/\sigma^2_{y_i} \qquad \tilde{c}_{1,n}=\gamma\tilde{c}_{1,n-1}+x_n^2/\sigma^2_{y_i}$$

$$\tilde{c}_{2,0}=Q_{\text{nom}}/\sigma^2_{yi}, \qquad \tilde{c}_{2,n}=\gamma\tilde{c}_{2,n-1}+x_ny_n/\sigma^2_{y_i}$$

$$\tilde{c}_{3,0}=Q^2_{\text{nom}}/\sigma^2_{y_i} \qquad \tilde{c}_{3,n}=\gamma\tilde{c}_{3,n-1}+y_n^2/\sigma^2_{y_i}$$

经过一些简单操作后,可以得到用递归参数 $\tilde{c}_1\sim\tilde{c}_3$ 表示的黑塞矩阵:

$$\frac{\partial^2\chi^2_{\text{FMPTLS}}}{\partial\hat{Q}_n^2}=\frac{(-4k^4\tilde{c}_2)\hat{Q}_n^3+6k^4\tilde{c}_3\hat{Q}_n^2}{(\hat{Q}_n^2k^2+1)^3}+\frac{(-6\tilde{c}_1+12\tilde{c}_2)k^2\hat{Q}_n+2(\tilde{c}_1-k^2\tilde{c}_3)}{(\hat{Q}_n^2k^2+1)^3} \tag{4.24}$$

上式可用于预测估计值 $\hat{Q}_n$ 的误差范围。1σ 边界计算为

$$\sigma_{\hat{Q}_n}=\sqrt{2/(\partial^2\chi^2_{\text{FMPTLS}}/\partial\hat{Q}_n^2)}$$

此外,优化 $\hat{Q}_n$ 的代价函数可以根据递归参数计算为

$$\chi^2_{\text{FMPTLS}}=\frac{\tilde{c}_{1,n}\hat{Q}_n^2-2\tilde{c}_{2,n}\hat{Q}_n+\tilde{c}_{3,n}}{\hat{Q}_n^2k^2+1} \tag{4.25}$$

总之,比例总体最小二乘解具有 WLS 解的优良特性。

(1)它给出了 $\hat{Q}_n$ 的闭式解。不需要迭代或高级算法,只需要简单的数学运算。

(2)解可以很容易地以递归方式计算。我们跟踪 3 个运行求和 $c_{1,n}$、$c_{2,n}$、$c_{3,n}$。当存在一个新的可用数据点时,更新运行求和并计算更新后的总容量估计值。

(3)渐消记忆很容易添加。

不幸的是,这个解不允许 $\sigma^2_{x_i}$ 和 $\sigma^2_{y_i}$ 是任意取值的——它们必须在每个数据点上成比例 $\sigma_{x_i}=k\sigma_{y_i}$。下一节将探讨允许 $\sigma^2_{x_i}$ 和 $\sigma^2_{y_i}$ 成任意关系的 PTLS 近似解。

4.18 近似全解

4.18.1 推导近似加权总体最小二乘代价函数

我们需要一个 WTLS 问题的近似解，它允许 $\sigma_{x_i}^2$ 和 $\sigma_{y_i}^2$ 是不成比例的，并且为嵌入式系统实现提供可以实现的递归解。我们将通过考虑图 4-14 做到这一点，它说明了 WTLS 和 PTLS 解的几何结构，并启发了本节中要开发的近似解的几何结构。

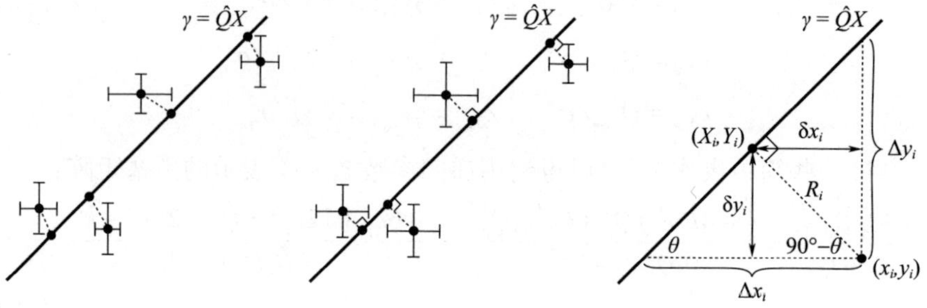

图 4-14 WTLS、PTLS、AWTLS 解的几何结构

图 4-14 左图显示了当 $\sigma_{x_i}^2$ 和 $\sigma_{y_i}^2$ 任意取值时，数据点(x_i, y_i)与其在 $Y_i = \hat{Q}_n X_i$ 上的优化映射(X_i, Y_i)之间的 WTLS 关系。在数据点(x_i, y_i)上绘制误差线，以说明各维度上的不确定性，这些不确定性与 σ_{x_i} 和 σ_{y_i} 成正比。虚线将每个数据点(x_i, y_i)与 $Y_i = \hat{Q}_n X_i$ 直线上的映射(X_i, Y_i)连接起来。可以看到 x_i 和 X_i 之间的距离不一定等于 y_i 和 Y_i 之间的距离。如果 x_i 测量值精度比 y_i 测量值精度更好(更差)，则其到映射 X_i 的距离应该比从 y_i 到其映射 Y_i 的距离更短(更长)。

图 4-14 中图显示了当 $\sigma_{x_i}^2$ 和 $\sigma_{y_i}^2$ 相等时，数据点(x_i, y_i)与其在 $Y_i = \hat{Q}_n X_i$ 上的优化映射(X_i, Y_i)之间的 PTLS 关系。在这种情况下，x_i 和 X_i 之间的距离等于 y_i 和 Y_i 之间的距离，并且连接数据点(x_i, y_i)及其映射(X_i, Y_i)的线与 $Y_i = \hat{Q}_n X_i$ 直线垂直。如果 σ_{x_i} 和 σ_{y_i} 不相等但成比例，则可以通过缩放 x 轴或 y 轴产生具有相同方差的变换数据点，因此该情形同样适用。

① 参考文献：Plett, G. L. ,“Recursive Approximate Weighted Total Least Squares Estimation of Battery Cell Total Capacity,”Journal of Power Sources, 196(4), 2011, pp. 2,319-31。

图4-14右图说明了将用于推导近似加权总体最小二乘(Approximate Weighted Total Least Squares,AWTLS)解的定义。与PTLS解一样,我们强制使连接数据点(x_i,y_i)和映射(X_i,Y_i)的线垂直于$Y_i=\hat{Q}_nX_i$,这将产生可以通过递归求解的解。然而,与WTLS解一样,我们在代价函数优化中根据y_i和Y_i之间与x_i和X_i之间的距离进行不同加权。

定义Δx_i为数据点i与直线之间的x维距离,Δy_i为数据点i与直线之间的y维距离。对于所有i,直线斜率为$\hat{Q}_n=\Delta y_i/\Delta x_i$。直线角度为$\theta=\arctan\hat{Q}_n$。直线与给定数据点之间的最短距离为

$$R_i=\Delta y_i\cos\theta=\Delta y_i/\sqrt{1+\tan^2\theta}=\Delta y_i/\sqrt{1+\hat{Q}_n^2}$$

令$\delta_{x_i}=R_i\sin\theta$,$\delta_{y_i}=R_i\cos\theta$,它们是数据点$i$和拟合线之间垂直距离的$x$维和$y$维分量。然后,根据这些方差对拟合代价函数进行加权。因此,定义近似加权总体最小二乘的代价函数为

$$\chi^2_{\text{AWTLS}}=\sum_{i=1}^{n}\frac{\delta x_i^2}{\sigma_{x_i}^2}+\frac{\delta y_i^2}{\sigma_{y_i}^2}$$

由于$\sin^2\theta=1-\cos^2\theta=\hat{Q}_n^2/(1+\hat{Q}_n^2)$,因此,有

$$\delta x_i^2=\left(\frac{\Delta y_i^2}{1+\hat{Q}_n^2}\right)\left(\frac{\hat{Q}_n^2}{1+\hat{Q}_n^2}\right)$$

$$\delta y_i^2=\left(\frac{\Delta y_i^2}{1+\hat{Q}_n^2}\right)\left(\frac{1}{1+\hat{Q}_n^2}\right)$$

又由于$\Delta y_i=y_i-\hat{Q}_nx_i$,因此,有

$$\chi^2_{\text{AWTLS}}=\sum_{i=1}^{n}\frac{(y_i-\hat{Q}_nx_i)^2}{(1+\hat{Q}_n^2)^2}\left(\frac{\hat{Q}_n^2}{\sigma_{x_i}^2}+\frac{1}{\sigma_{y_i}^2}\right)$$

为了验证AWTLS至少在某些情况下是WTLS的近似值,我们注意到当$\sigma_{x_i}=\sigma_{y_i}$时,两个代价函数相等。然而,当$\sigma_{x_i}=k\sigma_{y_i}$时,它们并不相等,这将在4.18.4节中予以纠正。

4.18.2　最小化AWTLS代价函数

借助Mathematica软件,找到AWTLS代价函数的雅可比矩阵为

$$\frac{\partial\chi^2_{\text{AWTLS}}}{\partial\hat{Q}_n}=\frac{2}{(\hat{Q}_n^2+1)^3}\sum_{i=1}^{n}\hat{Q}_n^4\left(\frac{x_iy_i}{\sigma_{x_i}^2}\right)+\hat{Q}_n^3\left(\frac{2x_i^2}{\sigma_{x_i}^2}-\frac{x_i^2}{\sigma_{y_i}^2}-\frac{y_i^2}{\sigma_{x_i}^2}\right)$$

$$+\hat{Q}_n^2\left(\frac{3x_iy_i}{\sigma_{y_i}^2}-\frac{3x_iy_i}{\sigma_{x_i}^2}\right)+\hat{Q}_n\left(\frac{x_i^2-2y_i^2}{\sigma_{y_i}^2}+\frac{y_i^2}{\sigma_{x_i}^2}\right)+\left(\frac{-x_iy_i}{\sigma_{y_i}^2}\right)$$

定义附加的递归参数：

$$c_{4,n}=\sum_{i=1}^{n}\frac{x_i^2}{\sigma_{x_i}^2},c_{5,n}=\sum_{i=1}^{n}\frac{x_i y_i}{\sigma_{x_i}^2},c_{6,n}=\sum_{i=1}^{n}\frac{y_i^2}{\sigma_{x_i}^2}$$

这允许我们利用递归计算的运行求和表示代价函数：

$$\frac{\partial\chi_{\text{AWTLS}}^2}{\partial\hat{Q}_n}=\frac{2}{(\hat{Q}_n^2+1)^3}(c_5\hat{Q}_n^4+(2c_4-c_1-c_6)\hat{Q}_n^3+(3c_2-3c_5)\hat{Q}_n^2+(c_1-2c_3+c_6)\hat{Q}_n-c_2)$$

其中，初始化设置为 $x_0=1$，$y_0=Q_{\text{nom}}$，$\sigma_{y_0}^2$ 表示总容量的不确定性，$\sigma_{x_0}^2$ 表示两个荷电状态估计值之差的不确定性。

因此，初始化为

$$c_{1,0}=1/\sigma_{y_0}^2 \qquad c_{4,0}=1/\sigma_{x_0}^2$$

$$c_{2,0}=Q_{\text{nom}}/\sigma_{y_0}^2 \qquad c_{5,0}=Q_{\text{nom}}/\sigma_{x_0}^2$$

$$c_{3,0}=Q_{\text{nom}}^2/\sigma_{y_0}^2 \qquad c_{6,0}=Q_{\text{nom}}^2/\sigma_{x_0}^2$$

递归计算为

$$c_{1,n}=c_{1,n-1}+x_n^2/\sigma_{y_n}^2 \qquad c_{4,n}=c_{4,n-1}+x_n^2/\sigma_{x_n}^2$$

$$c_{2,n}=c_{2,n-1}+x_n y_n/\sigma_{y_n}^2 \qquad c_{5,n}=c_{5,n-1}+x_n y_n/\sigma_{x_n}^2$$

$$c_{3,n}=c_{3,n-1}+y_n^2/\sigma_{y_n}^2 \qquad c_{6,n}=c_{6,n-1}+y_n^2/\upsilon_{x_n}^2$$

将代价函数的雅可比矩阵设为零来最小化代价函数。因此，四次方程式(4.26)的任一根都是 $\hat{Q}_n$ 的候选解。我们将在 4.18.3 节中讨论如何求解式(4.26)的根，并选择其中的最优解。

$$c_5\hat{Q}_n^4+(2c_4-c_1-c_6)\hat{Q}_n^3+(3c_2-3c_5)\hat{Q}_n^2+(c_1-2c_3+c_6)\hat{Q}_n-c_2=0 \tag{4.26}$$

当推导 AWTLS 时所作的假设近似正确时，黑塞矩阵会给出较好的总容量估计的误差范围值。经过一些简单的数学运算，我们可以以递归参数表示黑塞矩阵：

$$\frac{\partial^2\chi_{\text{AWLSS}}^2}{\partial\hat{Q}_n^2}=\frac{2}{(\hat{Q}_n^2+1)^4}(-2c_5\hat{Q}_n^5+(3c_1-6c_4+3c_6)\hat{Q}_n^4+(-12c_2+16c_5)\hat{Q}_n^3$$
$$+(-8c_1+10c_3+6c_4-8c_6)\hat{Q}_n^2+(12c_2-6c_5)\hat{Q}_n+(c_1-2c_3+c_6))$$

可以很容易地引入渐消记忆。代价函数为

$$\chi_{\text{FMAWTLS}}^2=\sum_{i=1}^{n}\gamma^{n-i}\frac{(y_i-\hat{Q}_n x_i)^2}{(1+\hat{Q}_n^2)^2}\left(\frac{\hat{Q}_n^2}{\sigma_{x_i}^2}+\frac{1}{\sigma_{y_i}^2}\right)$$

雅克比矩阵为

$$\frac{\partial \chi^2_{\text{FMAWTLS}}}{\partial \hat{Q}_n}=\frac{2}{(\hat{Q}_n^2+1)^3}\sum_{i=1}^{n}\gamma^{n-i}\left[\hat{Q}_n^4\left(\frac{x_iy_i}{\sigma_{x_i}^2}\right)+\hat{Q}_n^3\left(\frac{2x_i^2}{\sigma_{x_i}^2}-\frac{x_i^2}{\sigma_{y_i}^2}-\frac{y_i^2}{\sigma_{x_i}^2}\right)\right.$$
$$\left.+\hat{Q}_n^2\left(\frac{3x_iy_i}{\sigma_{y_i}^2}-\frac{3x_iy_i}{\sigma_{x_i}^2}\right)+\hat{Q}_n\left(\frac{x_i^2-2y_i^2}{\sigma_{y_i}^2}+\frac{y_i^2}{\sigma_{x_i}^2}\right)+\left(\frac{-x_iy_i}{\sigma_{y_i}^2}\right)\right]$$

上式可以用递归计算的运行求和重写为

$$\frac{\partial \chi^2_{\text{FMAWTLS}}}{\partial \hat{Q}_n}=\frac{2}{(\hat{Q}_n^2+1)^3}(\tilde{c}_5\hat{Q}_n^4+(-\tilde{c}_1+2\tilde{c}_4-\tilde{c}_6)\hat{Q}_n^3$$
$$+(3\tilde{c}_2-3\tilde{c}_5)\hat{Q}_n^2+(\tilde{c}_1-2\tilde{c}_3+\tilde{c}_6)\hat{Q}_n-\tilde{c}_2)$$

初始化设置为 $x_0=1,y_0=Q_{\text{nom}}$，$\sigma_{y_0}^2$ 表示总容量的不确定性，$\sigma_{x_0}^2$ 代表两个荷电状态估计值之差的不确定性。因此，初始化为

$$\tilde{c}_{1,0}=1/\sigma_{y_0}^2 \qquad \tilde{c}_{4,0}=1/\sigma_{x_0}^2$$
$$\tilde{c}_{2,0}=Q_{\text{nom}}/\sigma_{y_0}^2 \qquad \tilde{c}_{5,0}=Q_{\text{nom}}/\sigma_{x_0}^2$$
$$\tilde{c}_{3,0}=Q_{\text{nom}}^2/\sigma_{y_0}^2 \qquad \tilde{c}_{6,0}=Q_{\text{nom}}^2/\sigma_{x_0}^2$$

递归计算为

$$\tilde{c}_{1,n}=\tilde{c}_{1,n-1}+x_n^2/\sigma_{y_n}^2 \qquad \tilde{c}_{4,n}=\tilde{c}_{4,n-1}+x_n^2/\sigma_{x_n}^2$$
$$\tilde{c}_{2,n}=\tilde{c}_{2,n-1}+x_ny_n/\sigma_{y_n}^2 \qquad \tilde{c}_{5,n}=\tilde{c}_{5,n-1}+x_ny_n/\sigma_{x_n}^2$$
$$\tilde{c}_{3,n}=\tilde{c}_{3,n-1}+y_n^2/\sigma_{y_n}^2 \qquad \tilde{c}_{6,n}=\tilde{c}_{6,n-1}+y_n^2/\sigma_{x_n}^2$$

将代价函数的雅可比矩阵设为零来最小化代价函数。因此，四次方程式(4.27)的任一根都是 $\hat{Q}_n$ 的候选解。我们将在4.18.3节中讨论如何求解式(4.27)的根，并选择其中的最优解，即

$$\tilde{c}_5\hat{Q}_n^4+(2\tilde{c}_4-\tilde{c}_1-\tilde{c}_6)\hat{Q}_n^3+(3\tilde{c}_2-3\tilde{c}_5)\hat{Q}_n^2+(\tilde{c}_1-2\tilde{c}_3+\tilde{c}_6)\hat{Q}_n-\tilde{c}_2=0 \tag{4.27}$$

可用于计算误差范围的黑塞矩阵为

$$\frac{\partial^2 \chi^2_{\text{FMAWTLS}}}{\partial \hat{Q}_n^2}=\frac{2}{(\hat{Q}_n^2+1)^4}(-2\tilde{c}_5\hat{Q}_n^5+(3\tilde{c}_1-6\tilde{c}_4+3\tilde{c}_6)\hat{Q}_n^4$$
$$+(-12\tilde{c}_2+16\tilde{c}_5)\hat{Q}_n^3+(-8\tilde{c}_1+10\tilde{c}_3+6\tilde{c}_4-8\tilde{c}_6)\hat{Q}_n^2 \tag{4.28}$$
$$+(12\tilde{c}_2-6\tilde{c}_5)\hat{Q}_n+(\tilde{c}_1-2\tilde{c}_3+\tilde{c}_6))$$

4.18.3　求解四次方程

为了获得总容量，必须求解出四次方程式(4.26)或式(4.27)的根。有很

多方法可以用于求解，本节考虑以下 3 种方法求解通用四次方程式(4.29)的根：

$$x^4+ax^3+bx^2+cx+d=0 \tag{4.29}$$

第一，可以通过迭代技术找到四次方程的根。把在时间步 $n-1$ 处找到的 4 个根作为时间步 n 处根集的初始猜测。然后，执行一个或多个牛顿-拉夫森迭代以改进时间步 n 的根集。虽然这种方法在概念上很简单，但存在一些困难，可能会转化为大问题。例如，各根在初始时刻可能是不同的，但随着时间的推移，两个或多个根可能会聚集在一起形成一个重复的根。或者，一个重复的根可能分裂成多个不同的根①。使用斯图姆定理②可以计算出多项式在某一区间内有多少实根，然后可以使用一维搜索只搜索那些根，但这样做所需的计算量是相当大的。

第二，存在解析方法可以直接计算出四次方程的根。这些方法包括法拉利的方法、卡达诺的方法等。乍一看，这似乎是求解四次方程的最佳方法，每次都可以求解出所有根的封闭形式。然而，所有已知的求解四次方程解析解的方法都具有数值不稳定性③。只有在式(4.29)中$\{a,b,c,d\}$符号的某些组合下，这些方法才能证明是稳定的。对于我们所要求解的方程，$d<0$，但是 b 的取值可以是正值、负值或零。在本章后面的示例中，我们只遇到 a 和 c 为负值的情况，但这在实际情况下无法保证。简而言之，使用一个封闭的解析解表示四次方程的根是有问题的。

第三，事实证明，方程式(4.29)的根是以下任一友矩阵的特征值：

$$\begin{bmatrix}-a&1&0&0\\-b&0&1&0\\-c&0&0&1\\-d&0&0&0\end{bmatrix}\text{或}\begin{bmatrix}-a&-b&-c&-d\\1&0&0&0\\0&1&0&0\\0&0&1&0\end{bmatrix}\text{或}$$

$$\begin{bmatrix}0&0&0&-d\\1&0&0&-c\\0&1&0&-b\\0&0&1&-a\end{bmatrix}\text{或}\begin{bmatrix}0&1&0&0\\0&0&1&0\\0&0&0&1\\-d&-c&-b&-a\end{bmatrix}$$

① 基于这个原因，使用迭代技术追踪单个实数根以作为总容量估计是不明智的，因为你可能会跟踪到错误的根。取而代之的是，应该在每次迭代中求解整个根集。

② 参考文献：Bruce E. Meserve, Fundamental Concepts of Algebra, Dover, 1982。

③ 参考文献：D. Herbison-Evans, "Solving quartics and cubics for graphics," Graphics Gems V (IBM Version), 1995, pp. 3-15。

虽然求解一般矩阵的特征值非常困难,但是求解友矩阵的特征值要简单得多。① 这也是最稳定的数值方法,是 MATLAB 中使用内置 `roots` 命令查找多项式零点的方法,可能是寻找四次方程根的最佳方法。

然而,找到根集后我们仍然需要决定用哪个根作容量估计。负根和复根可以立即丢弃,但有时会遇到具有多个正实根的解,那此时容量估计值是多少呢?

已知的唯一可靠方法是在每个正实候选解上计算 χ^2_{FMAWTLS},然后保留计算值最低的那一个。如果我们以运行和与总容量估计值重写代价函数,那么,计算代价函数可能非常容易。对于近似加权 TLS 解,有

$$\chi^2_{\text{AWTLS}} = \frac{1}{(\hat{Q}_n^2+1)^2}(c_4\hat{Q}_n^4 - 2c_5\hat{Q}_n^3 + (c_1+c_6)\hat{Q}_n^2 - 2c_2\hat{Q}_n + c_3) \tag{4.30}$$

类似地,对于渐消记忆模式,有

$$\chi^2_{\text{FMAWTLS}} = \frac{1}{(\hat{Q}_n^2+1)^2}(\tilde{c}_4\hat{Q}_n^4 - 2\tilde{c}_5\hat{Q}_n^3 + (\tilde{c}_1+\tilde{c}_6)\hat{Q}_n^2 - 2\tilde{c}_2\hat{Q}_n + \tilde{c}_3) \tag{4.31}$$

4.18.4 近似加权总体最小二乘的综述

要使用 AWTLS 或 FMAWTLS 解,首先需要初始化 6 个递归变量。然后,当有数据点可用时,更新递归变量并求解四次方程式(4.26)或式(4.27)的 4 个可能的容量估计值。最后,将这些容量估计值代入代价函数式(4.30)或式(4.31),选择使代价函数值最低的容量估计值。

注意:当 $\sigma_{x_i} = k\sigma_{y_i}$ 时,AWTLS 代价函数不等于 WTLS 代价函数。但这可以通过定义缩放后测量值 $\tilde{y}_i = ky_i$ 轻松解决,此时,$\sigma_{\tilde{y}_i} = \sigma_{x_i}$。我们运用 AWTLS 或 FMAWTLS 方法寻找总容量估计值 $\hat{Q}_n$ 和黑塞矩阵 $\boldsymbol{H}_n$,其中使用由原始 $\boldsymbol{x}$ 向量和缩放 $\tilde{\boldsymbol{y}}$ 向量组成的输入序列,即 $(x_i, \tilde{y}_i)$ 以及相应的方差 $(\sigma^2_{x_i}, k^2\sigma^2_{y_i})$。真实斜率的估计值为 $\hat{Q}_{n,\text{corrected}} = \hat{Q}_n/k$,校正后的黑塞矩阵为 $\boldsymbol{H}_{n,\text{corrected}} = k^2\boldsymbol{H}_n$。这是 4.20 节、4.21 节中仿真结果使用的方法,其中比例常数估计为 $k = \sigma_{x_1}/\sigma_{y_1}$。即使 σ_{x_i} 和 σ_{y_i} 不成比例相关,如果选择一个 k 能描述 x_i 和 y_i 不确定度之间的数量级比例或平均比例,这种缩放也能改善估计效果。

---

① 参考文献:D. A. Bini, P. Boito, Y. Eidelman, L. Gemignani, and I. Gohberg, "A fast implicit QR eigenvalue algorithm for companion matrices," Linear Algebra and its Applications, 432, 2010, pp. 2006 – 2031。

总而言之,AWTLS 解具有与 WLS 解类似的优良特性。

(1)给出了 $\hat{Q}_n$ 的一个闭式解,不需要迭代。唯一复杂的是需要确定一个四次多项式的根,但是已经提出了一种可行的方法。

(2)可以很容易地以递归方式计算求解。持续跟踪 6 个运行和 $c_{1,n}$ 到 $c_{6,n}$。当有额外的数据点可用时,更新运行和以及总容量估计值。

(3)可以很容易地引入渐消记忆,从而使估计值 $\hat{Q}_n$ 更重视最近的测量值,而不是早期的测量值,让 $\hat{Q}_n$ 更加适应真实的电池总容量变化。

(4)此外,该方法优于 PTLS 解,因为它允许对 x_i 和 y_i 数据点进行分别加权。

4.19 仿真代码

回归总体容量估计算法在 MATLAB 的 `xLSalgos.m` 中实现。该函数以一些描述其输入和输出参数的注释开头:

```
% 利用某一特定数据集测试 xLS 算法的递归性能
% [Qhat,SigmaQ,Fit] = xLSalgos(measX,measY,...
                     SigmaX,SigmaY,gamma,Qnom)
%   - measX = 含噪声的 z(2) - z(1)
%   - measY = 含噪声的 integral(i(t)/3600 dt)
%   - SigmaX = X 的方差
%   - SigmaY = Y 的方差
%   - gamma = 遗忘因子 (gamma = 1 代表无渐消记忆)
%   - Qnom = 额定容量:如果非零,用于初始化递归
%
%   - Qhat = 每一时间步的容量估计值
%     - 列 1 = WLS - 加权的,递归的
%     - 列 2 = WTLS - 加权的,非递归的
%     - 列 3 = SCTLS - 置信度成比例的 PTLS;加权且递归的,
%                      但是只使用 SigmaX(1)和 SigmaY(1)
%                      来确定比例因子,假设所有的 SigmaX
%                      和 SigmaY 都是相关的
%     - 列 4 = AWTLS - 加权且递归的
%   - SigmaQ = Q 的方差,由黑塞方法计算(各列对应方法与 Qhat
%              相同)
%   - Fit = 每种方法的拟合优度(各列对应的方法与 Qhat 相同)
```

```
function [Qhat,SigmaQ,Fit] = xLSalgos(measX,measY,...
                                      SigmaX,SigmaY,gamma,Qnom)
```

接下来，为输出矩阵与 σ_x 和 σ_y 之间的比例常数 $k = \sigma_x/\sigma_y$ 预留内存空间。递归算法参数被初始化为零。然而，如果我们已知非零 Q_{nom}，那么就可以有更好的初始值。注意：大写的 C 变量表示 AWTLS 中的比例渐消记忆递归参数，小写的 c 变量表示非递归 WTLS 外的所有其他方法的渐消记忆递归参数。然后根据当前测量值更新递归参数。

```
% 预留内存
  Qhat = zeros(length(measX),4); SigmaQ = Qhat;
  Fit = Qhat;K = sqrt(SigmaX(1)/SigmaY(1));

  % 初始化递归参数
  c1 = 0; c2 =0; c3 = 0; c4 = 0; c5 = 0; c6 = 0;
  C1 = 0; C2 =0; C3 = 0; C4 = 0; C5 = 0; C6 = 0;
  if Qnom ~ = 0,
    c1 = 1/SigmaY(1); c2 = Qnom/SigmaY(1);
    c3 = Qnom^2/SigmaY(1); c4 = 1/SigmaX(1);
    c5 = Qnom/SigmaX(1); c6 = Qnom^2/SigmaX(1);
    C1 = 1/(K^2* SigmaY(1));
    C2 = K* Qnom/(K^2* SigmaY(1));
    C3 = K^2* Qnom^2/(K^2* SigmaY(1));
    C4 = 1/SigmaX(1); C5 = K* Qnom/SigmaX(1);
    C6 = K^2* Qnom^2/SigmaX(1);
  end
  for iter = 1:length(measX),
     % 计算递归参数
     c1 = gamma* c1 + measX(iter)^2/SigmaY(iter);
     c2 = gamma* c2 + measX(iter)* ...
          measY(iter)/SigmaY(iter);
     c3 = gamma* c3 + measY(iter)^2/SigmaY(iter);
     c4 = gamma* c4 + measX(iter)^2/SigmaX(iter);
     c5 = gamma* c5 + measX(iter)* ...
          measY(iter)/SigmaX(iter);
     c6 = gamma* c6 + measY(iter)^2/SigmaX(iter);
     C1 = gamma* C1 + measX(iter)^2...
          /(K^2* SigmaY(iter));
```

```
    C2 = gamma* C2 + K* measX(iter)* ...
         measY(iter)/(K^2* SigmaY(iter));
    C3 = gamma* C3 + K^2* measY(iter)^2...
         /(K^2* SigmaY(iter));
    C4 = gamma* C4 + measX(iter)^2/SigmaX(iter);
    C5 = gamma* C5 + K* measX(iter)* measY(iter)...
         /SigmaX(iter);
    C6 = gamma* C6 + K^2* measY(iter)^2/SigmaX(iter);
```

接下来,通过式(4.8)评估使用 WLS 的渐消记忆递归容量估计。通过式(4.21)计算其黑塞矩阵,从而计算估计值的误差区间变量 SigmaQ。利用式(4.9)计算代价函数χ^2_{FMWLS}的值,然后,利用 MATLAB 内置的伽马函数和式(4.19)计算拟合优度,并存储在 Fit 中。

```
% 方法 1:WLS
Q = c2./c1; Qhat(iter,1) = Q;
H = 2* c1; SigmaQ(iter,1) = 2/H;
J = Q.^2.* c1 -2* Q.* c2 + c3;
Fit(iter,1) = gammainc(J/2,(iter-1)/2,'upper');
```

下一段代码使用 WTLS 方法估计当前的总容量。这种方法不是递归的,需要执行多次牛顿-拉夫森搜索迭代,以便在每次测量到新数据点时向解收敛。使用刚刚计算的 WLS 估计值初始化每个 WTLS 解,然后使用式(4.17)和式(4.18)反复计算代价函数的雅可比矩阵与黑塞矩阵。这些与式(4.15)一起使用,以收敛至 WTLS 解。通过式(4.13)计算优化后的代价函数值,并用于寻找模型的拟合优度。

```
% 方法 2: WTLS - - 非递归
g = flipud((gamma.^(0:(iter-1)))');
% 遗忘因子向量
x = measX(1:iter); y = measY(1:iter);
% 目前为止的所有测量值
sx = sqrt(SigmaX(1:iter)); % 目前为止的所有 sigma-x
sy = sqrt(SigmaY(1:iter)); % 目前为止的所有 sigma-y
Q = Qhat(iter,1); % 利用 WLS 的总容量估计值初始化 WTLS
for kk = 1:10,%  10 次牛顿-拉夫森迭代
    jacobian =sum(g.* (2* (Ctls2* x-y).* ...
                 (Ctls2* y.* sx.^2+x.* sy.^2))./...
                 ((Ctls2^2* sx.^2+sy.^2).^2));
    hessian =sum(g.* (2* sy.^4.* x.^2+sx.^4.* ...
```

```
                (6* Ctls2^2* y.^2 -4* Ctls2^3* x.* y)...
                 -sx.^2.* sy.^2.* (6* Ctls2^...
                2* x.^2 -12* Ctls2* x.* y+2* y.^2))...
                ./ ((Ctls2^2* sx.^2 +sy.^2).^3));
    Q = Q - jacobian/hessian;
end
Qhat(iter,2) = Q; % 保存容量估计值
SigmaQ(iter,2) = 2/hessian; % 保存误差界
J = sum(g.* (y-Q* x).^2./(sx.^2* Q^2 +sy.^2));
% 代价函数值
Fit(iter,2) = gammainc(J/2,(2* iter -1)/2,...
                'upper');
% 拟合优度
```

接下来,我们实现PTLS方法。总容量估计值利用式(4.23)计算,其黑塞矩阵通过式(4.24)计算,并使用式(4.25)计算得到的最小代价。

```
% 方法3: PTLS
Q = (-c1 +K^2* c3 +sqrt((c1 -K^2* c3)^2 +...
      4* K^2* c2^2))/(2* K^2* c2);
Qhat(iter,3) = Q;
H = ((-4* K^4* c2)* Q^3 +6* K^4* c3* Q^2 + (-6* c1 +12* ...
     c2)* K^2* Q +2* (c1 -K^2* c3))/(Q^2* K^2 +1)^3;
SigmaQ(iter,3) = 2/H;
J = (Q^2* c1 -2* Q* c2 + c3)/(Q^2* K^2 +1);
Fit(iter,3) = gammainc(J/2,(2* iter -1)/2,...
               'upper');
```

最后,实现AWTLS方法。首先寻找四次方程式(4.27)的根,舍弃非正数和非实数根。然后,使用剩余的候选根计算代价函数式(4.31),并保留使代价函数值最小的根。黑塞矩阵由式(4.28)计算。

```
% 方法4: 带缩放的AWTLS
r = roots([C5 (-C1 +2* C4 -C6)...
    (3* C2 -3* C5) (C1 -2* C3 +C6) -C2]);
r = r(r= =conj(r)); % 舍弃共轭复数根
r = r(r>0); % 舍弃负数根
Jr = ((1./(r.^2 +1).^2).* (r.^4* C4 -2* C5* r.^3 +...
      (C1 +C6)* r.^2 -2* C2* r +C3))';
J = min(Jr);
```

```
        Q = r(Jr = =J); % 保留使代价函数值最小的 Q
        H = (2/(Q^2 +1)^4)*  (-2* C5* Q^5 + (3* C1 -6* C4 +...
            3* C6)* Q^4 + (-12* C2 +16* C5)* Q^3 + (-8* C1 +...
            10* C3 +6* C4 -8* C6)* Q^2 + (12* C2 -6* C5)* Q...
            + (C1 -2* C3 +C6));
        Qhat(iter,4) = Q/K;
        SigmaQ(iter,4) = 2/H/K^2;
        Fit(iter,4) = gammainc(J/2,(2* iter -1)'/2,...
                      'upper');
    end
    Fit = real(Fit);
return
```

4.20 HEV 仿真示例

最后,测试 WLS、WTLS、PTLS 和 AWTLS 总容量估计方法在一系列应用场景的运用,并比较它们的性能。所有场景都使用这 4 种方法的渐消记忆版本,为了简洁省略前缀 FM。除非另有说明,渐消记忆遗忘因子设置为 $\gamma = 1.0$。

假设这些方法的输入单体电池 SOC 中的估计精度为 $\sigma_z = 0.01$。这个假设是非常理想的,因为当使用 Q_{nom} 代替估算器中的 Q 时,即使是我们所知道的最佳方法 SPKF,在实际应用中 LMO 或 NMC 电池的 $\sigma_z = 0.01$,LFP 电池的 $\sigma_z = 0.03$。而使用的其他方法如 EKF,在实际中 LMO 电池的 $\sigma_z = 0.02$ 或更高。EKF 和 SPKF 的一个优点是它们给出了荷电状态估计方差的动态估计,从而保证了总容量估计中使用的 σ_{x_i} 值是准确的。

使用计算机仿真而不是电池测试来验证算法,这是因为它方便我们施加各种约束,而这些在实时嵌入式系统中难以控制。这些包括:

(1)为总容量估计算法提供输入的 SOC 估计算法的有效性和准确度;

(2)作为输入(例如包括偏置误差、非线性误差和随机误差等挑战)的原始传感器测量准确度和精确度;

(3)实验的重复性;

(4)真实电池的总容量会随着时间的推移而逐渐衰减,但获得总容量的真实值很困难甚至不可能,无法与我们的估计结果进行比较。

因此,当所有其他因素在某种意义上为理想状态时,选择使用人工合成数据隔离总容量估计算法本身的性能。x_i 和 y_i 值是利用数学方法生成的,如后续各小节所述。

4.20.1 HEV 应用场景 1

第一组仿真针对 HEV 应用场景。从总容量估计的角度来看,这些应用的一个显著特点是使用的单体电池 SOC 窗口较窄。

假设车辆使用的 SOC 范围为 40% ~60%。因此,每次更新总容量估计值时,SOC 的真实变化范围为 -0.2 ~ +0.2。通过设置 x_i 的真实值为这些限制之间的标准随机数来仿真。

HEV 应用的另一个特点是,电池包从未完全充电到一个精确已知的 SOC;因此,每次更新总容量估计值时,需要两个 SOC 估计值计算 $x_i = \hat{z}_{k_2}^{(i)} - \hat{z}_{k_1}^{(i)}$。这使总体方差为 $\sigma_x^2 = 2\sigma_z^2 = 2\,(0.01)^2$。我们通过计算 x_i 的测量值为 x_i 的真实值加上一个均值为零、方差为 σ_x^2 的高斯随机数来仿真。

计算 y_i 的真实值为电池的额定容量 Q_{nom} 乘以 x_i 的真实值。假设 y_i 测量值中的噪声包括累积的量化噪声。对于用具有量化分辨率 q 的传感器以 1Hz 速率获取的 m_i 测量值求和计算得到的 y_i,总噪声为 $\sigma_{y_i}^2 = q^2 m_i/(12 \times 3600^2)$①。对于 HEV 场景 1,我们假设电流传感器的最大量程为 $\pm 30Q_{\text{nom}}$,并且使用 10 位模数转换器测量电流。这导致 $q = 60Q_{\text{nom}}/1024$。我们为每次测量选择 $m_i = 300\text{s}$,额定容量为 $Q_{\text{nom}} = 10\text{A} \cdot \text{h}$。

为了实现这个场景,使用以下代码:

```
Q0 = 10; % 初始化真实单体电池的总容量
slope = 0; % 总容量不随时间变化
maxI = 30* Q0; % 测量电流最大为 30Q0
precisionI = 1024; %  10 位精度的电流传感器
Qnom = 0; % 递归变量的初始化
xmax = 0.2; % 每次测量荷电状态的最大变化
xmin = -xmax; % 每次测量荷电状态的最小变化
m = 300; % 测量时间长度
socnoise = sqrt(2)* 0.01; %  sigma_x
gamma = 1; % 渐消记忆遗忘因子(无遗忘)
runScenario
```

这段代码调用 runScenario.m,该脚本的第一部分合成 x_i 和 y_i 的随机真值及其相应的噪声值。对应于 m 变量的标量值,大多数场景都有一个恒定的测

① 这是在 $-q/2$ 和 $q/2$ 之间均匀随机分布变量的方差,并按 $m_i/3600^2$ 缩放。

量时长;但是,如果 m 不是标量,则对应于变化的测量时长。4.21.2 节将讨论变化测量时长数据的生成细节。脚本的第二部分调用已描述过的 xLSalgos.m 函数,并绘图:

```
% runScenario.m:运行特定的场景并绘图

% 生成一些数据
n = 1000; % 数据点的个数
Q = (Q0 + slope* (1:n))'; % 真实容量为时间的函数
x = ((xmax - xmin)* rand(n,1) + xmin); % "x"测量值的真实值
y = Q.* x; % "y"测量值的真实值

% 给两个变量都添加一些噪声
binsize = 2* maxI/precisionI;
rn1 = ones(n,1); % 将"x"测量值均设为 1
if isscalar(m),% 每次迭代的测量数量不变
   rn2 = rn1; % 将"y"测量值均设为 1
   sy = binsize* sqrt(m/12)/3600* rn2; % sigma - y
else % 每次迭代的测量数量是可变的
   mu = log(m(1)) + m(2)^2; % lognrnd 命令的输入
   m = 3600* lognrnd(mu,sigma,n,1);
   % 生成 log - normal 随机变量
   sy = binsize* sqrt(m/12)/3600; % sigma - y
end
sx = socnoise* rn1; % sigma - x

x = x + sx.* randn(n,1); % 为"x"测量值添加噪声
y = y + sy.* randn(n,1); % 为"y"测量值添加噪声

% 调用 xLSalgos.m 函数. 返回的变量具有以下格式:
% -列 1 = WLS - 加权的,递归的
% -列 2 = WTLS - 加权的,非递归的
% -列 3 = PTLS - 加权且递归的,只使用 SigmaX(1)和 SigmaY(1)
% (例如,简化方法使用 c0 和 c1)
% -列 4 = AWTLS - 加权且递归的
[Qhat,SigmaQ,Fit] = xLSalgos(x,y,sx.^2,sy.^2,...
gamma,Qnom);
Qrep = repmat(Q,1,size(Qhat,2));
```

```
figure(1); clf; plot(Qhat); hold on; box on;
xlabel('算法更新索引');
ylabel('容量估计/Ah');
legend('WLS','WTLS','TLS','AWTLS','location',...
        'northeast');
plot(Qhat+3* sqrt(SigmaQ),'linewidth',0.5); % 误差范围
plot(Qhat-3* sqrt(SigmaQ),'linewidth',0.5);
plot(Qhat); % 再覆盖一次真实容量
plot(1:n,Q,'k:'); % 绘制真实容量
figure(2); clf; plot(Fit); hold on; box on;
xlabel('算法更新索引');
ylabel('拟合优度');
legend('WLS','WTLS','TLS','AWTLS','location','east');
ylim([-0.02 1.02]);
```

在接收第一个数据点之前，递归参数被初始化为零。结果如图4-15所示。左图以粗线表示使用4种方法得到的估计值随时间的演变，细线表示使用黑塞方法计算的3σ误差边界。我们看到WTLS、PTLS和AWTLS在场景1下给出了相同的估计值和误差范围，并收敛到真实总容量的附近。WLS估计值是有偏差的，它的误差范围(不正确地)非常小，以至于它们与估计值本身无法区分。

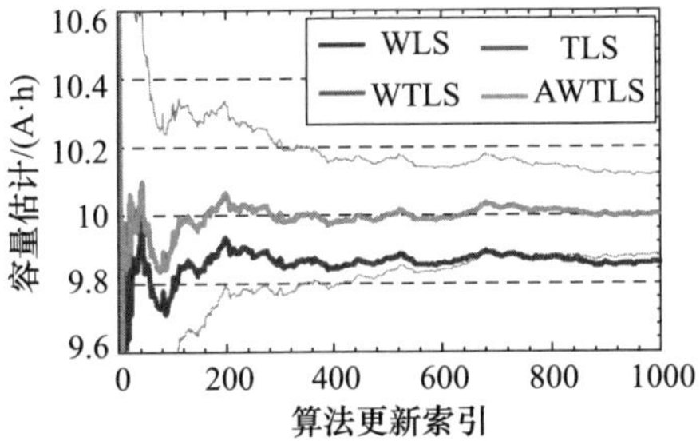

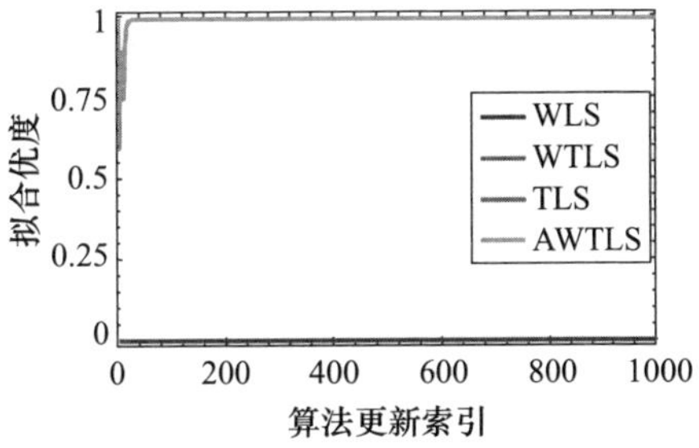

图4-15　HEV场景1的仿真结果(见彩图)

右图显示了应用这4种方法的拟合优度。同样，WTLS、PTLS和AWTLS具有相同的结果，很快收敛到1.0，也就是说，这些方法的估计值是可靠的。WLS方法返回的拟合优度值非常小，这反映出该方法没有得出良好的总容量估计值和/或其误差范围。

4.20.2 HEV 应用场景 2

第二个 HEV 方案与第一个方案基本相同,区别在于各递归方法在接收到任意测量值之前使用总容量估计值进行初始化。在此情形下,这些方法以额定容量 9.9Ah 对估计值进行初始化,实际总容量仍为 10.0A · h。

为了实现这个场景,我们使用以下代码:

```
Q0 = 10; % 初始化真实单体电池的总容量
slope = 0; % 总容量不随时间变化
maxI = 30* Q0; % 测量电流最大为 30Q0
precisionI = 1024; % 10 位精度的电流传感器
Qnom = 0.99* Q0; % 递归变量的初始化
xmax = 0.2; % 每次测量荷电状态的最大变化
xmin = -xmax; % 每次测量荷电状态的最小变化
m = 300; % 测量时间长度
socnoise = sqrt(2)* 0.01; % sigma_x
gamma = 1; % 渐消记忆遗忘因子(无遗忘)
runScenario
```

运行此代码的结果如图 4-16 所示。在此应用场景下,PTLS 和 AWTLS 的估计值、误差范围和拟合优度结果相同。由于 WTLS 不进行递归计算,其估计值不需要初始化,因此,WTLS 结果与场景 1 相同。又一次,WLS 不如其他方法。由于使用合理的初始估计值能在保持较高拟合优度的情况下,得到更窄的估计误差范围,因此 PTLS 和 AWTLS 给出了最准确和最可信的估计值。

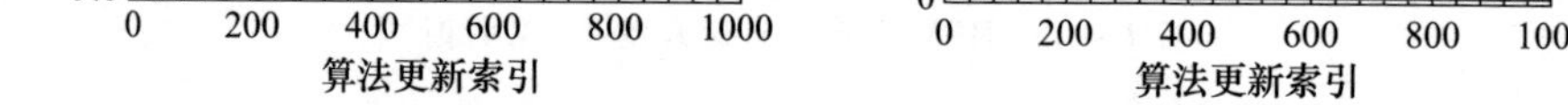

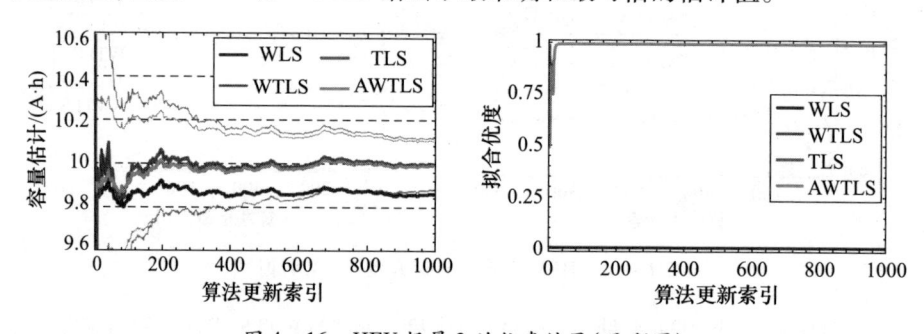

图 4-16 HEV 场景 2 的仿真结果(见彩图)

4.20.3 HEV 应用场景 3

在第三个 HEV 应用场景中,我们探索算法跟踪总容量变化的能力。HEV

应用场景3与场景2基本相同,区别在于真实总容量在每次测量值更新时以 -0.001A·h 的斜率变化,并且所有方法都使用 $\gamma=0.99$ 的渐消记忆遗忘因子。

为了实现这个场景,使用以下代码:

```
Q0 = 10; % 初始化真实单体电池的总容量
slope = -0.001; % 总容量在每次迭代时发生变化
maxI = 30* Q0; % 测量电流最大为30Q0
precisionI = 1024; % 10位精度的电流传感器
Qnom = 0.99* Q0; % 递归变量的初始化
xmax = 0.2; % 每次测量荷电状态的最大变化
xmin = -xmax; % 每次测量荷电状态的最小变化
m = 300; % 测量时间长度
socnoise = sqrt(2)* 0.01; % sigma_x
gamma = 0.99; % 渐消记忆遗忘因子(缓慢遗忘)
runScenario
```

结果如图4-17所示,其中真实总容量用黑色虚线绘制。在此场景下,WLS方法似乎给出了很好的估计值,但它的拟合优度仍然非常小,这是由于其误差范围太窄并且几乎从不包含真实总容量。WTLS、PTLS和AWTLS能够跟踪总容量的变化——PTLS和AWTLS能够提供最佳结果,这是由于其拥有合理的初始递归参数值,从而得出具有更窄误差范围的更好估计。

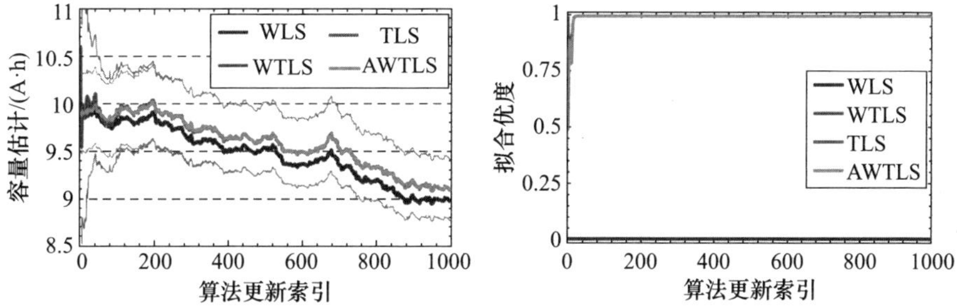

图4-17 HEV场景3的仿真结果(见彩图)

4.21 EV仿真示例

4.21.1 EV应用场景1

我们考虑的下一些场景是典型的EV、PHEV或E-REV运行。这些与HEV

应用存在多点不同：电池总容量更大、能量使用相对率更低、车辆使用的 SOC 范围更大、EV 电池组有时会完全充电到已知设定点。

在所有场景下，我们考虑的电池组总容量为 $Q = 100\text{Ah}$，最大充放电速率为 $\pm 5Q$。再次假设电流传感器为 10 位，因此 $q = 10Q_{\text{nom}}/1024$，$\sigma_{y_i}^2 = q^2 m_i/(12 \times 3600^2)$。对于 EV 场景 1，假设总容量估计值在车辆运行时定期更新，$m_i = 7200\text{s}$，即每 2h 更新一次。另外，假设电池 SOC 在该时间区间内可能变化 ±40%，因此设定 x_i 的真实值为 −0.4 ~ +0.4 的均匀随机变量。同样，x_i 上的噪声是高斯噪声，方差为 $\sigma_{x_i}^2 = 2(0.01)^2$。递归方法初始化使用初始总容量估计值为 99A · h。

为了实现这个场景，我们使用以下代码：

```
Q0 = 100; % 初始化真实单体电池的总容量
slope = 0; % 总容量不随时间变化
maxI = 5* Q0; % 测量电流最大为5Q0
precisionI = 1024; % 10 位精度的电流传感器
Qnom = 0.99* Q0; % 递归变量的初始化
xmax = 0.4; % 每次测量荷电状态的最大变化
xmin = - xmax; % 每次测量荷电状态的最小变化
m = 7200; % 测量时间长度
socnoise = sqrt(2)* 0.01; % sigma_x
gamma = 1; % 渐消记忆遗忘因子(无遗忘)
runScenario
```

图 4−18 为该场景的代表性结果，其在大多数方面与 HEV 应用场景 2 结果非常相似。同样，WLS 失败的原因是其误差范围太小，导致拟合优度非常小。WTLS、PTLS 和 AWTLS 都给出了很好的结果，其中 PTLS 和 WTLS 给出了最好结果。

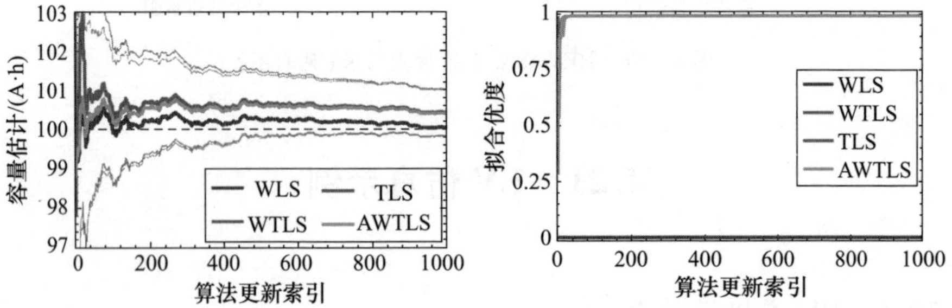

图 4−18 EV 场景 1 的仿真结果(见彩图)

4.21.2　EV 应用场景2

总容量估计值的渐近特性受到荷电状态估计误差噪声的限制。如果能降低该噪声,总容量估计值将会更加准确。EV 应用场景可以做到这一点:每当电池组充满电时,可以精确地获得 SOC 端值。因此,对于每次总容量估计更新,可以准确地知道 $\hat{z}_{k_2}$ 或 $\hat{z}_{k_1}$。然后,这允许我们使用 $\sigma_{x_i}^2 = \sigma_z^2 = (0.01)^2$,在 SOC 端值都不精确时方差加倍。

这样做的代价是我们不再有定期更新。取而代之的是,只要车辆充电,更新就会随机发生。因此,m_i 变成了一个随机变量。对于本节给出的结果,我们将 m_i 视为对数正态随机变量,均值为 0.5h,标准差为 0.6h,其 PDF 如图 4-19 所示。也可以使用其他 PDF,选择这个 PDF 是为了提供合理的包含各种驾驶行为和距离的持续驾驶周期。此外,由于在整个驾驶周期中使用的电池组荷电比重比定期更新时要大,因此使用 80% 的 SOC 范围,x_i 的真实值被计算为 -0.8 ~ +0.8 的均匀随机数。

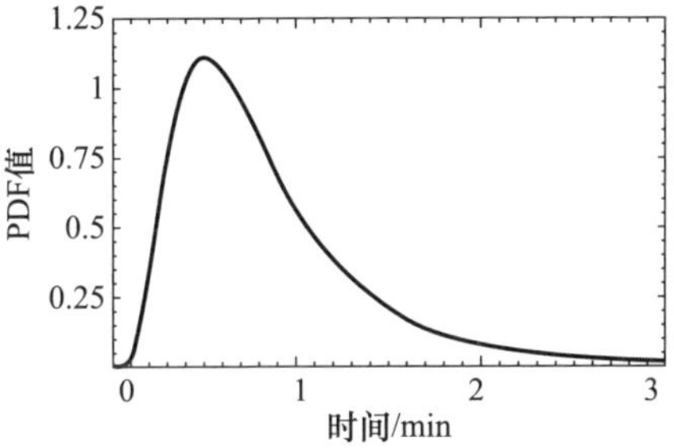

图 4-19　示例驾驶持续时间的 PDF

为了实现这个场景,我们使用以下代码:

```
Q0 = 100; % 初始化真实单体电池的总容量
slope = 0; % 总容量不随时间变化
maxI = 5* Q0; % 测量电流最大为5Q0
precisionI = 1024; %  10 位精度的电流传感器
Qnom = 0.99* Q0; % 递归变量的初始化
xmax = 0.8; % 每次测量荷电状态的最大变化
xmin = -xmax; % 每次测量荷电状态的最小变化
m = [0.5 0.6]; % mode = 0.5; sigma = 0.6
socnoise = sqrt(2)* 0.01; % sigma_x
gamma = 1; % 渐消记忆遗忘因子(无遗忘)
runScenario
```

图 4-20 描述了上述场景的估计结果。WLS 再次失败。然而,这次 PTLS 也失败了,这是因为驾驶循环长度可变导致 $\sigma_{x_i} \neq k\sigma_{y_i}$。PTLS 给出的估计值实际上是相当合理的,但拟合优度非常小。WTLS 给出了很好的结果,而 AWTLS 给出了最好的结果(基于其较低的误差范围),因为它能够初始化估计值。值得注意的是,由于 σ_{x_i} 的值较低且 x_i 的范围较宽,3σ 误差范围从 HEV 场景 1 真实总容量的 ±1% 缩小至 EV 场景 2 中的 ±0.15%。

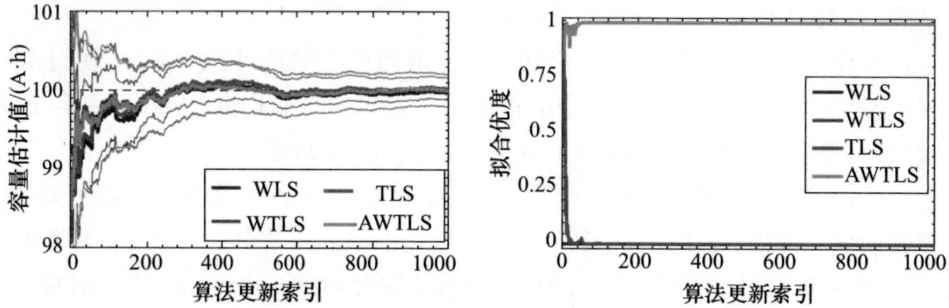

图 4-20 EV 场景 2 的仿真结果(见彩图)

4.21.3 EV 应用场景 3

考虑的最后一个场景与 EV 场景 2 基本相同,区别在于加入了总容量的变化。真实总容量在每次测量值更新时以 -0.01A·h 的斜率变化,$\gamma = 0.98$。

为了实现这个场景,使用以下代码:

```
Q0 = 100; % 初始化真实单体电池的总容量
slope = -0.01; % 总容量在每次迭代时发生变化
maxI = 5* Q0; % 测量电流最大为 5Q0
precisionI = 1024; % 10 位精度的电流传感器
Qnom = 0.99* Q0; % 递归变量的初始化
xmax = 0.8; % 每次测量荷电状态的最大变化
xmin = -xmax; % 每次测量荷电状态的最小变化
m = [0.5 0.6]; % mode = 0.5; sigma = 0.6
socnoise = 0.01; % sigma_x
gamma = 0.98; % 渐消记忆遗忘因子(缓慢遗忘)
runScenario
```

图 4-21 描述了 EV 场景 3 的代表性结果。WLS 再次失败,PTLS 有近 100 次不能确定估计值。但是,PTLS 确实恢复了对总容量的准确估计。AWTLS 方法给出了最好的结果。

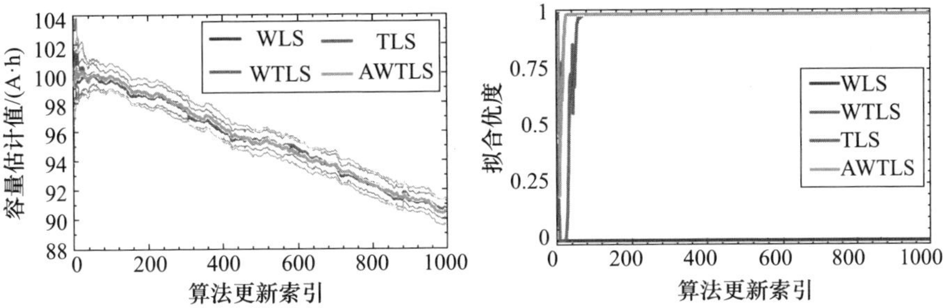

图4-21　EV场景3的仿真结果(见彩图)

4.22　仿真分析

仿真结果展示了我们介绍的4种总容量估计方法的几个关键特性。结果证实了必须考虑作为总容量估计器输入的荷电状态估计噪声,以便正确地估计电池总容量。最小二乘法、加权最小二乘法和其他类似的不考虑该噪声的方法是失败的,它们给出总容量的有偏估计以及不可靠的误差范围。可靠的总容量估计需要与总体最小二乘相关的方法,其中SOC估计上的噪声被明确地辨识并纳入计算中。

原则上,WTLS总能给出最好的结果。然而,我们已经看到,PTLS和AWTLS方法在实践中可以给出更好的结果,这是因为它们可以用额定容量进行初始化。此外,由于PTLS和AWTLS提供了很好的递归解,因此应该使用其中的任意一个而不是只使用WTLS。

如果测量更新间隔 m_i 是常数,那么对于所有测量值 $\sigma_{x_i}=k\sigma_{y_i}$,PTLS和AWTLS给出相同的结果。因此,简单的PTLS更好。然而,如果 $\sigma_{x_i}\neq k\sigma_{y_i}$,AWTLS给出比PTLS更好的结果,而且有时PTLS还会失败。这对于EV应用尤为重要,其在电池充电时更新总容量估计值:由于准确知道其中一个SOC端点值可降低 σ_{x_i},从而大大提高了总容量估计值的准确性。AWTLS给出的结果总是不亚于其他方法。

产生 σ_{y_i} 的噪声被认为是由电流传感器误差引起的。实际上,它包括增益误差、偏置误差、噪声误差和非线性误差。这里我们只考虑了噪声误差。增益误差和非线性误差会使所有方法产生偏差。然而,我们认为如果使用相同的电流传感器计算单体电池总容量估计值和监测电池组运行,那么,总容量估计的有偏值与单体电池的感知容量一致。如果我们将使用时的放电安时数与充电时的充电安时数相匹配，从而能够假设电池的库仑效率 $\eta\approx1$，那么，可以在 EV 设置中减去偏置误差。

即使使用最优的 WTLS 估计器，总容量估计值的误差范围也比预期的要宽。那么这里就需要一种既可以预测估计值，又可以预测估计值上动态误差范围的方法，就像本章中提出的方法一样。如果没有动态误差范围，总容量估计器的用户就不知道该估计值是好是坏。例如，如果估计值用于计算电池组可用能量，那么，能量估计值可能过于乐观或过于悲观，而这两者都是不可接受的。

4.23 本章小结及工作展望

截至目前，我们已经研究了必须由 BMS 解决的基本状态和参数估计问题。这些估计值可以输入到能量和功率估计算法中，第 1 章已经介绍了一些简单示例，第 6 章和第 7 章将介绍更高级的方法。接下来，我们将讨论一个稍微简单但仍然非常重要的问题，即均衡电池组中的各单体电池。

4.24 附录：非线性卡尔曼滤波算法

对本章所讨论的基于非线性卡尔曼滤波的算法进行汇总（表 4-3 ~ 表 4-8）。

表 4-3 用于参数估计的非线性 EKF

非线性状态空间模型： $$\boldsymbol{\theta}_{k+1}=\boldsymbol{\theta}_k+\boldsymbol{r}_k$$ $$\boldsymbol{d}_k=\boldsymbol{g}(\boldsymbol{x}_k,\boldsymbol{u}_k,\boldsymbol{\theta}_k,\boldsymbol{e}_k)$$ 其中，$\boldsymbol{r}_k$ 和 $\boldsymbol{e}_k$ 是独立的高斯噪声过程，均值分别为 $\mathbf{0}$ 和 $\bar{e}$，协方差矩阵分别为 $\boldsymbol{\Sigma}_{\tilde{r}}$ 和 $\boldsymbol{\Sigma}_{\tilde{e}}$
定义： $$\hat{\boldsymbol{C}}_k^{\theta}=\left.\frac{\mathrm{d}\boldsymbol{g}(\boldsymbol{x}_k,\boldsymbol{u}_k,\boldsymbol{\theta},\boldsymbol{e}_k)}{\mathrm{d}\boldsymbol{\theta}}\right\|_{\boldsymbol{\theta}=\hat{\boldsymbol{\theta}}_k^-},\hat{\boldsymbol{D}}_k^{\theta}=\left.\frac{\mathrm{d}\boldsymbol{g}(\boldsymbol{x}_k,\boldsymbol{u}_k,\boldsymbol{\theta},\boldsymbol{e}_k)}{\mathrm{d}\boldsymbol{e}_k}\right\|_{\boldsymbol{e}_k=\bar{\boldsymbol{e}}_k}$$ 注意，在使用本章所描述的链式法则进行 $\hat{\boldsymbol{C}}_k^{\theta}$ 计算时，需特别小心
初始化：对于 $k=0$，设置 $$\hat{\boldsymbol{\theta}}_0^+=\mathbb{E}[\boldsymbol{\theta}_0]$$ $$\boldsymbol{\Sigma}_{\tilde{\boldsymbol{\theta}},0}^+=\mathbb{E}[(\boldsymbol{\theta}_0-\hat{\boldsymbol{\theta}}_0^+)(\boldsymbol{\theta}_0-\hat{\boldsymbol{\theta}}_0^+)^{\mathrm{T}}]$$ $$\frac{\mathrm{d}\boldsymbol{x}_0}{\mathrm{d}\boldsymbol{\theta}}=0$$，除非有附加信息

（续）

计算：对于 $k=1,2,\cdots$，计算 参数预测时间更新：$\hat{\boldsymbol{\theta}}_k^- = \hat{\boldsymbol{\theta}}_{k-1}^+$ 误差协方差时间更新：$\boldsymbol{\Sigma}_{\tilde{\boldsymbol{\theta}},k}^- = \boldsymbol{\Sigma}_{\tilde{\boldsymbol{\theta}},k-1}^+ + \boldsymbol{\Sigma}_{\tilde{r}}$ 卡尔曼增益矩阵：$\boldsymbol{L}_k^\theta = \boldsymbol{\Sigma}_{\tilde{\boldsymbol{\theta}},k}^-(\hat{\boldsymbol{C}}_k^\theta)^{\mathrm{T}}[\hat{\boldsymbol{C}}_k^\theta\boldsymbol{\Sigma}_{\tilde{\boldsymbol{\theta}},k}^-(\hat{\boldsymbol{C}}_k^\theta)^{\mathrm{T}} + \hat{\boldsymbol{D}}_k^\theta\boldsymbol{\Sigma}_{\tilde{e}}(\hat{\boldsymbol{D}}_k^\theta)^{\mathrm{T}}]^{-1}$ 参数估计测量更新：$\hat{\boldsymbol{\theta}}_k^+ = \hat{\boldsymbol{\theta}}_k^- + \boldsymbol{L}_k^\theta[\boldsymbol{d}_k - \boldsymbol{g}(\boldsymbol{x}_k,\boldsymbol{u}_k,\hat{\boldsymbol{\theta}}_k^-,\bar{\boldsymbol{e}}_k)]$ 误差协方差测量更新：$\boldsymbol{\Sigma}_{\tilde{\boldsymbol{\theta}},k}^+ = \boldsymbol{\Sigma}_{\tilde{\boldsymbol{\theta}},k}^- - \boldsymbol{L}_k^\theta\boldsymbol{\Sigma}_{\tilde{\boldsymbol{d}},k}(\boldsymbol{L}_k^\theta)^{\mathrm{T}}$

表4-4 用于参数估计的非线性SPKF

非线性状态空间模型： $$\boldsymbol{\theta}_{k+1} = \boldsymbol{\theta}_k + \boldsymbol{r}_k$$ $$\boldsymbol{d}_k = \boldsymbol{h}(\boldsymbol{x}_k,\boldsymbol{u}_k,\boldsymbol{\theta}_k,\boldsymbol{e}_k)$$ 其中，$\boldsymbol{r}_k$ 和 $\boldsymbol{e}_k$ 是独立的高斯噪声过程，均值分别为 $\boldsymbol{0}$ 和 $\bar{\boldsymbol{e}}$，协方差矩阵分别为 $\boldsymbol{\Sigma}_{\tilde{r}}$ 和 $\boldsymbol{\Sigma}_{\tilde{e}}$
定义：令 $$\boldsymbol{\theta}_k^a = [\boldsymbol{\theta}_k^{\mathrm{T}},\boldsymbol{e}_k^{\mathrm{T}}]^{\mathrm{T}},\mathcal{W}_k^a = [(\mathcal{W}_k^\theta)^{\mathrm{T}},(\mathcal{W}_k^e)^{\mathrm{T}}]^{\mathrm{T}},p = 2\times\dim(\boldsymbol{\theta}_k^a)$$
初始化：对于 $k=0$，设置 $\hat{\boldsymbol{\theta}}_0^+ = \mathbb{E}[\boldsymbol{\theta}_0]$　　$\hat{\boldsymbol{\theta}}_0^{a,+} = \mathbb{E}[\boldsymbol{\theta}_0^a] = [(\hat{\boldsymbol{\theta}}_0^+)^{\mathrm{T}},\bar{\boldsymbol{e}}]^{\mathrm{T}}$ $\boldsymbol{\Sigma}_{\tilde{\boldsymbol{\theta}},0}^+ = \mathbb{E}[(\boldsymbol{\theta}_0 - \hat{\boldsymbol{\theta}}_0^+)(\boldsymbol{\theta}_0 - \hat{\boldsymbol{\theta}}_0^+)^{\mathrm{T}}]$　　$\boldsymbol{\Sigma}_{\tilde{\boldsymbol{\theta}},0}^{a,+} = \mathbb{E}[(\boldsymbol{\theta}_0^a - \hat{\boldsymbol{\theta}}_0^{a,+})(\boldsymbol{\theta}_0^a - \hat{\boldsymbol{\theta}}_0^{a,+})^{\mathrm{T}}] = \mathrm{diag}(\boldsymbol{\Sigma}_{\tilde{\boldsymbol{\theta}},0}^+,\boldsymbol{\Sigma}_{\tilde{e}})$
计算：对于 $k=1,2,\cdots$，计算 参数预测时间更新：$\hat{\boldsymbol{\theta}}_k^- = \hat{\boldsymbol{\theta}}_{k-1}^+$ 误差协方差时间更新：$\boldsymbol{\Sigma}_{\tilde{\boldsymbol{\theta}},k}^- = \boldsymbol{\Sigma}_{\tilde{\boldsymbol{\theta}},k-1}^+ + \boldsymbol{\Sigma}_{\tilde{r}}$ 输出估计：$\mathcal{W}_k^{a,-} = \{\hat{\boldsymbol{\theta}}_k^{a,-},\hat{\boldsymbol{\theta}}_k^{a,-} + \gamma\sqrt{\boldsymbol{\Sigma}_{\tilde{\boldsymbol{\theta}},k}^{a,-}},\hat{\boldsymbol{\theta}}_k^{a,-} - \gamma\sqrt{\boldsymbol{\Sigma}_{\tilde{\boldsymbol{\theta}},k}^{a,-}}\}$ $$\mathcal{D}_{k,i} = \boldsymbol{g}(\boldsymbol{x}_k,\boldsymbol{u}_k,\mathcal{W}_{k,i}^{\boldsymbol{\theta},-},\mathcal{W}_{k,i}^{\boldsymbol{e},-})$$ $$\hat{\boldsymbol{d}}_k = \sum_{i=0}^{p}\alpha_i^{(\mathrm{m})}\mathcal{D}_{k,i}$$ 估计器增益矩阵：$\boldsymbol{\Sigma}_{\tilde{\boldsymbol{d}},k} = \sum_{i=0}^{p}\alpha_i^{(\mathrm{e})}(\mathcal{D}_{k,i} - \hat{\boldsymbol{d}}_k)\times(\mathcal{D}_{k,i} - \hat{\boldsymbol{d}}_k)$ $$\boldsymbol{\Sigma}_{\tilde{\boldsymbol{\theta}}\tilde{\boldsymbol{d}},k} = \sum_{i=0}^{p}\alpha_i^{(\mathrm{e})}(\mathcal{W}_{k,i}^{\boldsymbol{\theta},-} - \hat{\boldsymbol{\theta}}_k^-)\times(\mathcal{D}_{k,i} - \hat{\boldsymbol{d}}_k)$$ $$\boldsymbol{L}_k^\theta = \boldsymbol{\Sigma}_{\tilde{\boldsymbol{\theta}}\tilde{\boldsymbol{d}},k}\boldsymbol{\Sigma}_{\tilde{\boldsymbol{d}},k}^{-1}$$ 参数估计测量更新：$\hat{\boldsymbol{\theta}}_k^+ = \hat{\boldsymbol{\theta}}_k^- + \boldsymbol{L}_k^{\boldsymbol{\theta}}(\boldsymbol{d}_k - \hat{\boldsymbol{d}}_k)$ 误差协方差测量更新：$\boldsymbol{\Sigma}_{\tilde{\boldsymbol{\theta}},k}^+ = \boldsymbol{\Sigma}_{\tilde{\boldsymbol{\theta}},k}^- - \boldsymbol{L}_k^{\boldsymbol{\theta}}\boldsymbol{\Sigma}_{\tilde{\boldsymbol{d}},k}(\boldsymbol{L}_k^\theta)^{\mathrm{T}}$

表 4-5　用于状态和参数估计的联合 *EKF*

状态空间模型： $$\begin{bmatrix}\boldsymbol{x}_k\\\boldsymbol{\theta}_k\end{bmatrix}=\begin{bmatrix}\boldsymbol{f}(\boldsymbol{x}_{k-1},\boldsymbol{u}_{k-1},\boldsymbol{w}_{k-1},\boldsymbol{\theta}_{k-1})\\\boldsymbol{\theta}_{k-1}+\boldsymbol{r}_{k-1}\end{bmatrix}\text{或}\begin{array}{l}\boldsymbol{X}_k=\boldsymbol{F}(\boldsymbol{X}_{k-1},\boldsymbol{u}_{k-1},\boldsymbol{W}_{k-1})\\\boldsymbol{y}_k=\boldsymbol{h}(\boldsymbol{X}_k,\boldsymbol{u}_k,\boldsymbol{v}_k)\end{array}$$ $$\boldsymbol{y}_k=\boldsymbol{h}(\boldsymbol{x}_k,\boldsymbol{u}_k,\boldsymbol{v}_k,\boldsymbol{\theta}_k)$$ 其中，$\boldsymbol{w}_k$、$\boldsymbol{r}_k$ 和 $\boldsymbol{v}_k$ 是独立的高斯噪声过程，均值分别为 $\bar{\boldsymbol{w}}$、$\boldsymbol{0}$ 和 $\bar{\boldsymbol{v}}$，协方差矩阵分别为 $\boldsymbol{\Sigma}_{\tilde{w}}$、$\boldsymbol{\Sigma}_{\tilde{r}}$ 和 $\boldsymbol{\Sigma}_{\tilde{v}}$。为简化符号，令 $\boldsymbol{X}_k=[\boldsymbol{x}_k^{\mathrm{T}},\boldsymbol{\theta}_k^{\mathrm{T}}]^{\mathrm{T}}$、$\boldsymbol{W}_k=[\boldsymbol{w}_k^{\mathrm{T}},\boldsymbol{r}_k^{\mathrm{T}}]^{\mathrm{T}}$ 和 $\boldsymbol{\Sigma}_{\overline{\mathbf{w}}}=\mathrm{diag}(\boldsymbol{\Sigma}_{\tilde{\mathbf{w}}},\boldsymbol{\Sigma}_{\tilde{r}})$
定义： $$\hat{\boldsymbol{A}}_k=\left.\frac{\mathrm{d}\boldsymbol{F}(\boldsymbol{X}_k,\boldsymbol{u}_k,\boldsymbol{W}_k)}{\mathrm{d}\boldsymbol{X}_k}\right\|_{\boldsymbol{X}_k=\hat{\boldsymbol{X}}_k^+}\quad\hat{\boldsymbol{B}}_k=\left.\frac{\mathrm{d}\boldsymbol{F}(\boldsymbol{X}_k,\boldsymbol{u}_k,\boldsymbol{W}_k)}{\mathrm{d}\boldsymbol{W}_k}\right\|_{\boldsymbol{W}_k=\overline{\boldsymbol{W}}_k}$$ $$\hat{\boldsymbol{C}}_k=\left.\frac{\mathrm{d}\boldsymbol{h}(\boldsymbol{X}_k,\boldsymbol{u}_k,\boldsymbol{v}_k)}{\mathrm{d}\boldsymbol{X}_k}\right\|_{\boldsymbol{X}_k=\hat{\boldsymbol{X}}_k^-}\quad\hat{\boldsymbol{D}}_k=\left.\frac{\mathrm{d}\boldsymbol{h}(\boldsymbol{X}_k,\boldsymbol{u}_k,\boldsymbol{v}_k)}{\mathrm{d}\boldsymbol{v}_k}\right\|_{\boldsymbol{v}_k=\bar{\boldsymbol{v}}_k}$$
初始化：对于 $k=0$，设置 $$\hat{\boldsymbol{X}}_0^+=\mathbb{E}[\boldsymbol{X}_0]$$ $$\boldsymbol{\Sigma}_{\tilde{X},0}^+=\mathbb{E}[(\boldsymbol{X}_0-\hat{\boldsymbol{X}}_0^+)(\boldsymbol{X}_0-\hat{\boldsymbol{X}}_0^+)^{\mathrm{T}}]$$
计算：对于 $k=1,2,\cdots$，计算 状态估计时间更新：$\hat{\boldsymbol{X}}_k^-=\boldsymbol{F}(\hat{\boldsymbol{X}}_{k-1},\boldsymbol{u}_{k-1},\overline{\boldsymbol{W}}_{k-1})$ 误差协方差时间更新：$\boldsymbol{\Sigma}_{\tilde{X},k}^-=\hat{\boldsymbol{A}}_{k-1}\boldsymbol{\Sigma}_{\tilde{X},k-1}^+\hat{\boldsymbol{A}}_{k-1}^{\mathrm{T}}+\hat{\boldsymbol{B}}_{k-1}\boldsymbol{\Sigma}_{\overline{W}}\hat{\boldsymbol{B}}_{k-1}^{\mathrm{T}}$ 输出估计：$\hat{\boldsymbol{y}}_k=\boldsymbol{h}(\hat{\boldsymbol{X}}_k^-,\boldsymbol{u}_k,\bar{\boldsymbol{v}}_k)$ 估计器增益矩阵：$\boldsymbol{L}_k=\boldsymbol{\Sigma}_{\tilde{X},k}^-\hat{\boldsymbol{C}}_k^{\mathrm{T}}[\hat{\boldsymbol{C}}_k\boldsymbol{\Sigma}_{\tilde{X},k}^-\hat{\boldsymbol{C}}_k^{\mathrm{T}}+\hat{D}_k\boldsymbol{\Sigma}_{\tilde{v}}\hat{\boldsymbol{D}}_k^{\mathrm{T}}]^{-1}$ 状态估计测量更新：$\hat{\boldsymbol{X}}_k^+=\hat{\boldsymbol{x}}_k^-+\boldsymbol{L}_k(\boldsymbol{y}_k-\hat{\boldsymbol{y}}_k)$ 误差协方差测量更新：$\boldsymbol{\Sigma}_{\tilde{X},k}^+=\boldsymbol{\Sigma}_{\tilde{X},k}^--\boldsymbol{L}_k\boldsymbol{\Sigma}_{\tilde{y},k}\boldsymbol{L}_k^{\mathrm{T}}$

表 4-6　用于状态和参数估计的双重 EKF

非线性状态空间模型： $$\begin{array}{l}\boldsymbol{x}_{k+1}=\boldsymbol{f}(\boldsymbol{x}_k,\boldsymbol{u}_k,\boldsymbol{\theta}_k,\boldsymbol{w}_k)\\\boldsymbol{y}_k=\boldsymbol{h}(\boldsymbol{x}_k,\boldsymbol{u}_k,\boldsymbol{\theta}_k,\boldsymbol{v}_k)\end{array}\text{和}\begin{array}{l}\boldsymbol{\theta}_{k+1}=\boldsymbol{\theta}_k+\boldsymbol{r}_k\\\boldsymbol{d}_k=\boldsymbol{g}(\boldsymbol{x}_k,\boldsymbol{u}_k,\boldsymbol{\theta}_k,\boldsymbol{e}_k)\end{array}$$ 其中，$\boldsymbol{w}_k$、$\boldsymbol{v}_k$、$\boldsymbol{r}_k$ 和 $\boldsymbol{e}_k$ 是独立的高斯噪声过程，均值分别为 $\bar{w}$、$\bar{v}$、$\boldsymbol{0}$ 和 $\bar{\boldsymbol{e}}$，协方差矩阵分别为 $\boldsymbol{\Sigma}_{\tilde{w}}$、$\boldsymbol{\Sigma}_{\tilde{v}}$、$\boldsymbol{\Sigma}_{\tilde{r}}$ 和 $\boldsymbol{\Sigma}_{\tilde{e}}$

（续）

定义： $$\hat{A}_k = \left.\frac{\mathrm{d}f(x_k, u_k, \hat{\theta}_k^-, w_k)}{\mathrm{d}x_k}\right\|_{x_k=\hat{x}_k^+} \quad \hat{B}_k = \left.\frac{\mathrm{d}f(x_k, u_k, \hat{\theta}_k^-, w_k)}{\mathrm{d}w_k}\right\|_{w_k=\bar{w}}$$ $$\hat{C}_k^x = \left.\frac{\mathrm{d}h(x_k, u_k, \hat{\theta}_k^-, v_k)}{\mathrm{d}x_k}\right\|_{x_k=\hat{x}_k^-} \quad \hat{D}_k^x = \left.\frac{\mathrm{d}h(x_k, u_k, \hat{\theta}_k^-, v_k)}{\mathrm{d}v_k}\right\|_{v_k=\bar{v}}$$ $$\hat{C}_k^\theta = \left.\frac{\mathrm{d}g(\hat{x}_k^-, u_k, \theta, e_k)}{\mathrm{d}\theta}\right\|_{\theta=\hat{\theta}_k} \quad \hat{D}_k^\theta = \left.\frac{\mathrm{d}g(\hat{x}_k^-, u_k, \theta, e_k)}{\mathrm{d}e_k}\right\|_{e_k=e}$$
初始化：对于 $k=0$，设置 $$\hat{\theta}_0^+ = \mathbb{E}[\theta_0], \Sigma_{\tilde{\theta},0}^+ = \mathbb{E}[(\theta_0 - \hat{\theta}_0^+)(\theta_0 - \hat{\theta}_0^+)^{\mathrm{T}}]$$ $$\hat{x}_0^+ = \mathbb{E}[x_0], \Sigma_{\tilde{x},0}^+ = \mathbb{E}[(x_0 - \hat{x}_0^+)(x_0 - \hat{x}_0^+)^{\mathrm{T}}]$$
计算：对于 $k=1,2,\cdots$，计算 参数预测时间更新：$\hat{\theta}_k^- = \hat{\theta}_{k-1}^+$ $\Sigma_{\tilde{\theta},k}^- = \Sigma_{\tilde{\theta},k-1}^+ + \Sigma_{\tilde{r}}$ 状态预测时间更新：$\hat{x}_k^- = f(\hat{x}_{k-1}^+, u_{k-1}, \hat{\theta}_k^-, \bar{w})$ $\Sigma_{\tilde{x},k}^- = \hat{A}_{k-1}\Sigma_{\tilde{x},k-1}^+\hat{A}_{k-1}^{\mathrm{T}} + \hat{B}_{k-1}\Sigma_{\tilde{w}}\hat{B}_{k-1}^{\mathrm{T}}$ $L_k^x = \Sigma_{\tilde{x},k}^-(\hat{C}_k^x)^{\mathrm{T}}[\hat{C}_k^x\Sigma_{\tilde{x},k}^-(\hat{C}_k^x)^{\mathrm{T}} + \hat{D}_k^x\Sigma_{\tilde{v}}(\hat{D}_k^x)^{\mathrm{T}}]^{-1}$ 状态滤波器测量更新：$\hat{x}_k^+ = \hat{x}_k^- + L_k^x[y_k - h(\hat{x}_k^-, u_k, \hat{\theta}_k^-, \bar{v})]$ $\Sigma_{\tilde{x},k}^+ = \Sigma_{\tilde{x},k}^- - L_k^x\Sigma_{\tilde{y},k}(L_k^x)^{\mathrm{T}}$
$L_k^\theta = \Sigma_{\tilde{\theta},k}^-(\hat{C}_k^\theta)^{\mathrm{T}}[\hat{C}_k^\theta\Sigma_{\tilde{\theta},k}^-(\hat{C}_k^\theta)^{\mathrm{T}} + \hat{D}_k^\theta\Sigma_{\tilde{e}}(\hat{D}_k^\theta)^{\mathrm{T}}]^{-1}$ 参数估计测量更新：$\hat{\theta}_k^+ = \hat{\theta}_k^- + L_k^\theta[y_k - g(\hat{x}_k^-, u_k, \hat{\theta}_k^-, \bar{e})]$ $\Sigma_{\tilde{\theta},k}^+ = \Sigma_{\tilde{\theta},k}^- - L_k^\theta\Sigma_{\tilde{d},k}(L_k^\theta)^{\mathrm{T}}$

表 4－7　用于状态和参数估计的联合 SPKF

状态空间模型： $$\begin{bmatrix} x_k \\ \theta_k \end{bmatrix} = \begin{bmatrix} f(x_{k-1}, u_{k-1}, w_{k-1}, \theta_{k-1}) \\ \theta_{k-1} + r_{k-1} \end{bmatrix} \text{或} \begin{array}{l} X_k = F(X_{k-1}, u_{k-1}, W_{k-1}) \\ y_k = h(X_k, u_k, v_k) \end{array}$$ $$y_k = h(x_k, u_k, v_k, \theta_k)$$ 其中，w_k、r_k 和 v_k 是独立的高斯噪声过程，均值分别为 $\bar{w}$、$\mathbf{0}$ 和 $\bar{v}$，协方差矩阵分别为 $\Sigma_{\tilde{w}}$、$\Sigma_{\tilde{r}}$ 和 $\Sigma_{\tilde{v}}$。为简化符号，令 $X_k = [x_k^{\mathrm{T}}, \theta_k^{\mathrm{T}}]^{\mathrm{T}}$、$W_k = [w_k^{\mathrm{T}}, r_k^{\mathrm{T}}]^{\mathrm{T}}$ 和 $\Sigma_{\tilde{W}} = \mathrm{diag}(\Sigma_{\tilde{w}}, \Sigma_{\tilde{r}})$
定义：令 $$X_k^a = [X_k^{\mathrm{T}}, W_k^{\mathrm{T}}, v_k^{\mathrm{T}}]^{\mathrm{T}}, \mathcal{X}_k^a = [(\mathcal{X}_k^X)^{\mathrm{T}}, (\mathcal{X}_k^w)^{\mathrm{T}}, (\mathcal{X}_k^v)^{\mathrm{T}}]^{\mathrm{T}}, p = 2\times\dim(X_k^a)$$

（续）

初始化：对于 $k=0$，设置 $\hat{X}_0^+=\mathbb{E}[X_0]$　　$\hat{X}_0^{a,+}=\mathbb{E}[X_0^a]=[(\hat{X}_0^+)^T,\bar{W},\bar{v}]^T$ $\Sigma_{\tilde{X},0}^+=\mathbb{E}[(X_0-\hat{X}_0^+)(X_0-\hat{X}_0^+)^T]$　　$\Sigma_{\tilde{X},0}^{a,+}=\mathbb{E}[(X_0^a-\hat{X}_0^{a,+})(X_0^a-\hat{X}_0^{a,+})^T]=\mathrm{diag}(\Sigma_{\tilde{X},0}^+,\Sigma_{\tilde{w}},\Sigma_{\tilde{v}})$
计算：对于 $k=1,2,\cdots$，计算 $\mathcal{X}_{k-1}^{a,+}=\{\hat{X}_{k-1}^{a,+},\hat{X}_{k-1}^{a,+}+\gamma\sqrt{\Sigma_{\tilde{X},k-1}^{a,+}},\hat{X}_{k-1}^{a,+}+\gamma\sqrt{\Sigma_{\tilde{X},k-1}^{a,+}}\}$ 状态预测时间更新：$\mathcal{X}_{k,i}^{X,-}=F(\mathcal{X}_{k-1,i}^{X,+},u_{k-1},\mathcal{X}_{k-1,i}^{w,+})$ $\hat{X}_k^-=\sum_{i=0}^{p}\alpha_i^{(m)}\mathcal{X}_{k,i}^{x,-}$ 误差协方差时间更新：$\Sigma_{\tilde{X},k}^-=\sum_{i=0}^{p}\alpha_i^{(c)}(\mathcal{X}_{k,i}^{X,-}-\hat{X}_k^-)(\mathcal{X}_{k,i}^{X,-}-\hat{X}_k^-)^T$ 输出估计：$\mathcal{Y}_{k,i}=h(\mathcal{X}_{k,i}^{X,-},u_k,\mathcal{X}_{k-1,i}^{v,+})$ $\hat{y}_k=\sum_{i=0}^{p}\alpha_i^{(m)}\mathcal{Y}_{k,i}$ $\Sigma_{\tilde{y},k}=\sum_{i=0}^{p}\alpha_i^{(c)}(\mathcal{Y}_{k,i}-\hat{y}_k)(\mathcal{Y}_{k,i}-\hat{y}_k)^T$ 估计器增益矩阵：$\Sigma_{\tilde{X}\tilde{y},k}=\sum_{i=0}^{p}\alpha_i^{(c)}(\mathcal{X}_{k,i}^{X,-}-\hat{y}_k^-)(\mathcal{Y}_{k,i}-\hat{y}_k)^T$ $L_k=\Sigma_{\tilde{X}\tilde{y},k}^-\Sigma_{\tilde{y},k}^{-1}$ 状态估计测量更新：$\hat{X}_k^+=\hat{X}_k^-+L_k(y_k-\hat{y}_k)$ 误差协方差测量更新：$\Sigma_{\tilde{X},k}^+=\Sigma_{\tilde{X},k}^--L_k\Sigma_{\tilde{y},k}L_k^T$

表 4-8　用于状态和参数估计的双重 SPKF

非线性状态空间模型： $x_k=f(x_{k-1},u_{k-1},w_{k-1},\theta_{k-1})$　　$\theta_k=\theta_{k-1}+r_{k-1}$ $y_k=h(x_k,u_k,v_k,\theta_k)$　和　$d_k=h(f(x_{k-1},u_{k-1},\bar{w}_{k-1},\theta_{k-1}),u_k,\bar{v}_k,\theta_{k-1},e_k)$ 其中，w_k、v_k、r_k 和 e_k 是独立的高斯噪声过程，均值分别为 $\bar{w}$、$\bar{w}$、$\mathbf{0}$ 和 $\bar{e}$，协方差矩阵分别为 $\Sigma_{\tilde{w}}$、$\Sigma_{\tilde{v}}$、$\Sigma_{\tilde{r}}$ 和 $\Sigma_{\tilde{e}}$
定义： $x_k^a=[x_k^T,w_k^T,v_k^T]^T,\mathcal{X}_k^a=[(\mathcal{X}_k^x)^T,(\mathcal{X}_k^w)^T,(\mathcal{X}_k^v)^T]^T,p=2\times\dim(x_k^a)$
初始化：对于 $k=0$，设置 $\hat{\theta}_0^+=\mathbb{E}[\theta_0]$　　$\Sigma_{\tilde{\theta},0}^+=\mathbb{E}[(\theta_0-\hat{\theta}_0^+)(\theta_0-\hat{\theta}_0^+)^T]$ $\hat{x}_0^+=\mathbb{E}[(x_0]$　　$\hat{x}_0^{a,+}=\mathbb{E}[x_0^a]=[(\hat{x}_0^+)^T,\bar{w},\bar{v}]^T$ $\Sigma_{\tilde{x},0}^+=\mathbb{E}[(x_0-\hat{x}_0^+)(x_0-\hat{x}_0^+)^T]$　　$\Sigma_{\tilde{x},0}^{a,+}=\mathbb{E}[(x_0^a-\hat{x}_0^{a,+})(x_0^a-\hat{x}_0^{a,+})^T]=\mathrm{diag}(\Sigma_{\tilde{x},0}^+,\Sigma_{\tilde{w}},\Sigma_{\tilde{v}})$

（续）

计算：对于 $k=1,2,\cdots$，计算

参数预测时间更新：$\hat{\boldsymbol{\theta}}_k^- = \hat{\boldsymbol{\theta}}_{k-1}^+$

参数协方差时间更新：$\boldsymbol{\Sigma}_{\tilde{\boldsymbol{\theta}},k}^- = \boldsymbol{\Sigma}_{\tilde{\boldsymbol{\theta}},k-1}^+ + \boldsymbol{\Sigma}_{\tilde{r}}$

$$\mathcal{X}_{k-1}^{a,+} = \left\{\hat{\boldsymbol{x}}_{k-1}^{a,+}, \hat{\boldsymbol{x}}_{k-1}^{a,+} + \gamma\sqrt{\boldsymbol{\Sigma}_{\tilde{\boldsymbol{x}},k-1}^{a,+}}, \hat{\boldsymbol{x}}_{k-1}^{a,+} - \gamma\sqrt{\boldsymbol{\Sigma}_{\tilde{\boldsymbol{x}},k-1}^{a,+}}\right\}$$

状态估计时间更新：$\mathcal{X}_{k,i}^{\boldsymbol{x},-} = \boldsymbol{f}(\mathcal{X}_{k-1,i}^{\boldsymbol{x},-}, \boldsymbol{u}_{k-1}, \mathcal{X}_{k-1,i}^{\boldsymbol{w},+}, \hat{\boldsymbol{\theta}}_k^-)$

$$\hat{\boldsymbol{x}}_k^- = \sum_{i=0}^{p}\alpha_i^{(\mathrm{m})}\mathcal{X}_{k,i}^{\boldsymbol{x},-}$$

状态协方差时间更新：$\boldsymbol{\Sigma}_{\tilde{\boldsymbol{x}},k}^- = \sum_{i=0}^{p}\alpha_i^{(\mathrm{c})}(\mathcal{X}_{k,i}^{\boldsymbol{x},-} - \hat{\boldsymbol{x}}_k^-)(\mathcal{X}_{k,i}^{\boldsymbol{x},-} - \hat{\boldsymbol{x}}_k^-)^{\mathrm{T}}$

$$\mathcal{W}_k = \left\{\hat{\boldsymbol{\theta}}_k^-, \hat{\boldsymbol{\theta}}_k^- + \gamma\sqrt{\boldsymbol{\Sigma}_{\tilde{\boldsymbol{\theta}},k}^-}, \hat{\boldsymbol{\theta}}_k^- - \gamma\sqrt{\boldsymbol{\Sigma}_{\tilde{\boldsymbol{\theta}},k}^-}\right\}$$

输出估计参数滤波器：$\mathcal{D}_{k,i} = \boldsymbol{h}(\boldsymbol{f}(\hat{\boldsymbol{x}}_{k-1}^+, \boldsymbol{u}_{k-1}, \bar{\boldsymbol{w}}_{k-1}, \mathcal{W}_{k,i}), \boldsymbol{u}_k, \bar{\boldsymbol{v}}_k, \mathcal{W}_{k,i})$

$$\hat{\boldsymbol{d}}_k = \sum_{i=0}^{p}\alpha_i^{(\mathrm{m})}\mathcal{D}_{k,i}$$

输出估计状态滤波器：

$$\mathcal{Y}_{k,i} = \boldsymbol{h}(\mathcal{X}_{k,i}^{\boldsymbol{x},-}, \boldsymbol{u}_k, \mathcal{X}_{k-1,i}^{\boldsymbol{v},+}, \hat{\boldsymbol{\theta}}_k^-)$$

$$\hat{\boldsymbol{y}}_k = \sum_{i=0}^{p}\alpha_i^{(\mathrm{m})}\mathcal{Y}_{k,i}$$

$$\boldsymbol{\Sigma}_{\tilde{\boldsymbol{y}},k} = \sum_{i=0}^{p}\alpha_i^{(\mathrm{c})}(\mathcal{Y}_{k,i} - \hat{\boldsymbol{y}}_k)(\mathcal{Y}_{k,i} - \hat{\boldsymbol{y}}_k)^{\mathrm{T}}$$

状态滤波器增益矩阵：$\boldsymbol{\Sigma}_{\tilde{\boldsymbol{x}}\tilde{\boldsymbol{y}},k}^- = \sum_{i=0}^{p}\alpha_i^{(\mathrm{c})}(\mathcal{X}_{k,i}^{\boldsymbol{x},i} - \hat{\boldsymbol{x}}_k^-)(\mathcal{Y}_{k,i} - \hat{\boldsymbol{y}}_k)^{\mathrm{T}}$

$$\boldsymbol{L}_k^x = \boldsymbol{\Sigma}_{\tilde{\boldsymbol{x}}\tilde{\boldsymbol{y}},k}^-\boldsymbol{\Sigma}_{\tilde{\boldsymbol{y}},k}^{-1}$$

$$\boldsymbol{\Sigma}_{\tilde{\boldsymbol{d}},k} = \sum_{i=0}^{p}\alpha_i^{(\mathrm{c})}(\mathcal{D}_{k,i} - \hat{\boldsymbol{d}}_k)(\mathcal{D}_{k,i} - \hat{\boldsymbol{d}}_k)^{\mathrm{T}}$$

参数滤波器增益矩阵：$\boldsymbol{\Sigma}_{\tilde{\boldsymbol{\theta}}\tilde{\boldsymbol{d}},k}^- = \sum_{i=0}^{p}\alpha_i^{(\mathrm{c})}(\mathcal{W}_{k,i} - \hat{\boldsymbol{\theta}}_k^-)(\mathcal{D}_{k,i} - \hat{\boldsymbol{d}}_k)^{\mathrm{T}}$

$$\boldsymbol{L}_k^{\theta} = \boldsymbol{\Sigma}_{\tilde{\boldsymbol{\theta}}\tilde{\boldsymbol{d}},k}^-\boldsymbol{\Sigma}_{\tilde{\boldsymbol{d}},k}^{-1}$$

状态估计测量更新：$\hat{\boldsymbol{x}}_k^+ = \hat{\boldsymbol{x}}_k^- + \boldsymbol{L}_k^x(\boldsymbol{y}_k - \hat{\boldsymbol{y}}_k)$

状态协方差测量更新：$\boldsymbol{\Sigma}_{\tilde{\boldsymbol{x}},k}^+ = \boldsymbol{\Sigma}_{\tilde{\boldsymbol{x}},k}^- - \boldsymbol{L}_k^x\boldsymbol{\Sigma}_{\tilde{\boldsymbol{y}},k}(\boldsymbol{L}_k^x)^{\mathrm{T}}$

参数估计测量更新：$\hat{\boldsymbol{\theta}}_k^+ = \hat{\boldsymbol{\theta}}_k^- + \boldsymbol{L}_k^{\theta}(\boldsymbol{y}_k - \hat{\boldsymbol{d}}_k)$

参数协方差测量更新：$\boldsymbol{\Sigma}_{\tilde{\boldsymbol{\theta}},k}^+ = \boldsymbol{\Sigma}_{\tilde{\boldsymbol{\theta}},k}^- - \boldsymbol{L}_k^{\theta}\boldsymbol{\Sigma}_{\tilde{\boldsymbol{d}},k}(\boldsymbol{L}_k^{\theta})^{\mathrm{T}}$

第5章 电池均衡

回顾图3－1所示的本书研究路径图，目前我们已经探索了BMS执行的基本估计任务。也就是说，我们已经了解了如何估计单体电池内部状态（包括SOC）和单体电池模型参数值（包括指示SOH的参数值）。

现在开始研究BMS所需的控制任务。本章重点讨论均衡这个概念，它需要逐一调整电池组中单体电池的荷电水平，以使电池组达到均衡状态。

暂时，我们采用工作定义："一个均衡的电池组是指其在循环的某一时刻，所有单体电池都处于完全相同的SOC"。[①] 还有其他方法探讨对于均衡的电池组在任意时间点SOC应该如何分布，但是目前这个定义就足够了。

如果不满足该均衡条件，即一个或多个单体电池的SOC相对于均衡条件过高，同时一个或多个单体电池的SOC相对于均衡条件过低。我们必须修正特定电池的SOC，以使电池组达到均衡。通常有以下两种基本方法。

耗散型均衡是指当电池组中某些单体的电量高于其他单体时，通过电阻放电的方式将过剩的能量转化为热量释放掉。这种均衡方式通常称为被动均衡，因为在过去该方式只使用无源电路元件均衡各单体。然而，目前的耗散型均衡电路使用有源元件和控制器件（即使用晶体管开关电路），因此我们现在更喜欢称其为耗散型均衡而不是被动均衡。

非耗散型均衡通过将电荷从荷电过多的电池移动到荷电过少的电池或辅助负载电路来实现均衡。耗散型均衡是通过将储存在某些电池中的不可用电化学能量转化为热能来耗散能量，而非耗散型均衡则试图通过在各电池间重新分配电荷来节省能量，从而使负载有更多的能量可用，或者直接将其用于一些即时的用途。这种均衡方式通常称为主动均衡，然而，正如我们刚才提到的，耗散型均衡系统可以使用有源组件。出于这个原因，为了尽量减少混淆，我们更喜欢称其为非耗散型均衡而不是主动均衡。

稍后我们将研究均衡方法设计并考虑均衡电路，这里首先讨论均衡的重要

---

① 参考文献：Andrea, D, Battery Management Systems for Large Lithium－Ion Battery Packs, Artech House, 2010。

性。其次考虑图 5－1 所示的简单电池组，一个电池的 SOC 为 0%，另一个电池的 SOC 为 100%。由于通过电池组流入或流出负载电路的电流会使这两个电池的 SOC 向同一方向移动，因此，我们无法在不使所有电池过放电的情况下对电池组进行放电，也无法在不使所有电池过充电的情况下对电池组进行充电。我们需要以某种方式增加电池组之间的能量流通路径，以提供一定程度的单体电池控制，从而实现电池组均衡。

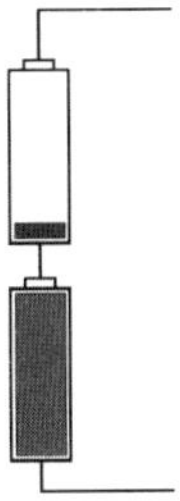

图 5－1　串联的失衡电池组

我们已经在讨论估计电池组中所有单体电池 SOC 的必要性时见过该图，但当时没有考虑电池组是如何变得不均衡的。本章首先探讨导致不均衡的因素，以及一些被误认为会导致不均衡但实际上并非如此的其他因素。然后，讨论在设计均衡系统时需要做出的一些工程选择，我们将研究多个可用于电池均衡的电路拓扑，并探讨判断均衡系统必须以多快的速度运行才能均衡荷电的方法。

5.1　不均衡的原因

图 5－2 以双芯电池组反复充放电为例，概述了其 SOC 与时间的关系。该过程以两个电池均处于 SOC 设计上限开始。然而，在电池组至其中一个电池的 SOC 较先达到设计下限时，我们发现两个电池的 SOC 已经开始发散。当电池组继续充电时，这种差异不但不会得到纠正，还会随着时间推移逐渐增加。

在本示例中，每当较低的 SOC 达到设计下限时，虚线所示的电池不再具有向负载电路输送的电荷，但实线所示的电池仍具有一定的电荷。因此，将第一个电池称为弱电池，第二个电池称为强电池，在此意义上，弱电池会限制电池组的性能。由于强电池无法在不对弱电池放电的情况下将其电荷输送给负载，这也就导致了电池组中存储的能量无法使用。随着时间的推移，这种不均衡度会增加，除非实施电池均衡，否则弱电池最终会使电池组无法使用。

不均衡是由任何可能使某一电池 SOC 与其他任一电池 SOC 不同的因素造

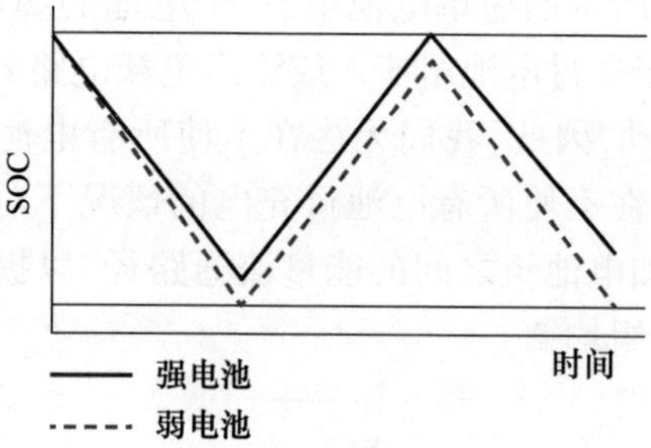

图 5－2 电池组不平衡度随时间增长

成的。要了解这些原因，考虑 SOC 关系式：

$$z_k = z_0 - \frac{\Delta t}{Q}\sum_{i=0}^{k-1} \eta_i i_{\mathrm{net},i} \tag{5.1}$$

不均衡的原因之一是各电池具有不同的库仑效率。各电池在初始时刻可能具有相同的初始 SOCz_0，具有相同的总容量 Q，并接收相同的净电流 $i_{\mathrm{net},i}$。但是，它们具有不同的库仑效率 η_i，也就会导致电池组在充电的过程中，各 SOC 产生偏离。如图 5－3 所示，由于强电池具有较高的库仑效率，因此，大部分充电电流 $i_{\mathrm{net},i}$转换为该电池的 SOC 变化。弱电池具有较低的库仑效率，因此，较小部分的充电电流转换为该电池的 SOC 变化。假设在放电过程中，所有电池的库仑效率都是一样的，那么在充电过程中引起的偏离不会被中和掉。因此，在每个充电循环期间，库仑效率的差异将导致偏离增加，而这在随后的放电循环中不会被纠正。随着时间的推移，电池组可以达到图 5－1 所示的极端状态。

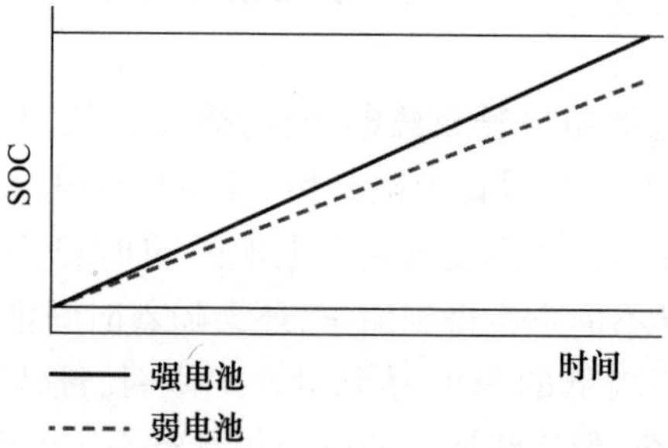

图 5－3 充电过程中的不均衡增强

不均衡的原因之二是各电池上流经的充放电电流是不同的。这也就意味着，我们需要考虑流经电池 i 的电流组成：

$$i_{\mathrm{net},i} = i_{\mathrm{app}} + i_{\text{自放电},i} + i_{\text{漏},i}$$

式中：i_{app}表示电池组的负载电流；$i_{自放电,i}$表示电池 i 的自放电电流；$i_{漏,i}$表示电池 i 向 BMS 电子电路提供的电流。虽然对于所有电池 i_{app}都是相同的，但各电池的自放电率和漏电流可能不同，从而使 $i_{net,i}$不同。利用图 5-4 中的放电曲线进行说明。强电池具有低自放电电流和/或低漏电流，弱电池具有较高的自放电电流和/或漏电流。当两个电池以均衡的初始状态运行时，弱电池经受较大的净放电电流，从而导致其 SOC 比强电池下降得更快。当电池组随后进行充电时，由于强电池的净电流没有被自放电电流和漏电流吸收那么多，因此它会比弱电池充电得更快，从而导致不均衡继续扩大。随着时间的推移，各电池 SOC 将会完全发散。

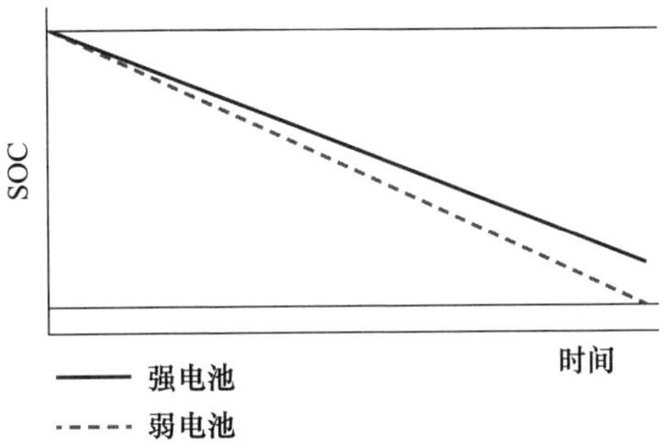

图 5-4　放电过程中的不均衡增强

温度不是不均衡的直接原因，但是整个电池组的温度梯度可能是导致不均衡的一个因素。由于电池参数值与温度相关，因此，对于具有不同内部温度的电池，其自放电率、电性能和库仑效率会有所不同，这会造成不均衡。此外，高温往往会加速劣化，而且长期的温度梯度会导致电池组中各电池的劣化率不同，从而导致各电池具有不同的自放电率和库仑效率，这也将导致不均衡加速。保持整个电池组的温度均匀有助于延长电池组的使用寿命，但是电池组仍然需要均衡。

总之，导致不均衡的原因是电池组各电池之间的库仑效率、自放电率或漏电流之间的差异。如果所有电池都同样强或同样弱，则在电池组运行中不会出现不均衡度的增长。

5.2　被误以为会导致不均衡的原因

根据 SOC 关系式(5-1)，可以发现电池总容量 Q 也对 SOC 有影响。因此，很自然地认为，电池组中具有不同容量的电池会导致电池组逐渐失衡，然而，事实证明并非如此。电池总容量的不同只会导致暂时的不均衡，但当电池恢复到其原始 SOC 时会自动纠正这种不均衡现象。①

如图 5－5 所示，假设强电池总容量为 6Ah，弱电池总容量为 5A·h。开始时，两个电池的 SOC 相同，均为 100%。然后，假设电池组放电 5A·h。此时，弱电池的剩余可用容量为 0，但强电池的剩余容量为 1A·h。此时，我们容易错误地认为电池组已经变得不均衡，但是需要继续研究本示例才能得出结论。

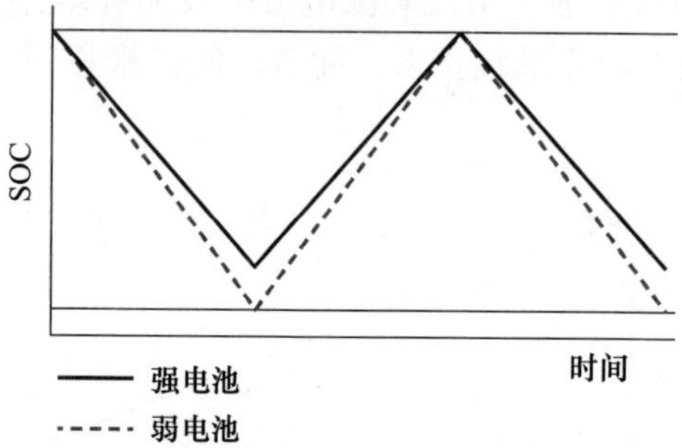

图 5－5　总容量差异与不均衡度关系

现在给电池组充电，充电量为 $5/\eta$A·h，其中假设两个电池的库仑效率 η 相等。这也就意味着，此时 5A·h 电池将具有 5A·h 的电量，而 6A·h 电池将具有 6A·h 的电量。也就是说，两个电池的 SOC 均等于 100%，恢复均衡。回顾本章开头关于电池组均衡的工作定义，即使电池总容量不同，由于所有电池在放电/充电循环中的某一时刻具有相同的 SOC，因此该电池组是均衡的。

虽然可以认为电池组是均衡的，但弱电池仍然限制了电池组性能。当弱电池完全放电时，强电池中仍有 1A·h 未使用的电荷，但无法在不对弱电池过放电的情况下为负载供电。如果我们能够在放电时，将电荷从强电池转移到弱电池中去（充电时相反），那么，就可以一直保持两个电池的 SOC 相等。通常，可以使用非耗散型均衡电路来实现这一点。如果这些电路的运行效率为 1，那么，示例电池组就可以放出 5.5A·h 的电量，而不是没有均衡电路时的仅 5A·h 的电量，这是一个显著改进。此时，弱电池不再限制电池组的性能。

我们还可能认为具有不同内阻的电池也会导致电池组不均衡。然而，根据式（5.1）可以知道事实并非如此，这是因为内阻并不是 SOC 关系式中的一个影

---

① 以下论据假设电池容量在单个循环中没有明显变化。如果电池组中的一个或多个电池在一次放电和充电间容量迅速衰减（可能是由于过度放电），那么电池组将变得不均衡。然而，如果 BMS 按预期工作，这种情况不会发生。

响因素。不同的电池内阻会导致电池带载时端电压不同,而不是 SOC 不同。

这确实意味着,具有高内阻的电池往往会比电池组中的其他电池先达到设计电压上限或下限。虽然这不会造成电池不均衡现象,但它确实限制了电池组的可用功率,这也就限制了其在 *x*EV 应用中直接转化为车辆续航里程的可用能量。[①]

因此,就像电池具有不同的总容量不会造成不均衡,但会限制电池组性能一样,具有更高内阻的电池也会限制电池组性能。可以通过使用非耗散型均衡电路使处于不均衡状态的各电池相互传递能量,从而使电池组达到均衡状态,缓解这一限制。也就是说,当电池组放电时,高内阻电池保持比低内阻电池更高的 SOC,从而使所有电池具有相同的放电功率。为此,我们求解式(1.7)以获得一组电池 SOC,在放电内阻不相等的情况下使其具有相等的放电功率。同样,当电池组充电时,高内阻电池的 SOC 比低内阻电池低,可以使所有电池的充电功率都相等。我们求解式(1.8)以获得一组电池 SOC,在充电内阻不相等的情况下使其具有相等的充电功率。

5.3　均衡器设计选择

当设计均衡系统时,必须做出某些工程决策。以下小节讨论了一些必须解决的设计问题,在不同的应用场景中,这些问题的答案往往会有所不同,从而产生不同的设计。

5.3.1　什么是均衡设定点

根据工作定义,均衡电池组中的所有电池必须在循环工况的某一点处具有相同的 SOC。我们已经看到了一个例外,即当电池总容量和内阻不同导致不均衡,使用快速非耗散型均衡电路提高电池组可用功率和能量时。然而,忽略这一特殊情况,我们需要考虑均衡点 SOC 应该是怎样的。

几种不同的备选方案如图 5-6 所示。图 5-6(a)考虑在最大允许单体电池 SOC 处的均衡设定点。该示例表示的是由 4 个单体电池构成的电池组,其中强电池的总容量最高,弱电池的总容量最低。虽然容量差异不是不均衡的原因,但它确实会导致各电池在电池组放电和充电时利用不同的 SOC 范围。

---

① 可用能量是指在达到放电功率限制之前可以从电池组中释放的能量。这与 1.14 节中描述的总能量不同。除非放电功率为 0W,否则可用能量始终小于总能量。

总容量最低的弱电池利用其整个 SOC 范围，具有最高总容量的强电池利用最小的 SOC 范围，其他两个电池利用强弱电池之间的 SOC 范围。绘制 SOC 与时间的关系图，强电池和弱电池 SOC 如图 5-5 所示。图 5-6 去掉了时间元素，只显示了 SOC 利用的范围。

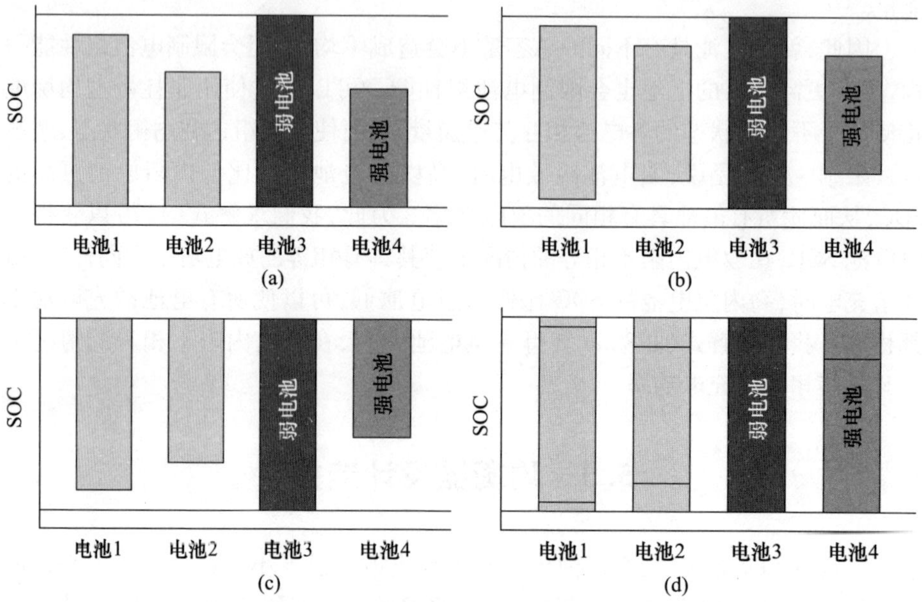

图 5-6 均衡设定点选择的几种策略

当均衡点设置为最大允许 SOC 时，电池组存储的能量在给定可用安时数条件下最大化。这是因为较高 SOC 的电池比较低 SOC 的电池具有更高的电压。较高的能量水平有利于 EV 和类似应用。然而，一些电池老化机制会在高 SOC 下加速，这可能是这个方法的缺点，因为所有电池都会在每个充放电循环内历经最大允许 SOC。

我们还可以将均衡点设置为 SOC 中点，如图 5-6(b) 所示。这会略微降低总可用能量，但仍会最大化电池组接收或输送功率的能力，因为大多数电池都工作在 SOC 中段。该策略适用于 HEV 和类似应用，其中可用能量不如可用功率重要。

我们也可以考虑将均衡点设置为最小允许 SOC，如图 5-6(c) 所示。然而，很少有人建议这样做。在这 3 种方法中，它存储的能量最少，所有电池都会在大致相同的时间面临放电功率限制问题，因此，当电池组接近放完电时，任一单体电池都可能限制放电功率。此外，对于最强的电池来说，由于处于高 SOC 的时间较短,因此基于高 SOC 的老化速度会减慢。对于最弱的电池,由于它在充放电循环中处于高 SOC 下的时间较长,因此老化速度会加快。这意味着,“强者将保持最强,弱者将变得更弱。”由于电池组的寿命受其最短单体电池寿命的限制,因此这种正反馈往往会加快电池组的老化速度。

如果实施了非耗散型均衡,则均衡设定点可以是动态的,以便利用每个单体电池的整个 SOC 范围,如图 5 -6(d)所示。由于各电池对负载电路的贡献不同,较强的电池将会比较弱的电池承受更大的总负荷。由于承受更大的负荷水平,较强的电池往往比较弱的电池衰老得更快。与耗散型均衡相比,这种自我调节的负反馈往往会使电池组中的限制性弱电池老化得更慢,并使电池组中的各电池寿命更加均衡,电池组寿命将基于各电池的平均寿命而不是最弱的电池。

再次注意,均衡设定点是一种设计选择,没有一个普遍适用的答案。控制工程师需要考虑在不同应用中每个方案所对应的收益和成本。

5.3.2　何时均衡

一旦确定了均衡设计点,我们就必须决定在电池组使用周期中的何时“开启”均衡电路。这里有两个基本选择。

如果电池组一直插在公用电网上或着具有其他特殊的充电模式,那么,可以考虑只在电池组充电时进行均衡。例如,该方法可用于 EV、PHEV 和 E - REV。由于仅当电池组连接到外部电源时才执行均衡,因此,均衡器电路消耗的任何能量都可以立即从外部电源补充,从而电池组的电量可以充满。这最大化了电池组的存储能量,当电池组与充电器断开连接时可以使用这些能量。在车辆应用中,这可以最大化车辆续航里程。

或者,可以持续进行均衡。也就是说,在使用电池组的每个时间点,我们都会计算哪些电池需要进行均衡,以满足总体均衡目标,并激活或停用相应的均衡电路。这对于电池组仅以单一模式运行的 HEV 等应用来说是必需的,我们没有其他额外的特殊模式(例如插入式充电)来进行均衡。同样,如果对每个电池实施具有动态 SOC 设定点的非耗散型均衡,将需要重新计算动态设定点并连续激活适当的均衡电路。

这两种方法都可以使用短视或前瞻性视角。从短视角度来看,我们只能观察电池的当前状态;从前瞻角度来看,我们可以预测电池的未来状态。短视均衡是在电池组充电时,当第一个单体电池达到电压上限或 SOC 上限时进行均衡。相反,前瞻性均衡是预测电池的未来状态并在电池组处于其他使用状态时,使电池组保持均衡。这种充电时均衡的方法是在充电完成时预测所有电池的最终状态,同时进行均衡和充电,使所有电池在同一时间达到相同的预期最终状态,即使根据目前的电池状态,并不急需均衡时也是如此。这可以缩短电池组所需的充电时间。

5.3.3 如何均衡

至此,我们已经确定了均衡设定点和实施均衡的时机,通常我们会在电池组使用周期内考虑均衡。仍待解决的是,在均衡过程中如何实时确定需要激活哪些均衡电路以及何时停止均衡。

采取短视方法,我们可以选择根据当前电池 SOC 进行均衡。首先计算所有电池的 SOC 估计值,然后激活均衡电路以从 SOC 过高的电池中移除电荷,并可能向 SOC 过低的电池添加电荷。这通常是我们希望做的,尤其是在均衡设定点附近。但是,如果电池 SOC 估计误差较大,我们可能均衡“错误”的电池。也就是说,SOC 估计中的噪声可能会导致我们认为的电池 SOC 比实际值高得多或低得多,而此时激活均衡电路会导致更大的不均衡。因此,当最大和最小 SOC 估计值之间的差异低于某阈值时,最好停止均衡。该阈值是根据 SOC 估计的预期置信范围来选择的,从而避免浪费大量时间和精力进行错误的均衡。

或者,我们可以选择基于电池电压测量值进行持续均衡,直至所有电池电压测量值之间的总离散度低于某设计阈值。实现这种方法不需要 SOC 估计器,相对更简单,但由于电压对电池 SOC 的指示作用较差,因此更易导致错误地均衡。它在“先充电后均衡”策略中最有用,在该策略中各电池在均衡过程中只有均衡电流流过,此时电池电压通常接近其平衡电压。由于其他 BMS 任务需要 SOC 估计器,基于电压的均衡不会简化整体 BMS 设计,所以意义不大。

更有前瞻性的,我们可以根据每个电池计算出的总可用能量进行均衡①。为了做到这一点,我们在电池组达到截止电压之前,在特定的恒定电流或恒定功率下,估计电池组中每个单体电池可以输出的能量。然后,从具有较多可用能量的电池中移除电荷,并添加到具有较少可用能量的电池中。这一过程将一直持续,直至电池中最大和最小可用能量之差小于某个设计阈值。通过将电荷从低内阻电池转移到高内阻电池来增大其 SOC、提高其电压,从而提高非耗散型均衡系统中的总可用能量。然而,还需要精确的电池模型和各单体电池状态估计值才能做到这一点。

---

① 当采用此标准进行均衡时,SOC 在任何时候都不会完全相等。

5.4　均衡电路

有多种通用电子架构可用于电池均衡电路①②。最常见拓扑的分类如图 5－7 所示，我们将在后续小节逐一介绍。

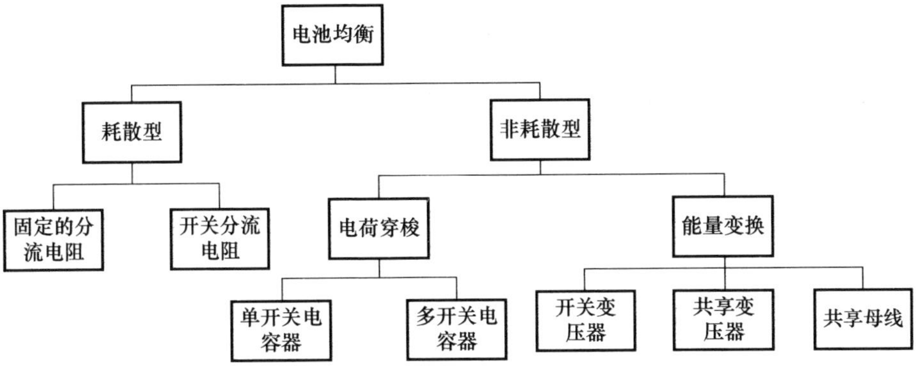

图 5－7　电池均衡电路的分类

最简单的架构不允许 BMS 软件进行任何控制，因此仅作为参考进行介绍，对于大多数应用场景来说不推荐使用。有些架构可以全局打开或关闭，但不允许单独的电池级控制。它们自主运行以均衡所有电池的电压。正如上一节提到的，这不是理想场景，但如果对于顶层均衡设计策略在电池组充电周期结束时执行，则可能是可以接受的，此时电池组处于静置状态，电压是 SOC 的一个合理指标。其余的架构允许为单个电池单独激活或关闭均衡器，因此可以用于更一般的动态 SOC 均衡。

5.4.1　耗散型：固定的分流电阻

最简单的电路是为耗散型均衡系统设计的，其将每个电池与一个电阻并联，这些电阻用于从对应的电池中释放多余的电荷，这种多余的能量以热量的形式耗散。

① 参考文献：Moore，S. W. and Schneider，P. J. "A Review of Cell Equalization Methods for Lithium Ion and Lithium Polymer Battery Systems，" No. 2001－01－0959，SAE Technical Paper，2001。

② 参考文献：Daowd，M.，Omar，N.，Van Den Bossche，P.，Van Mierlo，J.，"Passive and Active Battery Balancing Comparison based on MATLAB Simulation，" IEEE Vehicle Power and Propulsion Conference（VPPC），2011。

其中最基本的设计是“固定分流电阻设计”，如图 5－8 所示。图的左侧是电池组，右侧是与每个电池并联的固定电阻，且所有电阻阻值相等。具有较高 SOC 的电池通常具有较高的端电压，因此，该电池通过其连接的电阻流出的放电电流也将大于其他电池。具有较高 SOC 的电池放电速率较快，从而使所有电池达到均衡。

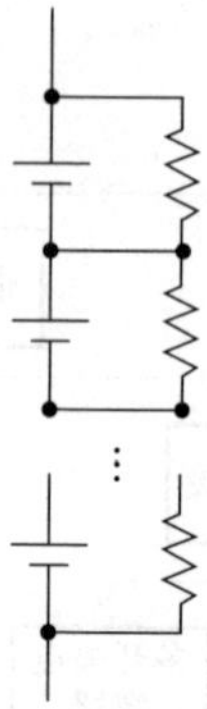

图 5－8　固定分流电阻设计

这种设计的精髓在于简单，无需电压监测、SOC 估计或主动控制，完全自主运行。然而需要注意，即使电池组已经完全均衡，该电路也会持续消耗电荷。因此，应该选择大电阻以尽量减少这种能量损失。

然而，固定分流电阻设计并没有像最初看起来那样能简化 BMS 设计。因为如果使用锂离子电池，出于安全考虑，我们仍然必须监控每个单体电池的电压，并且仍然必须估计每个电池的 SOC 以进行能量和功率计算。该电路可能最适合均衡铅酸或镍氢电池组，这些应用对于一些过充电是可以接受的，因此，不需要监控单个电池电压，另外，还适合电池组几乎总是处于完全充电状态的应用，如不间断电源。如果电池组没有外部电源持续“充满电”，那么，它们将在相对较短的时间内全部放电至 0V①。

固定分流电阻设计的改进是当电池电压下降到某一点以下时，使用稳压二极管自动关闭均衡。该架构如图 5－9 所示。稳压二极管必须允许通过电池组最大充电电流，并且将其截止电压与“100% SOC”设定点相对应，如铅酸电池约为 2.2V。当电池电压高于稳压设定点时，电阻路径被激活，该电池的电荷被消耗，直至其电压降至稳压设定点以下。这种设计也适用于允许过充和浮充的化学体系。这包括铅酸和一些镍基化学体系，但不包括锂离子化学体系。事实上

① 但是，该电路可以很好地均衡超级电容器组，这是因为 0V 的均衡设定点在该应用中是有意义的。

该设计仍然具有局限性，即使对于铅酸和镍基电池，当电池非静置时，电压本身是一个较差的 SOC 指示指标。

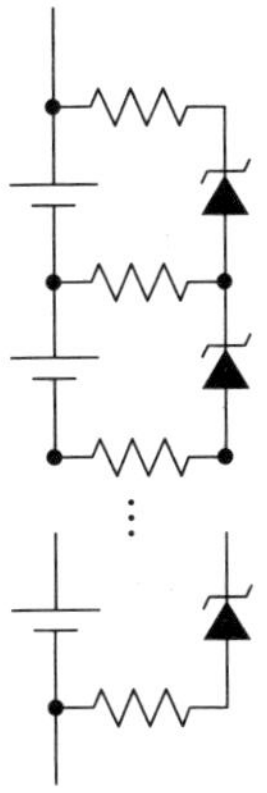

图5-9 带稳压管的固定分流电阻设计

5.4.2 耗散型：开关分流电阻

上述设计的改进是用一个由 BMS 控制的晶体管取代所有稳压二极管，以启用或禁用各电池的均衡，该设计也适用于锂离子化学体系。如图5-10所示，这里晶体管被简单地画成开关。在实际设计中，需要指定每个晶体管的类型和额定值，并且还需要添加适当的栅极偏置电路。

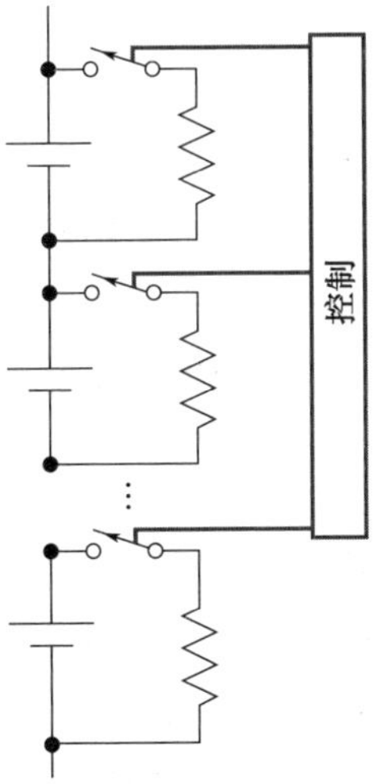

图5-10 可开关的分流电阻

控制晶体管所需的电子器件使得这种方法比任何一种固定分流电阻设计都复杂,但是它在均衡策略方面具有更大的灵活性。BMS 只需闭合荷电过多的电池上的开关,使其相对于均衡开关断开的其他电池消耗荷电。

注意:增加的复杂性并不像以前那么大。现代电池组监控芯片通常具有内置电路控制内部晶体管开关(用于慢速均衡)以及外部晶体管开关(用于快速均衡)。在前一种情况下,设计人员只需要为每个电池添加一个外部电阻即可,后一种情况则还需要一个外部晶体管电路。

与非耗散型设计相比,所有耗散型均衡方法的主要优点是所涉及的电路简单,因此成本较低。其缺点如下。

(1)原本可以有效利用的能量被转换为热量浪费掉了。

(2)在顶层均衡设计中,当最弱的电池完全放电时,能量仍保留在部分电池中,如果使用非耗散型均衡系统,则负载可以利用这些能量。

(3)会产生热量。转换为热量耗散的功率为 $p \approx v_{\mathrm{nom}} \times i_{均衡}$。对于快速耗散型均衡,产生的热量比慢速均衡要多。这通常对均衡电阻提出了高功率要求。均衡产生的热量可能与电池正常运行产生的热量大小相似。因此,耗散型均衡可能会增加电池组热管理系统的冷却要求,这是一笔巨大的开支。

(4)电池组的寿命可能比采用非耗散型均衡设计的电池组短。使用耗散型均衡,电池组寿命由电池组中最弱的电池决定。使用非耗散型均衡,电池组寿命由电池平均寿命决定。此外,非耗散型均衡可以使用强电池来支持弱电池。耗散型均衡没有这种能力。

5.4.3 非耗散型:多个开关电容

回顾图 5-7,非耗散型均衡电路分为两大类:一是通过中间开关电容器将电荷从一个电池转移到另一个电池;二是使用基于开关变压器或电感器的设计,可以将其视为能量转换器。首先讨论基于电容器的均衡电路。

考虑图 5-11 中绘制的电路,其中电容器比电池组电池少一个。单刀双掷晶体管开关重复地来回同步移动。即所有开关在一段时间内均置于顶部位置,然后在一段时间内全部置于底部位置,并循环。

当电路运行时,各电池电压是均衡的。考虑两个相邻的电池,当开关使电容器连接较高电压的电池两端时,较高电压的电池将电容器充电至其电压水平。然后,当开关连接较低电压电池两端时,电容器会放电至该较低电压。在这个过程中,电荷通过电容器从电压较高的电池转移到电压较低的电池中。

随着时间的推移,整个电池组可以均衡。然而,如果最高与最低电压的电池

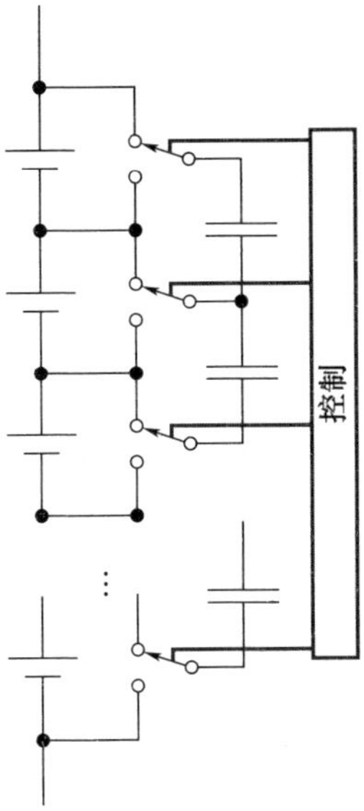

图5-11 通过电容器组的均衡

分别位于电池组的两端，那么，在实现整体均衡之前，电荷必须通过所有中间的电池和电容器。这可能需要相当长的时间。

5.4.4 非耗散型：一个开关电容器

另一种设计使用具有智能控制的单个开关电容器，如图5-12所示。晶体管开关可以使电容器连接电池组中任何电池的两端，从而允许电荷从高电压（或高SOC）电池更直接地移动到低电压（或SOC）电池。

然而，所有基于电容器设计的一个严重缺点是它们依赖于电池之间的电压差才能工作。即使SOC明显不同，大多数类型锂离子电池的端电压差异也很小，因此这会使基于电容器电路的均衡变得非常缓慢。

为了解这一点，考虑一阶近似分析。通过基于不同电池电压的电容器能量方程，可以计算出在单个开关操作中从一个电池转移到另一个电池的最大能量：

$$e=\frac{1}{2}C(v_{\text{high}}^{2}-v_{\text{low}}^{2})$$

这种能量变化可以通过电池能量方程式（1.6）与SOC变化相关联：

$$e\approx(\Delta z)Qv_{\text{nom}}$$

假设 $v_{\text{nom}}=(v_{\text{high}}+v_{\text{low}})/2$，于是有

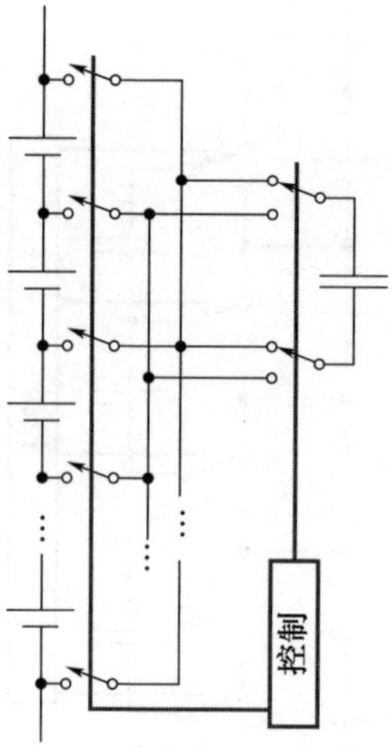

图 5-12 通过单个开关电容器的均衡

$$(\Delta z)Q\frac{v_{\text{high}}+v_{\text{low}}}{2}\approx\frac{1}{2}C(v_{\text{high}}+v_{\text{low}})(v_{\text{high}}-v_{\text{low}})$$

$$\Delta z\approx\frac{C}{Q}\Delta v$$

式中:Q 的单位为 C①。

作为这个结果的应用示例,考虑一个 10A · h 的电池(36000C)。我们想计算当 $\Delta v=0.1\text{V}$ 时,单次开关操作电池产生的 SOC 变化 Δz。可以自由选择电容值,但需要注意,高值电容器往往具有高电阻,因此充电缓慢,我们在简单的近似中没有考虑这一事实。即使我们选择一个理想的大电容值 $C=1\text{F}$,也会得到

$$\Delta z\approx\frac{1}{36000}\times 0.1\approx 3\times 10^{-6}$$

也就是说,电容器每次从高电压电池充电并放电到比其低 0.1V 的电池中,两个电池的 SOC 变化约为 0.0003%。按照这个速度,要想达到均衡需要漫长的时间。此外,随着电池变得更接近均衡,Δv 的值将接近零,均衡速度将进一步减慢。

5.4.5 非耗散型:开关变压器

另一种可以以更快速度转移电荷的方法是使用变压器,如图 5-13 所示。

① 注意:一个电池的 SOC 减少 1C,则另一个电池的 SOC 会增加 1C。因此,单体电池之间的净变量是这个速度的 2 倍。

变压器的一次侧连接到整个模组或电池包母线。变压器的二次侧可以切换,以连接模组中的任何单体电池。

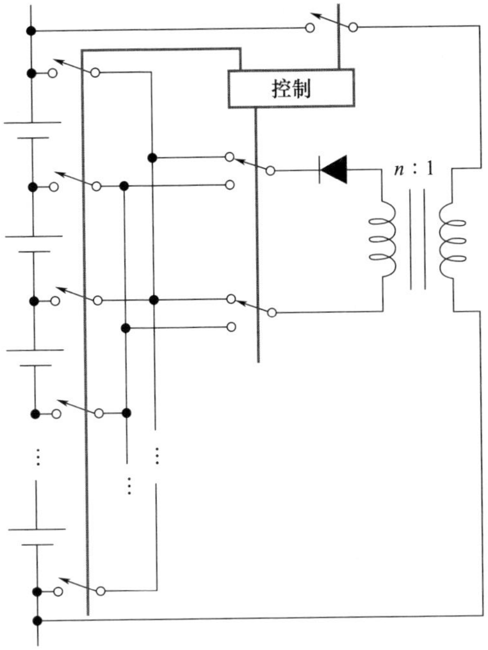

图5-13　开关变压器设计

快速将输入切换到初级会产生一个近似的交流波形,并在次级上重现。一次绕组连接在 n 个单体电池两端,变压器以 $n:1$ 的匝数比缠绕。这会使变压器的输出电压降低 n 倍,但会使输出电流增加 n 倍。二次侧的二极管确保只会增加二次侧的电池中的电荷,而不会从二次侧的电池中移除电荷。

这种方法比耗散型均衡有效得多,比电容均衡快得多,但由于变压器和电子器件价格原因,成本可能更高。目前,许多硅供应商正在努力创造自动化控制芯片,这将使这种设计适用于未来的量产产品。

5.4.6　非耗散型:共享变压器

图5-14为图5-13的简化版本。该电路中的变压器使用定制绕组,以便所有二次绕组的每一匝都对应 n 匝一次绕组。也就是说,整个电池包或模组的电压被转换到单体电池水平,二极管确保能量只被注入电压过低的电池中。控制器快速开关初级,二极管确保电流流向。均衡是自动的,不需要复杂算法。

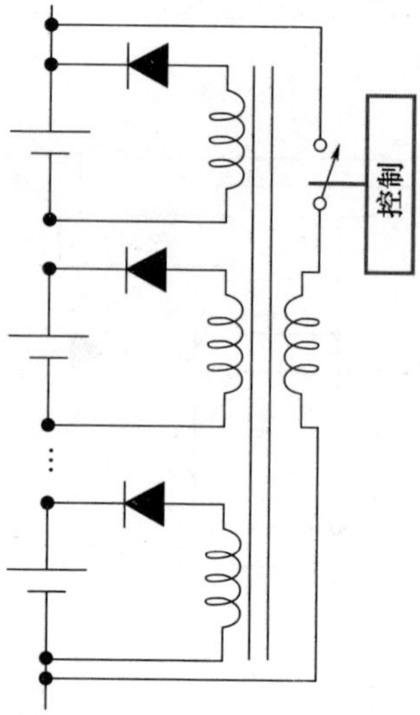

图 5-14 共享变压器设计

5.4.7 非耗散型:共享母线

与耗散型均衡相比,非耗散型均衡可以带来显著的好处。非耗散型均衡更节能、更快速;在某些设计中各电池可以按需充电和放电,这意味着,单个电压过低或过高的电池不会严重减慢均衡进程;可以通过时变均衡设定点来使用电池组中存储的所有能量。

尽管非耗散型均衡具有很多优点,但耗散型均衡器仍应用于目前部署的绝大多数 BMS 中,其主要原因是成本。BMS 几乎完全使用开关电阻均衡器,因为它们非常便宜。非耗散型均衡器增加了每个电池的电子元件开销,而基于变压器的方法增加了变压器本身的费用。

我们看到的最后一种均衡架构相对较新,但在某些应用中,它有可能使非耗散型均衡的成本与耗散型均衡相当。电路拓扑如图 5-15 所示①。该方法在每个电池旁使用一个小型隔离型 DC/DC 变换器,每个变换器的输入直接连接到电池,所有变换器的输出连接到一个共享电容性的低压母线。

这种方法比开关电阻耗散型均衡系统更复杂。但是,这并不一定会使其更

① 参考文献:Ur Rehman, M. M. , Evzelman, M. , Hathaway, K. , Zane, R. , Plett, G. L. , Smith, K. , Wood, E. , and Maksimovi'c, D. , "Modular Approach for Continuous Cell - level Balancing to Improve Performance of Large Battery Packs," in Proc. IEEE Energy Conversion Conference and Expo (ECCE), Pittsburg, 2014。

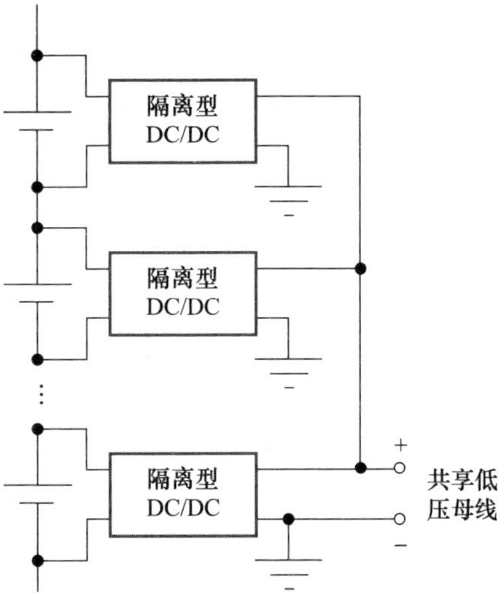

图 5-15　共享总线均衡拓扑

昂贵。相对成本难以评估，并且可能会发生变化。此外，非常重要的是，共享低压母线可以取代其他昂贵的系统组件，从而使整体架构在经济上具有竞争力。

为了了解这种情况是如何发生的，我们考虑低压母线的作用是什么。高压母线直接连接到高压负载上。然而，低压母线可以连接辅助负载。例如，在 *x*EV 应用中，高压电池组和高压车辆系统的辅助电源是由 12V 电池和 12V 系统供电。这在一定程度上是因为需要为既有系统供电，但也出于一些安全考虑，需要在不关闭高压接触器的情况下，将低功率分配到车辆的各部位。

在目前的 *x*EV 中，这个 12V 的系统包含一个 12V 的铅酸电池和一个为其充电的将高压转为 12V 的 DC/DC 变换器。这种 DC/DC 变换器的作用与标准汽油动力汽车中的交流发电机相同，即利用发动机的能量使铅酸电池充满电。

共享母线均衡系统中的低压母线可以设计成工作在任何合理的电压范围。如果我们指定低压母线的标称电压为 12V，那么，可以完全取代目前 *x*EV 设计中的将高压转为 12V 的 DC/DC 变换器，同时可以去除或显著缩小 12V 铅酸电池。从本质上说，一个昂贵的将高压转为 12V 的 DC/DC 变换器被许多小型 DC/DC 转换器所取代：每个电池一个。

更换高压 DC/DC 变换器和缩小铅酸电池所节约的成本，使得共享母线均衡系统与 *x*EV 中的开关电阻耗散型均衡系统成本相差无几。然而，共享母线方法还可以获得非耗散型均衡的所有好处，未来经济效益明显。这是一种非常有前途的技术，即使在 *x*EV 之外的应用场景，除了高压负载在任何时候还必须为低压辅助负载供电。[①]

均衡是通过将共享母线的电压作为某些单体电池量的电池组内平均值的指标来实现的。也就是说,我们不会将母线电压固定在精确的12V,允许其有所变化。例如,我们可能允许它在11~13.5V的标准铅酸电池电压范围内变化。每当电荷从一个电池转移到母线上时,母线上的电压就会增加;每当电荷从母线移动到电池中时,母线的电压就会降低。

我们可以使用一些电池的量和母线电压之间的不同映射实现不同的任务,包括最大化寿命、最大化电池组可用能量等。现在,考虑一个简单的案例,我们只想在每个时间点均衡所有电池的SOC。然后,定义度量函数:

$$v_k = 11 + 1.5z_k$$

每个单体电池计算自己的v_k值,其介于11~13.5。然后将自己的值与共享母线电压进行比较。如果该电池的v_k值低于共享母线电压,则其SOC低于电池组平均SOC。它从母线中汲取能量充电,从而提高自己的SOC,进而提高自己的v_k值;同时,由于电荷转移,共享母线电压降低。或者,如果该单体电池的v_k值高于共享母线电压,则会发生相反的过程。在这两种情况下,电池SOC都变得更接近电池组的平均SOC,并且共享母线电压会自动改变以反映这一事实。

单体电池之间不需要通信。共享母线电压足以协调所有均衡任务。此外,电池均衡对DC/DC变换器的功率要求相对较小。它们不需要像其他设计那样处理电池组的全部电量。相反,它们只需要处理单体电池之间相对较小的功率不匹配。

随着电池组尺寸的增大,耗散型均衡技术的意义越来越小。因为以热的形式耗散的功率会需要大功率的电阻器,并显著增加电池组热管理系统负担。随着非耗散型方法成本的降低,它们很可能在实际应用中超过耗散型方法。

在继续下一节之前,我们还应该探讨均衡时的安全问题。只要均衡电路正常工作,本书中描述的方法就可用于监控电池状态并确保安全。然而,同样重要的是,要考虑如果均衡电路失效会发生什么。耗散型均衡电路中的故障往往是相对良性的。一个或多个电池可能会过度放电,这会损坏电池,但不会造成安全隐患。非耗散型均衡电路的故障可能更严重。如果正在为电池充电的非耗散型均衡器“卡住”,则该电池可能会过度充电,从而导致热失控的风险。电路的设计应考虑到这些问题,以提供冗余关断路径,使得即使部分电路发生故障也能保持安全。

---

① 例如,在电网存储、电网备份或频率调节应用中,共享母线可以为热管理系统等提供能源。

5.5　均衡速度

在设计均衡系统时,必须做出的最终决定与均衡电路转移电荷的速度有关。在开关电阻耗散型系统中,这一要求能够确定与每个电池并联的均衡电阻大小;在非耗散系统中,这将确定设计相应的电路元件值。

如果我们主要关心的是满足长期均衡需求的设定点均衡,那么,我们必须至少以电池组变得不均衡的速度均衡电池组。如果我们对快速非耗散型均衡的动态设定点均衡感兴趣,那么,我们将需要更快地移动电荷以确保始终可以跟踪动态设定点。

无论哪种方式,电池组仿真都是评估电池组失衡速度的绝佳工具。仿真器程序需要:

(1)通过随机抽取其所有电池的参数值创建一个虚拟电池组,因此,参数的随机性能反映预期的真实电池变化类型和幅度等特征;

(2)在许多重复的现实使用场景中仿真这个虚拟电池组;

(3)收集统计数据,了解电池失衡的速度,以及失衡程度随时间推移的函数;

(4)保存这些统计数据和随机电池组的参数值,以供以后使用和分析;

(5)对多个电池组重复此过程,以使结果具有统计意义。

此过程的第1步是仿真电池生产时的电池组创建。步骤2和步骤3仿真此虚拟电池组在其应用中的操作并记录结果。步骤4保存此电池组的配置,以便考虑电池均衡的未来仿真不会从新的随机电池重新开始,而是使用与步骤2和步骤3完全相同的电池特性。

这个过程的输出可以告诉我们很多事情,包括哪些电池和电池组特性是导致不均衡的最大因素。这对于深入了解电池组不均衡的原因和程度非常有帮助。

一旦我们在没有均衡的情况下仿真了电池组,我们就可以加载这些保存的数据,然后仿真电池组的均衡过程。对于固定设定点均衡,均衡所花费的时间必须少于变得不均衡所花费的时间,以获得稳定的稳态解。对于动态设定点均衡,我们必须更快地移动电荷,并且需要能同时仿真不均衡和均衡过程,以确保均衡方法能够跟上不均衡过程。

在本节的剩余部分中,我们将研究设计用于仿真具有随机电池特征的电池组 MATLAB 代码 simRandPack.m,然后查看一些示例结果。我们将脚本重新组装，以创建一个可执行的 MATLAB 程序。

第一段代码提供帮助信息并设置电池组电池的随机参数和其他仿真变量，创建了一个包含 Ns 个单体电池的电池组，并将仿真 Nc 次充放电循环。每个放电周期包括 cycleFile 中功率 - 时间曲线的重复。以 model 传递 ESC 电池模型。randOptions 向量的条目设置为“0”表示使用 model 结构体中的标准参数值进行仿真，或者设置为“1”表示随机值，正如在函数头下方注释的那样。这些条目将在首次使用它们的部分中进行更详细的描述。

```
% ----------------------------------------------------------------------------
% simRandPack:仿真 Ns 个电池串联的电池组,进行 Nc 个充放电循环,
% 所有电池参数随机(如总容量、内阻等)
% 假设电池模型中无滞回(这很容易改变;滞回使得结果更难解释,
% 所以这个假设至少在第一次分析中是可以接受的)
% ----------------------------------------------------------------------------
function packData = simRandPack(Ns,Nc,cycleFile,...
   model,randOptions)
   tOpt = randOptions(1); qOpt = randOptions(2);
   rOpt = randOptions(3); sdOpt = randOptions(4);
   cOpt = randOptions(5); lOpt = randOptions(6);
   profile = load(cycleFile); % 如 'uddsPower.txt'

   % 在每个周期完成后为所有电池状态创建内存
   packData.storez = zeros([Ns Nc]);
   %  为最终 SOC 创建内存
   packData.storeirc = zeros([Ns Nc]);

   % 初始化 ESC 单体电池模型的默认状态
   maxSOC = 0.95; % 当电池充满电时的电池 SOC
   minSOC = 0.1; % 当电池放完电时的电池 SOC
   z = maxSOC* ones(Ns,1); % 开始时充满电
   irc = zeros(Ns,1); % 静置
   ik = zeros([Ns 1]); % 流经每个电池的电流
```

该函数的输出是 packData，它存储所有电池的随机参数以及每个充放电周期后的 SOC 和扩散电阻状态。

下一节将填充此电池组的随机变量。单体电池的默认温度 T 为 25℃，但是如果设置了 tOpt，那么，每个电池都将被分配一个随机温度，其均匀分布在 22.5℃和 27.5℃之间。将辅助温度 Tsd（稍后用于电池自放电计算）设置为均

匀分布在 $T \pm 5$℃范围内的随机值。默认漏电流设置为 10mA，但如果设置了 lOpt，则为每个电池分配一个均匀分布在 10～12mA 的随机漏电流：

```
% 根据 tOpt 设置各电池温度
if tOpt,
  T = 22.5 + 5* rand([Ns 1]);
else
  T = 25* ones([Ns 1]);
end

% 设置自放电电池温度
Tsd = T - 5 + 10* rand([Ns 1]);

% 根据 lOpt 设置电池模组漏电流
if lOpt,
      leak = 0.01 + 0.002* rand([Ns 1]);
else
      leak = 0.01* ones([Ns 1]);
end
```

现在，从 model 数据结构中检索温度为 T 的各电池的主要仿真参数。在该代码中，默认库仑效率设置为 1，连接电阻设置为电池接线片电阻的 2 倍，即每个电池 250μΩ：

```
% 组内电池的默认初始化
% 注意 T 有 Ns 个元素，每个电池有一个参数值
% (即使所有参数值相同)
q = getParamESC('QParam',T,model);
rc = exp(-1./abs(getParamESC('RCParam',T,model)));
r = (getParamESC('RParam',T,model)).* (1-rc);
r0 = getParamESC('R0Param',T,model);
rt = 2* 0.000125; % 每接线片 125μΩ
eta = ones([Ns 1]);
```

如果设置了 randOptions 中的某些选项，则可以覆盖这些默认电池参数。在下一段代码中，电池总容量可以在其默认值 ±0.25A・h 内均匀随机化。电池内阻可以在其默认值 -0.5mΩ 和其默认值 +1.5mΩ 之间均匀随机化。库仑效率可以在 0.997～0.999 均匀随机化：

```
% 为电池差异性修改初始化：
% 设置各单体的随机电池容量值
```

```
if qOpt,
   q=q-0.25+0.5* rand([Ns 1]);
end

% 设置各单体的随机电池内阻值
if rOpt,
   r0 = r0-0.0005+0.0015* rand(Ns,1);
end
r0 = r0 + rt; % 加上连接片电阻
R = sum(r0,1); % 电池组的总欧姆内阻

% 设置各单体的随机电池库仑效率值
if cOpt,
   eta = eta - 0.001 - 0.002* rand([Ns 1]);
end
```

下一段代码设置最大和最小允许电压,初始化一些仿真变量,并开始仿真:

```
% 现在,使用ESC电池模型仿真电池组性能
maxVlim = min(OCVfromSOCtemp(maxSOC,T,model));
minVlim = max(OCVfromSOCtemp(minSOC,T,model));
theCycle = 1; theState = 'discharge';
disCnt = 0; % 从文件开头开始
fprintf(' Cycle = 1,discharging... ');
while theCycle < = Nc,
    v = OCVfromSOCtemp(z,T,model); % 获取每个电池的 OCV
    v = v - r.* irc; % 加上扩散电压
    V = sum(v); % 不包括 i* R的总"固定"电压
    vt = v-ik.* r0; % 电池端电压
```

在仿真过程中的任意时间点,电池可以处于“放电”或“充电”状态。放电状态仿真功率随时间的变化情况,如车辆的驾驶循环情况。充电状态仿真插入式充电操作。在这两种情况下,每次迭代都会计算所需的电池组电流,根据电池特性进行修改,并更新每个电池的状态。

在放电状态下,重复执行 cycleFile 中的数据曲线,直至达到电压下限或SOC下限。在每一个时间步内,从 profile 变量中检索关于时间函数的下一个功率值,每当我们超过数据曲线长度时,从数据曲线的末尾绕回到它的开头。然后,根据所需功率计算电池组电流,如果所需电流为负,则根据电池的库仑效率对其进行修改。向量 ik 中的值包括用于在下一个时间步之前更新电池状态的

电池电流。但是,如果发现已经达到了电压或SOC下限,将放弃 ik 中的计算值并将仿真状态从放电状态切换到充电状态:

```
switch( theState )
  case 'discharge';
  % 获取瞬时所需电池组功率,重复数据曲线
  P = profile(rem(disCnt,length(profile)) +1);
  % 根据空载电压计算所需的电池组电流
  I = V/(2* R) - sqrt(V^2/R^2 - 4* P/R)/2;
  % 默认电池电流 = 电池组电流
  ik = I* ones(Ns,1);
  if I < 0,% 如果此刻正在充电
      ik = ik.* eta;
  end
  if min(z) < = minSOC ||min(vt) < minVlim,
     % 停止放电
     theState = 'charge';
     chargeFactor = 1;
     ik = 0* ik;
     fprintf('charging... ');
  end
  disCnt = disCnt + 1;
```

在充电状态下,首先以6.6kW为电池组充电,代表美国“2级”xEV充电系统。然后根据所需功率计算电池组电流和电池电流,其方式与我们在放电状态下所做的大致相同。当达到电压上限时,将当前的充电功率减半并继续充电。重复这个过程,直至充电功率降低到6.6/32kW以下。之后,认为电池组已充满电,存储放电/充电循环结果,并将仿真状态从充电状态切换回放电状态,以开始下一个循环:

```
  case 'charge';
    % 初始充电功率为6.6kW,然后逐渐减少
    P = -6600/chargeFactor;
    I = V/(2* R) - sqrt(V^2/R^2 - 4* P/R)/2;
    I = max(-min(q),I); % 最大充电电流限制为1C
    ik = I* eta;
    if max(vt) > =maxVlim,
     if chargeFactor > 32,% 小于6.6kW/32后停止
        packData.storez(:,theCycle) = z;
```

```
          packData.storeirc(:,theCycle) = irc;
          theState = 'discharge';
          disCnt = 0;
          ik = 0* ik;
          theCycle = theCycle + 1;
          if theCycle < = Nc,
            fprintf('\n Cycle = % d,...
               discharging... ',theCycle);
          end
        end
        chargeFactor = chargeFactor* 2;
      end
    otherwise
      error('charge/discharge state has...
            been corrupted')
  end
```

在主循环的这一点上,我们已经计算了负载在这一时间步所需的电池电流 ik。它仍然需要添加自放电和漏电流。在下文中,我们将温度相关的自放电建模为电流流过并与电池并联的虚拟电阻,其中使用之前计算的自放电温度 Tsd 作为该电阻在电池间变化的基础。我们添加漏电流,计算新的 SOC 和扩散电流状态,然后重复:

```
    % 通过变化的并联电阻仿真自放电
    if sdOpt,
      rsd = ((-20 +0.4* Tsd).* z + (35 -0.5* Tsd))* 1e3;
      ik = ik + vt./rsd;
    end
    % 仿真漏电流
    ik = ik + leak;

    z = z - (1/3600)* ik./q; % 更新各电池的 SOC
    irc = rc.* irc + (1 - rc).* ik; % 更新扩散电流
  end % end while
  fprintf('\n');
  packData.q = q; packData.rc = rc; packData.eta = eta;
  packData.r = r; packData.r0 = r0; packData.Tsd = Tsd;
  packData.T = T; packData.leak = leak;
```

```
end
```

仿真所有 Nc 个此放电/充电循环后，参数和结果存储到 packData 结构体中，函数返回。

这个函数通常由一个仿真多个随机电池组（以收集统计数据）的封装器脚本调用。可以选择任意随机选项组合，以探索不均衡对每个因素的敏感性。然后，可以存储 packData 结构体，以便使用均衡算法进行后续分析，从而了解均衡必须以多快的速度进行。

5.6 均衡仿真结果

为了说明这段代码的仿真结果，我们考虑了 7 种不同的场景。每个场景仿真 30 个充放电循环，每个电池组包含 100 个单体电池，标称容量为 7.7A · h。第一种场景考虑随机电池温度，设置 tOpt = 1，但使用默认的容量、内阻、自放电、库仑效率和漏电流。第二种场景设置 tOpt = 0，但考虑了 qOpt = 1 的随机容量和所有其他默认参数值。第三到六种场景分别考虑了 rOpt = 1、sdOpt = 1、cOpt = 1 和 lOpt = 1。最后，第七种场景的所有参数设置为随机变量。场景定义总结在表 5 – 1 中。

表 5 – 1 仿真场景

	温度	容量	内阻	自放电	库仑效率	漏电流
场景 1	随机	标准	标准	关闭	理想	一致
场景 2	一致	随机	标准	关闭	理想	一致
场景 3	一致	标准	随机	关闭	理想	一致
场景 4	一致	标准	标准	随机	理想	一致
场景 5	一致	标准	标准	关闭	随机	一致
场景 6	一致	标准	标准	关闭	理想	随机
场景 7	随机	随机	随机	开启	随机	随机

图 5 – 16 显示了所有电池组中全部单体电池在 30 个放电/充电循环结束时的 SOC 直方图。正如预期的那样，温度的不同本身不会导致 SOC 分散。容量不同似乎造成了少量的分散，但这是误导性的。仿真初始化时，所有电池的 SOC 均为 95%。然而，当某单体达到电压上限时，充电结束，这是在所有电池完全充电回 95% 的 SOC 之前发生的。如果取消电压限制，那么，所有电池将同时达到 95% 的 SOC，电池组将达到完美均衡。

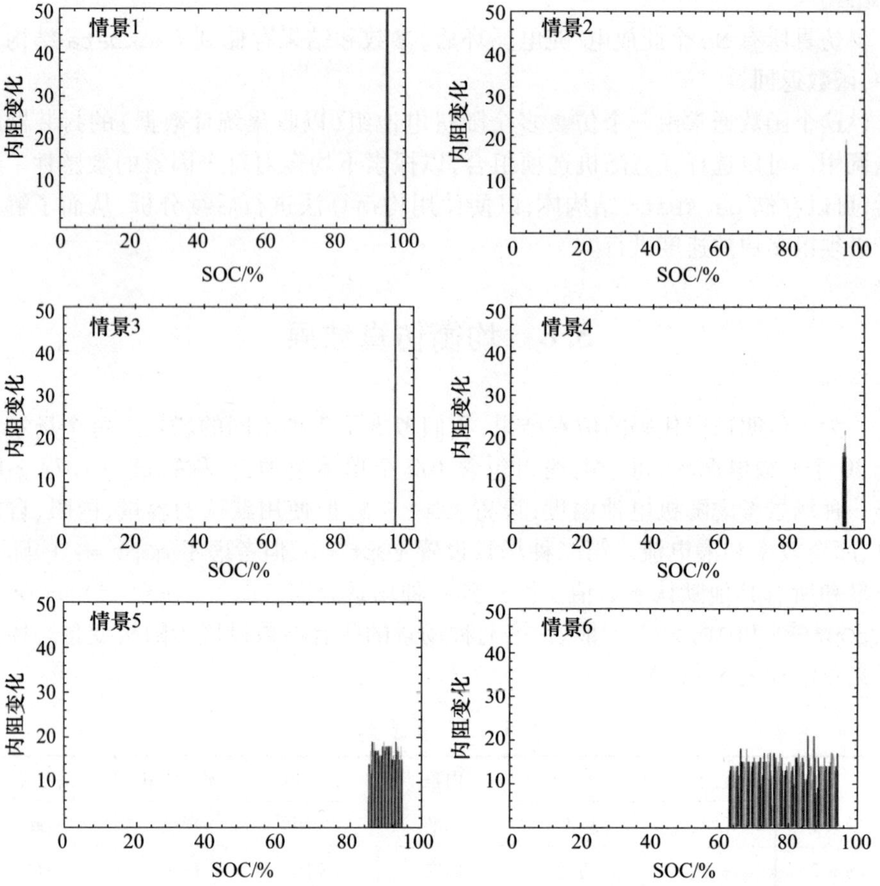

图 5-16 30 个充放电循环后的 SOC 分散情况

在此仿真时间内,内阻不同不会导致 SOC 分散,自放电不同导致的分散相对较小。然而,自放电是一种持续的现象,因此,当仿真运行时间更长时,分散度会增加。

大多数不均衡是由不一致的库仑效率或漏电流引起的。注意:这些参数值的差异在仿真中是相对较小的。在实践中,这些差异可能更大。因此,我们认为这些是造成不均衡的主要原因。

接下来,继续进行仿真以了解电池组从初始不均衡状态恢复均衡的速度有多快。我们从情景 7 中 30 个充放电循环结束时的数据集开始,其中电池 SOC 已散布在 55% ~95% 。此时,如果不均衡电池组,即使电池组中的所有电池仍然完好无损,电池组很快也会变得毫无价值。我们还发现,由于电池组在 30 个周期内偏离了大约40%的SOC,因此,需要在每个均衡周期内均衡略高于1%的电池组容量以保持均衡。

在均衡阶段,电池组名义上处于静置状态,没有外部施加电流。电池端电压每秒测量一次,并在测量值中增加了±0.5mV的均匀分布的测量噪声,以近似系统噪声和量化误差。采用耗散型开关电阻策略,对测量电压高于当前最小测量电压至少2mV的所有电池进行均衡。

均衡是通过将一个100Ω的电阻与每个待均衡的电池并联来实现的。这会导致少量放电,从而降低这些电池的SOC和端电压。

每个均衡阶段的仿真时长为4h(14440s),每隔1s进行一次均衡决策。这个时间比通常在插入式充电模式下均衡电池组的放电/充电操作周期要短,所以这代表了近似的最坏情况。在4h结束时,记录电池组中所有电池的SOC值直方图。然后,在没有重新初始化的情况下,每周期额外仿真的4h周期,并在结束时记录直方图。结果如图5-17所示。

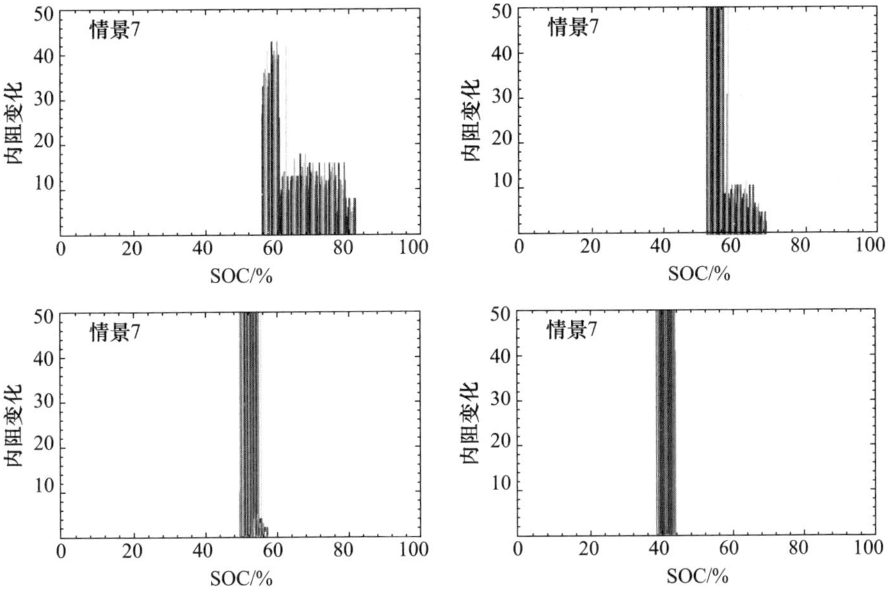

图5-17　30个充放电周期后的电池组均衡和可变数量的均衡周期

在前5个均衡周期结束时,最高SOC从95%降低到约80%,整体电池组的SOC偏差从40%降低到约25%。接下来的5个均衡周期将偏差降低到约15%,但我们看到弱电池的SOC也开始下降,这是因为存在±0.5mV的测量误差,我们有时会均衡错误的电池。在15个均衡周期后,不均衡略有改善,在30个均衡周期后，不均衡持续改善，但到那时，电压测量噪声导致的剩余不均衡将无法消除。

因此，可以得出结论，30 个均衡周期足以均衡已经运行了 30 个充放电循环的电池组。如果所需的只是设定点均衡，那么，即使使用这种相对简单的耗散型开关电阻方法也可以保持电池组均衡。

关于选择使用耗散型还是非耗散型均衡，不是一个简单问题。耗散型能够保持电池组的均衡，但是存在效率、生热和电池组寿命方面的问题。非耗散型方法更节能，可以延长电池组的寿命，而且不会产生那么多的热量。特别是对于总容量更高的电池组，耗散型均衡需要更小的均衡电阻和更高的均衡电流，这反过来会导致更大的产热量。耗散型均衡一般不能最大化电池组可用能量或功率，也不能通过快速电荷转移延长寿命。

5.7 本章小结及工作展望

现在，我们已经在一定程度上详细讨论了第 1 章中概述的所有 BMS 要求，已经了解了如何估计电池组中每个电池的 SOC 和 SOH，以及如何均衡电池以使电池组保持功能状态。根据第 1 章中的简单方程，可利用 SOC 和 SOH 估计值计算总能量估计值。然而，第 1 章概述的功率极限估计方法还需要进一步阐述。本书剩余部分将主要围绕电池组功率极限的计算展开。

第 6 章　基于电压的功率极限估计

在 1.13.1 节中，我们讨论了电池管理系统中的估计需求，总结出两个最基本的需求是能够估计目前电池组的总能量和可用功率。由于不存在直接测量这两个量的传感器，因此，必须根据更原始的量来计算其估计值，包括电池 SOC、内阻和总容量。

回顾本书的研究路径图 3-1，现在我们已经掌握了各种方法来估计所有单体电池的电池状态（包括 SOC）和健康状况（包括总容量和内阻）。根据 1.14 节中的公式，利用这些信息可以计算出单体电池和整个电池组存储的总能量。

如何计算单体电池和电池组的功率极限仍有待研究。虽然 1.15 节已经介绍了一种简单方法，但现在我们将重新详细研究这一需求。

功率极限表征在不超过设计约束的条件下，电池组充放电的速度。本章假设这些约束对端电压施加了硬性限制，然后简要介绍第 1 章中所述的简单方法，并了解如何将该方法应用于更高精度的电池等效电路模型中，从而改善电池组的动态功率极限。

计算功率极限的根本原因是要在电池组性能和预期寿命之间进行优化权衡。为防止过快老化，电压限制由功率极限计算强制执行。然而，更重要的是，要认识到施加电压限制只是达到目标的一种手段，而不是目标本身。真正令人担忧的不是电池电压的大小，而是电池在高功率水平下运行会加速衰退。施加电压限制主要是因为其易于计算，而实际上电压是一个间接的、不太能反映电池老化速度的指标。因此，在第 7 章中，我们将探讨基于模型预测快速老化的功率极限计算方法，而非限制端电压。

6.1　传统的基于端电压的功率极限

电池管理系统所估计的功率极限会传送到负载管理系统中，并可用于多种用途。如果负载依赖电池组作为其唯一电源，如在 EV 中，那么负载控制器必须确保不会突破电池管理系统所提供的功率极限，而这会导致负载性能产生损失。如果负载具有多个电源，如在 HEV 中，那么负载控制器使用电池管理系统的最大极限作为其策略的一部分,以智能方式混合使用这两种电源的能量,从而满足负载要求,同时优化某些性能标准。

这两种情况都不是对可用功率快速变化的瞬时估计①。最好使用缓慢变化的估计值,以避免电池组负载发生突然变化。为了便于进行负载规划,对功率的预测性估计比瞬时估计更好,从而可以及时进行调度。

因此,我们考虑计算负载在未来 ΔT 内可获得的恒定功率水平的预测性估计问题。如果负载在整个 ΔT 内的功率达到但不超过这个计算极限,那么不应该违反电池组的设计限制。由于 ΔTs 可以维持的恒定功率小于或等于最大瞬时可持续功率,因此,预测性功率估计在某种意义上是没意义的,短暂超出其功率极限是可以接受的。

功率极限的计算和通信频率比每 ΔT 一次快得多。这种对可用功率的持续重新计算类似低通滤波器操作,可以平滑估计值的变化,并使负载管理系统能够避免突然的性能损失。这种重叠的移动窗方法如图 6-1 所示。

为接下来 ΔT 提供功率极限。

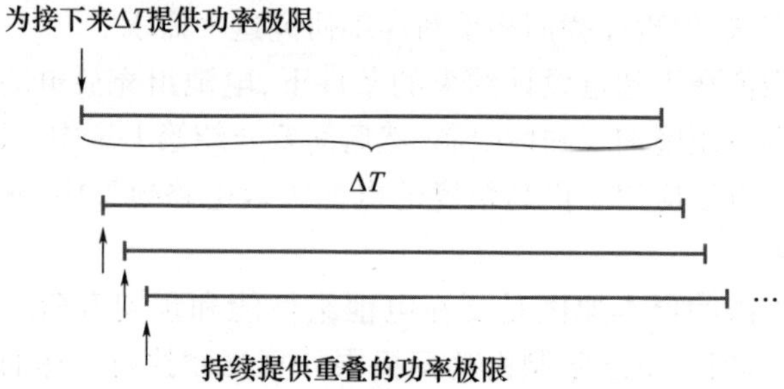

图 6-1 功率极限与 ΔT 关系图

例如,预测区间 $\Delta T = 10$s,则更新频率为 1Hz。在 $t = 0$s,计算出能够维持到 $t = 10$s的功率极限。如果负载所需功率小于计算的功率极限,则不会违反电池组设计限制。在 $t = 1$s,重新计算从 $t = 1$s 到 $t = 11$s 的功率极限。这些值取代了在 $t = 0$s 的计算值,可能更大或更小,具体取决于实际电池组在 $t = 0$s 到 $t = 1$s 之间的工作情况。在 $t = 2$s,计算从该时间点到 $t = 12$s 的功率极限,依此类推。当电池组运行时,这种预测和更新序列会不断重复。

更准确地说,本章所需解决的问题可以用以下方式描述。

(1)放电功率。根据当前的工作条件,估计电池组在不违反端电压、SOC、最

① 真实的可用功率不会很快变化,因此其估计值也不应如此。

大设计功率和电流的设计限制下，可以保持 ΔT 恒定的最大放电功率。

(2) 充电功率。根据当前的工作条件，估算电池组在不违反端电压、SOC、最大设计功率和电流的设计限制下，可以保持 ΔT 恒定的最大充电功率。

(3) 放电和充电功率。1 和 2 的任意组合，其中充电和放电过程的 ΔT 可以具有不同的值。

采用的符号和假设如下。

(1) 电池组中的单体电池数量为 N。

(2) 电池组中第 i 个单体电池在离散时间 k 处的电压为 $v_k^{(i)}$，其中对所有电池强制执行设计限制 $v_{\min} \leqslant v_k^{(i)} \leqslant v_{\max}$。

(3) 电池组中第 i 个单体电池在离散时间 k 处的荷电状态为 $z_k^{(i)}$，其中设计限制为 $z_{\min} \leqslant z_k^{(i)} \leqslant z_{\max}$。

(4) 电池组中第 i 个单体电池在离散时间 k 处的功率为 $p_k^{(i)}$，其中设计限制为 $p_{\min} \leqslant p_k^{(i)} \leqslant p_{\max}$。

(5) 电池组中第 i 个单体电池在离散时间 k 处的电流为 $i_k^{(i)}$，其中设计限制为 $i_{\min} \leqslant i_k^{(i)} \leqslant i_{\max}$。

如果需要移除任意特定限制（$v_{\max}$、$v_{\min}$、$z_{\max}$、$z_{\min}$、$i_{\max}$、$i_{\min}$、$p_{\max}$ 或 $p_{\min}$），可以将其对应值替换为 $\pm\infty$。此外，这些限制还可以是温度和与当前电池组工作环境条件有关的其他因素的函数。如果需要，不同的电池也可以施加不同的限制。假设电池组包含 N_s 个串联的电池模组，每个电池模组包含 N_p 个并联的单体电池，其中 $N_s \geqslant 1$、$N_p \geqslant 1$ 和 $N = N_s N_p$。

6.2　使用简单电池模型的基于电压的功率极限

如第 1 章所述，估算功率极限的标准方法为新一代汽车合作伙伴计划（Partnership for New Generation Vehicles, PNGV）中指定的混合脉冲功率性能测试方法。该方法采用图 6-2 所示的简化等效电路模型进行仿真。对于该模型，瞬时端电压可以表示为

$$v_k^{(i)} = \mathrm{OCV}(z_k^{(i)}) - i_k R_k^{(i)} \tag{6.1}$$

因此，电池电流为

$$i_k = \frac{\mathrm{OCV}(z_k^{(i)}) - v_k^{(i)}}{R_k^{(i)}}$$

为了进行功率估计，首先假设只考虑将端电压保持在 $V_{\min}$ 和 $V_{\max}$ 之间。然后，通过将电池端电压钳位至 $V_{\min}$ 来计算放电功率：

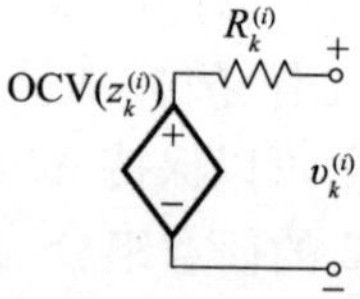

图 6－2　电池简化等效电路模型

$$p_{\mathrm{dis},k}^{(i)} = v_k^{(i)} i_k = v_{\min} \frac{\mathrm{OCV}(z_k^{(i)}) - v_{\min}}{R_k^{(i)}} \tag{6.2}$$

如果令 $R_k^{(i)}$ 为电池等效串联电阻 R_0，则式(6.2)的计算量为当前瞬时可用功率。为了计算在后续时间内适用的功率极限，可以修改分母中的电阻，使 $R_k^{(i)} > R_0$，以仿真施加较长时间输入脉冲时的更大电压变化。但是，应该使用什么样的 $R_k^{(i)}$ 值呢？

为了回答这个问题，注意到式(6.1)采用 $R_k^{(i)}$ 来仿真当向静置电池施加电流脉冲时，电池端电压的瞬时变化情况。如果我们选择 $R_k^{(i)}$，那么可以使用相同的方程预测在 ΔT 内的电压总变化，当施加恒定电流脉冲到静置电池上时，$i_k R_k^{(i)}$ 代表累积压降。可以采用图 6－3 所示的电池测试确定该值。如图 6－3 所示，先让电池静置 10s，然后施加恒定电流放电脉冲 ΔT（在本例中，$\Delta T = 10\mathrm{s}$），然后允许电池电压恢复，最后施加恒定电流充电脉冲 ΔT。ΔV_{dis} 为初始静置电压减去恒流放电期间的最小电压，ΔV_{chg} 为中间静置电压减去恒流充电期间的最大电压。然后，计算在 ΔT 内有效放电和充电电阻为①

$$R_{\mathrm{dis},\Delta T}^{(i)} = \left|\frac{\Delta v_{\mathrm{dis}}^{(i)}}{i_{\mathrm{dis}}}\right|, R_{\mathrm{chg},\Delta T}^{(i)} = \left|\frac{\Delta v_{\mathrm{chg}}^{(i)}}{i_{\mathrm{chg}}}\right|$$

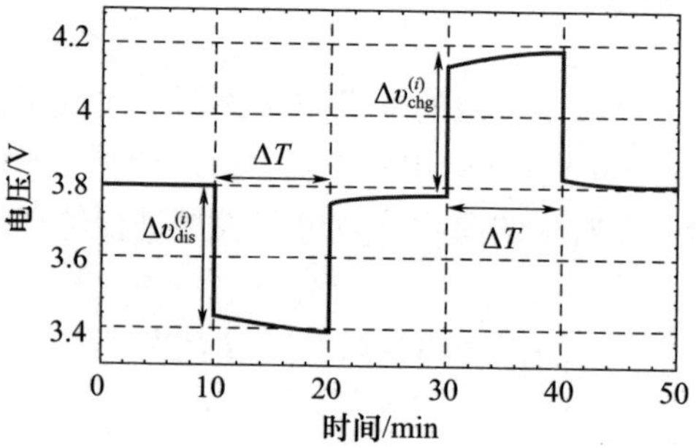

图 6－3　通过实验室测试确定 $R_{\mathrm{dis},\Delta T}$ 和 $R_{\mathrm{chg},\Delta T}$

① 应在多个 SOC 和温度设定点重复该测试，以获得上述因素对有效放电和充电电阻的影响。

假设时间 ΔT 可以用离散时间表示为精确的 $k_{\Delta T}$ 个采样间隔，即 $k_{\Delta T}=\Delta T/\Delta t$，则

放电时

$$v_{k+k_{\Delta T}}^{(i)}\approx \mathrm{OCV}(z_k^{(i)})-i_k R_{\mathrm{dis},\Delta T}^{(i)}$$

充电时

$$v_{k+k_{\Delta T}}^{(i)}\approx \mathrm{OCV}(z_k^{(i)})-i_k R_{\mathrm{chg},\Delta T}^{(i)}$$

因此，为了计算基于设计电压下限的最大放电电流，令 $R_k^{(i)}=R_{\mathrm{dis},\Delta T}^{(i)}$，钳位端电压为 $v_{k+k_{\Delta T}}^{(i)}=v_{\min}$，则

$$i_{\max,k}^{\mathrm{dis,volt}(i)}=\frac{\mathrm{OCV}(z_k^{(i)})-v_{\min}}{R_{\mathrm{dis},\Delta T}^{(i)}}$$

如果我们只需要将电池电压限制并保持在 $v_{\min}$ 至 $v_{\max}$ 的范围内，则电池组放电功率可计算为

$$p_{\max,k}^{\mathrm{dis,volt}}=N_{\mathrm{s}}N_{\mathrm{p}}v_{\min}\min_i(i_{\max,k}^{\mathrm{dis,volt}(i)})$$

同样，为了计算电池的最大绝对充电电流，令 $R_k^{(i)}=R_{\mathrm{chg},\Delta T}^{(i)}$，钳位端电压为 $v_{k+k_{\Delta T}}^{(i)}=v_{\max}$，则

$$i_{\min,k}^{\mathrm{chg,volt}(i)}=\frac{\mathrm{OCV}(z_k^{(i)})-v_{\max}}{R_{\mathrm{chg},\Delta T}^{(i)}}$$

注意到充电电流是非正的，因此最大绝对充电电流是有符号意义上的最小充电电流。仅根据电压限制计算的电池组充电功率为

$$p_{\min,k}^{\mathrm{chg,volt}}=N_{\mathrm{s}}N_{\mathrm{p}}v_{\max}\max_i(i_{\min,k}^{\mathrm{chg,volt}(i)})$$

6.2.1　基于 SOC、最大电流和功率的速率限制

我们可以很容易地将基本 HPPC 方法扩展为，除了基于电压的限制外，还包括时间 ΔT 内基于 SOC 的限制。对于恒定电流 i_k，SOC 变化关系式为

$$z_{k+k_{\Delta T}}^{(i)}=z_k^{(i)}-\frac{\eta_k^{(i)}k_{\Delta \mathrm{T}}\Delta t}{Q^{(i)}}i_k=z_k^{(i)}-\frac{\eta_k^{(i)}\Delta T}{Q^{(i)}}i_k$$

其中，假设放电时 $\eta_k=1$，充电时 $\eta_k=\eta\leqslant 1$。

如果电池组中所有电池的设计限制均为 $z_{\min}\leqslant z_k^{(i)}\leqslant z_{\max}$，则可以计算电流 i_k 来施加限制：

$$i_{\max,k}^{\mathrm{dis,soc}(i)}=\frac{z_k^{(i)}-z_{\min}}{\Delta T/Q^{(i)}} \tag{6.3}$$

$$i_{\min,k}^{\mathrm{chg,soc}(i)}=\frac{z_k^{(i)}-z_{\max}}{\eta\Delta T/Q^{(i)}} \tag{6.4}$$

到目前为止,我们已经非常清楚电池的 SOC 是无法精确获取的。然而,如果我们使用非线性卡尔曼滤波器估计电池组中各电池的 SOC,则还能获得估计值的置信区间。利用这些置信区间可以使功率估计值更加保守。例如,如果我们简单假设 SOC 估计值的 $3\sigma_z$ 置信区间内几乎肯定包含真实 SOC,那么可以将放电和充电电流限制修改为

$$i_{\max,k}^{\mathrm{dis,soc}(i)} = \frac{(z_k^{(i)} - 3\sigma_{z,k}^{(i)}) - z_{\min}}{\Delta T/Q^{(i)}} \tag{6.5}$$

$$i_{\min,k}^{\mathrm{chg,soc}(i)} = \frac{(z_k^{(i)} + 3\sigma_{z,k}^{(i)}) - z_{\max}}{\eta\Delta T/Q^{(i)}} \tag{6.6}$$

一旦计算出所有单体电池的电流限制,则满足所有设计约束的电池组放电和充电电流计算为

$$i_{\max,k}^{\mathrm{dis}} = \min\left(i_{\max}, \min_i i_{\max,k}^{\mathrm{dis,soc}(i)}, \min_i i_{\max,k}^{\mathrm{dis,volt}(i)}\right) \tag{6.7}$$

$$i_{\min,k}^{\mathrm{chg}} = \max\left(i_{\max}, \max_i i_{\min,k}^{\mathrm{chg,soc}(i)}, \max_i i_{\min,k}^{\mathrm{chg,volt}(i)}\right) \tag{6.8}$$

可以利用所有电池的功率之和计算电池组功率,其中电池功率计算为最大允许电池电流与对应的预测端电压之积:

$$\begin{aligned}
p_{\min,k}^{\mathrm{chg}} &= N_{\mathrm{p}}\max\left(N_{\mathrm{s}}p_{\min}, \sum_{i=1}^{N_{\mathrm{s}}} i_{\min,k}^{\mathrm{chg}} v_{k+k_{\Delta T}}^{(i)}\right)\\
&\approx N_{\mathrm{p}}\max\left(N_{\mathrm{s}}p_{\min}, \sum_{i=1}^{N_{\mathrm{s}}} i_{\min,k}^{\mathrm{chg}}\left(\mathrm{OCV}(z_k^{(i)}) - i_{\min,k}^{\mathrm{chg}} R_{\mathrm{chg},\Delta T}^{(i)}\right)\right)\\
p_{\max,k}^{\mathrm{dis}} &= N_{\mathrm{p}}\min\left(N_{\mathrm{s}}p_{\max}, \sum_{i=1}^{N_{\mathrm{s}}} i_{\max,k}^{\mathrm{dis}} v_{k+k_{\Delta T}}^{(i)}\right)\\
&\approx N_{\mathrm{p}}\min\left(N_{\mathrm{s}}p_{\max}, \sum_{i=1}^{N_{\mathrm{s}}} i_{\max,k}^{\mathrm{dis}}\left(\mathrm{OCV}(z_k^{(i)}) - i_{\max,k}^{\mathrm{dis}} R_{\mathrm{dis},\Delta T}^{(i)}\right)\right)
\end{aligned}$$

6.3 使用全电池模型的基于电压的功率极限

上述这种改进的 HPPC 方法仍然是有局限性的。第一,它使用的电池模型过于简单,无法给出精确的结果,从而产生过于乐观或悲观的预测值,给电池带来健康风险或者导致其使用效率低;第二,方程假设电池在施加电流脉冲之前处于平衡状态,然而这通常是不成立的。为了补偿这些局限所带来的不确定性,通常将 HPPC 功率估计值乘以一个小于 1 的因子,这使得最终的估计值有些保守。然而,采用更好电池模型的最大功率算法可以给出更优的功率极限估计。

现在假设具有离散时间状态空间形式的,更精确的电池模型(如本书介绍

过的增强型自校正模型）为①

$$\boldsymbol{x}_{k+1}^{(i)}=\boldsymbol{f}(\boldsymbol{x}_k^{(i)},i_k)$$
$$v_k^{(i)}=h(\boldsymbol{x}_k^{(i)},i_k)$$

然后，可以使用该模型来预测 ΔT 后的电池电压：

$$v_{k+k_{\Delta T}}^{(i)}=h(\boldsymbol{x}_{k+k_{\Delta T}}^{(i)},i_{k+k_{\Delta T}})$$

其中，$\boldsymbol{x}_{k+k_{\Delta T}}^{(i)}$可以通过开环仿真 $k_{\Delta T}$个时间采样点的状态方程来获取。

假设所有电池的输入电流在离散时间 k 到 $k+k_{\Delta T}$内保持不变，并简单地表示为 i_k。然后，使用将在 6.4 节中介绍的二分查找算法获取 $i_{\max,k}^{\text{dis,volt}(i)}$ 和 $i_{\min,k}^{\text{chg,volt}(i)}$，通过查找使式(6.9)成立的 i_k 获取 $i_{\max,k}^{\text{dis,volt}(i)}$，通过查找使式(6.10)成立的 i_k 获取 $i_{\min,k}^{\text{chg,volt}(i)}$：

$$0=h(\boldsymbol{x}_{k+k_{\Delta T}}^{(i)},i_k)-v_{\min} \tag{6.9}$$

$$0=h(\boldsymbol{x}_{k+k_{\Delta T}}^{(i)},i_k)-v_{\max} \tag{6.10}$$

同样地，如果准确已知 SOC，则分别使用式(6.3)和式(6.4)计算基于 SOC 的电流限制 $i_{\max,k}^{\text{dis,SOC}(i)}$ 和 $i_{\min,k}^{\text{chg,SOC}(i)}$；如果使用非线性卡尔曼滤波器估计 SOC，则分别使用式(6.5)和式(6.6)计算基于 SOC 的电流限制 $i_{\max,k}^{\text{dis,SOC}(i)}$ 与 $i_{\min,k}^{\text{chg,SOC}(i)}$。

对于不同的输入电流等级，二分查找算法必须反复计算预测电压。当状态方程为线性时，即当 $\boldsymbol{x}_{k+1}^{(i)}=\boldsymbol{A}\boldsymbol{x}_k^{(i)}+\boldsymbol{B}i_k$，$\boldsymbol{A}$ 和 $\boldsymbol{B}$ 均为常矩阵时，可以简化这种计算。当输入电流在整个预测区间内保持恒定时，此条件适用于 ESC 电池模型。此时，有

$$\boldsymbol{x}_{k+k_{\Delta T}}^{(i)}=\boldsymbol{A}^{k_{\Delta T}}\boldsymbol{x}_k+\underbrace{\left(\sum_{j=0}^{k_{\Delta}-1}\boldsymbol{A}^{k_{\Delta T}-1-j}\right)\boldsymbol{B}}_{\boldsymbol{A}_{k_{\Delta T}}}i_k \tag{6.11}$$

上式可以在二分法要求的步骤内加快预测状态和电压的计算。

一旦确定了单体电池电流限制，就可以使用式(6.7)和式(6.8)计算整个电池组的放电和充电电流限制。充电功率计算为

$$\begin{aligned}p_{\min,k}^{\text{chg}}&=N_{\text{p}}\max\left(N_{\text{s}}p_{\min},\sum_{i=1}^{N_{\text{s}}}i_{\min,k}^{\text{chg}}v_{k+k_{\Delta T}}^{(i)}\right)\\&=N_{\text{p}}\max\left(N_{\text{s}}p_{\min},\sum_{i=1}^{N_s}i_{\min,k}^{\text{chg}}h(\boldsymbol{x}_{k+k_{\Delta T}}^{(i)},i_{\min,k}^{\text{chg}})\right)\end{aligned}$$

放电功率计算为

$$p_{\max,k}^{\text{dis}}=N_{\text{p}}\min\left(N_{\text{s}}p_{\max},\sum_{i=1}^{N_{\text{s}}}i_{\max,k}^{\text{dis}},k_{k+k_{\Delta T}}^{(i)}\right)$$

---

① 参考文献：Plett, G. L., "High - Performance Battery - Pack Power Esti - mation Using a Dynamic Cell Model," IEEE Transactions on Vehicular Technology, 53(5), 2004, pp. 1,586 - 93。

$$= N_p \min\left(N_s p_{\max}, \sum_{i=1}^{N_s} i_{\max,k}^{\text{dis}} h(x_{k+k_{\Delta T}}^{(i)}, i_{\max,k}^{\text{dis}}) \right)$$

为了能够使用完备的电池等效电路模型,接下来讨论如何确定满足电池电压限制的 i_k。

6.4 二分查找算法

为了使用全电池模型计算电池的动态功率极限,我们必须能够求解式(6.9)中的 i_k,从而获得 $i_{\max,k}^{\text{dis,volt}(i)}$,以及式(6.10)中的 i_k,从而获得 $i_{\min,k}^{\text{chg,volt}(i)}$。为此,我们需要一种方法来确定非线性方程的根。这里,我们使用二分查找算法来实现这一点。

一般而言,二分查找算法在已知函数至少一个根位于区间(x_1,x_2)内的条件下,查找某个函数$g(x)$的根,即使得$g(x)=0$的x值。一种满足此条件的方法是基于$g(x_1)$与$g(x_2)$异号。二分查找算法反复缩小x_1和x_2之间的间隔,但保持$g(x_1)$与$g(x_2)$异号,以确保两端点之间始终有根。

图6-4绘制了一个根在x_1和x_2之间的非线性函数示例,以说明二分查找算法。在本例中$g(x_2)>0$和$g(x_1)<0$,当符号反转时,该方法仍然有效。

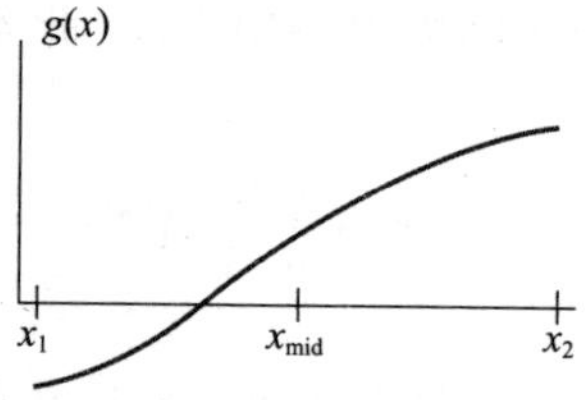

图6-4 函数$g(x)$包含单个过零点的区间

二分查找算法的第一步是计算中点$x_{\text{mid}}=(x_1+x_2)/2$处的$g(x)$函数值。根据结果,将$x_1$或$x_2$替换为$x_{\text{mid}}$,以保持$g(x_1)$与$g(x_2)$的符号不同。我们可以看到通过该算法步骤,包含根的区间宽度减半。重复迭代,直到x_1和x_2之间的间隔,即$g(x)$的根的分辨率如期望的那样小。如果ε是所需的根分辨率,则该算法需要的最大迭代次数为

$$\text{最大迭代次数} = \lceil \log_2(|x_2 - x_1|/\varepsilon) \rceil \tag{6.12}$$

式中:$\lceil\cdot\rceil$表示向上取整。

下面列出了二分查找算法在 MATLAB 中的实现过程。函数的输入为函数句柄 g,查找根区间的上下界为 x1 和 x2,根的所需分辨率为 res。

```
% 查找函数 g(.)在区间(x1,x2)中的根,分辨率为 res
```

```
function x = bisect(g,x1,x2,res)
  maxIter = ceil(log2(abs(x2 - x1)/res));
  dx = x2 - x1; % 设置查找区间间隔
  if ( g(x1) > = 0 )
    dx = - dx; x1 = x2;
    % 根现在处于(x1,x1 + dx),且 g(x1) < 0
  end
  for theIter = 1:maxIter - 1
    dx = 0.5 * dx; xmid = x1 + dx;
    if g(xmid) < = 0,
      x1 = xmid;
    elseif abs(dx) < = res,
      break
    end
  end
  x = x1 + 0.5 * dx; % 最后的二分
end
```

该函数首先使用式(6.12)计算所需的最大二分迭代次数 maxIter,计算当前查找根的区间宽度 dx。然后检查上下界 x1 和 x2,并在必要时互换以确保根位于 x1 和 x1 + dx 之间,且满足约束 g(x1) < 0。接下来函数进入最大迭代次数为 maxIter - 1 的循环,其中查找区间宽度反复减半,必要时更新 x1 以确保根位于 x1 和 x1 + dx 之间并满足 g(x1) < 0 的约束条件。在返回之前,已知根位于最终值 x1 和 x1 + dx 内,函数计算该区间的中点作为其最终估计值。最终根误差在 ± dx/2 范围内。

作为使用 bisect.m 函数的示例,请考虑以下代码段:

```
g = @(x) x^3;
bisect(g, -1,2,1e -5)
```

首先,创建一个名为 g 的匿名函数。此函数具有输入参数 x,由@(x)表示,并计算其输入参数的立方作为其返回值。当我们希望实现简单的计算而不希望将计算步骤存储在程序文件中时,匿名函数很方便。然而,我们稍后将看到,使用 bisect.m 时不需要匿名函数。变量 g 在 MATLAB 中的数据类型为函数句柄。然后调用 bisect.m,使用匿名函数 g 作为其第一个输入参数,x1 = -1,x2 = 2,所需的根分辨率为 10^{-5}。输出根估计值为 1.9073×10^{-6},比 10^{-5}更接近真实根 0。

当计算电池功率极限时,二分法包含在整体算法中,如下所示。

（1）首先，仿真恒流输入分别为 $i_k=0$、$i_k=i_{\min}$ 和 $i_k=i_{\max}$ 时的 3 种情况，预测所有电池的未来 $k_{\Delta T}$ 个电压采样值。

（2）如果电流为最大绝对速率 $i_{\min}$ 和 $i_{\max}$ 时，预测的电池电压在 $v_{\min}$ 和 $v_{\max}$ 之间，则可以直接使用这些速率，不再需要二分法：

$$i_{\max,k}^{\text{dis},\text{volt}(i)}=i_{\max},\ i_{\min,k}^{\text{chg},\text{volt}(i)}=i_{\min}$$

（3）如果电池电压即使在静置期间也超出 $v_{\min}$ 到 $v_{\max}$ 范围，则电池组处于不安全状态。在这种情况下，我们可能会决定将最大速率设置为 0。默认值为

$$i_{\max,k}^{\text{dis},\text{volt}(i)}=0,\ i_{\min,k}^{\text{chg},\text{volt}(i)}=0$$

然而，这些默认值可被能使电池组回到合法范围内的某些值所覆盖。例如，我们可以在过充电的电池上设置 $i_{\max,k}^{\text{dis},\text{volt}(i)}>0$，或者在过放电的电池上设置 $i_{\min,k}^{\text{chg},\text{volt}(i)}<0$。这种情况下的电流限制可以通过二分法查找，就像在下一个情况中一样。

（4）如果在仿真最大电流时电压超出限制，但在仿真静置期间电压恢复到限制范围内，通过在 0 到最大值之间二分查找，可以找到真正的最大速率。因此，可以在电流限制（$i_{\min}$,0）或（0,$i_{\max}$）之间执行二分法。

要使用二分查找算法和 ESC 电池模型计算功率极限，我们还需要定义一个二分法目标函数，该函数涉及未来 $k_{\Delta T}$ 个离散时间（ΔT）内的电池状态和电压预测计算。对于恒定电流输入，ESC 电池模型的状态方程是线性的：

$$\boldsymbol{x}_{k+1}^{(i)}=\boldsymbol{A}\boldsymbol{x}_k^{(i)}+\boldsymbol{B}i_k$$

为了将其融入二分查找算法中，首先定义匿名矩阵函数，以基于电池输入电流计算状态空间 $\boldsymbol{A}$ 和 $\boldsymbol{B}$ 矩阵：

```
A = @(ik) diag([1 exp(-1/(RC)) exp(-abs(ik * ...
          Gamma/(3600 * Q)))]);
B = @(ik) [-1/(3600 * Q) 0; (1-exp(-1/RC)) 0; ...
          0 (1-exp(-abs(ik * Gamma/(3600 * Q))))];
```

在此段代码中，我们假设 SOC 在向量 $\boldsymbol{x}_k^{(i)}$ 顶部，扩散电流状态在向量中间，滞回状态在最后。每个匿名函数的输入是电池输入电流（在滞回状态计算中需要），整个电池模型的输入被假设为一个 2 维向量，其中输入电流为顶部元素，输入电流的符号为底部元素。因此，向量 $\boldsymbol{A}$ 和 $\boldsymbol{B}$ 的维数分别为 3×3 和 3×2。

我们通过方程式（6.11）使用二分法内部的线性特征。由于 $\boldsymbol{A}$ 是对角矩阵，因此矩阵幂 $\boldsymbol{A}^{k_{\Delta T}}$ 是由对角元素的幂构成的对角矩阵。类似地，如果我们假设 $\boldsymbol{A}$ 的所有对角线元素幅值严格小于 1，那么求和可以写成

$$\sum_{j=0}^{k_{\Delta T}-1} \boldsymbol{A}^{k_{\Delta T}-1-j} = \left(\sum_{j=0}^{k_{\Delta T}-1} \boldsymbol{A}^{-j}\right)\boldsymbol{A}^{k_{\Delta T}-1} = \left(\sum_{j=0}^{k_{\Delta T}-1} (\boldsymbol{A}^{-1})^{j}\right)\boldsymbol{A}^{k_{\Delta T}-1}$$
$$= (\boldsymbol{I}-\boldsymbol{A}^{-1})^{-1}(\boldsymbol{I}-\boldsymbol{A}^{-k_{\Delta T}})\boldsymbol{A}^{k_{\Delta T}-1}$$
$$= (\boldsymbol{I}-\boldsymbol{A}^{-1})^{-1}(\boldsymbol{A}^{k_{\Delta T}-1}-\boldsymbol{A}^{-1})$$
$$= (\boldsymbol{A}-\boldsymbol{I})^{-1}(\boldsymbol{A}^{k_{\Delta T}}-\boldsymbol{I}) \tag{6.13}$$

如果 $\boldsymbol{A}$ 的对角线元素等于1,那么,有

$$\sum_{j=0}^{k_{\Delta T}-1} \boldsymbol{A}^{k_{\Delta T}-1-j} = k_{\Delta T} \tag{6.14}$$

这使得我们能够编写代码来计算电池未来的 $k_{\Delta T}$ 个状态和电压采样值。考虑下面的函数,SimCellkDT. m:

```
% 仿真电池的 KDT 个采样值,输入电流为 ik,初始状态为 x0,
% 采用 A 和 B 函数,温度为 T,模型参数为 R0,R,M,
% 模型结构体为 model
function [vDT,xDT] = simCellKDT(ik,x0,A,B,KDT,...
                     T,model,R0,R,M)
 Amat = A(ik); Bmat = B(ik); dA = diag(Amat);
 if ik = = 0,
   ADT = diag([KDT,(1 - dA(2)^KDT)/(1 - dA(2)),KDT]);
 else
   ADT = diag([KDT,(1 - dA(2)^KDT)/(1 - dA(2)),...
             (1 - dA(3)^KDT)/(1 - dA(3))]);
 end
 xDT = (dA).^KDT.* x0 + ADT* Bmat* [ik; sign(ik)];
 vDT = OCVfromSOCtemp(xDT(1),T,model) - R* xDT(2) +...
         M* xDT(3) - ik* R0;
end
```

该函数首先执行输入为 ik 的匿名矩阵函数 $\boldsymbol{A}$ 和 $\boldsymbol{B}$,以分别计算 Amat 和 Bmat。然后根据矩阵 $\boldsymbol{A}$ 中相应对角元素是1还是小于1,选择使用式(6.13)或式(6.14)将式(6.11)中的矩阵 $\boldsymbol{A}_{k_{\Delta T}}$ 计算为 ADT。当输入电流为零时,SOC 元素始终为1,滞回状态元素为1。最后使用式(6.11)计算未来电池状态,并根据未来状态计算未来电压。

在这里,我们定义了一个二分法函数和一个可以预测未来电池状态与电压的函数。为了完成功率估计代码,我们需要连接这两者的函数。

在计算放电功率极限时,需同时考虑端电压和 SOC 设计约束,可以使用如下代码:

```
function g =bisectDischarge(ik,x0,A,B,KDT,...
             T,model,R0,R,M)
  [vDT,xDT] = simCellKDT(ik,x0,A,B,KDT,...
                   T,model,R0,R,M);
  g = max(vmin - vDT,zmin - xDT(1)); % 最大值必须小于0
end
```

该函数首先仿真单体电池，预测输入电流为 ik 时的未来电池状态和电压的 $k_{\Delta T}$个采样值。然后计算一个可以执行二分法的结果 g，其中 MATLAB 变量 vmin 存储 $v_{\min}$ 的值，zmin 存储 $z_{\min}$ 的值。需要注意的是，对于可接受的电压 vDT，vmin - vDT 必定为负；对于可接受的 SOC xDT(1)，zmin - xDT(1)必定为负。因此，两者的最大值也必须小于 0 才能同时满足这两个条件。如果我们在二分区间 x_1 到 x_2 来寻找 $g(x)=0$ 的位置，那么，我们正在求解已达到电压或 SOC 限制的点（根据该函数我们不知道到底达到哪一个限制，但实际上我们并不需要这些信息）。

在计算充电功率极限时，需要同时考虑端电压和 SOC 设计约束，可以使用如下函数：

```
function g = bisectCharge(ik,x0,A,B,KDT,...
               T,model,R0,R,M)
  [vDT,xDT] = simCellKDT(ik,x0,A,B,KDT,...
                   T,model,R0,R,M);
  g = min(vmax - vDT,zmax - xDT(1)); % 最小值必须大于0
end
```

上述函数的工作原理与 bisectDischarge.m 非常相似，不同之处在于 vmax - vDT 和 zmax - xDT(1)必须为正，以获得可接受的电压和 SOC 值。因此，通过约束它们的最小值为正，以同时满足这两个条件。

为了使用二分法寻找最大放电电流，使用如下代码：

```
gDis = @ (x) bisectDischarge(x,x0,A,B,KDT,...
         T,model,R0,R,M)
ilimit = bisect(gDis,0,imax,ires);
```

其中 ires 表示电池组电流所需分辨率。为了使用二分法寻找最大绝对充电电流，使用如下代码：

```
gChg = @(x) bisectCharge(x,x0,A,B,KDT,T,model,R0,R,M)
ilimit = bisect(gChg,imin,0,ires);
```

功率极限估计示例：

在结束本章前，我们通过一个仿真示例展示基于简化电池模型的 HPPC 方法和基于全ESC电池模型的二分法之间的异同。本示例从锂离子电池中采集数据,该电池经历16次UDDS驾驶曲线循环,每两次之间以放电脉冲和5min静置相间隔。电池SOC-时间曲线如图6-5所示。SOC在每次UDDS驾驶循环内增加约5%,但在间隔的放电期间下降约10%。该电池在测试期间工作于整个设计工作范围(10%~90%SOC,在图中描绘为细虚线之间的区域)。

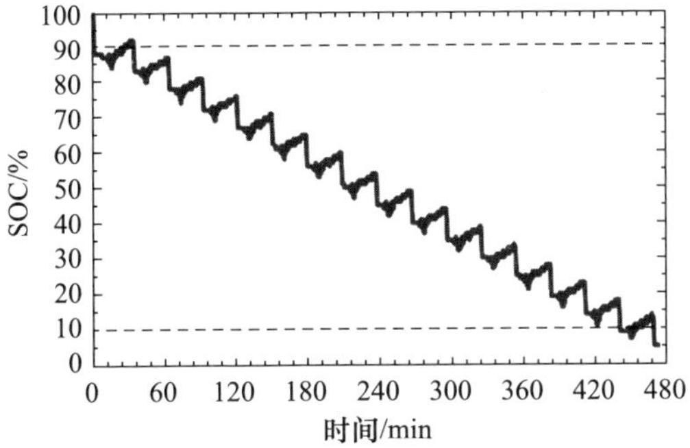

图6-5 SOC-时间曲线

图6-6为该电池测试下的测量电压与其对应ESC模型预测电压之间的比较。电池端电压的真实值和估计值之间差异非常小,均方根误差小于5mV。图6-6左图绘制出整个测试结果,图6-6右图为某一循环的放大图以说明模型估计效果。在接下来的讨论中,我们将考虑由二分法产生的功率预测值反映电池真实状况的能力,并通过电池模型电压估计值的精确度来验证,如图6-6所示。

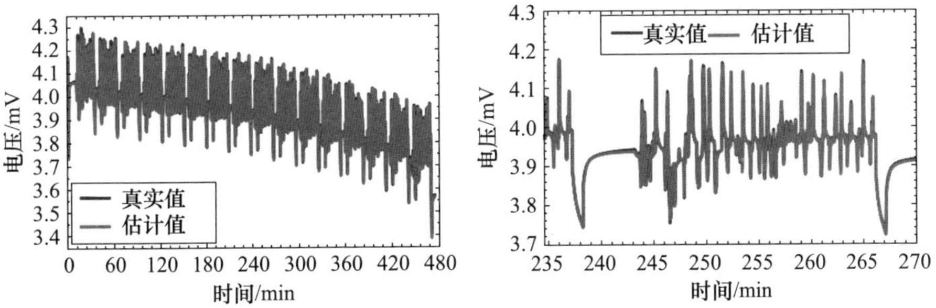

图6-6 电池电压测量和建模曲线(见彩图)

对于以下结果,我们假设电池组 $N_s=40$, $N_p=1$。单体电池的标称容量为7.5A·h,对于充放电过程 $\Delta T=10s$。用于功率极限计算的电压、电流、SOC和功率的工作限制如表6-1所列。二分法中使用的电流分辨率为0.1A。

表 6-1 功率极限计算示例的设计限制

参数	最小值	最大值
电压	$v_{min}=3.0V$	$v_{max}=4.35V$
电流	$i_{min}=-200A$	$i_{max}=200A$
SOC	$z_{min}=0.1$	$z_{max}=0.9$
功率	$p_{min}=-\infty$	$p_{max}=\infty$

图 6-7 比较了通过 HPPC 和二分法产生的放电功率估计值。图 6-7 左图绘制出整个测试结果，图 6-7 右图为某一周期的放大图。由于要求电池电压保持在 v_{min} 以上，因此在试验的大部分过程中，总放电功率受到限制；然而，在大约 400min 后，这两种方法有时也会受到电池 SOC 接近 z_{min} 的限制。

总体来说，这两种方法产生的估计结果相似。在高 SOC 时，HPPC 方法预测的功率高于实际可用功率（高达 9.8%），而在中低 SOC 时，HPPC 方法预测的可用功率低于实际可用功率。如果负载控制器以 HPPC 方法计算放电速率，则电池在一些情况下会过度放电，从而降低其使用寿命，在另一些情况下又未得到充分使用。

中 SOC 区域的放大图显示了更多细节。在该区域，这些方法产生了几乎相同的预测结果。二分法的一个显著特点是预测时会考虑电池的整体动态。在 237min 和 267min 左右的强放电降低了电池的扩散电压，也降低了电池端电压。HPPC 方法在估计时认为电池处于平衡状态，因此，二分法预测的电池可用放电功率比 HPPC 方法小。

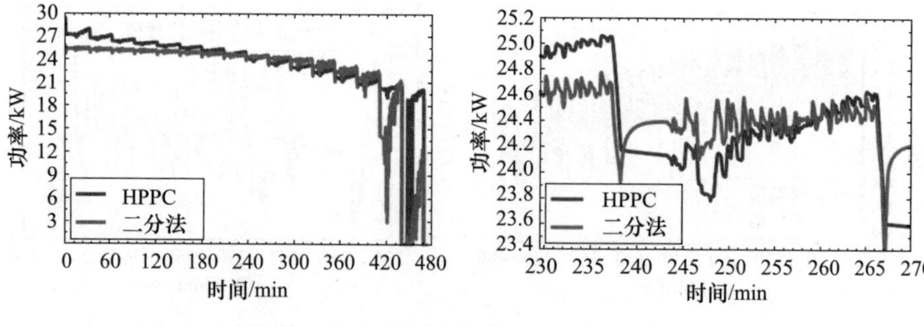

图 6-7 放电功率预测比较（见彩图）

如图 6-8 所示，我们还对两种方法的充电功率进行了比较。图 6-8 左图绘制出整个充电过程，图 6-8 右图则放大其中某一区域。这些图绘制了绝对充电功率的预测结果，而充电功率本身被计算为负值。

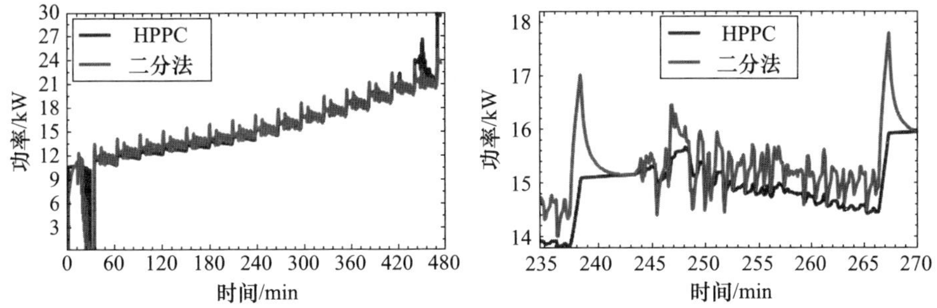

图6-8 充电功率预测比较

同样,在这个范围内,在测试的大部分过程中,两种方法的估计结果几乎相同。但是在高SOC条件下,HPPC方法有时会过高预测充电功率。HPPC方法还过高预测了低SOC下的功率,因为它使用固定充电电阻,而忽略了该区域电阻的增大。

在低SOC范围的放大图更好地说明了两种预测之间的差异。在这里,我们看到约237min和267min时的强放电拉低电池扩散电压引发电池极化,从而在不违反端电压限制的情况下允许更大的短期充电功率。HPPC方法无法预测此效果。

6.5 本章小结及工作展望

本章介绍了预测电池放电和充电功率的两种方法。两者都包含电压、SOC、功率和电流设计约束,并在用户指定的预测时间窗口 ΔT 内起作用,这两种方法产生相似的预测结果。

二分法需要良好的电池模型,计算量比HPPC方法大。但是,如果已经使用卡尔曼滤波器估计电池SOC,那么电池模型将是现成的,并且状态估计及其置信区间也可供使用。二分法产生动态功率估计,能够利用最近的大电流放电获得更高的短期绝对充电功率,并且能够利用最近的大电流充电获得更高的短期放电功率。

本章的隐含假设是,应计算功率以对电池施加电压限制。然而,这并不是关键问题。实际上,我们希望尽可能减少电池正在经历的持续容量衰退。例如,即使在目前的BMS中,我们通常也会降低温度较高时的功率极限,以减缓温升。①

① 虽然电池在温暖的温度下内阻降低,能够提供更高的功率,但我们还是要这样做以减缓老化。

但是,这种单一变化很难解决关于如何根据老化计算功率极限的详细优化策略。

为了更好地理解如何计算功率极限以折中性能和寿命,我们需要讨论电池是如何老化的,然后研究基于这些老化模型的更先进的功率估计算法,这是下一章也是本书最后一章的主题。

第7章　基于机理的最优控制

当我们接近本书的结尾时，我们也接近基于电池等效电路模型的电池管理方法的知识前沿。我们已经看到，BMS 设计中涉及的电子方面知识很重要，但也很平常。电池 SOC 已经被准确定义，构建的方法可用于计算 SOC 的准确估计值，并给出估计值的置信区间。类似地，我们已经找到了估计电池内阻和总容量的好方法，从而得出 SOH 估计值。电池能量计算非常简单，并且可以实现多种类型的、具有不同复杂度和速度的电池均衡。

上述方法仍然存在需要改进的地方，但目前的技术水平已经能够为许多应用场景提供良好的电池管理。由于目前大容量锂离子电池组 10 年或更长时间的应用案例很少，因此，现有方法对逐渐老化的电池组是否长期有效仍然存在一些疑问。可以从电池管理方法中的功率极限计算获得一些帮助，本章将介绍一些新思想。

Davide Andrea 是锂离子电池管理领域的先驱，著有该领域权威著作①，他曾说："基于当前的电子设备和技术水平，构建定制电池管理系统大约需要 2 年时间和 25 万美元。"②这不是一项容易解决的任务，但是具有可行性。

7.1　最小化衰退

回顾路线图 3-1，似乎我们已经完成了所有的 BMS 设计。一个整合了所有研究方法的 BMS 将非常有效，然而在多数情况下，它也会被过度设计。

目前的问题在于如何计算功率极限，其基本要求是电池组中的任何电池都不得违反设计的最大和最小电压限制。

---

① 参考文献：Andrea, D. , Battery Management Systems for Large Lithium Ion Battery Packs, Artech House, 2010。

② 引文摘自 2012 年 9 月其在科罗拉多清洁技术研讨会上的讲话。

但是为什么呢？真正令人担忧的是电池衰退。[①] 基本假设如下。

(1)如果违反电压限制,则电池将迅速衰退并过早失效。

(2)如果电压限制得到适当维持,则电池将具有较长寿命。

但事实上,在某些情况下短时间违反电压限制,并不会导致快速衰退。例如,对于额定工作电压为3.0~4.2V的电池,这些额定值由电池制造商定义,并且电池应用设计者被告知电池不应该在这个范围之外工作。好奇的BMS设计工程师想知道:4.199V真的和4.201V有那么大的不同吗？为什么一个允许,另一个不被允许？

如果我们问电池设计师,是否可以让电池电压有时达到4.25V,答案是“可以”。那么,4.3V怎么样？电池设计师会开始有些担心,但会说:“短时间内是可以的。”4.35V怎么样？“极短时间内是可以的。”在持续提问的某个时刻,电池设计师将停止回答。

我们从这次讨论中学到了一些非常重要的东西,电池端电压的精确限制本身并不是电池设计师所关心的指标。制造商提供的电压限制是间接指标。老化发生的真实原因是电池内部发生的电化学和物理过程,电池端电压是这些过程状态的一个较差但可测量的指标。

根据许多电池测试经验,制造商已确定,从统计上讲如果电池电压不超过4.2V,电池将在性能表现和长寿命之间取得较好折衷。但是,在某些条件下,超过该值是完全可以的;在其他条件下,即使保持该值也可能发生不可接受的快速衰退,尤其是对于电池内部已经发生变化的旧电池。

因此,计算电池功率极限时的真正问题不是电池的端电压,而是在不同功率水平下预期发生的老化和衰退量。我们应该计算电池功率极限,以更直接地平衡电池性能和快速衰退。

要做到这一点,我们必须能够对电池衰退进行数学建模,并设计基于模型的优化控制算法计算最佳权衡值。有人建议,如果这项工作做得正确,某些应用中的电池组可能能够在不影响寿命的情况下提供基于电压的功率极限200%以上

---

① 正如第1章开头所提到的,保持安全是BMS的主要关注点。然而,电池端电压本身不是大多数危险发生的最根本原因和良好指标。相反,当电池某些衰退机制被触发时,在电池正常运行期间处于休眠状态的危险可能会变成严重风险。例如,锂离子电池过充时会导致析锂,其进一步形成锂枝晶,导致电池短路以及热失控。铅酸电池过充时会导致爆炸性气体的积聚。这两种机制都是由电池内部位置的过电位引起的,而不是在电池两端,因此电池端电压只是该问题的一个近似指标。如果我们对电池内部关键位置的衰退机制进行建模,并对电池进行监测和控制以防止其发生,那么,我们也将避免相应的危险发生。

的功率。①或者，电池组的尺寸可以显著减小，且仍能提供所需性能。这些可能的成本节约和性能提高充分激励了人们设计基于机理的功率极限，而不是基于电压的功率极限。

7.1.1　电池衰退建模

在第4章中，我们积累了很多定性分析锂离子电池衰退过程的相关知识。但是，如何进行定量分析呢？也就是说，能为所有衰退机制建立精确的参数化数学模型吗？

理想电池行为与不同衰退机制之间的相互作用是复杂的，我们目前还没有完全理解它们。因此在这一点上，我们不知道能否建立所有机制的模型。此外，大多数电池制造商在电池中添加了添加剂，这些添加剂不参与理想的电池反应，被设计用于阻止电池衰退。由于这些添加剂属于商业机密，因此不会向BMS设计师披露，这也使得对电池衰退进行精确建模非常困难。

然而，对我们有利的一个因素是：我们不需要对所有机制进行完美建模也能获得有用结果。此外，如果是通过基于机理的功率极限计算进行电池控制，那么，无须对未受我们施加作用的变量影响的任何机制进行建模。如果我们对电池最严重的衰退机制进行合理建模，那么，就有机会设计出有效的控制策略。

目前，关于衰退机理建模的文献非常稀少。我们相信随着时间的推移，更多的电化学建模者将意识到此类模型的重要性，这一点将得到改善。本章将讨论两个定量的基于机理的退化模型，它们可以与等效电路模型一起计算功率极限。其他模型需要电化学变量的相关知识，这些变量可以由反映理想电池动力学的基于机理的降阶理想电池模型生成，这些模型将在本丛书第三卷中进行讨论。

本章研究的第一个模型描述固体－电解液界面的形成和生长。对于具有石墨负极的锂离子电池来说，这种衰退机制被认为是影响电池寿命最重要的机制。因此，如果我们可以通过电池控制来减缓SEI膜的生长，那么，就可以延长电池寿命。

本章研究的第二个模型描述过充电时的析锂过程。如果我们严格遵守制造商指定的电池电压上限，那么这种机制通常不会发生；但是如果不小心违反电压限制，那么，该机制可能会在几个周期内使电池无法工作。由于现在忽略电压上限，因此必须建模析锂过程，并在计算电池最大功率极限时将其考虑在内。

---

①　参考文献：Smith，K. A. and Wang，C. －Y.，"Power and thermal characterization of a lithium－ion battery pack for hybrid－electric vehicles，" Journal of Power Sources，160，2006，pp. 662－673。

7.2 SEI 膜的形成和生长

Ramadass 及其同事提出了一个模型，该模型描述了充电过程中负极固体颗粒上 SEI 膜的形成和生长。① 该模型假设颗粒表面的溶剂减少是引起衰退的主要副反应机制。

本节我们总结了 Ramadass 模型的主要观点，并在此基础上提出了关于 SEI 生长及相关容量损失和内阻上升的，一个简单的递归离散时间模型。② 降阶方法使用体积平均创建无限阶 PDE 模型的代数零维（Zero - Dimensional，0D）模型。构建反映 SEI 生长机制的降阶模型（Reduced Order Model，ROM）是创建电池所有主要衰退机制的全耦合 ROM（可用于最优控制方案）的第一步。

7.2.1 全阶模型

对于具有石墨负极的锂离子电池来说，负极中的固体 - 电解液界面发生副反应被认为是老化的主要原因之一。有许多还原反应会导致 SEI 产物沉积在电极表面，具体细节不太清楚，这取决于电解质溶液的组成。Ramadass 等假设副反应消耗电解液中的锂离子和溶剂，并根据溶剂性质，形成由 Li_2CO_3、LiF、Li_2O 等化合物构成的表面膜。

虽然 SEI 膜增加了离子电阻率 R_{film}，增加了电池内阻，但由于其具有足够高的孔隙率，因此仍然允许锂离子穿过薄膜嵌入和脱出石墨颗粒。此外，虽然薄膜使溶剂更难到达颗粒表面并产生更多的 SEI，但是孔隙仍足以让一些溶剂穿透。因此，当溶剂在充电过程中透过界面层扩散时，SEI 膜继续缓慢生长。此外，锂嵌入石墨负极导致晶格体积增加，这拉伸了 SEI 膜并导致其破裂，从而使更多的活性物质暴露在电解液中，加剧了副反应，促进了 SEI 生长。

Ramadass 等提出的模型并没有对上述所有机制进行详细描述，它将所有影响同质化为一个简化的描述。创建模型时所做的主要假设如下。③

---

① 参考文献：Ramadass，P.，Haran，B.，Gomadam，P. M.，White，R. E.，and Popov，B. N.，"Development of First Principles Capacity Fade Model for Li - Ion Cells，"Journal of the Electrochemical Society，151（2），2004，pp. A196 - A203。

② 参考文献：Adapted from，Randall，A. V.，Perkins，R. D.，Zhou，X.，Plett，G. L.，"Controls Oriented Reduced Order Modeling of SEI Layer Growth，"Journal of Power Sources，209，2012，pp. 282 - 288。

③ 定义描述 SEI 增长的全阶模型和降阶模型所需的概念在很大程度上来自于本丛书第一卷中的理论部分。然而，生成的模型可以与电池等效电路模型一起实现，而无需完整的电化学降阶电池模型。

(1) 主要的副反应是由于有机溶剂的还原,表示为 $S + 2Li^{+} + 2e^{-} \to P$,其中“S”表示溶剂,“P”表示副反应中形成的产物。未指定特定种类的溶剂和产物。

(2) 只有在给电池充电时才会发生该反应。

(3) 形成的产物包含多种化学物质,在描述 SEI 膜的形成和生长时使用的是平均的质量和密度常数。

(4) 假设副反应是不可逆的,并且在电位 $U_s = 0.4V$ 时发生,其中以 Li/Li^{+} 为参考电极。

(5) 在电池化成期间形成的 SEI 层的初始电阻为 $0.01\Omega m^2$。

(6) 不考虑过充电发生的反应,即不建模析锂。

这里我们删除假设(2),该模型现在可以预测电池在静置,甚至在一定程度上可以预测电池在放电期间发生的副反应。这种修改似乎使模型能够更好地匹配观察到的单体电池的日历寿命老化过程。

将 Ramadass 提出的 SEI 膜生长模型与纽曼式基于机理的理想电池动力学模型紧密耦合。对于负极,从固体电极流向电解液的锂离子局部摩尔通量密度 $j_{总}$ 可以计算为嵌入通量密度 j 和副反应通量密度 j_s 之和:

$$j_{总} = j + j_s \tag{7.1}$$

式中:通量密度单位为 $mol \cdot m^{-2} \cdot s^{-1}$;$j$ 通过巴特勒－福尔默电化学动力学表达式计算为

$$j = \frac{i_0}{F}\left[\exp\left(\frac{(1-\alpha)F}{RT}\eta\right) - \exp\left(-\frac{\alpha F}{RT}\eta\right)\right]$$

$$\eta = \varphi_s - \varphi_e - U_{OCP}(c_{s,e}) - FR_{film} j_{总}$$

式中:i_0 为插层交换电流密度,单位为 $A \cdot m^{-2}$;$U_{OCP}(\cdot)$ 为负极中的平衡电位,是颗粒表面固相浓度 $c_{s,e}$ 的函数。

使用塔菲尔方程描述副反应的动力学过程,该方程假设副反应不可逆:

$$j_s = -\frac{i_{0,s}}{F}\exp\left(-\frac{\alpha_s F}{RT}\eta_s\right) \tag{7.2}$$

其中副反应过电位被描述为

$$\eta_s = \varphi_s - \varphi_e - U_s - FR_{film} j_{总}$$

式中:U_s 是副反应的平衡电位。

一旦计算出副反应通量密度 j_s,可通过求解常微分方程计算薄膜厚度 δ_{film}[m]:

$$\frac{\partial \delta_{film}}{\partial t} = -\frac{M_p}{\rho_p} j_s \tag{7.3}$$

式中：M_p[$kg \cdot mol^{-1}$]是 SEI 层组成化合物的平均分子量；ρ_p[$kg \cdot m^{-3}$]是组成化合物的平均密度。因此，SEI 膜层的电阻计算为

$$R_{film} = R_{SEI} + \delta_{film}/\kappa_p \tag{7.4}$$

式中：R_{SEI}[$\Omega \cdot m^2$]是电池化成阶段产生的初始膜层电阻；κ_p[$S \cdot m^{-1}$]是 SEI 膜的电导率。

除了电阻变化外，充电时的副反应电流还会引起容量损失，导致的总容量变化为

$$\frac{\partial Q}{\partial t} = \int_0^{L^{neg}} a_s AFj_s \mathrm{d}x \tag{7.5}$$

式中：L^{neg}[m]是负极的厚度；a_s[m^2m^{-3}]是电极颗粒的界面比表面积；A[m^2]是集流体的平面面积。

7.2.2 简化模型

为了实施最优控制策略，BMS 必须能够非常快速、准确地计算副反应通量密度j_s。求解上述耦合 PDE 方程以及基于机理的理想电池模型对于 BMS 来说太复杂了。因此，本节提出一个更简单的模型求解j_s、R_{film}和Q。

为了创建基于体积平均的 0D 降阶模型，我们在 Ramadass 等的假设基础上添加 3 个额外假设。

(1)电池始终处于准平衡状态，忽略电解液和固体表面浓度的局部变化，允许仅根据电池 SOC 计算i_0。因此，j_s的估计值对应于突然施加的幅度为i_{app}的电流脉冲。

(2)负极上的嵌入和副反应通量密度是均匀的。这使得我们可以通过下式说明总反应通量密度$j_{总}$与施加的电池i_{app}的关系：

$$j_{总} = \frac{i_{app}}{a_s AFL^{neg}} \tag{7.6}$$

其中电极的体积为$V = AL^{neg}$。

(3)副反应的阳极和阴极电荷转移系数相等，$\alpha = 0.5$。

根据上述假设，电池退化模型可以表述如下。首先，任意时刻的负极锂化状态被计算为

$$\theta = \theta_{min} + z_{cell}(\theta_{max} - \theta_{min})$$

式中：θ_{max}和θ_{min}是负极锂化的化学计量极限，即分别为当电池完全充电和完全放电时，$Li_\theta C_6$中的θ值；z_{cell}是一个介于 0 和 1 之间的值，表示电池 SOC。然后，假设整个活性材料颗粒中的锂浓度分布是均匀的，则$c_{s,e} = c_{s,max}\theta$，对于使用中的

电极材料，$U_{\text{OCP}}(c_{s,e})=U_{\text{OCP}}(c_{s,\max}\theta)$。

最后，我们需要计算 j_s。首先重新排列式(7.1)并代入式(7.6)：

$$j=j_{总}-j_s=\frac{i_{\text{app}}}{a_s AFL^{\text{neg}}}-j_s$$

然后，根据上式和假设3，可以求解嵌入反应过电位 η：

$$\begin{aligned}j&=\frac{i_0}{F}\left[\exp\left(\frac{F}{2RT}\eta\right)-\exp\left(-\frac{F}{2RT}\eta\right)\right]\\&=\frac{2i_0}{F}\sinh\left(\frac{F}{2RT}\eta\right)\\\eta&=\frac{2RT}{F}\operatorname{asinh}\left(\frac{Fj}{2i_0}\right)\end{aligned}$$

继续推导，我们注意到 η 和 η_s 表达式之间的相似性：

$$\begin{aligned}\eta&=\varphi_s-\varphi_e-U_{\text{OCP}}(c_{s,e})-FR_{\text{film}}j_{总}\\\eta_s&=\varphi_s-\varphi_e-U_s-FR_{\text{film}}j_{总}\\&=\eta+U_{\text{OCP}}(c_{s,e})-U_s\\&=\frac{2RT}{F}\operatorname{asinh}\left(\frac{Fj}{2i_0}\right)+U_{\text{OCP}}(c_{s,e})-U_s\end{aligned}$$

一个关键的观察结果是薄膜电阻在计算中被抵消掉，这意味着，在建模 SEI 生长时并不需要知道它的值。

将上述结果代入式(7.2)中，得到

$$\begin{aligned}j_s&=-\frac{i_{0,s}}{F}\exp\left(\frac{-F}{2RT}\left(\frac{2RT}{F}\operatorname{asinh}\left(\frac{Fj}{2i_0}\right)+U_{\text{OCP}}(c_{s,e})-U_s\right)\right)\\&=-\frac{i_{0,s}}{F}\exp\left(\frac{-F}{2RT}\left(\frac{2RT}{F}\operatorname{asinh}\left(\frac{F\left(\frac{i_{\text{app}}}{a_s AFL^{\text{neg}}}-j_s\right)}{2_{i0}}\right)+U_{\text{OCP}}(c_{s,e})-U_s\right)\right)\\&=-\frac{i_{0,s}}{F}\exp\left(\frac{F(U_{\text{OCP}}(c_{s,e})-U_s)}{2RT}\right)\exp\left(\operatorname{asinh}\left(\frac{\frac{-i_{\text{app}}}{a_s AL^{\text{neg}}}+Fj_s}{2i_0}\right)\right)\end{aligned}$$

我们很快就会看到如何利用这个方程求解 j_s。

一旦解出了 j_s，就可以将其合并到电池退化方程中，从而获得薄膜电阻和容量损失。假设 j_s 在某个小的时间间隔 Δt 内是恒定的，对于第 k 个间隔，它的值表示为 $j_{s,k}$。然后，可以将连续时间薄膜厚度关系式(7.3)转换为离散时间形式：

$$\delta_{\text{film},k}=\delta_{\text{film},k-1}-\frac{M_p\Delta t}{\rho_p}j_{s,k-1} \tag{7.7}$$

注意：j_s 的符号为负。通过将式(7.4)转换为离散时间递归形式，该结果可用于计算薄膜电阻：

$$R_{\text{film},k} = R_{\text{film},k-1} - \frac{M_p \Delta t}{\rho_p \kappa_p} j_{s,k-1} \tag{7.8}$$

同样，可以离散化容量损失方程式(7.5)：

$$Q_k = Q_{k-1} + (a_s AFL_n \Delta t) j_{s,k-1} \tag{7.9}$$

总结一下，提出的 ROM 方程为

$$\begin{aligned}
\theta &= \theta_{\min} + z_{\text{cell}}(\theta_{\min} - \theta_{\min}) \\
j_{s,k} &= -\frac{i_{0,s}}{F}\exp\left(\frac{F(U_{\text{OCP}}(c_{s,e}) - U_s)}{2RT}\right)\exp\left(\operatorname{asinh}\left(\frac{\dfrac{-i_{\text{app}}}{a_s AL^{\text{neg}}} + Fj_{s,k}}{2i_0}\right)\right) \\
R_{\text{film},k} &= R_{\text{film},k-1} - \frac{M_p \Delta t}{\rho_p \kappa_p} j_{s,k-1} \\
Q_k &= q_{k-1} + (a_s AFL_n \Delta t) j_{s,k-1}
\end{aligned} \tag{7.10}$$

7.2.3 简化计算

注意式(7.10)是一个隐函数，这意味着 $j_{0,k}$ 没有显式解。目前还不清楚如何求解 $j_{s,k}$ 的这个方程。Randall 等提出的 ROM 使用迭代进行求解。

(1)首先猜测 $j_{s,k}$ 的值，如 0。

(2)将 $j_{s,k}$ 的值代入式(7.10)的右侧，计算新的左侧结果。然后将 $j_{s,k}$ 的新值设置为这个新的左侧结果。

(3)然后重复步骤(2)，直到观察到 $j_{s,k}$ 的值没有显著变化。

这种迭代方法很好地解决了这一问题，在不到 10 次迭代中就可以得到一个很好的数值解。

但是，$j_{s,k}$ 也存在闭式解，它更准确，执行速度更快。① 这个结果并不明显，但可以相对较快地推导出来。

首先，通过定义新的临时函数 $A(\theta)$ 和 $B(i_{\text{app}})$ 以及常数 C 来简化符号：

$$j_{s,k} = \underbrace{-\frac{i_{0,s}}{F}\exp\left(\frac{F(U_{\text{OCP}}(c_{s,e}) - U_s)}{2RT}\right)}_{A(\theta)}\exp\left(\operatorname{asinh}\left(\underbrace{\frac{-i_{\text{app}}}{2a_s i_0 AL^{\text{neg}}}}_{B(i_{\text{app}})} + \underbrace{\frac{F}{2i_0}}_{C} j_{s,k}\right)\right)$$

① 参考文献：Plett, G.，"Algebraic Solution for Modeling SEI Layer Growth," ECS Electrochemistry Letters, 2(7), 2013, pp. A63 – A65。

$$= A(\theta)\exp(\operatorname{asinh}B(i_{\text{app}})Cj_{s,k})$$

注意：新函数 $A(\theta)$ 不同于具有相同符号的集流体平面面积，这应该根据上下文区分，$A(\theta)<0$ 并且 $C>0$。另外，需要注意，$A(\theta)$ 的值可以预先计算并存储在与 θ 对应的查找表中，因此实时计算并不困难。

一个有助于进一步简化的恒等式为

$$\exp(\operatorname{asinh}(x)) = x + \sqrt{x^2+1}$$

将 $A(\theta)$ 简记为 A、$B(i_{\text{app}})$ 简记为 B：

$$j_{s,k} = A\left[(B + Cj_{s,k}) + \sqrt{(B + Cj_{s,k})^2 + 1}\right]$$

这个方程可以用标准的代数运算来求解 $j_{s,k}$。首先分离出根式，然后将方程两边平方：

$$\frac{j_{s,k}}{A} - B - Cj_{s,k} = \sqrt{(B + Cj_{s,k})^2 + 1}$$

$$j_{s,k}(1 - CA) - AB = A\sqrt{(B + Cj_{s,k})^2 + 1}$$

$$(j_{s,k}(1 - CA) - AB)^2 = A^2(B + Cj_{s,k})^2 + A^2$$

然后，展开上式并重新排列：

$$\begin{aligned} 0 &= A^2(B + Cj_{s,k})^2 + A^2 - (j_{s,k}(1 - CA) - AB)^2 \\ &= A^2(B^2 + 2BCj_{s,k} + C^2j_{s,k}^2) + A^2 \\ &\quad - (j_{s,k}^2(1 - CA)^2 - 2AB(1 - CA)j_{s,k} + A^2B^2) \end{aligned}$$

接下来，合并同类项：

$$\begin{aligned} 0 &= (A^2C^2 - (1 - CA)^2)j_{s,k}^2 + (2A^2BC + 2AB(1 - CA))j_{s,k} \\ &\quad + (A^2B^2 + A^2 - A^2B^2) \end{aligned}$$

注意：$(1 - CA)^2 = 1 - 2CA + A^2C^2$，因此，上式可以简化为

$$0 = (2CA - 1)j_{sk}^2 + (2AB)j_{s,k} + A^2$$

由于这个方程是二次型的，因此可以使用二次公式轻松求解根：

$$\begin{aligned} j_{s,k} &= \frac{-2AB \pm \sqrt{4A^2B^2 - 4A^2(2CA - 1)}}{2(2CA - 1)} \\ &= \frac{AB \pm A\sqrt{B^2 + (1 - 2CA)}}{1 - 2CA} \end{aligned}$$

但是，使用哪个根呢？劳斯判据能给我们一些指导，构建劳斯阵列：

$$\begin{array}{c|c} j_{s,k}^2 & 2CA - 1, A^2 \\ j_{s,k} & 2AB \\ 1 & A^2 \end{array}$$

然后,从上到下遍历最左边的列,检查符号变化的数量。由于 $2CA-1<0$, $A^2>0$,因此无论 $2AB$ 的符号如何,都能保证有一次符号变化,这意味着,该方程总是有一个正实根和一个负实根。

实际上,由于 $A<0$,我们知道副反应通量密度必定为负,因此取较小的根。所以,副反应通量密度的最终 ROM 解是计算:

$$A(\theta) = -\frac{i_{0,s}}{F}\exp\left(\frac{F(U_{\mathrm{OCP}}(c_{s,e}) - U_s)}{2RT}\right)$$

$$B(i_{\mathrm{app}}) = \frac{-i_{\mathrm{app}}}{2a_s i_0 A L^{\mathrm{Reg}}}$$

$$C = \frac{F}{2i_0}$$

$$j_{s,k} = \frac{A(\theta)B(i_{\mathrm{app}}) + A(\theta)\sqrt{B(i_{\mathrm{app}})^2 + (1-2CA(\theta))}}{1-2CA(\theta)}$$

7.3 SEI 降阶模型结果

该降阶模型的有效性首先取决于其基础全阶 PDE 模型的准确性,这里我们假设其准确,然后其取决于 j_s 降阶近似值与精确计算值的匹配程度。

为了比较 FOM 和 ROM,我们进行了一系列仿真。在每次仿真中,电池初始处于静置状态。然后施加一个电流脉冲,并将从 FOM 得到的瞬时结果 j_s 与从 ROM 得到的 j_s 计算结果进行比较。为了仿真 FOM,我们使用 COMSOL Multiphysics® 与 MATLAB 进行一系列仿真并分析结果。①

具体而言,每个仿真都考虑了 1s 的时间间隔,其中电池电流 i_{app} 建模为一个在时间间隔中间施加的赫维赛德阶跃函数。我们发现,在初始 0.5s 的静置间隔内通过允许 PDE 求解器在施加阶跃电流之前调整其初始条件有利于解的收敛。本章附录将列出我们使用的仿真电池参数。特别地,电池的容量为 1.8A·h。

对于全阶 PDE 仿真,施加的电流范围为 0~5.4A,步长为 0.1A;初始电池 SOC 范围为 0%~100%,步长为 2%;温度范围为 −35~45℃,步长为 20℃。对于运行速度更快的降阶仿真,施加的电流范围相同,步长为 0.05A,初始电池 SOC 步长为 1%,温度步长为 10℃。

作为 FOM 和 ROM 仿真之间的一个比较点,在 Intel i7 处理器上完成 14025

① COMSOL Multiphysics 是 COMSOL Group 的注册商标。从现在开始,这个产品将被简单地称为 COMSOL。

个 FOM 仿真需要 8 天多的时间,而在相同的处理器上完成 112200 个 ROM 仿真总共需要大约 2.6s。对于单个仿真,增速比超过 2000000 : 1。这是 ROM 相对于 FOM 的主要优势。

在比较 FOM 和 ROM 的建模结果时,我们注意到薄膜厚度、薄膜电阻和容量损失都是副反应通量密度 j_s 的确定性函数。因此,如果我们能够准确计算出 j_s,那么其他计算结果也将是准确的。所以在下文中,我们仅考虑有关 j_s 的仿真结果。

图 7-1 绘制出了在不同初始电池 SOC 和充电电流下,由 ROM 计算的 j_s,我们现在将其表示为 $j_{s,ROM}$。左图绘制的是 25℃ 的结果,右图绘制在一定温度范围内所对应的 $j_{s,ROM}$。值越负表示退化越严重。我们看到了两种符合经验的趋势:在高 SOC 和高充电率下,退化最严重。

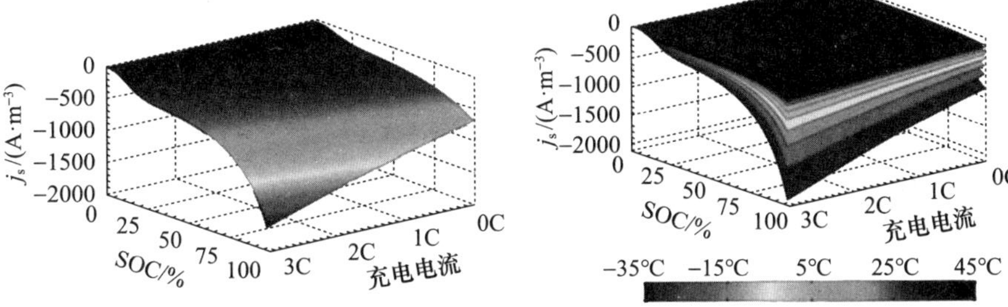

图 7-1　由 ROM 计算的瞬时 SEI 退化率(见彩图)

图 7-2 绘制了单个 FOM 仿真结果与 ROM 相应仿真结果的比较。这个示例是在 25℃、SOC 为 50% 的条件下进行的,并在 $t=0.5$s 时施加 1C 充电脉冲。由于我们去掉了 Ramadass 对 SEI 增长模型的假设,考虑了当外部电路中电流为零时的副反应,因此即使在电池处于静置状态时,FOM 和 ROM 解都具有非零的副反应通量 j_s。从图中可以看出,ROM 与 FOM 静置阶段的 SEI 副反应率和施加充电脉冲阶段的 SEI 副反应率都非常吻合。

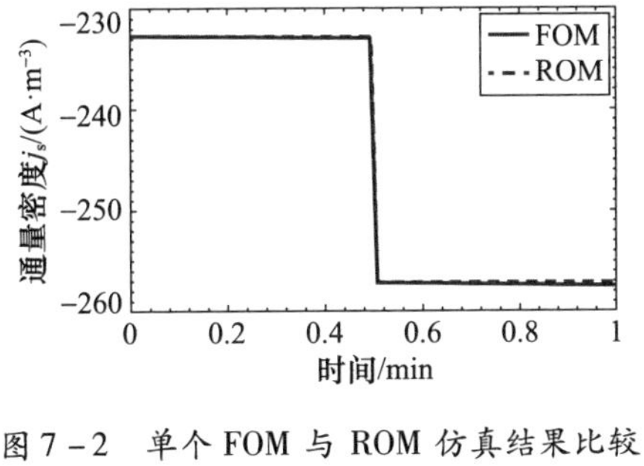

图 7-2　单个 FOM 与 ROM 仿真结果比较

绘制在同一尺度,FOM 结果与 ROM 结果几乎无法区分。因此,为了方便比较,将它们之间的相对误差定义为

$$j_{s,err\%} = \frac{j_{s,FOM} - j_{s,ROM}}{j_{s,FOM}} \times 100$$

式中:$j_{s,FOM}$为在施加电流脉冲后立即从 FOM 解中得到的j_s 的值。图 7-3 绘制了所有 25℃下仿真的 PDE 和 ROM 解之间的相对误差。例如,在 xEV 电池的典型运行条件下,即 SOC 为 10% ~90% 范围内,最大相对误差为 0.44%。

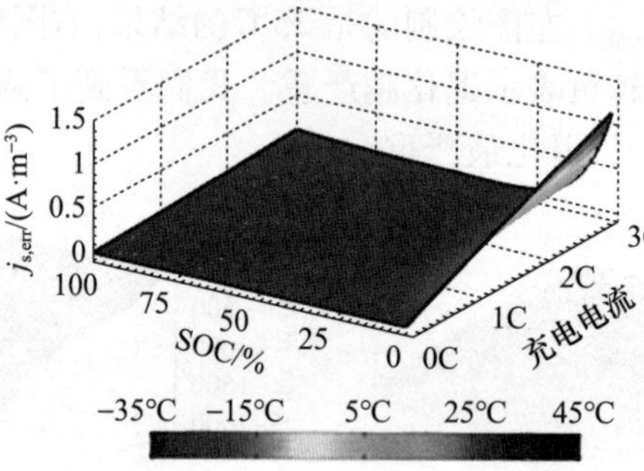

图 7-3 FOM 和 ROM 之间的相对误差(见彩图)

为了进一步说明 ROM 的性能,并研究 SEI 膜生长速率对 SOC 和充电速率的依赖性,图 7-4 以不同的形式绘制了与图 7-1 左图相同的结果。图 7-4 左图绘制了在不同充电率下 j_s 与 SOC 的关系曲线,各曲线从 0C 到 3C 以 0.5C 为步长绘制。7-4 右图显示在不同 SOC 下 j_s 与充电率的关系曲线,各曲线从 0% SOC 到 100% SOC 以 10% 为步长绘制。在图 7-4 中,FOM 结果绘制为实线,ROM 结果绘制为虚线。在大多数情况下,无法从肉眼上直接区分 FOM 和 ROM 结果。

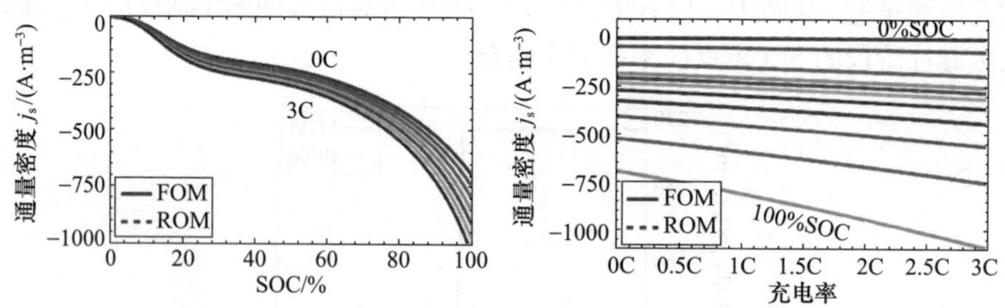

图 7-4 FOM 与 ROM 模型结果对比

图 7-5 绘制了建模误差随温度的变化。ROM 预测在高温下效果最好,在低温下效果较差。SOC 在 10% ~90% 范围内的最大相对误差 $j_{s,err\%}$,由 45℃时

的0.41%变化到 -35℃时的0.55%。

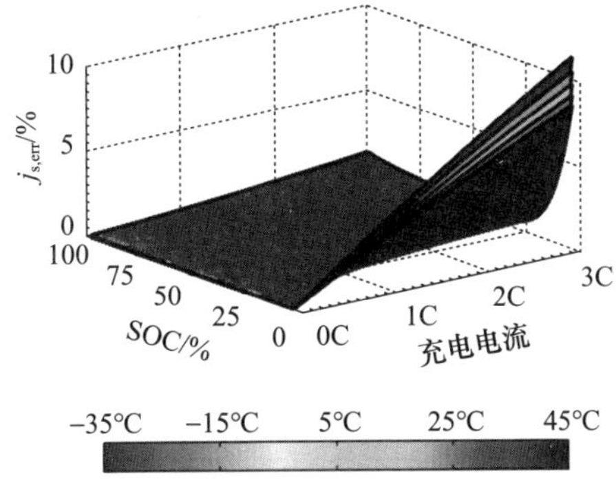

图7-5　温度对建模误差的影响(见彩图)

接下来,我们研究 Δt 对结果的影响。此时,$j_{s,FOM}$不再是施加电流脉冲后的瞬时值,而是电流脉冲施加后0.5s,在 $t=1$s 的 PDE 解。相对建模误差绘制在图7-6中。再一次,在低温和低 SOC 值下的误差最大,此时退化的绝对量很小。在某些情况下能观察到超过10%的相对误差,但在 SOC 大于25%时(对控制而言,最重要的 SOC 范围),最坏情况下的 $j_{s,err\%}$ 要小得多,从45℃时的0.85%到 -35℃时的1.04%不等。

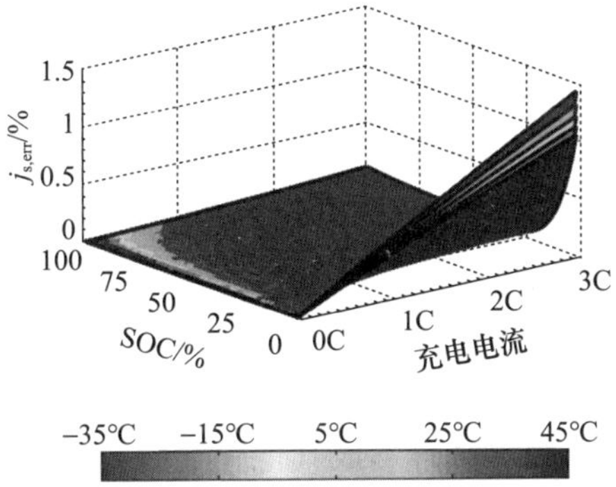

图7-6　Δt 对建模误差的影响(见彩图)

图7-7绘制了以1C速率进行长时间恒流充电的仿真效果,当电池充电时可能会经历这种情况。FOM 仿真了3000s,初始时电池处于静置状态,SOC 为10%,并且在100s、1000s、2000s 和3000s 处绘制了横跨负极的 $j_s(x)$ 的一维曲线。位置变量被标准化为在集流体/电极边界处的值为0,在电极/隔膜边界处的值为1。图7-7中虚线为 ROM 在该 SOC 水平上预测的平均 j_s 值,以及由 FOM 解得到的一维电极上的实际 j_s 值的平均。在 ROM 仿真中,SOC 逐秒更新

以获得每一采样时刻的当前 SOC,然后使用本文介绍的方法计算 j_s 值。我们看到即使在长时间的恒流充电下 ROM 也是准确的,这表明 ROM 的假设是合理的。

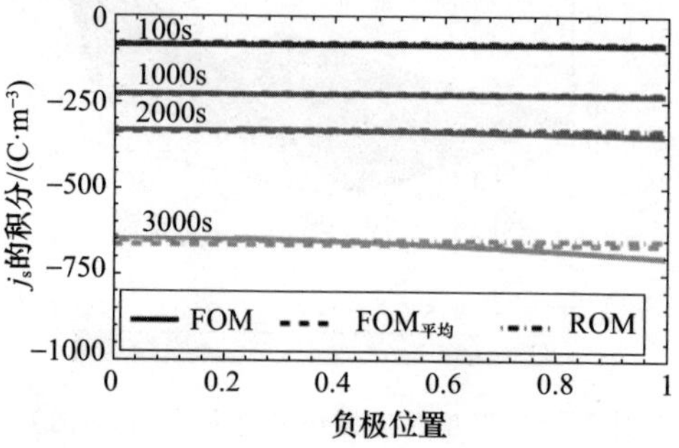

图 7-7 长时建模误差

总而言之,仿真表明:至少对于这些参数值,ROM 和 FOM 非常一致。进一步,可以仅根据电池 SOC、温度和输入电流的当前值来计算 ROM 预测值,而不需要完整的基于机理的模型。因此,0 维 ROM 可以与 BMS 中的等效电路模型一起使用,以帮助控制设计,尽量减少由于 SEI 生长引起的电池退化。

7.4 过充中的析锂

描述 SEI 生长的 ROM 成功预测了塔菲尔方程的性能,这使我们相信使用同样的方法创建其他老化机制的 ROM 也能取得成效。① 然而,有一个重要的老化机制是以不同的方式建模的:Arora 等使用改进的巴特勒-福尔默方程而不是塔菲尔方程,预测过充电时锂沉积或析锂。②

过充电首先表现为负极固体颗粒表面的金属锂沉积,主要发生在隔膜附近。随后,锂进一步与电解液材料结合形成其他化合物,如 Li_2O、LiF、Li_2CO_3 和聚烯烃。最终产物的性质不是我们主要关心的问题,关键问题在于锂的流失是不可逆的。这种现象是我们不期望发生的副反应,其可导致严重的容量衰减、电解液

---

① 参考文献:Darling, R. and Newman, J. ,"Modeling Side Reactions in Composite LiyMn2O4 Electrodes," Journal of the Electrochemical Society, 145(3), 1998, pp. 990-998。

② 参考文献:Arora, P. , Doyle, M. , and White, R. E. ,"Mathematical Modeling of the Lithium Deposition Overcharge Reaction in Lithium-Ion Batteries Using Carbon-Based Negative Electrodes," Journal of the Electrochemical Society, 146(10), 1999, pp. 3,543-53。

降解以及安全事故(形成锂枝晶造成电池短路)。

本节简要介绍如何创建 Arora 的 FOM 的 ROM。然而,它不如描述 SEI 生长的 ROM 工作得那么好,尤其是对于长时间的充电事件,因此可能更适合预测随机充电为主的 HEV 类应用中的退化。与 SEI 模型一样,它不需要完备的基于机理的电池模型作为其计算的输入,它可以从电池的等效电路模型接收所有需要的输入。然而,本丛书第三卷将表明,如果使用基于机理的电池模型,则可以做出更好的析锂预测。

析锂通常不被认为是主要的退化机制,这是因为电池制造商指定端电压限制的目的就在于避免有利于析锂的条件。然而,电池端电压不能很好地反映内部电池电位,尤其是在低温下,因此析锂仍然会发生。一旦发生,就会立即出现严重的容量损失。此外,由于我们在基于机理的功率计算中消除了电压限制,因此,我们需要一个析锂模型,从而能优化控制以最大限度地减少老化。

7.4.1　基于机理的过充电模型

由 Arora 等提出的全阶 PDE 模型作了以下假设。

(1)主要副反应表示为 $Li^+ + e^- \rightarrow Li_{(s)}$,发生在过充电事件中相对 Li/Li^+ 电位为 $U_s = 0V$ 时。这种锂金属预计首先在电极/隔膜边界附近形成,该处表面过电位倾向于最大。

(2)沉积在负极上的金属锂与附近的溶剂或盐微粒快速反应,产生 Li_2CO_3、LiF 或其他不溶性产物。这些产物构成的薄膜保护固态锂不与电解液发生反应。固态锂在放电过程中仍然可以溶解,但一旦锂以不溶性产物的形式被消耗掉,就会永久损失。

(3)所形成的不溶性产物是多种物质的混合物,它们的平均质量和密度在模型中用于描述电阻膜的形成和生长。

(4)仅考虑过充电反应,未对其他退化机制(如 SEI 薄膜生长)进行建模。

过充电 FOM 与纽曼式基于机理的理想电池动力学模型紧密耦合。与 SEI 模型一样,负极中锂的局部摩尔通量密度 $j_{总}$ 为嵌入通量密度 j 和副反应通量密度 j_s 之和。嵌入通量密度用标准巴特勒-福尔默方程表示:

$$j(x,t) = \frac{i_0}{F}\left[\exp\left(\frac{(1-\alpha)F}{RT}\eta(x,t)\right) - \exp\left(-\frac{\alpha F}{RT}\eta(x,t)\right)\right]$$

$$\eta(x,t) = \varphi_s(x,t) - \varphi_e(x,t) - U_{OCP}(c_{s,e}) - FR_{film}j(x,t)$$

式中:U_{OCP}为平衡电位,是颗粒表面固相浓度的函数;i_0 为交换电流密度,即

$$i_0 = k(c_{s,max} - c_{s,e})^{1-\alpha}(c_e)^{1-\alpha}(c_{s,e})^{\alpha}$$

Arora 将副反应通量密度 j_s,即由于析锂造成的不可逆锂损失率表示为

$$j_s(x,t)=\min\left(0,\frac{i_{0,s}}{F}\left[\exp\left(\frac{(1-\alpha_s)F}{RT}\eta_s(x,t)\right)-\exp\left(-\frac{\alpha_s F}{RT}\eta_s(x,t)\right)\right]\right) \tag{7.11}$$

其中通常 $\alpha_s\neq\alpha$,副反应交换电流密度为 $i_{0,s}=k_s(c_e)^{1-\alpha_s}$,即

$$\eta_s(x,t)=\varphi_s(x,t)-\varphi_e(x,t)-U_s-FR_{\text{film}}j_s(x,t)$$

副反应是半不可逆的,因为它包含一个阳极速率项①,但不允许总的副反应通量为正。

副反应仅发生在负极中 $\eta_s(x,t)<0$ 的空间位置。这由式(7.11)中的 min(·)函数强制执行,该函数为 $\eta_s(x,t)\geq0$ 的 x 值设置 $j_s(x,t)=0$,为 $\eta_s(x,t)<0$ 的 x 值设置 $j_s(x,t)$ 为巴特勒-福尔默方程的计算值。

当给锂离子电池充电时,局部副反应过电位会随着时间的推移而降低。但其在整个电极上不均匀,隔膜附近的值比电极中其他位置的值下降得更快。典型情况如图 7-8 所示。在本例中,析锂在从 $x=x_0$ 到 $x=L^{\text{neg}}$ 的间隔内,$\eta_s(x,t)<0$ 处发生。注意该图,电池远未达到 100% SOC,这是因为在大部分电极横截面上 $\eta_s>0$,并且如果在电池两端施加足够大的充电电流脉冲,在隔膜附近仍然会析锂。因此,SOC 只是一个重要变量:最终,局部过电位决定是否会析锂。

为了建立析锂的 ROM,我们的第一个目标是求解 $\eta_s(x,t)$,然后由此计算 j_s。随后,我们可以将 j_s 纳入描述薄膜电阻和容量损失演变的增量方程,就像我们对 SEI 生长模型所做的那样。假设 j_s 在某个小时间间隔 Δt 内为常数,并将第 k 个区间的 j_s 表示为 $j_{s,k}$。然后,薄膜厚度、薄膜电阻和容量损失方程采用与 SEI 生长模型相同的形式(式(7.7)~式(7.9)),但他们具有不同的输入副反应通量密度 $j_{s,k}$。

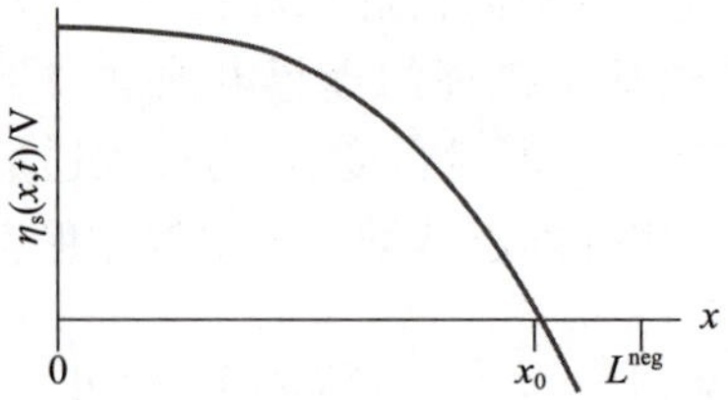

图 7-8 充电过程中过电位与负极位置的关系

① 译者注:代表失电子反应速率项。

7.5　析锂 ROM 结果

当创建过充电析锂 FOM 的 ROM 时，可以发现 Ramadass 和 Arora 模型之间的一个主要区别。Ramadass 模型假设 SEI 在电极的任何地方都会一直生长。生长速率取决于局部副反应过电位，但由于该变量在整个电极上是连续的，因此我们只需对整个电极上的副反应过电位取平均值，得出平均（或总）副反应通量密度，就可以近似计算出电极上的总副反应速率。

Arora 模型则假设析锂是一种二元现象。在副反应过电位为正的任意电极位置，都不会产生析锂。在副反应过电位为负的任意电极位置，析锂的严重程度都将由巴特勒 - 福尔默方程描述。因此，我们不能简单地平均电极上的副反应过电位来预测析锂，必须尝试描述过电位的分布，找到过电位为负的位置，并在发生析锂的电极区域计算锂损失。

Perkins 等在论文①中详细介绍了 ROM 的推导过程。与描述 SEI 生长的 ROM 一样，它通过隐式计算得出平均副反应通量密度 $\bar{j}_s$。然而，不同的是，该计算没有封闭形式的解，并且每次迭代都需要非线性求解器来计算 $\bar{j}_s$。即便如此，它的执行速度也比 FOM 快得多，并且在某些设置下可以给出良好的预测结果。这里我们回顾那篇论文的一些结果。

这个 ROM 的有效性首先取决于底层全阶偏微分方程模型的准确性，这里我们假设它是精确的。然后，它取决于 $\bar{j}_s$ 的降阶近似与精确计算值的匹配程度。本节将比较 $\bar{j}_s$ 的 FOM 和 ROM 结果。

为了比较 FOM 和 ROM，我们进行了一系列仿真。在每次仿真中，电池最初处于静置状态。然后施加一个电流脉冲，并将从 PDE 模型得到的 $\bar{j}_s$（在脉冲之后的 1s 内取平均）与从 ROM 计算出的 $\bar{j}_s$ 进行比较。

为了仿真 PDE 模型，使用 COMSOL Multiphysics 和 MATLAB 来循环进行一系列仿真并分析结果。具体而言，每次仿真时间为 1.2s，其中电池电流 i_{app} 建模为在 $t=0.2$s 施加的阶跃函数。我们发现，初始静置的时间间隔允许 PDE 求解器在施加阶跃电流之前调整其初始条件，有利于解的收敛。

我们在仿真中使用的电池参数与 Arora 模型中使用的参数相同，并在附录中列出。施加的电流范围为 0C 到 3C，步长为 C/33；电池初始 SOC 范围为 0%

---

① 参考文献：Perkins, R. D., Randall, A. V., Zhou, X., Plett, G. L., "Controls Oriented Reduced Order Modeling of Lithium Deposition on Overcharge," Journal of Power Sources, 209, 2012, pp. 318 – 325。

到 100%，步长为 1%；温度恒定在 25℃。我们发现 ROM 在调整因子 $\beta = 1.7$ 时运行良好。这意味着，对于突然施加的脉冲，隔膜附近的电解质浓度变化速度几乎是集流体附近的 2 倍。

我们总共进行了 10100 次仿真。作为一个比较点，在英特尔 i7 CPU 上平均使用 3 个处理器内核，运行所有的全阶 PDE 仿真大约需要 12h 才能完成；在同一台机器上平均使用 1 个处理器内核，运行所有的 ROM 仿真大约需要 21s 就能完成。基于单次仿真单个核，增速比超过 5000 : 1。这是 ROM 相对于 FOM 的主要优势。

图 7－9 绘制了该电池模型在施加 2C 充电电流脉冲到初始 SOC 为 90% 的电池上后的副反应过电位，其中 $x = 0$ 表示紧邻集流体，$x = 85\mu m$ 表示紧邻隔膜。由于无论何时何处，只要满足 $\eta_s < 0$ 都会发生析锂，因此，根据 FOM 结果，预计析锂发生在大约 $x = 42\mu m$ 与 $x = 85\mu m$ 之间。从 ROM 结果来看，预计析锂发生在大约 $x = 49\mu m$ 与 $x = 85\mu m$ 之间。虽然 ROM 在本示例中对于析锂区域宽度的估计偏低，但由于其在该区域上预测的过电位比 FOM 负得更多，因此，它实际上对于析锂量的估计偏高。

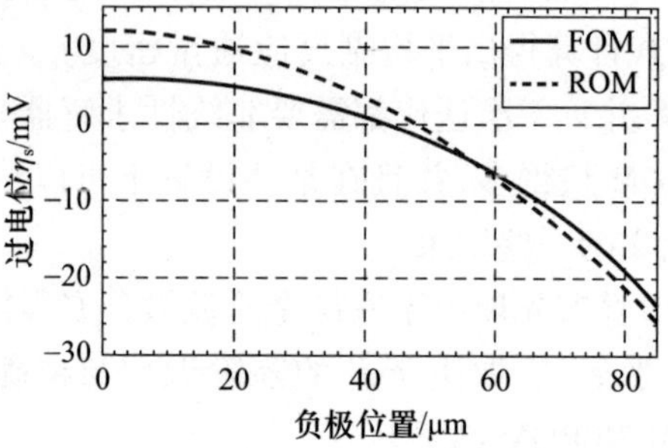

图 7－9　充电脉冲期间副反应过电位的横截面图

从图 7－10 可以更容易地得出上述结论。在 1s 内，ROM 预测的时间平均析锂速率略高于 FOM。

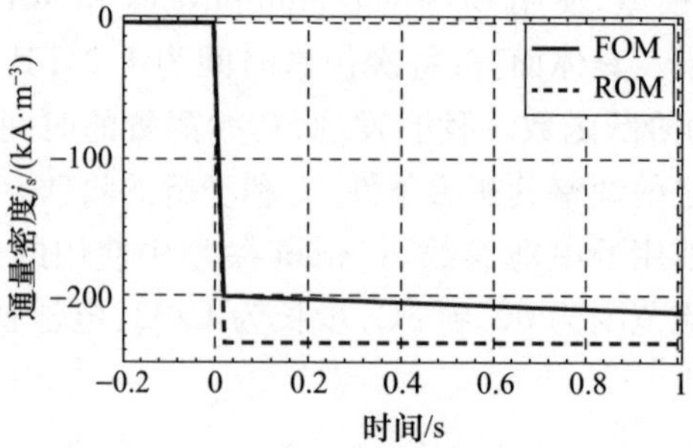

图 7－10　相同场景的过充电预测

图7-11显示了FOM和ROM在所有场景下预测的过充电率的汇总结果。正如预期,在高SOC和高充电率下,析锂更严重。FOM和ROM的解通常非常一致,在高充电率下吻合程度最低。

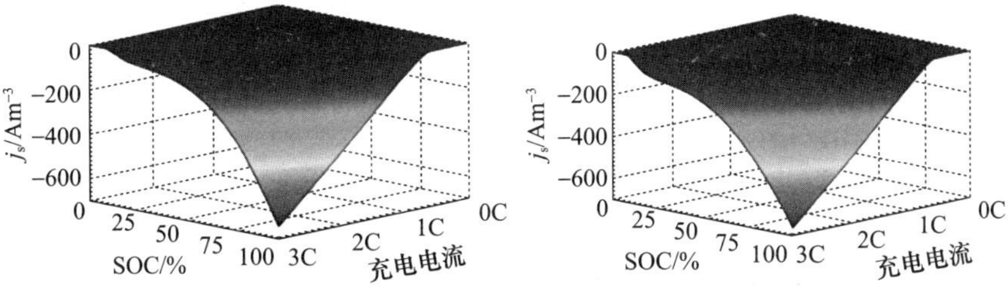

图7-11　FOM和ROM预测过充电导致的容量损失

图7-12从另一视角显示了结果,绘制并比较了FOM和ROM解空间的横截面。左图显示当每对曲线代表特定充电率时,这两种方法的比较。两者的异同如前所述,但在这里可以更清楚地看到,FOM和ROM解之间的差异在高充电率时最大。右图显示当每对曲线代表特定初始SOC时,这两种方法的比较。在中等SOC水平下差异最大。

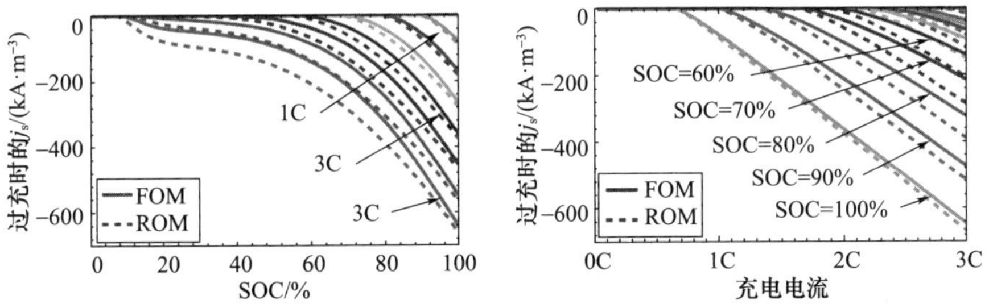

图7-12　图7-11的剖面图

最后,图7-13以两种方式说明了FOM和ROM解之间的误差。左图显示了两种方法在是否会发生析锂方面达成一致的区域以及不一致的区域。不一致的区域为2.4C、SOC为25%附近的一个非常窄的区间,其中ROM预测过充电,但FOM没有;否则,边界是相同的。右图显示了两种解之间的误差,计算式为$\bar{j}_{s,FOM}-\bar{j}_{s,ROM}$。最大误差约为65000A·m^{-3},该值虽然看起来很大,但相对误差仅为10%左右。

对于控制系统设计而言,图7-13左图的结果最重要。由于析锂可能是一种严重的退化机制,因此,充电控制方案应该避免执行可能导致析锂发生的控制行为。仅基于析锂FOM模型的时间优化充电器,将控制电流遵循图7-13左图

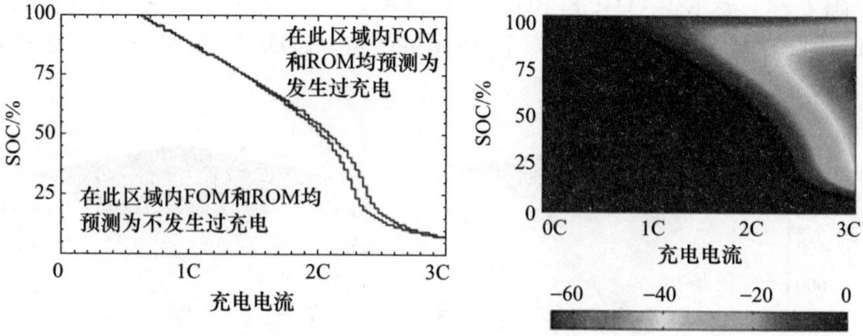

图 7-13 FOM 和 ROM 的决策区域(见彩图)

的上边界线,从而允许在不发生析锂的前提下,在任意时间点达到最大充电倍率。相比之下,仅基于析锂 ROM 模型的时间优化充电器,将控制电流遵循图 7-13左图的下边界线,这将使充电速度稍慢。但是,由于 ROM 过高地估计析锂量,因此它也会产生保守的充电方案,这是一个有利特性。

请注意,如果电压限制选择合适,1C 以内的恒流恒压充电将避免析锂。恒流阶段将使 SOC 达到80%左右,而后采用恒压继续充电。然而,我们看到,最初使用远高于1C 的倍率可以更快地为电池充电。

我们还进行了额外的仿真来研究充电脉冲持续时间 Δt 的影响。也就是说,在 FOM 和 ROM 结果出现显著不同之前,充电脉冲能维持多久?我们发现,小于10s 的脉冲长度通常匹配良好,远大于10s 的脉冲长度会导致 FOM 与 ROM 的显著失配。对于长时间持续脉冲,违反了 ROM 在推导中假设的准静态性质,并且实际时变 $\varphi_e(x,t)$ 相对于静置 $\varphi_e(x,t)$ 发生了显著偏移,从而移动了 $\eta_s(x,t)$ 的计算参照点。这导致 ROM 过低估计了 FOM 计算的析锂值。因此,我们认为,ROM 在计算 HEV 等动态应用场景中的电流限制方面最有应用价值,此时,功率需求的随机性导致 φ_e 的偏差无法形成,但 ROM 在 EV 等应用场景中控制全阶段充电方面的应用价值较小。

关于效率,我们作最后一点评论。如果预先计算 ROM 解并将其存储在查找表中,则 ROM 与 FOM 的增速比可以远大于5000∶1。然后,通过查表,“计算” $\bar{j}_{s,ROM}$ 的任何值几乎都是瞬间完成的。我们注意到,与 SEI 模型不同,析锂 ROM 的解随着薄膜电阻的变化而变化。然而,薄膜电阻的变化非常缓慢。因此,BMS 可能会在某个运行时段内更新一次表格(如每天1次),然后在整个运行时段内使用该表格,以显著提高性能。

7.6　优化功率极限

我们已经看到有多种原因会导致电池退化，并试图建模其中两个重要机制。在这方面还有很多工作要做，首先是由电化学和材料学家开发 FOM，然后由控制系统工程师将其转换为计算效率高的高保真 ROM。但是，如何使用这些模型计算延缓电池退化的功率极限呢？

我们已经看到，没有一种电池退化机制与端电压直接相关，它们是电池内应力因素的函数。因此，假设可以很好地建模退化机制，根据预测的容量损失和/或这些应力因素导致的内阻上升计算功率极限比根据电压限制计算功率极限更有意义。显然，在这成为现实之前还有很多工作要做，但潜在的好处表明一切努力都是值得的。

下一节将简要介绍一些优化方法，这些方法可以与基于机理的退化机制一起使用，以计算更好的功率极限。在这些章节中，我们考虑两个不同的控制问题[①]。

(1) 对于通过外部电源对电池组充电的 EV、E－REV 或 PHEV 等应用：最佳充电模式是什么？能进行快速充电吗？对于固定充电时间，最佳充电策略是什么？

(2) 对于任何动态应用，包括所有行驶时的 xEV 应用：在接下来的 ΔT 秒内可以保持的最大绝对充电功率是多少？在接下来的 ΔT 秒内可以保持的最大放电功率是多少？

7.7　插入式充电

插入式充电问题适合用非线性规划方法来解决。一个例子是序列二次规划算法，可以通过 MATLAB 优化工具箱中的 fmincon.m 实现。

非线性规划是一种通用优化方法，它试图找到下面问题的解：

$$\boldsymbol{x}^* = \operatorname{argmin} f(\boldsymbol{x}), \begin{cases} \boldsymbol{c}(\boldsymbol{x}) \leqslant 0, \boldsymbol{A}\boldsymbol{x} \leqslant \boldsymbol{b} \\ \boldsymbol{c}_{\text{eq}}(\boldsymbol{x}) = 0, \boldsymbol{A}_{\text{eq}}\boldsymbol{x} = \boldsymbol{b}_{\text{eq}} \\ \boldsymbol{lb} \leqslant \boldsymbol{x}, \boldsymbol{x} \leqslant \boldsymbol{ub} \end{cases}$$

① 第三个远远超出本书讨论范围的问题是：考虑将 xEV 作为智能电网的存储单元，什么时候向电网提供能量才有意义？借用的能源应收取多少租金？

式中:$f(\boldsymbol{x})$是标量代价函数,对于用户定义的$f(\boldsymbol{x})$、$\boldsymbol{c}(\boldsymbol{x})$、$\boldsymbol{c}_{\mathrm{eq}}(\boldsymbol{x})$、$\boldsymbol{A}$、$\boldsymbol{b}$、$\boldsymbol{A}_{\mathrm{eq}}$、$\boldsymbol{b}_{\mathrm{eq}}$、$\boldsymbol{lb}$、$\boldsymbol{ub}$,我们希望选择满足以下约束条件并使代价函数最小的最优输入向量$\boldsymbol{x}^*$。

(1)非线性向量不等式约束函数$\boldsymbol{c}(\boldsymbol{x})\leqslant 0$。

(2)非线性向量等式约束函数$\boldsymbol{c}_{\mathrm{eq}}(\boldsymbol{x})=0$。

(3)线性向量不等式约束函数$\boldsymbol{Ax}\leqslant\boldsymbol{b}$。

(4)线性向量等式约束函数$\boldsymbol{A}_{\mathrm{eq}}\boldsymbol{x}=\boldsymbol{b}_{\mathrm{eq}}$。

(5) $\boldsymbol{lb}\leqslant\boldsymbol{x}\leqslant\boldsymbol{ub}$ 表示向量$\boldsymbol{x}$中的所有元素都处于该范围。

为了使用非线性规划来解决特定问题,必须定义适当的输入向量$\boldsymbol{x}$、函数$f(\boldsymbol{x})$以及约束矩阵和函数。对于插入式充电问题,我们选择$\boldsymbol{x}$为电池施加电流与时间关系的向量,$f(\boldsymbol{x})$为由施加电流引起的电池退化的一些估计,以及使问题得以解决的其他函数和矩阵。

例如:

$$\boldsymbol{i}^* = \operatorname{argmin}\sum_{k=0}^{K-1} -j_{\mathrm{s}}(i_k, z_k, T_k),\begin{cases} z_{\min}\leqslant z_k\leqslant z_{\max} \\ z_K = z_{\mathrm{end}} \\ -I_{\max}\leqslant i_k\leqslant I_{\max}\end{cases}$$

$$z_k = z_0 - \sum_{j<k} i_j\Delta t/Q$$

这表明,我们希望将电池在K个采样间隔内所遭受的累积容量损失降至最低,其中电池SOC从z_0开始并以z_{end}结束,电流被限制在$\pm I_{\max}$之间,SOC被限制在$z_{\min}$和$z_{\max}$之间,标准的SOC方程成立,库仑效率近似为1。

只需稍作调整,上式就可以被改写成非线性规划形式。首先,将SOC方程改写成向量形式:

$$\begin{bmatrix} z_1 \\ z_2 \\ \vdots \\ z_K \end{bmatrix} = \underbrace{\begin{bmatrix} 1 \\ 1 \\ \vdots \\ 1 \end{bmatrix}}_{\boldsymbol{CV}} z_0 - \frac{\Delta t}{Q}\underbrace{\begin{bmatrix} 1 & 0 & 0 & 0 & \cdots & 0 \\ 1 & 1 & 0 & 0 & \cdots & 0 \\ \vdots & \vdots & \vdots & \vdots & \ddots & \vdots \\ 1 & 1 & 1 & 1 & \cdots & 1 \end{bmatrix}}_{\boldsymbol{LT}}\underbrace{\begin{bmatrix} i_0 \\ i_1 \\ \vdots \\ i_{K-1} \end{bmatrix}}_{\boldsymbol{x}}$$

式中:$\boldsymbol{CV}$是单位列向量;$\boldsymbol{LT}$是单位下三角矩阵。

利用这个公式,可以将z_K的约束方程写为

$$z_K = z_0 - \frac{\Delta t}{Q}[1\ \ 1\ \ 1\ \ \cdots\ \ 1]\boldsymbol{x} = z_{\mathrm{end}}$$

或者按照非线性规划的规定格式写为

$$\underbrace{[1\ \ 1\ \ 1\ \ \cdots\ \ 1]}_{\boldsymbol{A}_{\mathrm{eq}}}\boldsymbol{x} = \underbrace{\frac{Q}{\Delta t}(z_0 - z_{\mathrm{end}})}_{\boldsymbol{b}_{\mathrm{eq}}}$$

SOC 下限 $z_{\min} \leqslant z_k$ 可以改写成

$$\underbrace{\begin{bmatrix} 1 \\ 1 \\ \vdots \\ 1 \end{bmatrix}}_{CV} z_{\min} \leqslant \underbrace{\begin{bmatrix} 1 \\ 1 \\ \vdots \\ 1 \end{bmatrix}}_{CV} z_0 - \frac{\Delta t}{Q} \underbrace{\begin{bmatrix} 1 & 0 & 0 & 0 & \cdots & 0 \\ 1 & 1 & 0 & 0 & \cdots & 0 \\ \vdots & \vdots & \vdots & \vdots & \ddots & \vdots \\ 1 & 1 & 1 & 1 & \cdots & 1 \end{bmatrix}}_{LT} \underbrace{\begin{bmatrix} i_0 \\ i_1 \\ \vdots \\ i_{K-1} \end{bmatrix}}_{x}$$

$$(\boldsymbol{CV})(z_{\min} - z_0) \leqslant -\frac{\Delta t}{Q}(\boldsymbol{LT})\boldsymbol{x}$$

$$(\boldsymbol{LT})\boldsymbol{x} \leqslant \frac{Q}{\Delta t}(\boldsymbol{CV})(z_0 - z_{\min})$$

类似地，$z_k \leqslant z_{\max}$ 可以改写成

$$-(\boldsymbol{LT})\boldsymbol{x} \leqslant \frac{Q}{\Delta t}(\boldsymbol{CV})(z_{\max} - z_0)$$

将最后两个约束条件放在一起，可以得到

$$\underbrace{\begin{bmatrix} \boldsymbol{LT} \\ -\boldsymbol{LT} \end{bmatrix}}_{A} \boldsymbol{x} \leqslant \underbrace{\frac{Q}{\Delta t}\begin{bmatrix} (\boldsymbol{CV})(z_0 - z_{\min}) \\ (\boldsymbol{CV})(z_{\max} - z_0) \end{bmatrix}}_{b}$$

通过设置 $\boldsymbol{lb} = -I_{\max}(\boldsymbol{CV})$，$\boldsymbol{ub} = I_{\max}(\boldsymbol{CV})$ 可以满足输入电流的约束。

然后，就只剩下指定代价函数 $f(\boldsymbol{x})$。这个问题没有非线性约束。鉴于在本章中所看到的，我们可以考虑用 j_s 表示 SEI 增长模型或过充电模型，或者两者的总和。

7.8　快速充电示例

为了说明非线性规划方法，我们使用已经生成的退化模型确定优化充电策略的控制器。在第一个控制场景中，电池 SOC 具有 10% ~90% 的指定值，并且要求充电器在2h 内将电池从该初始状态最佳充电至 SOC 为90%。电池 SOC 不允许超出 10% 到 90% 的范围，但电流不受限制。

首先，研究在控制策略中仅使用 SEI 增长退化模型的情况。结果绘制在图 7-14中。左图显示了电流-时间的优化曲线（正电流表示放电），右图显示了电池 SOC-时间的曲线。

上述结果可能令人惊讶。使用该退化模型时，最佳充电策略是将电池快速放电至其允许的最小 SOC，然后静置尽可能长的时间，最后再将电池快速充电至最大 SOC。结果表明，放电加充电的代价低于长期保持高 SOC 的代价。回到

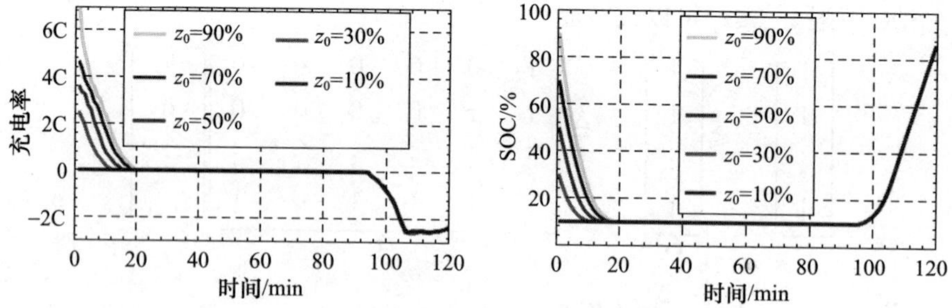

图 7-14 使用 SEI 退化模型的快速充电策略(见彩图)

图 7-4中的左图,有助于我们了解为什么会出现这种情况。在高荷电状态下静置比放电后再充电到该荷电状态的退化速度快得多。

接下来,我们来看同样的问题但改变代价函数 $f(\boldsymbol{x})$,将 SEI 增长和过充电时析锂的退化相加,结果如图 7-15 所示。定性上看两个仿真结果相同,但在某些细节上有所不同。特别是第二种情况下最终充电的速率要低得多,充电电流在高 SOC 时逐渐减小,以避免析锂。

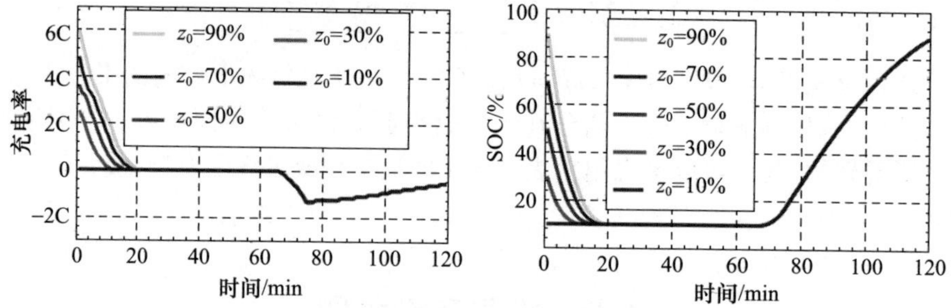

图 7-15 使用 SEI 和析锂退化模型的快速充电策略

图 7-16 将 SEI 增长和过充析锂复合退化函数,在 SOC 为 10% 到 90% 下的最佳充电轨迹描绘为一条细线。直接从起点移动到 SOC 接近 30% 充电率接近 2C 的点,代价最低。然后轨迹会突然改变方向,以避免在该方向上继续可能导致的快速退化,并沿着中度退化与重度退化代价函数区域之间的边缘移动。

接下来,我们研究快速充电策略,结果如图 7-17 所示。左图显示使用 SEI 增长 ROM 作为代价函数时的结果,右图显示使用 SEI 和析锂复合模型时的结果。在这些实验中,电池初始 SOC 被设置为 50%,然后允许 15min、30min、45min、60min、75min、90min、105min 或 120min 充电至 90%。

同样,这两种策略相似但并不完全相同。如果有足够的时间,充电器会将电池放电至允许的最小 SOC,然后再对电池充电;如果时间较短,充电器将仅在充

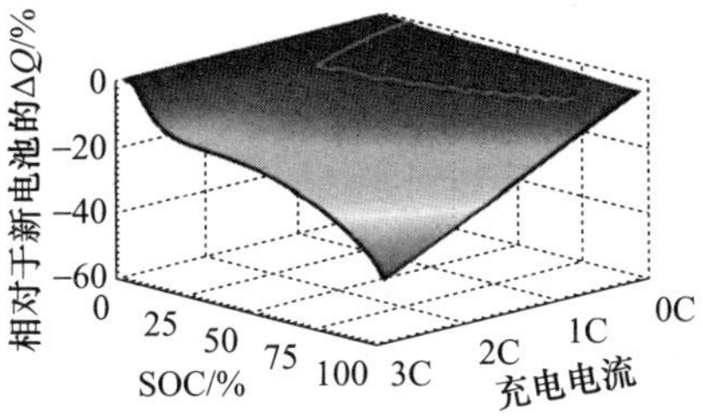

图7－16　最佳充电轨迹

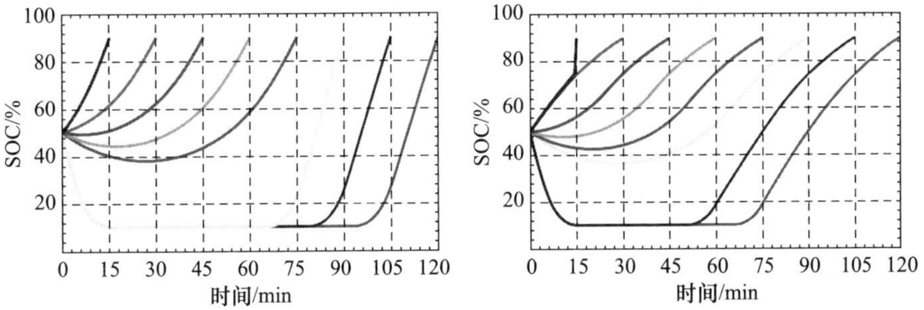

图7－17　快速充电结果

电前对电池进行部分放电；如果时间更短，充电器会立即给电池充电。

在结束本节之前我们必须要问："这些结果现实吗?"是又不是。它们在某种意义上是现实的，SEI和过充模型是现实的，因此如果我们忽略所有其他类型的退化，这些电流－时间曲线是我们延长电池寿命能采取的最好措施。然而，真实的应用场景都不太可能在电池重新充满电之前先将其完全放电。例如，如果让电动汽车利用一整夜充电，但在半夜我们可能会遇到一些紧急情况需要使用车辆，那么让电池处于可能的最低SOC状态是不可接受的。因此，我们不太可能完全遵循这些最佳充电曲线。但是，它们可以指导充电实践。我们现在知道，在必要之前就将电池组充电至其最高状态会缩短其寿命。因此，可以选择将电池组先充电到一个中间SOC，以保证一些可接受的最小车辆续航里程，然后等待尽可能长的时间，最后仅在需要时才充满电。

7.9　动态功率计算

使用基于机理的退化模型的优化控制的第二种可能应用考虑了确定动态功率限制的问题。这与第6章中考虑的问题相同，只是现在我们不再考虑电压限制，而是考虑基于机理的退化。

也就是说，我们希望基于当前电池组条件找到可以在 ΔT 内保持恒定的最大放电和充电功率水平，而不违反 SOC 的预设限制，或最大设计功率或电流，同时避免析锂，并在性能和由于 SEI 增长导致的容量损失之间做出可接受的折衷。和以前一样，我们首先通过寻找电池可以承受的最大放电和充电电流来解决这个问题，然后乘以电压将这些值转换为功率。

虽然这里提出的方法尚未经过充分测试，但是它建立在已经在许多其他应用中使用的现代控制理论原则之上。通过一些工作，我们相信它会产生良好的效果。

它与被称为模型预测控制（Model Predictive Control，MPC）的控制系统设计范例密切相关。它的基本思想如下。

（1）使用被控制系统模型确定 $k_{\Delta T}$ 长度的控制信号序列，以预测将使系统的控制变量收敛到预期值的未来系统行为。

（2）仅执行此序列中的第一个元素。

（3）重复。

例如，这允许我们预测一个不会违反限制的恒流输入，并且如果将其应用于整个 ΔT（$k_{\Delta T}$ 个采样周期），它将最优化代价函数，但我们只执行其中的第一个采样周期，然后重复。这与我们在第 6 章中假设的基于电压的功率极限计算范例完全相同。

标准 MPC 与这里的方法略有不同。标准 MPC 重新构建系统模型，以使用输入信号的变化 $\Delta \boldsymbol{u}_k$ 作为模型的输入，而不是直接输入信号 $\boldsymbol{u}_k$ 本身。该方法隐含地为动力学添加了一个积分器，这对于传统的反馈控制应用是有益的，因为它消除了稳态跟踪误差，但对于功率极限估计是不必要的。它也非常适合设定点控制：当 $\Delta \boldsymbol{u}_k = 0$ 时，$\boldsymbol{u}$ 是一个常数，系统输出 $\boldsymbol{y}$ 接近一个稳态常数。同样，这对于功率估计不是必需的。标准 MPC 也不允许状态空间模型具有直接反馈项 $\boldsymbol{D}$，但是在这里我们需要它，因为该项包含电池欧姆电阻，这对我们的计算至关重要。

我们没有重新修正模型以使用标准 MPC，而是重新修正 MPC 以使用模型。我们将使用与 MPC 类似的思想，从而得到与 MPC 相同形式的二次优化。假设系统模型为

$$\boldsymbol{x}_{k+1} = \boldsymbol{A}\boldsymbol{x}_k + \boldsymbol{B}\boldsymbol{u}_k$$
$$\boldsymbol{y}_k = \boldsymbol{C}\boldsymbol{x}_k + \boldsymbol{D}\boldsymbol{u}_k$$

式中：$\boldsymbol{y}_k$ 是我们希望控制在某个限制范围内或保持在某些硬性约束内的性能变

量。也就是说,这里的 $\boldsymbol{y}_k$ 可能与过去称为 $\boldsymbol{y}_k$ 的正常系统输出不同。为了确定基于机理的功率极限,我们希望在此性能输出中包含 SOC 以及析锂和 SEI 增长的局部线性化模型。

为了研究该方法,定义未来输入和性能变量的向量:

$$\boldsymbol{U} = [\boldsymbol{u}_k \quad \boldsymbol{u}_{k+1} \quad \cdots \quad \boldsymbol{u}_{k+k_{\Delta T}}]^{\mathrm{T}}$$

$$\boldsymbol{Y} = [\boldsymbol{y}_k \quad \boldsymbol{y}_{k+1} \quad \cdots \quad \boldsymbol{y}_{k+k_{\Delta T}}]^{\mathrm{T}}$$

然后,递归计算我们建立的状态空间模型:

$$\underbrace{\begin{bmatrix} \boldsymbol{y}_k \\ \boldsymbol{y}_{k+1} \\ \boldsymbol{y}_{k+2} \\ \vdots \\ \boldsymbol{y}_{k+k_{\Delta t}} \end{bmatrix}}_{\boldsymbol{Y}} = \underbrace{\begin{bmatrix} \boldsymbol{C} \\ \boldsymbol{CA} \\ \boldsymbol{CA}^2 \\ \vdots \\ \boldsymbol{DA}^{k_{\Delta t}} \end{bmatrix}}_{\boldsymbol{F}} \boldsymbol{x}_k + \underbrace{\begin{bmatrix} \boldsymbol{D} & & & 0 \\ \boldsymbol{CB} & \boldsymbol{D} & & \\ \boldsymbol{CAB} & \boldsymbol{CB} & & \\ \vdots & \vdots & \ddots & \\ \boldsymbol{CA}^{k_{\Delta t}-1}\boldsymbol{B} & \boldsymbol{CA}^{k_{\Delta t}-2}\boldsymbol{B} & \cdots & \boldsymbol{D} \end{bmatrix}}_{\boldsymbol{\Phi}} \underbrace{\begin{bmatrix} \boldsymbol{u}_k \\ \boldsymbol{u}_{k+1} \\ \boldsymbol{u}_{k+2} \\ \vdots \\ \boldsymbol{u}_{k+k_{\Delta t}} \end{bmatrix}}_{\boldsymbol{U}}$$

$$\boldsymbol{Y} = \boldsymbol{F}\boldsymbol{x}_x + \boldsymbol{\Phi}\boldsymbol{U}$$

我们定义了希望得到的参考轨迹向量 $\boldsymbol{R}_{\mathrm{s}}$,希望 $\boldsymbol{Y}$ 尽可能地与之匹配,并定义了惩罚矩阵 $\boldsymbol{Q}$ 和 $\boldsymbol{R}$,它们对跟踪该轨迹和保持小控制输入的重要性进行加权。然后,我们编写一个希望最小化的代价函数:

$$\begin{aligned} J &= (\boldsymbol{R}_{\mathrm{s}} - \boldsymbol{Y})^{\mathrm{T}}\boldsymbol{Q}(\boldsymbol{R}_{\mathrm{s}} - \boldsymbol{Y}) + \boldsymbol{U}^{\mathrm{T}}\boldsymbol{R}\boldsymbol{U} \\ &= (\boldsymbol{R}_{\mathrm{s}} - [\boldsymbol{F}\boldsymbol{x}_k + \boldsymbol{\Phi}\boldsymbol{U}])^{\mathrm{T}}\boldsymbol{Q}(\boldsymbol{R}_{\mathrm{s}} - [\boldsymbol{F}\boldsymbol{x}_k + \boldsymbol{\Phi}\boldsymbol{U}]) + \boldsymbol{U}^{\mathrm{T}}\boldsymbol{R}\boldsymbol{U} \\ &= \boldsymbol{R}_{\mathrm{s}}^{\mathrm{T}}\boldsymbol{Q}\boldsymbol{R}_{\mathrm{s}} - \boldsymbol{R}_{\mathrm{s}}^{\mathrm{T}}\boldsymbol{Q}\boldsymbol{F}\boldsymbol{x}_k - \boldsymbol{R}_{\mathrm{s}}^{\mathrm{T}}\boldsymbol{Q}\boldsymbol{\Phi}\boldsymbol{U} \\ &\quad - \boldsymbol{x}_k^{\mathrm{T}}\boldsymbol{F}^{\mathrm{T}}\boldsymbol{Q}\boldsymbol{R}_{\mathrm{s}} + \boldsymbol{x}_k^{\mathrm{T}}\boldsymbol{F}^{\mathrm{T}}\boldsymbol{Q}\boldsymbol{F}\boldsymbol{x}_k + \boldsymbol{x}_k^{\mathrm{T}}\boldsymbol{F}^{\mathrm{T}}\boldsymbol{Q}\boldsymbol{\Phi}\boldsymbol{U} \\ &\quad - \boldsymbol{U}^{\mathrm{T}}\boldsymbol{\Phi}^{\mathrm{T}}\boldsymbol{Q}\boldsymbol{R}_{\mathrm{s}} + \boldsymbol{U}^{\mathrm{T}}\boldsymbol{\Phi}^{\mathrm{T}}\boldsymbol{Q}\boldsymbol{F}\boldsymbol{x}_k + \boldsymbol{U}^{\mathrm{T}}\boldsymbol{\Phi}^{\mathrm{T}}\boldsymbol{Q}\boldsymbol{\Phi}\boldsymbol{U} + \boldsymbol{U}^{\mathrm{T}}\boldsymbol{R}\boldsymbol{U} \end{aligned}$$

为了简化上式,注意到各项都是标量,因此等于自身的转置。所以,有

$$\begin{aligned} J = {} & [\boldsymbol{R}_{\mathrm{s}}^{\mathrm{T}}\boldsymbol{Q}\boldsymbol{R}_{\mathrm{s}} - 2\boldsymbol{R}_{\mathrm{s}}^{\mathrm{T}}\boldsymbol{Q}\boldsymbol{F}\boldsymbol{x}_k + \boldsymbol{x}_k^{\mathrm{T}}\boldsymbol{F}^{\mathrm{T}}\boldsymbol{Q}\boldsymbol{F}\boldsymbol{x}_k] (\text{不是 } \boldsymbol{U} \text{ 的函数}) \\ & + 2[\boldsymbol{x}_k^{\mathrm{T}}\boldsymbol{F}^{\mathrm{T}}\boldsymbol{Q}\boldsymbol{\Phi} - \boldsymbol{R}_{\mathrm{s}}^{\mathrm{T}}\boldsymbol{Q}\boldsymbol{\Phi}]\boldsymbol{U} \\ & + \boldsymbol{U}^{\mathrm{T}}[\boldsymbol{\Phi}^{\mathrm{T}}\boldsymbol{Q}\boldsymbol{\Phi} + \boldsymbol{R}]\boldsymbol{U} \end{aligned}$$

接着,令

$$\boldsymbol{H} = 2[\boldsymbol{\Phi}^{\mathrm{T}}\boldsymbol{Q}\boldsymbol{\Phi} + \boldsymbol{R}]$$

$$\boldsymbol{f}^{\mathrm{T}} = 2(\boldsymbol{x}_k^{\mathrm{T}}\boldsymbol{F}^{\mathrm{T}}\boldsymbol{Q}\boldsymbol{\Phi} - \boldsymbol{R}_{\mathrm{s}}^{\mathrm{T}}\boldsymbol{Q}\boldsymbol{\Phi})$$

然后,有

$$J = \frac{1}{2}\boldsymbol{U}^{\mathrm{T}}\boldsymbol{H}\boldsymbol{U} + \boldsymbol{f}^{\mathrm{T}}\boldsymbol{U} + \text{常数}$$

此外,我们可以通过下式对 $\boldsymbol{Y}$ 施加约束:

$$\boldsymbol{Y}_{\min} \leqslant \boldsymbol{F}\boldsymbol{x}_k + \boldsymbol{\Phi}\boldsymbol{U} \leqslant \boldsymbol{Y}_{\max}$$

上式可以改写为

$$\boldsymbol{\Phi}\boldsymbol{U} \leqslant [\boldsymbol{Y}_{\max} - \boldsymbol{F}\boldsymbol{x}_k]$$

$$-\boldsymbol{\Phi}\boldsymbol{U} \leqslant [\boldsymbol{F}\boldsymbol{x}_k - \boldsymbol{Y}_{\min}]$$

然后可以结合在矩阵不等式中:

$$\underbrace{\begin{bmatrix} \boldsymbol{\Phi} \\ -\boldsymbol{\Phi} \end{bmatrix}}_{\boldsymbol{A}_{\text{ineq}}} \boldsymbol{U} \leqslant \underbrace{\begin{bmatrix} \boldsymbol{Y}_{\max} - \boldsymbol{F}\boldsymbol{x}_k \\ \boldsymbol{F}\boldsymbol{x}_k - \boldsymbol{Y}_{\min} \end{bmatrix}}_{\boldsymbol{b}_{\text{ineq}}}$$

现在我们已经定义了向量和矩阵 $\boldsymbol{H}$、$\boldsymbol{f}^{\mathrm{T}}$、$\boldsymbol{A}_{\text{ineq}}$ 与 $\boldsymbol{b}_{\text{ineq}}$,它们与二次规划问题相匹配:

$$\boldsymbol{U}^{*} = \operatorname{argmin} \frac{1}{2}\boldsymbol{U}^{\mathrm{T}}\boldsymbol{H}\boldsymbol{U} + \boldsymbol{f}^{T}\boldsymbol{U}$$

$$\boldsymbol{A}_{\text{ineq}}\boldsymbol{U} \leqslant \boldsymbol{b}_{\text{ineq}}$$

可以使用 MATLAB 优化工具箱的 quadprog.m 找到上述问题的解。注意:我们可以使用 $\boldsymbol{U} = [1 \quad 1 \quad 1 \quad \cdots \quad 1]^{\mathrm{T}}\boldsymbol{u}$ 构建快速单变量优化问题,从而为我们提供适用于所有时间的最大放电和充电电流值。

但是,应该采用什么样的设计常数呢?在计算充电功率限制时,我们将 SOC 状态的参考 $\boldsymbol{R}_{\mathrm{s}}$ 设置为 1.0;在计算放电功率限制时,我们将其设置为 0.0。我们还需要用描述局部线性化 SEI 生长的附加状态来增广标准 ESC 电池模型;然后,对这些状态施加限制,以尽量减少退化。此外,我们还必须用预测局部线性化析锂的额外性能输出来增广模型,以便可以对这个输出施加严格限制,以防止负极中析锂。这一点仍有待进一步研究。

7.10 本书总结及工作展望

现在已经到达了基于电池等效电路模型的电池管理算法的本卷结尾,我们在理解上已经取得了长足的进步。

(1)我们已经看到了 BMS 的主要功能需求。其中需要能够检测电池组和单体电池的电压,以及模组温度和电池组电流。此外,BMS 必须能够检测绝缘损坏并能够控制将电池组与负载连接的接触器。电池组的电子设备和控制装置必须设计为能够在正常和滥用情况下保护操作员和电池组本身。BMS 必须能够与其环境通信以控制充电器、将操作限制传输到负载控制器,并将记录的异常事件报告给服务技术人员。它的算法必须能够估计电池荷电状态、健康状态、总能量和可用功率。

(2)我们回顾了单体电池等效电路模型的公式,并了解了如何使用这些模型来仿真以任意组合连接的电池组。特别是我们看到,即使具有相同数量的串联和并联电池,由串联电池模组制成的电池组与由并联电池模组制成的电池组行为不同。对BMS设计人员来说,了解整个电池组的行为方式非常重要,尤其是在故障情况下。此外,能够对电池组及其负载进行联合仿真也很重要。我们探讨了相对简单的电动汽车负载示例,其他负载也可以与电池组一起建模和仿真。

(3)本书的大部分内容探讨了执行BMS估计和控制任务的算法。我们首先研究了SOC估计方法,发现简单的方法往往表现不佳。因此,我们投入了大量时间来了解基于模型的估计方法的工作原理,并特别关注估计单体电池等效电路模型状态向量的扩展卡尔曼滤波和sigma点卡尔曼滤波方法。这两种方法在实践中都可以很好地工作,sigma点卡尔曼滤波方法略具性能优势,扩展卡尔曼滤波方法略为简洁。我们还研究了一些非常实用的方法,以确保这些算法在无需用户干预的情况下提供可靠的预测,包括处理传感器故障和偏差的方法。使用bar-delta方法同时估计电池组中所有电池的SOC,可以大大降低BMS处理器的计算需求。

(4)然后我们研究了SOH估计方法。首先,讨论了电池退化的主要机理诱因,发现最容易测量的老化指标是电池总容量和内阻。我们发现电池电压对内阻的敏感性相对较高,这意味着估计电池内阻应该比较容易。我们提出了一种简单方法来做到这一点,效果很好。我们还看到电压对总容量的敏感性非常低,这意味着估计总容量非常困难。我们简单探索了联合和双重非线性卡尔曼滤波器估计电池退化状态的方法,但大部分时间都在研究基于回归技术的简化方法。标准最小二乘回归被证明会产生有偏差的结果,而基于总体最小二乘的方法效果更好,并且产生的估计值附有置信区间和拟合优度,从而使用户了解估计值是否可靠。

(5)接下来,我们研究了电池均衡。首先,讨论了导致电池组长期失衡的真实因素,以及一些被误认为会导致失衡的因素。在设计均衡系统时我们考虑了一些需要解决的问题,以及可用于均衡电池的电路概念。一个仿真示例表明,如果目标只是使电池组保持长期均衡,那么耗散型均衡就足够了。但是,如果我们还想使用均衡电路来最大化电池组每个循环的能量和功率输出,并通过逐一处理功率来延长电池寿命,那么就需要非耗散型均衡。

(6)我们回到功率极限估计的问题。我们发现基于电压的HPPC功率极限可以很容易地通过 SOC、最大设计电流和最大设计功率极限来增广。然后,我们将 HPPC 方法假设的简单电池模型替换为完备的 ESC 电池模型,并了解二分查找算法如何快速计算出能更准确地表示电池实际动态能力的功率限制。

(7)最后,我们引入了基于机理的功率极限概念,以更直接地优化电池组性能与其退化率之间的折衷。虽然我们无法使用单体电池等效电路模型作为基础对这个主题进行全面研究,但发现可以建立某些退化机制的简化 0 维 ROM,并在控制器内部使用这些机制计算快速充电和动态功率限制。

本书介绍了以等效电路模型为基础的电池管理算法的最新方法。这些算法可以很好地工作,并且代表了目前几乎所有 BMS 中使用的方法。然而,它们仍有待改进,主要在于能够使用基于机理的模型计算功率极限,以更直接地控制性能和退化率之间的折中。本丛书的第三卷将探讨这些主题。

(1)我们将首先回顾第一卷中基于机理的连续介质尺度模型,然后利用更容易识别的量重新建立模型方程。接下来,将展示如何将第一卷中的模型降阶方法应用于这个重新建立的模型,以及如何使用新的 ROM 仿真电池和电池组。

(2)当使用基于机理的模型时,面临的一个巨大挑战是“如何确定参数值?”也就是说,仿真模型方程所需的电导率、扩散率和其他材料属性是什么。根据过往的经验,系统辨识过程是由训练有素的科学家实施的,他们拆开电池并直接测量各项参数值。然而,我们将展示如何使用简单的电池级实验室测试确定所需的值,而无须拆卸电池。

(3)使用基于机理模型的 BMS 必须执行与基于等效电路模型的 BMS 相同的任务,例如需要执行状态估计。我们将展示如何将第二卷中提出的非线性卡尔曼滤波器应用于基于机理的模型,这需要一些额外步骤。

(4)使用基于机理的模型进行 SOH 估计可以得到与第二卷相同类型的信息,但还可以测量化学计量运行窗口在每个电极中是如何变化的。这对于功率极限计算来说是极具价值的输入,因为老化电池可以承受的电压和内部电化学电位通常与新电池不同。所以,该方法可以在电池组的整个生命周期内最大限度地提高电池组的使用率。

(5)最重要的是,我们可以提供强大的方法来处理功率极限估计问题。我们将研究一些降阶的基于机理的 1D 退化模型,它们比本书介绍的模型具有更好的性能,并将了解如何使用模型预测控制来计算功率限制,以避免析锂,同时最小化其他类型的老化。

最后,我希望本书所涵盖的知识能够激发您的想象力,并让未来的 BMS 变得更好。

7.11　附录1:用于SEI仿真的参数

SEI仿真参数如表7-1所列。

表7-1　SEI仿真参数①

符号	单位	负极	隔膜	正极
L	μm	88	20	80
R	μm	2	—	2
A	m^2	0.0596	0.0596	0.0596
σ	$S \cdot m^{-1}$	100	—	100
ε_s	—	0.49	—	0.59
ε_e	—	0.485	1	0.385
brug	—	4	—	4
$c_{s,max}$	$mol \cdot m^{-3}$	30555	—	51555
$c_{e,0}$	$mol \cdot m^{-3}$	1000	1000	1000
θ_{min}	—	0.03	—	0.95
θ_{max}	—	0.886	—	0.487
D_s	$m^2 \cdot s^{-1}$	3.9×10^{-14}	—	1.0×10^{-14}
D_e	$m^2 \cdot s^{-1}$	7.5×10^{-10}	7.5×10^{-10}	7.5×10^{-10}
t_+^0	—	0.363	0.363	0.363
κ	$A \cdot m^{5/2} \cdot mol^{-3/2}$	4.854×10^{-6}	—	2.252×10^{-6}
α	—	0.5	—	0.5
U_s	V	0.4	—	—
R_{SEI}	$\Omega \cdot m^2$	0.01	—	—
$i_{0,s}$	$A \cdot m^{-2}$	1.5×10^{-6}	—	—

① 参考文献:Randall, A. V., Perkins, R. D., Zhou, X., Plett, G. L., "Controls Oriented Reduced Order Modeling of SEI Layer Growth," Journal of Power Sources, 209, 2012, pp. 282-288。

7.12 附录2:用于过充电仿真的参数

过充电仿真参数如表7-2所列。

表7-2 过充电仿真参数①

符号	单位	负极	隔膜	正极
L	μm	85	76.2	179.3
R	μm	12.5	—	8.5
A	m^2	1	1	1
σ	$S \cdot m^{-1}$	100	—	3.8
ε_s	—	0.59	—	0.534
ε_e	—	0.36	1	0.416
κ_e	$S \cdot m^{-1}$	0.2875	0.2875	0.2875
brug	—	1.5	—	1.5
$c_{s,max}$	$mol \cdot m^{-3}$	30540	—	22860
$c_{e,0}$	$mol \cdot m^{-3}$	1000	1000	1000
θ_{min}	—	0.10	—	0.95
θ_{max}	—	0.90	—	0.175
D_s	$m^2 \cdot s^{-1}$	2.0×10^{-14}	—	1.0×10^{-13}
D_e	$m^2 \cdot s^{-1}$	7.5×10^{-11}	7.5×10^{-11}	7.5×10^{-11}
t_+^0	—	0.363	0.363	0.363
κ	$A \cdot m^{5/2} \cdot mol^{-3/2}$	2×10^{-6}	—	2×10^{-6}
α	—	0.5	—	0.5
α_s	—	0.7	—	—
U_s	V	0.0	—	—
R_{SEI}	$\Omega \cdot m^2$	0.002	—	—
$i_{0,s}$	$A \cdot m^{-2}$	10	—	—

① 参考文献:Perkins, R. D., Randall, A. V., Zhou, X., Plett, G. L., "Controls Oriented Reduced Order Modeling of Lithium Deposition on Overcharge," Journal of Power Sources, 209, 2012, pp. 318-325。

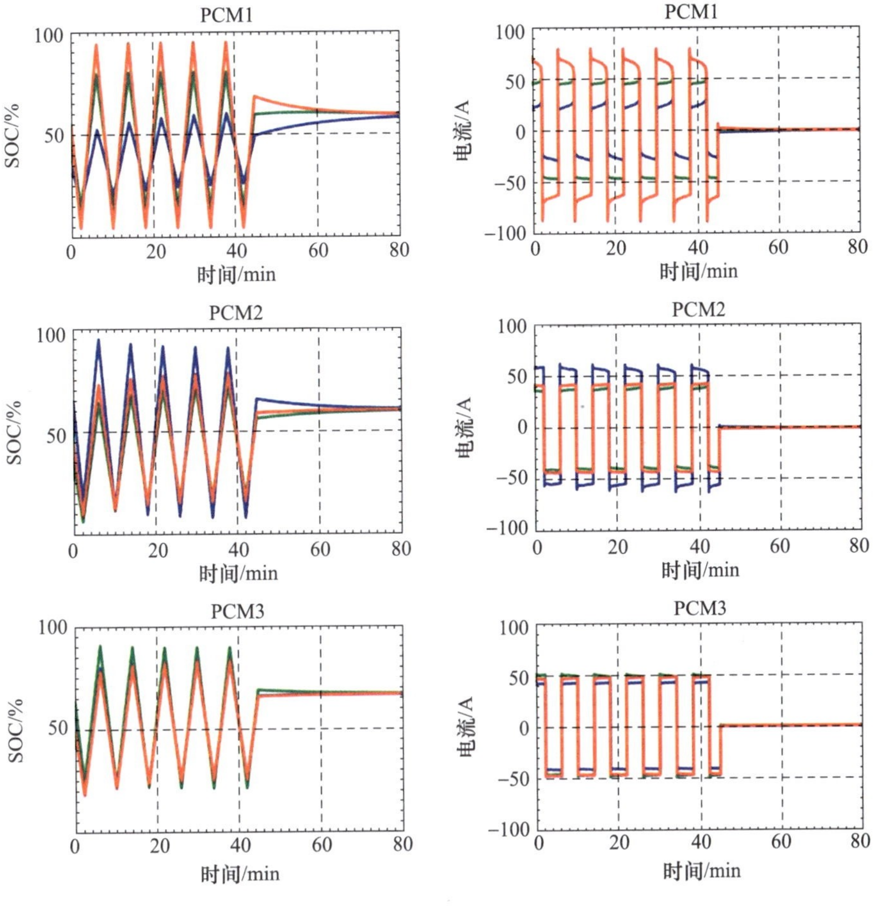

图 2－14　PCM 仿真器产生的典型荷电状态和电流曲线

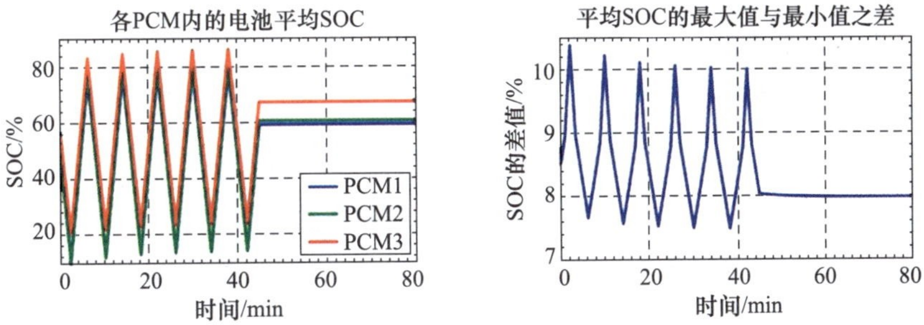

图 2－15　PCM 仿真器的平均 SOC 结果

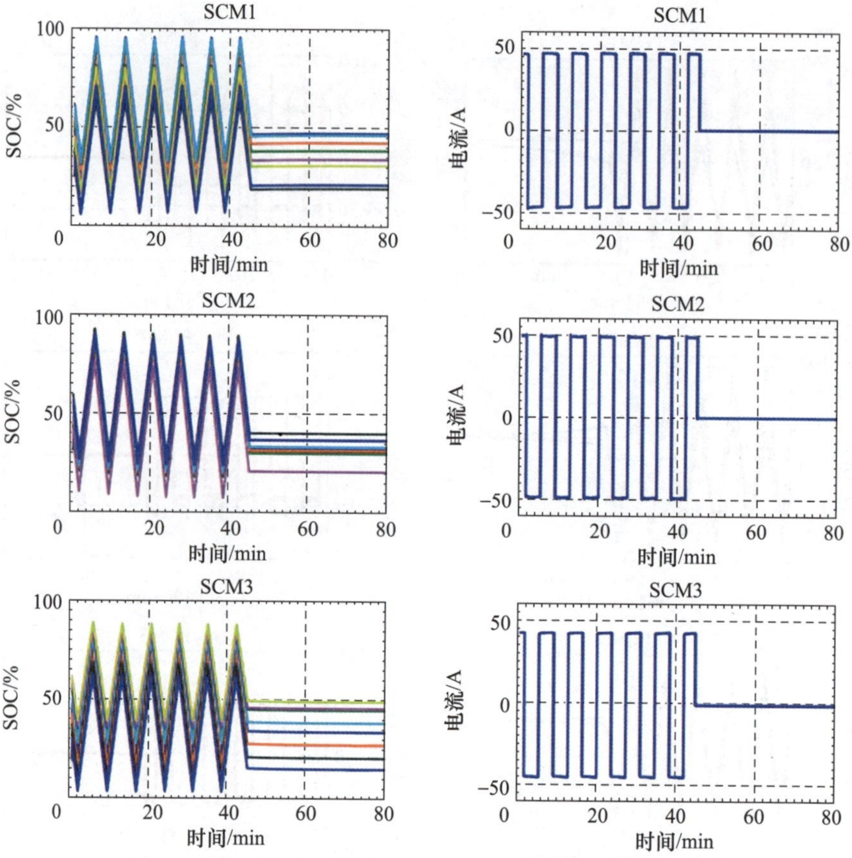

图 2－16　SCM 仿真器产生的典型荷电状态和电流曲线

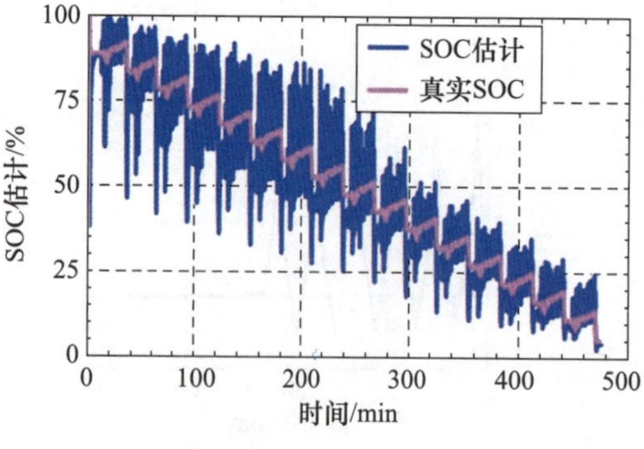

图 3－4　基于电压的 SOC 估计

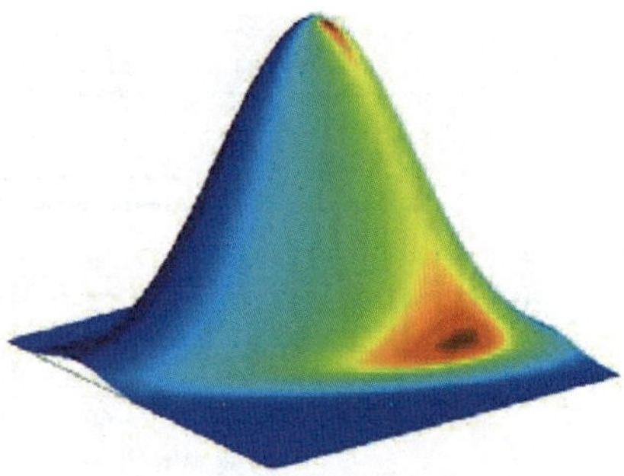

图 3－8　二元高斯分布概率密度函数

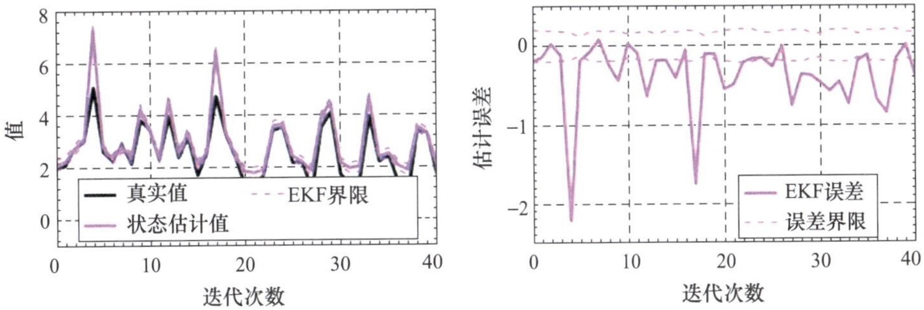

图 3－17　简单问题的 EKF 估计结果示例

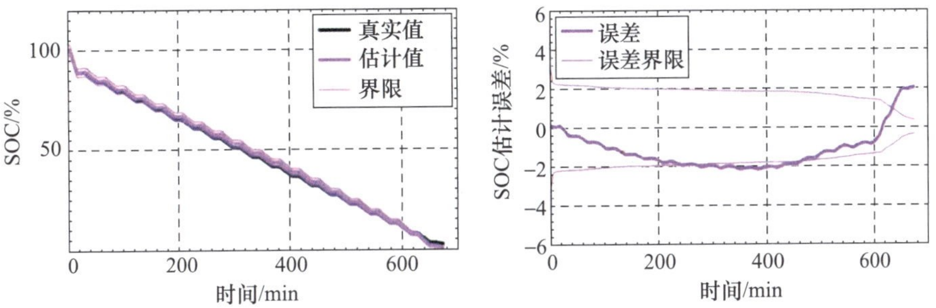

图 3－19　EKF 示例的 SOC 估计结果

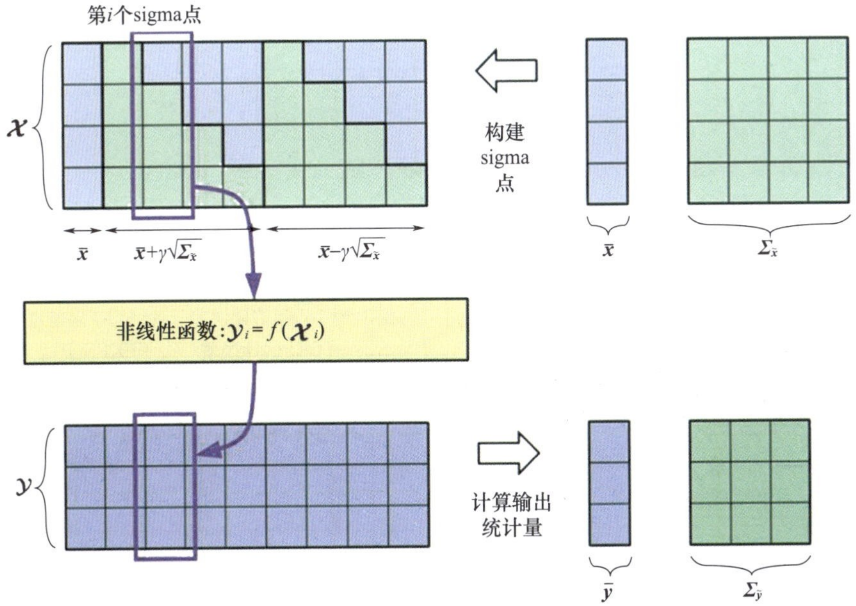

图 3－21　sigma 点方法的可视化过程

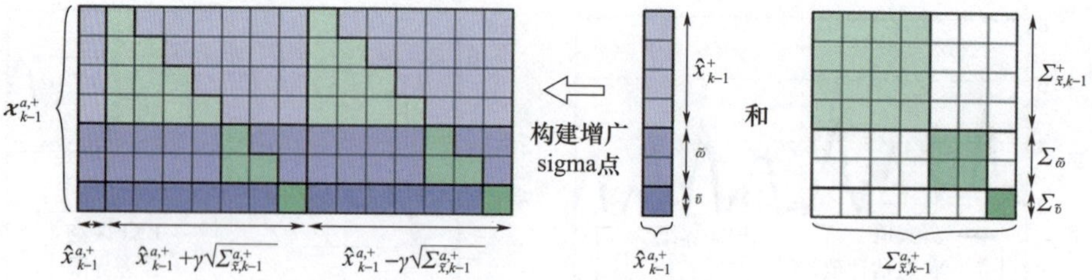

图 3 - 23　SPKF 步骤 1a：构建增广 sigma 点

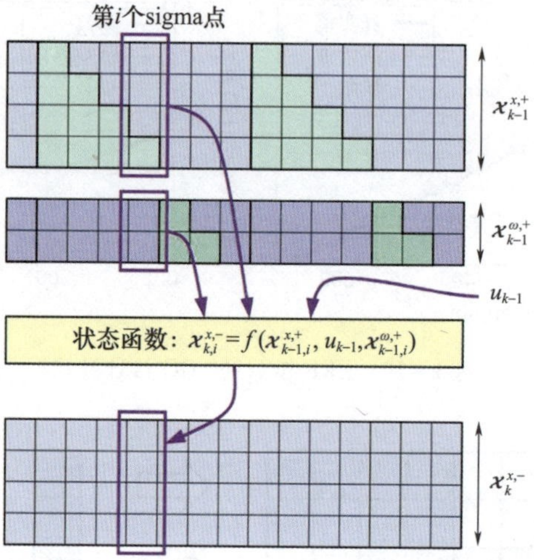

图 3 - 25　利用代表先验随机性的 sigma 点预测当前状态

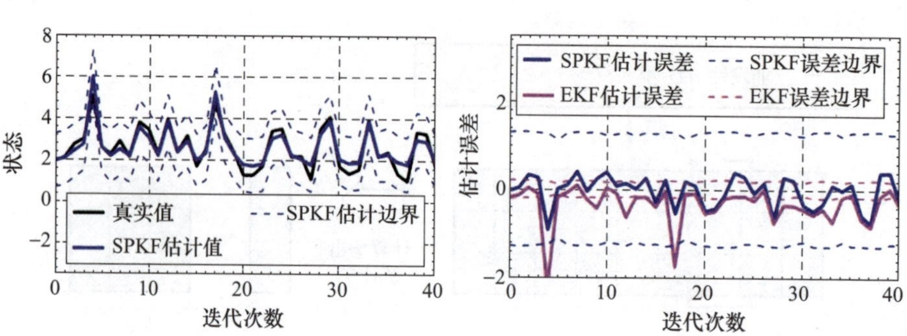

图 3 - 29　SPKF 示例结果

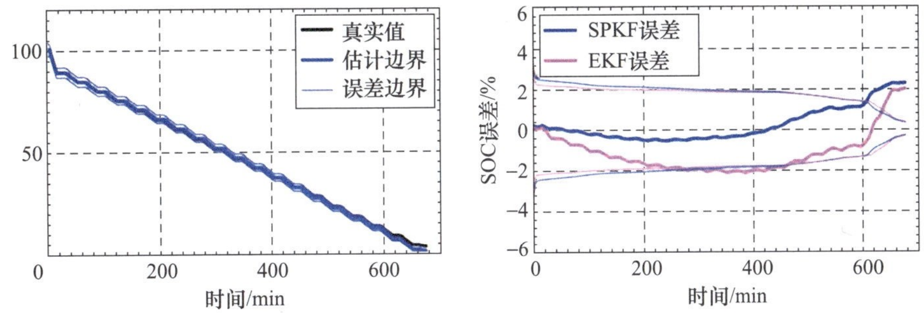

图 3-30 SPKF 与 EKF 的 SOC 估计相比

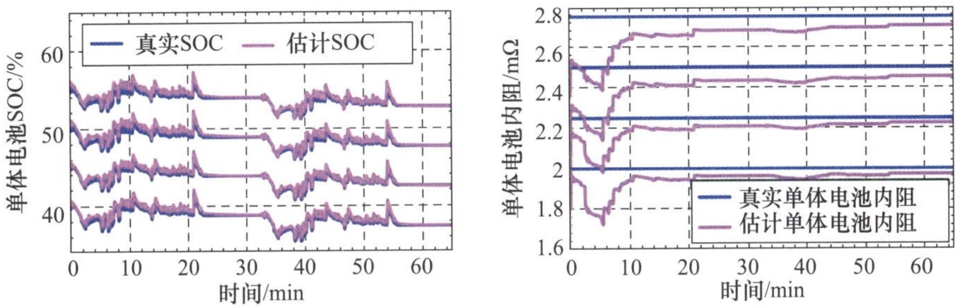

图 3-36 bar-delta 滤波的 SOC 和内阻估计

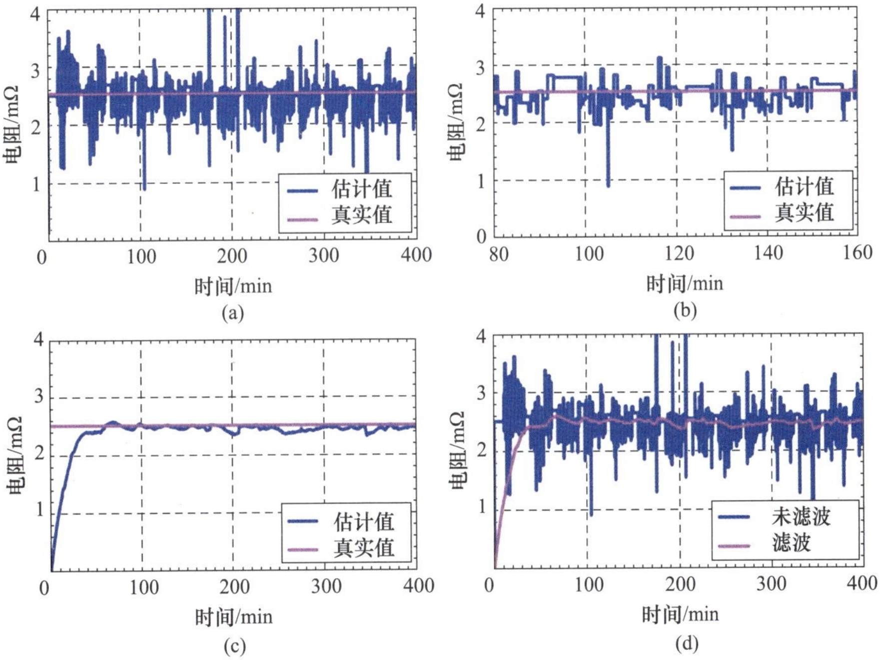

图 4-10 内阻估计的中间和最终值

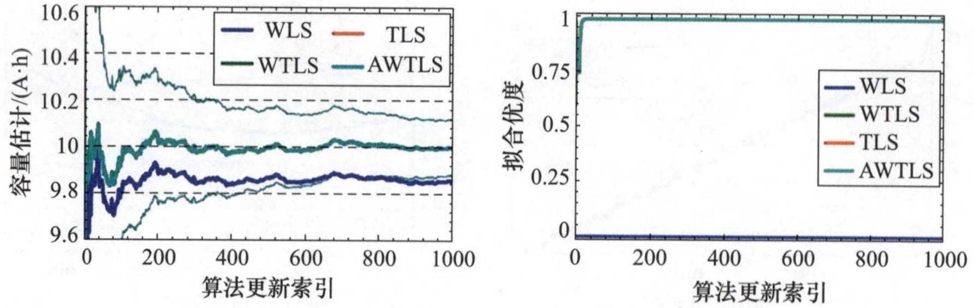

图 4－15　HEV 场景 1 的仿真结果

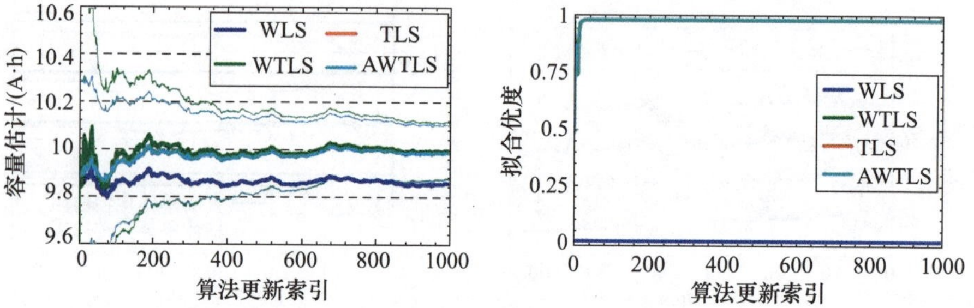

图 4－16　HEV 场景 2 的仿真结果

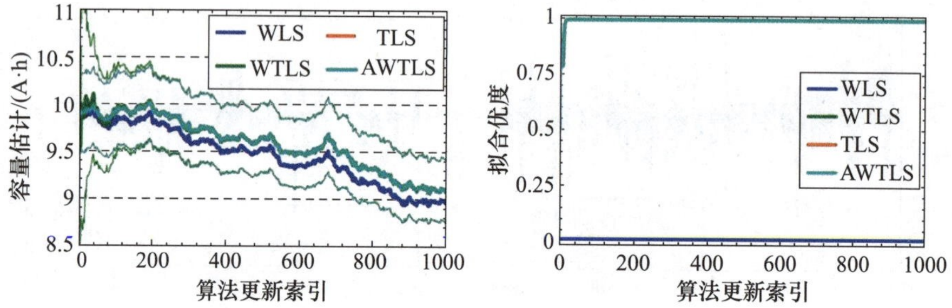

图 4－17　HEV 场景 3 的仿真结果

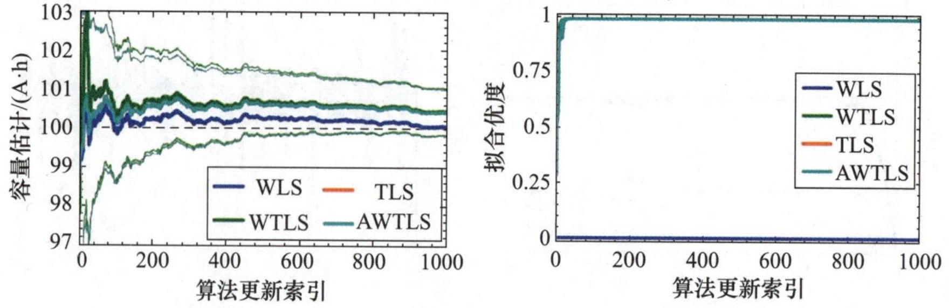

图 4－18　EV 场景 1 的仿真结果

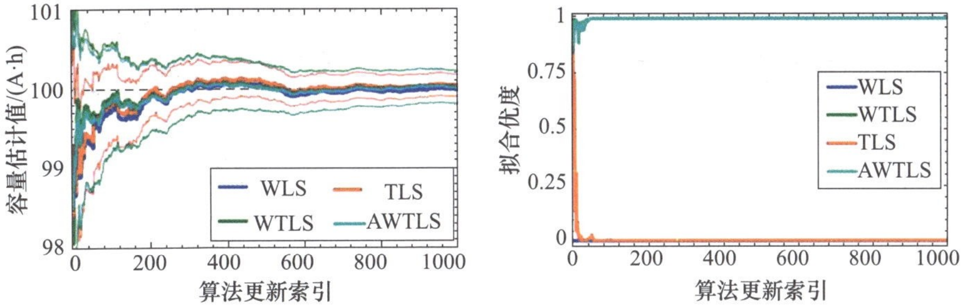

图 4-20　EV 场景 2 的仿真结果

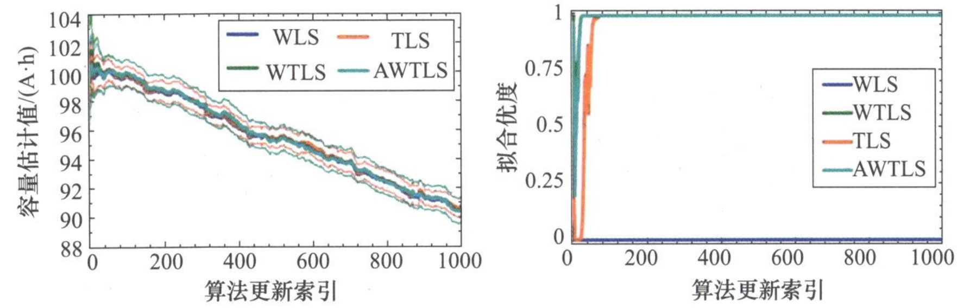

图 4-21　EV 场景 3 的仿真结果

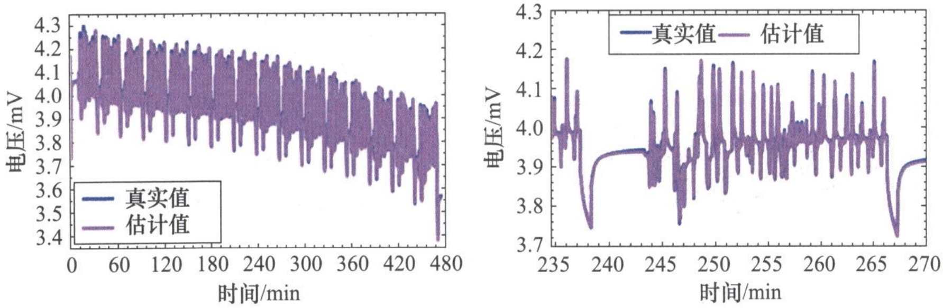

图 6-6　电池电压测量和建模曲线

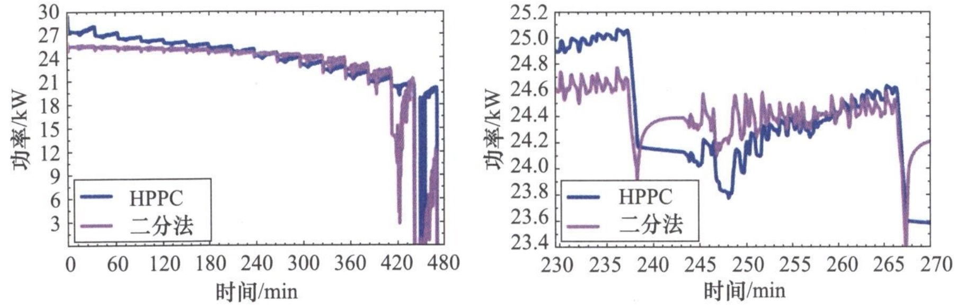

图 6-7　放电功率预测比较

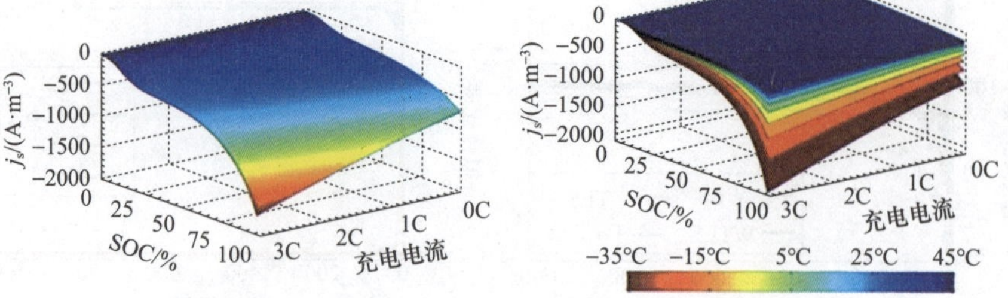

图 7－1　由 ROM 计算的瞬时 SEI 退化率

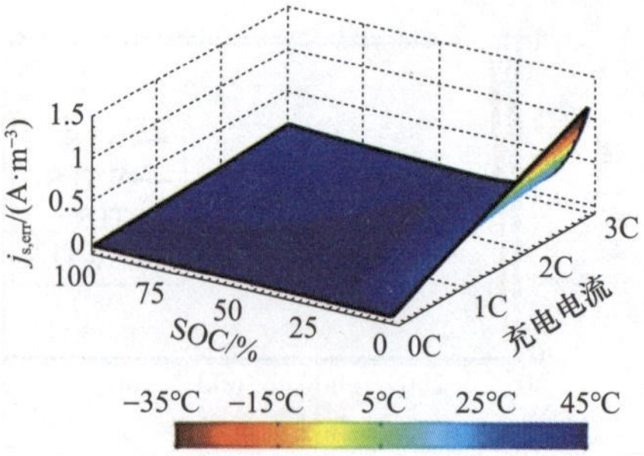

图 7－3　FOM 和 ROM 之间的相对误差

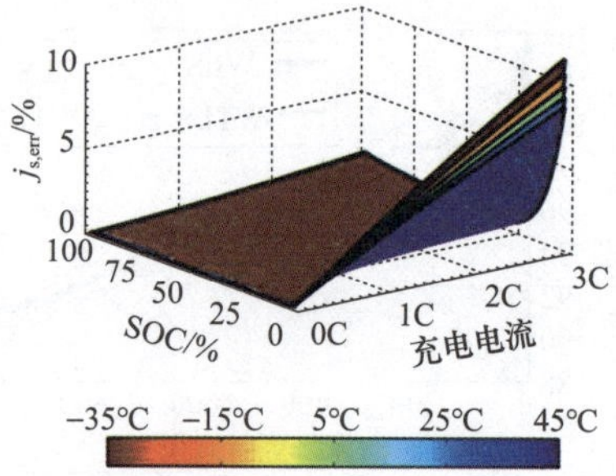

图 7－5　温度对建模误差的影响

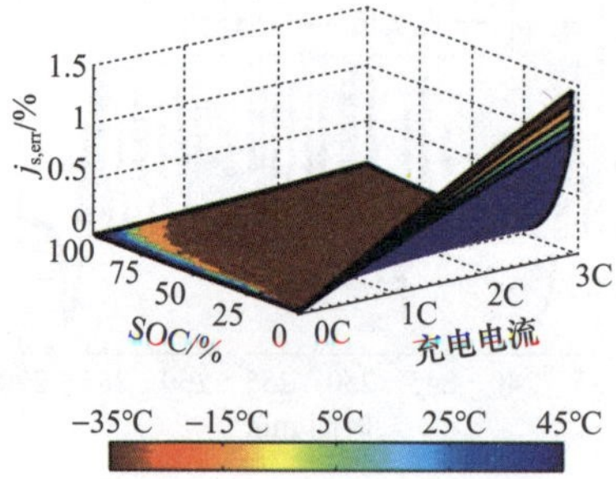

图 7－6　Δt 对建模误差的影响

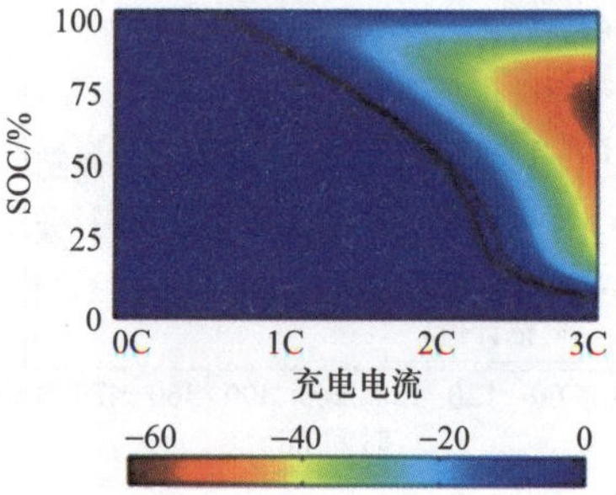

图 7－13　FOM 和 ROM 的决策区域(部分)

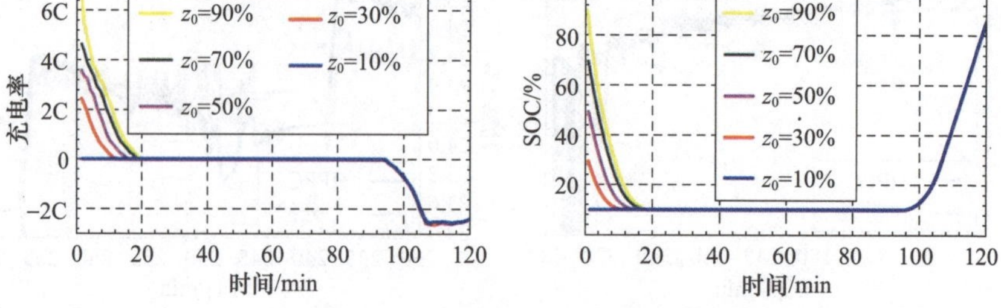

图 7－14　使用 SEI 退化模型的快速充电策略